新型职业农民学习读本

张长新　张学勇　编著

中国农业出版社

北京

图书在版编目（CIP）数据

新型职业农民学习读本 / 张长新，张学勇编著. —北京：中国农业出版社，2018.10
ISBN 978-7-109-24570-9

Ⅰ.①新… Ⅱ.①张… ②张… Ⅲ.①农业技术—技术培训—教材 Ⅳ.①S

中国版本图书馆 CIP 数据核字（2018）第 202990 号

中国农业出版社出版
（北京市朝阳区麦子店街 18 号楼）
（邮政编码 100125）
责任编辑 刘伟

北京中兴印刷有限公司印刷 新华书店北京发行所发行
2018 年 10 月第 1 版 2018 年 10 月北京第 1 次印刷

开本：700mm×1000mm 1/16 印张：22.75
字数：400 千字
定价：50.00 元
（凡本版图书出现印刷、装订错误，请向出版社发行部调换）

前　　言

　　新型职业农民是中华民族农耕文化复兴的传播者和实践者，是新型农业经营主体的中坚力量，是农业科技成果的承接者和使用主体，是推动乡村振兴战略和农业现代化建设的力量源泉。培育新型职业农民就是培育粮食安全和农产品有效供给的未来，就是培育农业农村现代化的未来。为此，以习近平同志为核心的党中央始终把培育和造就新型职业农民队伍放在首位。习近平总书记在基层调研考察讲话时曾多次强调：要加强农业科技人才队伍建设，重点是提升基层农技人员素质，加强新型职业农民培训，着力培育一大批种田能手、农机作业能手、科技带头人、农业营销人才、农业经营人才等新型职业农民。

　　这些年来，随着农村劳动力不断向非农产业和城镇转移，留在农村的年轻人越来越少。到 2016 年底，全国农村外出务工经商劳动力超过 2.78 亿人，他们当中 40 岁以下的占 55.2%，41～50 岁的占26.9%。在农业从业人员中，老龄化、兼职化、低文化程度化和女性化的问题也相当突出。如今在农村留下来的多是老人、妇女和孩子，青壮年男性寥寥无几。同时也伴随出现了外出务工经商人员不愿回村干农业、留在农村的不安心搞农业的现状，从而给乡村振兴战略实施和新型职业农民队伍健康成长带来了制约因素。党的"十八大"以来，党和政府都高度重视新型职业农民的教育培养和管理工作，以从事农业为职业的专业大户、家庭农场、农业合作社、社会化服务组织、农业龙头企业等新型农业经营主体为重点支撑，紧扣主导产业和产业所需开展培育，在实践中打造了一支"爱农业、懂技术、善经营"的新型职业农民队伍，从根本上破解"谁来种地、不愿种地、会不会种地、怎样种地"的问题，逐步实现"让农业成为有奔头的产业，让农民成为有吸引力的职业，让农村成为安居乐业的家园"的美好之景。

我国新型职业农民培育工作已经开展多年，也积累了丰富的经验，但在培训内容上还难以及时跟上新型职业农民生产生活的现实需求。为此，围绕着新型职业农民的培育创新所需，组织有关专家编写了《新型职业农民学习读本》一书。内容涵盖了优质粮棉高产栽培、蔬菜安全高效种植、畜禽养殖高效管理、农业机械技能操作、农业政策和农业经营管理等方面的农业科技知识，有利于帮助职业化农民熟练掌握生产操作技能，提高农业经营管理能力，抵御风险解决问题能力，组织合作发展共赢能力，是一本适用于新型职业农民学习应用的教育读本。

乡村振兴战略首个五年规划的宏伟蓝图已经展现，乡村振兴战略的新征程已经全面开启，乡村振兴战略的号角已经全面吹响，让我们坚定信心，咬定目标，苦干实干，久久为功，奋力谱写新时代乡村振兴的华丽篇章。期待着新知识、新理念、新业态像灿烂的阳光，普照更多的新一代职业农民！

本书编写组

2018 年 10 月

目　　录

第三篇　畜禽养殖篇

第四篇　农业机械篇

第五篇　农村经营管理篇

第一篇

粮棉高产栽培篇

第一章　小麦栽培技术

第一节　小麦高产栽培技术

一、播前准备

（一）选用优良品种

根据品种类型与生态区域相配套，早、中、晚熟品种与播期相配套，高、中、低、旱地品种与地力水平相配套，良种与良法相配套的原则，选择高产优质、抗逆性强、越冬性好、适应性广的良种，品种布局进一步集中，实行区域化种植，预防小麦品种"多、乱、杂"现象，提高小麦产量和效益。

高肥水地块以济麦 22、泰农 18、鲁原 502、良星 99、良星 66 为主；强筋小麦建议种植洲元 9369（强筋）；中肥水地块以济麦 22、山农 20、山农 17 等为主；中筋小麦建议种植山农 17 号；旱薄建议地种植青麦 6 号；盐碱地建议种植德抗 961；晚茬麦建议种植山农 17 号。

（二）培肥地力，提升土壤产出能力

1. 提高秸秆还田质量，增施有机肥　秸秆还田和增施有机肥是培肥土壤地力的最有效措施。玉米秸秆还田时要根据玉米种植规格、品种、所具备的动力机械、收获要求等条件，分别选择悬挂式、自走式和割台互换式等适宜的玉米联合收获机产品。秸秆还田机械要选用甩刀式、直刀式、铡切式等秸秆粉碎性能高的产品，确保作业质量。要尽量将玉米秸秆粉碎得细一些，一般要用玉米秸秆还田机打 2 遍，秸秆长度低于 5 厘米。同时要在推行玉米联合收获和秸秆还田的基础上，广辟肥源、增施农家肥，努力改善土壤结构，提高土壤耕层的有机质含量。一般高产田亩 * 施有机肥 3 000～4 000 千克，中低产田亩施有机肥 2 500～3 000 千克。

2. 测土配方施肥　结合配方施肥项目，因地制宜合理确定化肥基施比例，优化氮磷钾配比。高产田一般全生育期亩施纯氮（N）16～18 千克，磷（P_2O_5）8～10 千克，钾（K_2O）7～8 千克，硫酸锌 1 千克；中产田一般亩施纯氮（N）14～16 千克，磷（P_2O_5）7～8 千克，钾（K_2O）6～7.5 千克；低产田一般亩施纯氮 10～13 千克，磷（P_2O_5）8～10 千克。高产田要将全部有机肥、磷肥，氮肥、钾肥的 50% 作底肥，第二年春季小麦拔节期追施 50% 的

---

* 亩为非法定计量单位，1 亩＝1/15 公顷。——编者注

氮肥、钾肥；中、低产田应将全部有机肥、磷肥、钾肥，氮肥的 50％～60％ 作底肥，第二年春季小麦起身拔节期追施 50％～40％ 的氮肥。推广化肥深施技术，坚决杜绝地表撒施。秸秆还田的地块为了防止碳氮比失调，造成土壤中氮素不足，微生物与作物争夺氮素，导致麦苗会因缺氮而黄化、瘦弱，生长不良，需另外加施秸秆腐熟剂后，增施 10～15 千克尿素，以加快秸秆腐烂，使其尽快转化为有效养分，以防止发生与小麦争氮肥的现象。

（三）主推深松技术，切实提高整地质量

耕作整地是小麦播前准备的主要技术环节，整地质量与小麦播种质量有着密切关系。要重点注意以下几点：

1. 做好土壤处理 不少地区金针虫等地下害虫危害严重，因此，整地时一定要进行土壤处理。一般每亩用 40％辛硫磷乳油或 40％甲基异柳磷乳油 0.3 千克，对水 1～2 千克，拌细土 25 千克制成毒土，耕地前均匀撒施地面，随耕地翻入土中。

2. 积极推行深松作业 连年旋耕，导致土壤犁底层上升，个别地块犁底层在 15～16 厘米之间，这样不利于小麦根系下扎，土壤保水保肥及供给能力下降，对小麦后期生长带来极为不利影响，表现为后期病虫害重、早衰，千粒重明显下降，因此积极推行深松作业。对土壤实行深松，可疏松耕层，降低土壤容重，增加孔隙度，改善通透性，促进好气性微生物活动和养分释放；提高土壤渗水、蓄水、保肥和供肥能力。深松作业耗费动力大，农耗时间短，可以疏松土层而不翻转土层，土壤结构不易打破，松土深度深。

一般地，对秸秆还田量较大的高产地块，尤其是高产创建地块，要尽量扩大机械深松面积。尤其是连续 3 年以上免耕播种的地块，务必要进行机械深松作业。根据土壤条件和作业时间，深松方式可选用局部深松或全面深松，作业深度要大于犁底层，要求 25～40 厘米，配套动力 100 马力以上，为避免深松后土壤水分快速散失，深松后要用旋耕机及时整理地表，或者用镇压器多次镇压沉实土壤，然后及时进行小麦播种作业；可选用小麦旋耕施肥宽幅播种一体机进行机械化作业；有条件的地区要大力示范推广集深松、旋耕、施肥、镇压于一体的深松整地联合作业机，或者集深松、旋耕、施肥、播种、镇压于一体的深松整地播种一体机，以便减少耕作次数，节本增效。

对于一般地块，不必年年深松，可深耕（松）1 年，旋耕 2～3 年。旋耕机可选择耕幅 1.8 米以上、中间传动单梁旋耕机，配套 60 马力以上拖拉机。为提高动力传动效率和作业质量，旋耕机可选用框架式、高变速箱旋耕机。进行玉米秸秆还田的麦田，由于旋耕机的耕层浅，采用旋耕的方法难以完全掩埋秸秆，所以应将玉米秸秆粉碎 2 遍，尽量打细，旋耕 2 遍，效果才好。

3. 做好耕翻后的耙耢镇压工作 耕翻后土壤耙耢、镇压是一项重要技术。

耕翻后耙耢、镇压可使土壤细碎，消灭坷垃，上松下实，底墒充足。因此，各类耕翻地块都要及时耙耢。尤其是采用秸秆还田和旋耕机旋耕地块，由于耕层土壤悬松，容易造成小麦播种过深，形成深播弱苗，影响小麦分蘖的发生，造成穗数不足，降低产量；此外，该类地块由于土壤松散，失墒较快。所以必须耕翻后尽快耙耢、镇压2～3遍，以破碎土垡，耙碎土块，疏松表土，平整地面，上松下实，减少蒸发，抗旱保墒；使耕层紧密，种子与土壤紧密接触，保证播种深度一致，出苗整齐健壮。

4. 按规格作畦　随着用工紧张，农村劳动力减少，实行小麦标准畦田化栽培成为目前的一项重要工作，小麦标准畦田化栽培便于先进农机具按标准进行机械化作业，便于精细整地，便于大型新型一体机播种，便于保证播种深浅一致，浇水均匀，省水。因此，各类麦田，尤其是有水浇条件的麦田，一定要在整地时结合播种与整地动力机械标准打埂筑畦。畦的大小应因地制宜，水浇条件好的要尽量采用大畦，水浇条件差的可采用小畦。畦宽1.65～3米，畦埂35厘米左右。在确定小麦播种行距和畦宽时，要充分考虑农业机械的作业规格要求和下茬作物直播或套种的需求。对于棉花主产区，秋种时要留足留好套种行，大力推广麦棉套种技术，努力扩大有麦面积。

二、播种

提高播种质量是保证小麦苗全、苗匀、苗壮，群体合理发展和实现小麦丰产的基础。

（一）做好种子处理

提倡用种衣剂进行种子包衣，预防苗期病虫害。没有用种衣剂包衣的种子要用药剂拌种。根病发生较重的地块，选用2%戊唑醇（立克莠）按种子量的0.1%～0.15%拌种，或20%三唑酮（粉锈宁）按种子量的0.15%拌种；地下害虫发生较重的地块，选用40%甲基异柳磷乳油或35%甲基硫环磷乳油，按种子量的0.2%拌种；病、虫混发地块用以上杀菌剂＋杀虫剂混合拌种。

（二）足墒播种

小麦出苗的适宜土壤湿度为田间持水量的70%～80%。秋种时若墒情适宜，要在秋作物收获后及时耕翻，并整地播种；墒情不足的地块，要注意造墒播种。田间有积水地块，要及时排水晾墒。在适期内，应掌握"宁可适当晚播，也要造足底墒"的原则，做到足墒下种，确保一播全苗。对于玉米秸秆还田地块，一般墒情条件下，最好在还田后灌水造墒，这样，有利于小麦苗全、苗齐、苗壮。造墒时，每亩灌水40米^3。

（三）适期播种

温度是决定小麦播种期的主要因素。一般情况下，小麦从播种至越冬开始，有 0℃以上积温 570～650℃为宜。要因地制宜地确定适宜播期。结合德州市小麦播期播量试验结果（临邑翟家镇），德州市小麦适宜播期为 10 月 3—12 日，其中最佳播期为 10 月 3—8 日，一定要尽早备好玉米收获和小麦播种机械，加快机收、机播进度，确保小麦在适期内播种。对于不能在适期内播种的小麦，要注意适当加大播量，做到播期播量相结合。

（四）适量播种

小麦的适宜播量因品种、播期、地力水平等条件而异。近几年来，由于春季低温干旱等不利气候因素的影响，不少地区农民播种量大幅增加，存在着旺长和后期倒伏的巨大隐患，非常不利于小麦的高产稳产。因此，一定要坚决制止大播量现象。在部分玉米晚收、小麦适期晚播的地区，最好以推广半精播技术为主，但一定要注意播量不能过大。结合我市小麦播期播量试验结果（临邑翟家镇），我市在适期播种情况下，分蘖成穗率低的大穗型品种，每亩适宜基本苗 15 万～18 万株；分蘖成穗率高的中穗型品种，每亩适宜基本苗 12 万～16 万株。在此范围内，高产田宜少，中产田宜多。晚于适宜播种期播种，每晚播 2 天，每亩增加基本苗 1 万～2 万株。晚茬麦田每亩基本苗 20 万～30 万株。

（五）宽幅精播

推广宽幅精量播种，改传统小行距（15～20 厘米）密集条播为等行距（22～26 厘米）宽幅播种，改传统密集条播籽粒拥挤一条线为宽播幅（8 厘米）种子分散式粒播，有利于种子分布均匀，减少缺苗断垄、疙瘩苗现象，克服了传统播种机密集条播，籽粒拥挤，争肥，争水，争营养，根少、苗弱的生长状况。推行小麦宽幅播种机械播种。宽幅播种行距可根据地力状况适当调节，地力较好的地块宽幅行距适当加大至 23～26 厘米，地力较差的地块宽幅行距适当缩小至 19～23 厘米。若采用常规小麦精播机或半精播机播种的，行距适当加大到 21～23 厘米。播种深度 3～5 厘米。注意：播种机不能行走太快，以每小时 5 千米为宜，以保证下种均匀、深浅一致、行距一致、不漏播、不重播。

（六）播后镇压

从近几年的生产经验看，小麦播后镇压是提高小麦苗期抗旱能力和出苗质量的有效措施。因此，选用带镇压装置的小麦播种机械，在小麦播种时随种随压，然后，在小麦播种后用镇压器镇压两遍，努力提高镇压效果。尤其是对于秸秆还田地块，一定要在小麦播种后用镇压器多遍镇压，才能保证小麦出苗后根系正常生长，提高抗旱能力。

三、田间管理

（一）冬前管理

小麦自播种至越冬期这段时间是小麦出苗及长叶、生根、增生分蘖的主要时期。针对小麦苗情，冬前管理的主攻方向是在苗全、苗匀的基础上，促根增蘖，促弱控旺，培育壮苗，保苗安全越冬。冬前管理主要抓好以下几个方面：

1. 及时进行"查、疏、移、补" 小麦要高产，苗全、苗匀是关键。因此，小麦出苗后，要及时到地里检查出苗情况，对缺苗断垄的地块，出苗后要及早检查，凡缺苗断垄10厘米以上的应及时补种，为促进小麦早出苗，应先将种子催芽后再补种，要注意补种原品种种子，防止品种混杂，补种时间越早越好。也可用疏稠补稀的措施，此措施要在小麦三叶期后进行，移栽时覆土深度"以上不压心、下不露白"为标准，栽后浇水，以利成活。

2. 因地制宜，分类管理

（1）对播种偏深的地块，要及时退土清棵，减薄复土层，使分蘖节保持在地面以下1～1.5厘米，促使早分蘖，冬前形成壮苗。

（2）对地力较差，底肥施用不足，有缺肥症状的黄苗麦田或墒情较差地块，应抓住冬前有利时机追肥浇水，并及时中耕松土，促根增蘖，可结合浇越冬水追氮素肥料，一般亩追尿素10千克，以促苗升级转化。

（3）对底肥充足、生长正常、群体和土壤墒情适宜的麦田冬前一般不再追肥，只浇越冬水，然后进行中耕划锄。

（4）对于旺长麦田，控制地上部旺长，培育冬前壮苗，防止越冬期低温冻害和后期倒伏是田间管理的主要目标。目前比较有效的管理措施主要是镇压。镇压主要是通过人为损伤地上部分叶蘖的方法来抑制主茎和大蘖的生长，促进小蘖增生和地下部根系的生长，达到控旺转壮的目的。因此，对旺长麦田都要进行镇压，以控上促下，既可控旺长，还可踏实土壤，防透风、防冻害。

（5）播期偏晚的麦田，积温不够是影响年前壮苗的主要因素，田间管理要以促为主，可浅锄2～3遍，以松土、保墒、增温促早发。

3. 冬前适时浇好越冬水 越冬水是保证小麦安全越冬的一项重要措施。适时浇好越冬水，能够防止小麦受冻死苗，并为翌年返青保蓄水分，又能做到冬水春用，春旱早防；还可以踏实土壤，粉碎坷垃，消灭地下越冬害虫。因此，要结合麦田实际情况，适时浇好越冬水。同时，浇后应及时划锄，增温保墒。对晚茬麦及"一根针"麦田，可以划锄、保墒、促根增蘖为主；对于墒情较好播量偏大的旺长麦田，可不浇越冬水，直接采取镇压的方法，以控制春季旺长。

浇越冬水应因地制宜。对于地力差、施肥不足、群体偏小、长势较差的弱苗麦田，越冬水可于11月下旬早浇，并结合浇水追肥，一般亩追尿素10千克左右，以促进生长；对于一般地力好、长势旺群体大的壮苗麦田，应适当晚浇，当日平均气温下降到5℃左右（11月底至12月初）夜冻昼消时浇越冬水为最好。早浇气温偏高会促进生长，过晚会使地面结冰冻伤麦苗，要在麦田上大冻之前完成浇越冬水工作。浇越冬水要在晴天上午进行，浇水量不宜过大，但要浇透，以浇水后当天全部渗入土中为宜，切忌大水漫灌。

4. 做好预测预报，苗期及时防治"病、虫、草"害 近年来，麦田草害发生较重，群落也发生了较大的变化，特别是局部地块禾本科杂草和抗性双子叶杂草，难以防除。秋季小麦3叶后大部分杂草出土，小草抗药性差，是化学除草的有利时机，一次防治基本控制麦田草害，对后茬作物影响小，要抓住这一有利时机适时开展化学除草。对以阔叶杂草为主的麦田可用苯磺隆（巨星）、氯氟吡氧乙酸（使它隆）、唑酮草酯（快灭灵）等药剂防治；对以禾本科杂草为主的麦田可用精噁唑禾草灵（骠马）、甲基二磺隆（世玛）、炔草酸（麦极）、氟唑磺隆（彪虎）等药剂防治。混合发生的可用以上药剂混合使用。近年来，化学除草导致防治作物和后茬作物药害的事故屡有发生。为防止药害发生，要严格按推荐剂量使用。

近几年，地下害虫对小麦苗期的危害呈加重趋势，应注意适时防治。防治蛴螬和金针虫，可用40％甲基异柳磷乳油或50％辛硫磷乳油，每亩用量250毫升，对水1～2千克，拌细土20～25千克配成毒土，条施于播种沟内或顺垄撒施于地表，施药后要随即浅锄或浅耕；防治蝼蛄，可用5千克炒香的麦麸、豆饼等，加80％敌百虫可溶性粉剂，或50％辛硫磷乳油50～80毫升，加适量水将药剂稀释喷拌混匀制成毒饵，于傍晚顺垄撒施，每亩用2～3千克。另外，要密切关注红蜘蛛、地老虎、麦蚜、灰飞虱，纹枯病、全蚀病等小麦主要病虫害发生情况，及时做好预测、预报和综合防治工作。

5. 加强监管，严禁放牧啃青 近年部分地块仍然存在啃青现象，要引起高度重视。小麦越冬期间保留下来的绿色叶片，返青后即可进行光合作用，它是小麦刚恢复生长时所需养分的主要来源。冬前或者冬季放牧会使这部分绿色面积遭受破坏，容易加重小麦冻害，甚至会造成麦苗大量死亡，减产非常显著。要提高对放牧啃青危害性的认识，做好宣传，加强监管，坚决杜绝牲畜啃青现象的发生。

（二）春季管理

1. 返青期镇压划锄，以保墒增温促早发 早春麦田镇压是一项控旺转壮、提墒节水的重要农艺措施。春季镇压可压碎土块，弥封裂缝，使经过冬季冻融疏松了的土壤表土层沉实，减少水分蒸发。镇压还可以使土壤与根系密接，有利于根系吸收利用土壤水分和养分。因此对于耕种粗放、坷垃较多、秸秆还田土壤悬松的地块以及出现吊根苗、旺长苗的麦田，在早春土壤化冻后都要进行麦田镇压，以沉实土壤，弥合裂缝，减少水分蒸发和避免冷空气侵入分蘖节附近冻伤麦苗。镇压要和划锄结合进行，一般应先压后锄，以达到上松下实、提墒保墒增温的作用。

在早春表层土化冻 2 厘米时（顶凌期）对麦田进行划锄，以保持土壤墒情，提高地表温度，消灭越冬杂草，划锄时要切实做到划细、划匀、划平、划透，不留坷垃，不压麦苗，不漏杂草，以提高划锄效果。

2. 突出分类指导，做好麦田的田间管理　根据不同水浇麦田墒情、苗情、土壤供肥能力，春季肥水管理一定要因地因苗制宜，分类指导。可按照先管三类麦田，再管二类麦田，最后管一类麦田的顺序管理。

（1）一类麦田　群体一般为亩茎数 60 万～80 万株，多属于壮苗，应注意促控结合。这类麦田的水肥管理，要突出氮肥后移。对地力水平较高，群体70 万～80万株的地块，在小麦拔节中期追肥浇水。对地力水平一般，群体 60 万～70 万株的地块，在小麦拔节初期进行肥水管理。结合浇水亩追尿素 15 千克。

（2）二类麦田　群体一般为亩茎数 45 万～60 万株，属于弱苗和壮苗之间的过渡类型。注意促控结合，重点是促进春季分蘖的发生，提高分蘖成穗率。对地力水平较高，群体 55 万～60 万株的地块，在小麦起身以后、拔节以前追肥浇水；对地力水平一般，群体 45 万～55 万株的地块，在小麦起身期进行肥水管理。结合浇水亩追尿素 15 千克。

（3）三类麦田　一般亩茎数群体小于 45 万株，多属于晚播弱苗，应注意以促为主。只要墒情尚可，应尽量避免早春浇水，可在返青期追肥，使肥效作用于分蘖高峰前，以便增加亩穗数。肥水管理上应注意：

①群体茎数 40 万株左右的地块采取两次追肥。第一次于返青中期，5 厘米地温 5℃左右时开始，施用追肥量 50％的氮素化肥和适量的磷酸二铵，同时浇水。第二次于拔节后期追施剩余的 50％化肥。

②对于群体亩茎数接近 45 万株的麦田，在起身前期追肥浇水。亩追尿素15 千克。

③对于没有水浇条件的弱苗麦田，在土壤返浆后借墒追肥，底肥未施磷肥的要在氮肥中配施磷酸二铵。

（4）旺苗麦田　一般年前亩茎数达 80 万株以上。多为播量大旺长型，这类麦田群体较大，拔节期后，易造成田间郁蔽、光照不良，后期易倒伏。因此，春季管理应采取以控为主措施。

①及早搂麦。对于小麦枯叶较多的过旺麦田，于早春土壤化冻后，要及时用耙子顺麦行搂出枯叶，以便通风透光，保证小麦正常生长。

②适时镇压。镇压时要在无霜天上午 10 时以后开始，注意有霜冻麦田不压，盐碱涝洼地麦田不压，已拔节麦田不压。

③喷施化控剂。对于过旺麦田，在小麦返青至起身期喷施"壮丰安""麦巨金"等化控药剂，可抑制基部第一节间伸长，控制植株过旺生长，促进根系下扎，防止生育后期倒伏。一般亩用量 30～40 毫升，对水 30 千克，叶面

喷雾。

④因苗确定春季追肥浇水时间。

对于年前营养生长过旺、消耗过大，有"脱肥"现象的麦田，可在起身期追肥浇水。每亩追施尿素 15 千克，防止过旺转弱。

对于没有出现"脱肥"现象的过旺麦田，早春不要急于施肥浇水，应注重镇压、划锄和喷施化控剂等措施适当蹲控，在拔节后期施肥浇水，亩追尿素 15 千克。

对于遭受冻害的旺长麦田，应在早春及早划锄、搂麦后两次追肥，第一次在返青期结合浇水每亩追尿素 7 千克，第二次在拔节期结合浇水亩追尿素 10 千克。

对于没有水浇条件的旺长麦田，应在早春土壤化冻后抓紧进行镇压，以提墒、保墒。在小麦起身至拔节期间降雨后，抓紧借雨追肥。亩追尿素 12 千克。

3. 做好预测预报，推行统防统治，综合防治病虫草害

（1）草害　由于冬前杂草出土较少，早春温度达到 10℃ 以上时要注意进行化学除草。当前，对麦田阔叶杂草防治效果较好的药剂有甲基碘磺隆钠盐、酰嘧磺隆（使阔得）、双氟唑嘧胺（麦喜）、使它隆、巨星等除草剂，如果使用 20% 使它隆，每亩 50～60 毫升对水 20～25 千克喷雾防治。防治节节麦、野燕麦、雀麦、看麦娘等单子叶杂草可用 3% 世玛乳油，每亩 25～30 毫升茎叶喷雾防治。除草剂使用时，要严格按照使用浓度和技术操作规程，以免发生药害。

（2）病虫害　要大力推广分期治理、混合施药兼治多种病虫技术，重点做好返青拔节期和孕穗期两个关键时期病虫害的防治。

返青拔节期是纹枯病、全蚀病、根腐病等根病和丛矮病、黄矮病等病毒病的又一次侵染扩展高峰期，也是麦蜘蛛、地下害虫和草害的危害盛期，是小麦综合防治关键环节之一。3 月上旬防治纹枯病，可用 5% 井冈霉素每亩 150～200 毫升对水 75～100 千克喷麦茎基部防治，间隔 10～15 天再喷一次。或用多菌灵胶悬剂或甲基托布津（甲基硫菌灵）防治。防治根腐病可选用立克秀、烯唑醇、粉锈宁、敌力脱（250g/L 丙环唑乳油）等杀菌剂。防治麦蜘蛛可用 0.9% 阿维菌素 3 000 倍液喷雾防治。以上病虫混合发生的，可采用以上药剂一次混合喷雾施药防治。

穗期是小麦病虫草害综合防治的最后一环，也是最关键的时期，应切实做好。赤霉病和颖枯病要以预防为主，抽穗前后如遇连阴大雾天气，要在小麦齐穗期和小麦扬花期两次喷药预防，可用 80% 多菌灵超微粉每亩 50 克，或 50% 多菌灵可湿性粉剂 75～100 克对水喷雾。也可用 25% 氰烯菌酯悬乳剂亩用 100 毫升对水喷雾，安全间隔期为 21 天。喷药时重点对准小麦穗部均匀喷雾。

防治条锈病、白粉病可用 25％丙环唑乳油每亩 8～9 克，或 25％三唑醇可湿性粉剂 30 克，或 12.5％烯唑醇超微可湿性粉剂 32～64 克喷雾防治，兼治一代棉铃虫可加入 Bt（苏云金杆菌）乳剂或 Bt 可湿性粉剂。穗蚜可用 50％辟蚜雾每亩 8～10 克喷雾，或 10％吡虫啉药剂 10～15 克喷雾防治，还可兼治灰飞虱。防治一代黏虫可用 50％辛硫磷乳油每亩 50～75 毫升喷雾防治。

4. 密切关注天气变化，制定科学预案，预防早春冻害　早春冻害（倒春寒）已成为早春常发灾害。防止早春冻害最有效措施是密切关注天气变化，在降温之前灌水。

若早春一旦发生冻害，就要及时进行补救。主要措施：一是抓紧时间，追施速效氮肥。亩追尿素 10 千克；二是中耕保墒，提高地温；三是叶面喷施植物生长调节剂。叶面喷施天达 2116 植物细胞膜稳态剂或绿 K 金丰硕等植物生长调节剂，可促进中、小分蘖的迅速生长和潜伏芽的快发，增加小麦成穗数和千粒重，显著增加小麦产量。

5. 严禁早春放牧啃青　小麦主茎和大分蘖成穗率高，易形成大穗，是小麦高产的基础。牲畜啃青易造成死苗、麦苗感病，降低成大穗率。因此要加强管护，严禁啃青。

（三）中后期管理

1. 巧施拔节肥，适当增施钾肥，浇好拔节水　拔节期是决定每亩穗数和每穗粒数的关键时期，需肥需水较多，巧用肥水对保证丰收十分重要，肥水管理要做到因地、因苗制宜。对地力水平一般、群体偏弱的麦田，可肥水早攻，在拔节初期进行肥水管理，以促弱转壮；对地力水平较高、群体适宜的麦田，要在拔节中期追肥浇水；对地力水平较高、群体偏大的旺长麦田，要尽量肥水后移，在拔节后期追肥浇水，以控旺促壮。一般亩追尿素 15～20 千克。

实践证明，在小麦拔节期追肥时增施钾肥具有明显的防倒增产效果，所以，高产创建地块，要在追施氮肥的同时亩追钾肥 6～12 千克，以防倒增产。追肥时要注意将化肥开沟深施，杜绝撒施，以提高肥效。

2. 因地制宜，浇足浇好开花或灌浆水　干旱不仅会影响粒重，抽穗、开花期干旱还会影响穗粒数。所以，小麦扬花后 10～15 天应及时浇灌浆水，以保证小麦生理用水，同时还可改善田间小气候，降低高温对小麦灌浆的不利影响，减少干热风的危害，提高籽粒饱满度，增加粒重。此期浇水应特别注意天气变化，严禁在风雨天气浇水，以防倒伏。成熟前土壤水分过多会影响根系活力，降低粒重，小麦成熟前 10 天要停止浇水。

3. 防止后期倒伏　防止倒伏的根本途径是适当降低基本苗和运用氮肥后移技术。倒伏也与后期浇水不当有关，浇水时土壤松软，中上肥力麦田易发生倒伏。因此，后期浇水要注意天气预报，掌握无风抢浇，大风停浇。如后期出现倒伏，应采取以下措施加以补救：①因风雨而倒伏的，可在雨过天晴后用竹竿轻轻抖落茎叶上雨水珠，减轻压力帮其抬头，但切忌挑起打乱倒向，切忌用手扶麦、捆把。②喷施绿 K 叶面肥，以促进生长和灌浆。③及时防治倒伏后带来的各种病虫害。如不能控制病害的流行蔓延，则会"雪上加霜"，严重减产。

4. 密切关注天气变化，防止倒春寒冻害 近些年来，小麦在拔节期常会发生倒春寒冻害。有浇灌条件的地方，在寒潮来前浇水，可以调节近地面层小气候，对防御早春冻害有很好的效果。要密切关注天气变化，在降温之前及时浇水。若一旦发生冻害，要抓紧时间，追施速效化肥，促苗早发，提高高位分蘖的成穗率，一般每亩追施尿素 10 千克左右；并及早喷施绿 K 等叶面肥，促进受冻小麦尽快恢复生长。

5. 重点预防赤霉病，后期搞好"一喷三防" 小麦穗期是病虫集中危害盛期，若控制不力，将给小麦产量造成不可挽回的损失。小麦赤霉病以预防为主，注意用药时机，在关键阶段防治。在小麦抽穗前后如遇阴雨、雾霾、高湿等天气极易发生赤霉病。要在小麦抽穗达到 70％、小穗护颖未张开前，进行首次喷药预防，也可在小麦扬花期再次进行喷药。可用 80％多菌灵超微粉每亩 50 克或 50％多菌灵可湿性粉剂 75～100 克对水喷雾，也可用 25％氰烯菌酯悬乳剂每亩 100 毫升对水喷雾，安全间隔期为 21 天。喷药时重点对准小麦穗部均匀喷雾。

小麦中后期病虫害还有麦蚜、麦蜘蛛、吸浆虫、白粉病、锈病等。防治麦蜘蛛，可用 0.9％阿维菌素乳油 3 000 倍液喷雾防治；防治小麦吸浆虫，可在小麦抽穗至扬花初期的成虫发生盛期，亩用 5％高效氯氰菊酯乳油 20～30 毫升对水喷雾，兼治一代棉铃虫；防治麦蚜，可用 50％辟蚜雾每亩 8～10 克喷雾，或 10％吡虫啉药剂 10～15 克喷雾，还可兼治灰飞虱；防治白粉病、锈病，可用 20％粉锈宁乳油每亩 50～75 毫升喷雾；以上病虫混合发生可采用对路药剂一次混合施药防治；对杂草较多地块，应采用人工方法拔除，千万不能采用除草剂防除。因为小麦拔节后使用除草剂一方面除草效果差，另一方面易对小麦造成药害。

小麦生长后期推广"一喷三防"技术，不仅可以防治病虫害，减少危害损失，还可以弥补根系吸收作用的不足，满足小麦生长发育所需的养分，而且可以改善田间小气候，减少干热风的危害，增强叶片功能，延缓衰老，提高灌浆速率，增加粒重。要根据病虫害和干热风的发生特点和趋势，选择适合的防病、防虫农药和叶面肥，采取科学配方，进行均匀喷雾。可在小麦灌浆期喷施绿 K 等大量元素水溶性叶面肥。喷洒时间最好在晴天无风上午 9—11 时，下午 4 时以后喷洒，每亩喷水量不得少于 30 千克，要注意喷洒均匀，尤其是要注意喷到下部叶片。小麦扬花期喷药应避开授粉时间，一般在上午 10 时以后进行喷洒。在喷施前应留意气象预报，避免在喷施后 24 小时内下雨，导致小麦"一喷三防"效果降低。高产麦田要力争喷施 2~3 遍，间隔时间 7~10 天。要严格遵守农药使用安全操作规程，做好人员防护工作，防止中毒，并做好施药器械的清洁工作。

6. 适时收获　小麦蜡熟末期是收获的最佳时期。蜡熟末期的长相为植株茎秆全部黄色，叶片枯黄，茎秆尚有弹性，籽粒内部呈蜡质状，含水率 30% 左右，颜色接近本品种固有光泽，能被指甲切断，此时干物质积累达到最多，子粒的千粒重最高，子粒的营养品质和加工品质也最优，应及时收获。

第二节　小麦高产栽培中存在的问题及解决方法

一、玉米秸秆直接还田

到小麦备播整地阶段，玉米播种面积比较大的地块，玉米收获后留下大量的秸秆，烧掉或随便堆放很可惜，秸秆还田是个好办法，那么秸秆还田都有什么好处？

（一）秸秆还田的优点

农业生产过程是一个能量转换的过程。作物在生产过程中要不断消耗能量，也需要不断补充能量，不断调节土壤中的水、肥、气、热的含量，在环保和农业可持续发展中应受到充分重视。笼统地说，秸秆还田可促进农业节水、节本、增产、增效。具体地说，秸秆还田有以下好处：

一是补充土壤养分。作物秸秆含有一定的养分和纤维素、半纤维素、木质素、蛋白质和灰分元素，既有较多的有机质，又有氮、磷、钾等营养元素。如果把秸秆从田间运走，那么残留土壤中的有机物仅有 10% 左右，造成土壤肥力下降。所以，通过实施秸秆还田能够补充土壤养分。

二是促进微生物活动。土壤微生物在整个农业生态系统中具有分解土壤有机质和净化土壤的作用。秸秆还田给土壤微生物增添了大量能源物质，各类微生物数量和酶活性也相应增加。据研究，实行秸秆还田可增加微生物 18.9%，接触酶活性可增加 33%，转化酶活性可增加 47%，尿酶活性可增加 17%。这就加速了对土壤有机质的分解和矿物质养分的转化，使土壤中氮、磷、钾元素增加，土壤养分的有效性有所提高。经微生物分解转化后产生的纤维素、木质素、多糖和腐殖酸等黑色胶体物具有黏结土粒的能力，同黏土矿物形成有机、无机复合体，促进土壤形成团粒结构，使土壤容量减轻，增加土壤中水、肥、气、热的协调能力，提高土壤保水、保肥、供肥的能力，改善土壤理化性状。

三是减少化肥使用量。农业发达国家都很重视施肥结构，如美国农业化肥的使用量一直控制在施肥总量1/3以内，加拿大、美国大部分玉米、小麦的秸秆都还田，来自化肥的仅占23％～24％。这说明，即使使用化肥，土壤有机物对作物生长仍是最主要的。所以，秸秆还田是弥补长期使用化肥缺陷的极好办法。

四是改善农业生态环境。过去农村80％左右的秸秆主要采取燃烧、田外废弃处理，造成污染空气、影响交通、土壤表层焦化、影响农业生态环境等恶劣影响，有时还引起火灾。因此，实施秸秆还田有利于实现农业废弃物的综合利用，改善农业生态环境。

（二）秸秆还田的方法

秸秆还田最简单的方法就是粉碎后直接还田，但是，若方法不当也会出现问题，如小麦出苗不齐、苗黄，还会加重病害的发生。因此，要采取正确的方法实施秸秆还田。从技术角度讲要注意做到以下几点。

一是粉碎。要实施秸秆粉碎后还田，越碎越好，一般3～5厘米即可。不要超过6厘米，过长不易掩埋，压不实，不利于微生物分解腐熟。

二是适量。在一定的耕层内，实施秸秆还田要适量，不是越多越好。一般每亩300～400千克为宜，不要超过500千克，过多分解不充分影响作物发育。

三是深埋。一般掩埋15～25厘米为好，微生物活动分解旺盛，有利于加快分解腐熟。

四是补水。秸秆还田后在腐熟过程中，要吸收土壤中水分，所以，土壤墒情好是保证微生物分解秸秆的主要条件。因此，要足墒还田，玉米收获后趁墒、秸秆水分没有散尽时还田，水分不足时还要浇水补墒。

五是补肥。秸秆还田后微生物在分解过程中要吸收氮素，要求适宜的碳氮比为25：1。然而，作物秸秆的碳氮比是80～100：1，也就是说，秸秆还田后需要补充大量的氮肥来调节碳氮比。否则，微生物分解秸秆必然要与作物争夺土壤中的氮素，影响作物生长发育。一般来讲，每100千克秸秆需补充3～5千克尿素。

六是防病。实施秸秆还田，容易把带菌秸秆残体直接掩埋，加大了土壤带菌量，这样会加重土传病害的发生，如小麦纹枯病、根腐病和玉米大、小斑病等叶斑类病害。因此，实施秸秆还田的后茬作物要注意防治病害，可推行轮作还田、种子包衣、杀菌剂土壤处理，还要注意生长期的病害防治。

二、小麦要高产，冬季要精细管

小麦要高产，种是基础，管是关键，冬小麦从出苗到越冬是营养生长时期，生育特点主要是出叶、生根、增蘖。这个时期植株制造的营养物质一部分供幼苗生长，一部分贮藏起来供越冬和春季返青生长。冬前壮苗，根系发达，分蘖苗壮，贮藏的养分多，抗逆性强，利于安全越冬，春季返青早，成穗率高。弱苗根稀蘖少，制造和贮藏的营养物质也少。旺苗由于大量营养物质消耗于营养体的生长，营养贮量也少。这两种苗都不利于小麦安全越冬，而且成穗率低，会直接影响小麦的产量，因此小麦要高产，做好冬季管理非常关键。

（一）促弱苗转为壮苗

常见弱苗主要有以下几种情况：干旱苗、深播苗、板结苗、脱肥苗、盐碱苗、肥烧苗、晚播苗等。对于深播苗要进行清垄，扒去部分覆土，使分蘖节盖土厚度变浅或深中耕，改善土壤通气状况，促进发育，使苗转壮；板结苗主要是通气不良，根的吸收受影响，植株生长缓慢，应及时中耕松土，破除板结；脱肥苗要及时追肥浇水；盐碱苗有条件的地方可大水压碱，然后再进行中耕松土；肥烧苗，主要是因施了未腐熟的有机肥或秸秆还田造成，应采取浇水措施；晚播苗主要是冬前积温不足，应以中耕松土，提高地温为主，以促使其健壮生长。

（二）控制旺苗

生长旺苗一种情况是肥水条件好，播种早，麦苗旺长；一种是土壤肥力一般，因播量大，基本苗过多，播种过早，温度过高，造成麦苗徒长形成旺苗。控制旺苗的有效措施是进行镇压和深中耕，以利于新根的长出，通过这些措施，就能基本控制地上部的生长，促进地下部的生长，同时，对于旺苗，要推迟浇冻水的时间。

（三）防止死苗

实践证明，适时浇好冻水，可稳定地温，可防止寒流对麦苗的侵袭，保护麦苗安全越冬。防止早春干旱，有利于培育春季壮苗；粉碎坷垃，踏实土壤，有利于麦苗的生长。对于沙土地、壤土地特别需要浇冻水，而低洼地、黏土地、潮湿地及晚播麦田都不适宜浇冻水。晚播的麦田，必要时仍然要浇冻水，可根据具体情况灵活掌握，原则上不分蘖不浇水，以免淤苗，影响生长和造成冻害。浇冻水的时间应掌握在"昼消夜冻"的时候为宜。

（四）追施冬肥

结合浇冻水追施冬肥，施肥量不宜过大，以每亩 5～10 千克为宜。

（五）冬季镇压

冬季镇压有保墒、防冻、粉碎坷垃的作用。对于低产田更应进行冬季镇压。但由于盐碱地镇压后返碱，沙土地镇压后发板，因此，碱地、沙地不进行镇压。

三、冬小麦巧追肥

(一) 小麦巧施追肥，有利于增蘖、增穗

北方冬麦区春天麦苗返青后，根据苗情追肥，对旺苗麦田（叶形看上去像猪耳朵）每亩追过磷酸钙 15 千克，钾肥 10 千克，而不追施氮肥，防止氮多麦苗徒长，造成后期倒伏减产；对弱苗麦田（叶形看上去像马耳朵）应抓紧早追肥，每亩施碳铵 15～20 千克或尿素 5～7 千克，最好开沟深施盖土，不宜撒施，以防挥发损失。对长势较弱的麦田，小麦拔节时还要施肥，每亩可用尿素3～4 千克，沟施或穴施，有条件时并配合浇水；对于壮苗麦田（小麦叶形看上去像驴耳朵），拔节期要控制肥水管理，预防倒伏。一般少施或不施返青拔节肥，而是看苗酌情施用拔节孕穗肥。小麦孕穗期某些田块可能出现后期脱肥的情况，此时需要偏施肥，应每亩施用 5～10 千克硫铵或 3～5 千克尿素作孕穗肥。

(二) 冬小麦氮肥后移优质高产栽培技术

传统小麦栽培，有的将氮肥一次底施，不再追肥；有的底肥占 60%～70%，追肥占 30%～40%，追肥时间一般在返青期至起身期；还有的在小麦越冬前浇冬水时增加一次追肥。上述施肥比例和时间使氮素肥料重施在小麦生育前期，在高产田中会造成小麦生育前期群体过大，无效分蘖增多，中期田间郁蔽，倒伏危险增大，后期易早衰，影响产量和品质，氮肥利用效率低。氮肥后移技术将氮素化肥的底肥比例减少到 50%，追肥比例增加到 50%，土壤肥力高的麦田底肥比例为 30%～50%，追肥比例为 50%～70%；同时将春季追肥时间后移至拔节期，土壤肥力高的地片采用分蘖成穗率高的品种可移至拔节期至旗叶露尖时。

增产增效情况：较传统施肥增产 10%～15%；可提高小麦籽粒蛋白质和湿面筋含量，延长面团形成时间和面团稳定时间，显著改善优质强筋小麦的营养品质和加工品质；提高氮肥利用率 10% 以上，减轻氮素对环境的污染；与本技术配套的高产高效的灌溉技术可还提高水分利用效率 10% 以上。

技术要点：

(1) 氮肥后移，指底肥比例减少，追肥比例增加和春季第一肥水施用时期后移，分蘖成穗率低的大穗型品种由常规高产栽培的返青期或起身期后移至拔节初期，分蘖成穗率高的中穗型品种后移至拔节中期。

(2) 建立具有超高产潜力的两种类型品种的合理群体结构和产量结构，分蘖成穗率低的大穗型品种每亩 13 万～15 万株基本苗，分蘖成穗率高的中穗型品种每亩 8 万～12 万株基本苗。

（3）根据超高产麦田对氮、磷、钾元素的需肥特点，确定高产高效施用氮、磷、钾元素的数量，提高肥料利用率。

（4）根据超高产麦田的需水规律，节水高效的灌溉时期为底墒、拔节、灌浆初期，每次每亩 40 米^3，提高水分利用率。

（5）培育超高产麦田土壤肥力，达到 0～20 厘米土层土壤有机质含量 1.2％、全氮 0.08％、碱解氮 70 毫克/千克、速效磷 15 毫克/千克、速效钾 90 毫克/千克及以上。

四、小麦对微肥的需求

在微肥方面，小麦对锰、铜高度敏感，适当增施利于产量的提高；小麦虽然对锌、钼不敏感，但由于长期的大量使用磷肥，往往容易诱发缺锌、缺钼症状的发生。所以，有条件的，一般每亩底肥施硫酸锌、硫酸钙各 2 千克和硫酸铜 1 千克为好（可间隔 1～2 年施用 1 次）。钼肥的需用量很低，叶面喷施即可，产出投入比较为显著。最后是小麦生长后期进行叶面施肥。这时北方麦区常受干热风危害造成减产。如果用 0.2％磷酸二氢钾（每亩喷 50 千克肥液，用磷酸二氢钾 100 克左右）在抽穗扬花期喷 1～2 次，两次间隔时间为 10～15 天，可以促进小麦灌浆结实，并减轻干热风的危害。

五、小麦化学除草技术要点

（1）以禾本科杂草如棒头草，看麦娘等为主的麦田；每亩选用 6.9％骠马乳油 50 毫升，在杂草 2～4 叶期，对水 60 千克喷雾。

（2）以阔叶杂草如婆婆纳，猪殃草等为主的麦田；每亩选用定锄（苯磺隆）15 克或喜年丰（苯磺隆＋进口助剂）40 克，在杂草 2～4 叶期，对水 60 千克喷雾。

（3）单、双叶杂草混合发生麦田：每亩选用 70％麦草净 70 克，在小麦 1 叶 1 心期至 2 叶 1 心期对水 60 千克喷雾。

（4）稻茬免耕麦田：采用播前和出苗后二次化学除草，即在播种前 15 天左右亩用 41％农达草甘膦 200 毫升，对清水 60 千克喷雾。

六、小麦"两病一虫"的防治

锈病：用 25％粉锈宁 100 克/亩或 50％粉锈清 100 毫升，对水 60 千克喷雾，连续防治 2～3 次。

白粉病：用 80％代森锌 60 克/亩，70％甲基托布津 60 克/亩或用 70％百净清 100 克/亩，对水 60 千克喷雾，连续防治 2～3 次。

蚜虫：可用 24％万灵 50 克/亩，30％灭蚜净 100 克/亩，20％吡虫啉 10 克/

亩，40%毒丝本 40 克/亩，20%百蚜净 40 克/亩，2.5%功夫（三氟氯氰菊酯）或 2.5%敌杀死（溴氰菊酯）50 克/亩，5%来福灵（S-氰戊菊酯）30 克/亩，对水 50～60 千克喷雾、连续防治 2～3 次。

七、小麦产量要提高，冻水要浇好

抢墒播种和秸秆还田面积大，要根据苗情生长情况以及土壤墒情，科学浇好越冬水。浇冻水是保证小麦安全越冬的重要措施。

（一）小麦浇冻水的主要好处

（1）保证小麦冬季有适宜的水分供应，巩固冬前分蘖，稳定地温，压实土壤，防止冻害死苗。

（2）有利于年后早春保持较好的墒情，推迟春季第一次肥水，争取管理主动。

（3）可以风化土块，弥补地表裂缝，消灭越冬害虫。

（4）可促进土壤微生物的活动，加速土壤有机肥料分解，为小麦春季返青期的生长创造良好的肥力条件。

（5）秸秆还田的麦田越冬死苗率明显增高，要在浇完冻水后，选择土表产生冻融层时压麦保墒，也可覆盖有机肥如牛羊粪防寒。

（6）禁止在麦田放羊。

（二）冬灌注意事项

为保证小麦安全越冬，发挥冬灌防寒御冻的作用，冬灌时必须注意以下三点：

（1）合理确定浇冻水的时间　冬灌的时间因气候条件和土质条件而异。一般当 5 厘米耕层土壤内平均地温 5 ℃，日平均气温 3 ℃，表土夜冻日消，水分能从土壤里渗下去为宜。过早，气温偏高，蒸发量大，不能起到保温增墒的作用，长势较好的麦田还会因水肥充足引起麦苗徒长，严重的引起冬前拔节，易造成冻害；过晚，温度偏低，水分不易下渗，形成积水，地表冻结，冬灌后植株容易受冻害死苗。农谚说："不冻不消，冬灌嫌早；夜冻日消，灌水正好；只冻不消，冬灌晚了"，这是有科学道理的。

（2）看地、看墒、看苗情　为了小麦在返青时能处于适宜的土壤含水量，一般土壤墒情不足，耕层土壤含水量沙土地低于 16%，壤土含水量低于 18%，黏土地低于 20%都应冬灌。高于上述指标，土壤墒情较好，可以缓灌或不灌。对叶少、根少，没有分蘖或分蘖很少的弱苗麦田，尤其是晚播苗不进行冬灌；对于群体大、长势旺的麦田，如墒情好，可推迟冬灌或不冬灌。底墒好、底肥充足的麦田不浇越冬水。

（3）灌水要适量　冬灌时间以上午灌水，入夜前渗完为宜。一般亩灌水量

$45 \sim 50$ 米^3，灌水时水量不宜过大。对于缺肥麦田可结合冬灌追肥。冬灌每亩补施尿素 $5 \sim 8$ 千克。浇水后要及时进行锄划保墒，提高地温，防止板结龟裂透风，保证小麦安全越冬。

八、小麦田土很干，能不能灌水?

冬季小麦田土壤过干时，麦苗容易受干冻，特别是苗小、苗弱的田块，麦苗根系浅，更容易受干旱和干冻危害，严重的可引起死苗。在小麦田土壤过干时可以考虑适当灌水。连续多日最低气温在 $0℃$ 以上时，随时可以浇水或灌水；早晨土壤封冻，但中午能解冻时，可以在解冻后灌水，注意配套沟系，保证水能及时下渗或排出，避免田面积水。白天土壤不能解冻时，不能灌水。没有灌水条件的，适当盖土壅根或覆盖秸草等，也能起到保温保湿防冻效果。

九、低温期小麦田化除慎用药

冷空气活动频繁，寒潮天气影响范围广，麦田除草选药要特别谨慎。用药前关注天气预报，抢在"冷尾暖头"用药，大多数药剂用药后要确保气温达 $5 \sim 10℃$ 持续 3 天以上，否则防效不好且易产生药害。麦极 15% 炔草酯可湿性粉剂、麦喜 58 克/升双氟·唑嘧磺悬浮剂受天气的影响小，在低温期用药安全，并且效果较好，可以分别用来防除小麦田的禾本科杂草和阔叶类杂草。

防除麦田禾本科杂草，冷空气活动期不能使用异丙隆、精噁唑禾草灵等常用除草剂。异丙隆会使麦苗抗寒性下降，容易使麦苗受到"冻药害"，要求施药后 1 周不能出现霜冻天气。低温霜冻期施用精噁唑禾草灵，麦苗也容易受药害，除草效果会受影响。炔草酯杀草广谱，施药适期宽，混用性好，对小麦高度安全，温度变化不影响安全性，从 10 月至次年 4 月均可施药，从小麦 2 叶期至拔节期均可施药。冬季除草一般每亩用麦极 15% 炔草酯可湿性粉剂 $20 \sim 30$ 克就能取得较好的效果。

防除阔叶杂草的苯磺隆，在低温期施用除草速度慢，混用 2-甲-4 氯能提高灭草速度，但生产上一般不提倡在温度过低（低于 $5℃$）时施用这两种药。双氟·唑嘧磺在低温下药效稳定，即使温度在 $2℃$ 仍有稳定的药效；用药适期宽，11 月下旬至次年 1 月下旬均可施药。

十、防治小麦吸浆虫两个关键时期

小麦吸浆虫以幼虫潜伏在小麦颖壳内吸食正在灌浆的麦粒浆液，造成秕粒、空壳。其虫体很小，危害十分隐蔽，往年受害重的田块应注意及时防治。

小麦吸浆虫以老熟幼虫在深层土壤中结圆茧越冬，并且可以休眠多年。春季 10 厘米土温上升到 7℃ 左右时（小麦拔节期），幼虫破茧向土壤表层移动，4 月中旬小麦进入孕穗期时幼虫陆续在 3 厘米表土层中化蛹，4 月下旬成虫羽化后先在地表活动，然后在麦穗上产卵，此时正值小麦抽穗扬花期。幼虫孵化后钻进麦穗颖壳内，咬破麦粒表皮取食。

针对吸浆虫只在小麦穗期危害穗粒，小麦抽穗前幼虫、蛹和成虫集中在土壤表层活动的特点，可以采取孕穗期撒药土、抽穗扬花期喷雾的方法防治。①撒药土。每亩用 40% 辛硫磷乳油 250 毫升加水 2 千克，与 20 千克细土拌匀制成药土，在露水干后撒入麦田，然后用竹竿或细绳振动麦株，使药土完全落于地表。施药时结合灌水效果更好。②抽穗期选用啶虫脒、吡虫啉、辛硫磷、菊酯类药喷雾防治，注意加足水量喷匀喷透，选傍晚施药。

十一、小麦倒伏后咋办

小麦倒伏后叶片重叠，使光合作用受到影响，植株体内输导组织不畅通，养分和水分的运输受到阻碍，而且由于田间湿度大，通风、透光不良，极易造成白粉病、条锈病、赤霉病、纹枯病的发生，是夺得高产的最大障碍。

小麦倒伏分两种情况：一是在小麦灌浆期前发生的倒伏，称为早期倒伏。由于这时候小麦"头轻"，一般都能不同程度地恢复直立。二是灌浆后期发生的倒伏，称为晚期倒伏。这时候由于小麦"头重"不易恢复直立，往往只有穗和穗下茎可以抬起头来。及时采取措施加以补救，对提高穗粒数和千粒重意义重大。①因风吹雨打而倒伏的可在雨过天晴后，用竹竿轻轻抖落茎叶上的水珠，减轻压力助其抬头。切忌挑起而打乱倒向，或用手扶麦。②每亩用磷酸二氢钾 0.15～0.2 千克对水 50 千克或 16% 草木灰浸提液 50～60 千克喷洒，以促进小麦生长和灌浆。③加强病害的防治工作。一般轻度倒伏对产量影响不大，重度倒伏常伴有病害的发生，如不能控制病害的流行蔓延，则会雪上加霜，导致严重减产。

小麦旺长时，随时可以使用多效唑控制，根据小麦叶龄和旺长情况等，一般每亩可用 15% 多效唑可湿性粉剂 50～100 克加足水喷雾。

十二、小麦收割最佳期——蜡熟末期

小麦收获有一个最佳时期——蜡熟末期，此时收获的小麦千粒重和产量最高。收获过早或过晚，均会导致千粒重和产量降低。

小麦在蜡熟末期收获产量高的原因有二：

第一，小麦在蜡熟末期之前处于缓慢灌浆期，若此时收获，则籽粒灌浆不充分，人为导致小麦千粒重下降；若在蜡熟末期之后收获，则由于籽粒已停止灌浆，而植株仍在呼吸，消耗能量导致养分倒流，籽粒千粒重降低。同时，小麦生育后期常会遇到阴雨天气，不仅会使籽粒内含物被淋溶，籽粒千粒重降低，也常常会造成麦穗发芽，或导致籽粒霉烂，严重降低了小麦的产量及品质。

第二，小麦在蜡熟末期穗下节呈金黄色，并略带绿色，此时收获不易断头掉穗。

第二章 夏玉米高产栽培技术

玉米栽培技术着重推广玉米的"一增四改"技术、精量播种技术、全元素三位施肥技术、缓控释肥技术、种肥同播技术以及晚收技术。

第一节 玉米播种技术

一、选种

选种包含两层涵义：精选种子和选择品种。

（1）精选种子 为了提高种子质量，在播种前要对籽粒进行粒选，选择籽粒饱满、大小均匀、颜色鲜亮、发芽率高的种子，去除秕、烂、霉、小的籽粒。

（2）选择品种 要根据水肥条件、产量水平等进行选择，宜选择叶片上冲的紧凑型品种，适当增加种植密度。

二、种子处理

玉米在播种前通过晒种、浸种和药剂拌种等方法，增强种子发芽势，提高发芽率，减轻病虫害，达到苗早、苗齐、苗壮的目的。

（1）晒种 将选出的种子在晴天中午摊在干燥向阳的地上或席上，翻晒2～3天。

（2）浸种 为了让玉米早出苗，一般采用冷浸和温汤方法。冷水浸种时间为12～24小时，温汤（53～55℃）6～12小时，也可用0.2‰磷酸二氢钾或微量元素浸种12～14小时。注意：浸过的种子要当天播种，不要过夜；在土壤干旱又无灌溉条件的情况下，不宜浸种。

（3）拌种 包衣的种子自出厂到播种，间隔时间为4～6个月，这期间拌种剂的杀虫、杀菌效果已经打了折扣，为了充分发挥拌种剂的作用，建议拌前晒种、采用专用拌种剂进行二次拌种。一般情况下用市场销售的拌种剂按说明书拌种即可，如有针对性可选专一农药拌种，如杀灭地下虫每千克种子用50％辛硫磷乳油2.5毫升加水100克拌种，防治苗期茎基及根部病害每千克种子用50％多菌灵可湿性粉剂3克加水100克拌种，也可用微肥拌种，每千克种子4～5克营养素。包衣种子无需浸种和拌种。

三、抢茬播种

收获小麦后及时抢墒直播，最好前面收，后面播，实现小麦机收、切碎还田、玉米精播、化肥深施"一条龙"作业，促进玉米早发。墒情差时，可先播种后灌溉。玉米播期以 6 月 9—20 日为宜。根据山东省德州市的气候条件，早播有利于玉米早期蹲苗、延长生育时期。采用机械精量播种，要注意以下几种措施提高机械播种的质量：

（1）改善作业环境　小麦联合收获后，秸秆切碎长度 15～25 厘米，在地表形成宽 80 厘米左右的秸秆带，就像一圈圈的"金项链"，造成播种机械拥堵缠绕，严重者出现缺苗断垄现象，直接影响玉米机械播种质量和作业效率。为解决这一问题，个别地区出现了秸秆焚烧现象，造成环境污染、土壤板结。建议：在小麦联合收割机出草口处安装秸秆切碎器，将小麦秸秆切碎至 5～10 厘米，并均匀抛撒，避免小麦秸秆对播种机械壅堵，改善玉米机械直播作业环境。

（2）正确选择机械　由于选择的播种机械不当，一些地块存在大量一穴多株问题。由于农村劳动力大量转移，农业用工成本增加，农民对间定苗环节不再重视，一穴多株任其生长，不但浪费大量种子，而且多株争肥遮光，造成小苗弱苗，形成小穗残穗，增加机收损失。建议正确选用机械。目前，玉米播种机械主要有窝眼式、仓转式、转勺式、指夹式和气吸式。窝眼式清种刷易磨损、用种量大、不易成穴，因此逐渐被淘汰；市场上应用较多的是仓转式、转勺式和气吸式玉米播种机；近几年，发展较快的转勺式玉米精量播种机性价比高、单粒播种、株距可调、操作简单，深受广大机手欢迎。

一些新式功能的玉米播种机械的研发生产，也为农民朋友提供了选择余地。在秸秆粉碎质量差的地区，可选择清茬（或灭茬）玉米精量播种机，在玉米精量播种的同时施入种肥、清理秸秆，避免秸秆堆积玉米苗根部，减少二点委夜蛾对玉米的危害程度；在秸秆处理质量和水肥条件好，但土层板结严重的地区，可选择深松多层施肥玉米精量播种机，疏松土壤，一次分层分量施入全生育期肥料，减免追肥环节，省工增产；在土层深厚的中高产地块，可选用全元素"三位"施肥玉米扩行缩株精播机，在一行玉米的左右各 10 厘米和种子下方 4 厘米处，分别配施专用缓控和有机肥料，以提高玉米产量。

（3）正确调整使用　正确调整使用玉米播种机械，是提高玉米播种质量的有效措施。播前，要按照使用说明书，正确调整排种（肥）器的排量和一致性，确保种植密度；调整镇压轮的上限位置，保证镇压效果；调整播种机架水平度，确保播种深度一致。播种时要控制前进速度，一般 3～5 米/秒。作业中注意观察，随时观察秸秆堵塞缠绕情况，发现异常，及时停车排除和调整。机组在工作状态下不可倒退，地头转弯时应降低速度，在划好的地头线处及时起升和降落。

（4）规范直播技术　根据农艺和玉米机收要求，以及农业部《关于玉米生产机械化技术指导意见》，黄淮海夏玉米区要力推 60 厘米或 75～80 厘米、80 厘米×40 厘米等行距平作种植，统一标准，以利玉米机收，减少损失；提高玉米秸秆还田质量，为秋季小麦播种创造良好条件。在行距一致的情况下，通过调整播种株距，达到不同品种所要求的种植密度。播量一般在 2.5～3.5千克/亩。播深一般 3～5 厘米，沙土和干旱地区适当增加 1～2 厘米。种肥深度一般 8～10 厘米，与种子上下垂直间隔距离在 3～5 厘米，最好肥、种分施在不同的垂直面内。在播种后当天或 3 天内喷施化学除草剂，均匀覆盖土壤地表面；对黏虫数量大于 5 只/米^2 的地块，要添加杀虫剂，待药剂均匀混合后一次喷洒。

四、合理密植

推荐采用种肥灭茬同播、宽垄密植。采用玉米一行三位施肥播种机，实现了种肥灭茬同播，适当扩大行距 75～80 厘米（行距可调），以达到通风透光、健壮个体，增加穗粒数，株距可根据种植密度适当调节，通过播种机株距控制变速箱调整对应的株距，在 4 000～6 000 株之间可任意选择；亩产 650 千克建议密度 4 500～4 800 株/亩，亩产 900 千克建议密度 5 300～5 500 株/亩。

玉米的合理密度受气候、肥水、品种特性的影响，一般地力条件较高，施肥较多，灌溉条件好的，密度要大些，反之密度要小些；株型小、叶片上冲的紧凑型品种密度应大些，株型大、叶片平展的松散型品种密度应小些。耐密紧凑型玉米品种要达到 4 200～4 700 株/亩，大穗型品种要达到 3 200～3 700 株/亩，高产田适当增加。高水肥高产田块可采用宽窄行种植，宽行 80 厘米，窄行 40 厘米。株距可根据密度而定。郑单 958 适宜种植密度：500 千克以上产量水平 4 500 株/亩，株距 24 厘米；中低产田采用等行种植，行距 60～80厘米，密度适当缩小。

第二节　科学施肥技术

依据玉米整个生育期和特定时期的需肥规律，合理选择配方。

根据产量指标和地力基础确定施肥量，高产田按每生产 100 千克籽粒施用纯氮 2.5 千克、五氧化二磷 1 千克、氧化钾 2 千克计算需肥量。

在肥料运筹上，有机肥、磷肥、微肥及大部分钾肥在玉米拔节前用完（可作为基肥、种肥、苗肥施用，尽量早施）。钾肥用量较大时，可以留出 40％做穗肥。氮肥要施入土中，避免撒施，可以开沟埋施或耧播；氮肥分期施用，轻施苗肥、重施穗肥、补追花粒肥。

苗肥。在玉米拔节前将氮肥总量30％左右同其他肥料一起，沿幼苗一侧开沟深施，距苗15～20厘米，深施15厘米左右，以促根壮苗。

穗肥。在玉米大喇叭口期（叶龄指数55％～60％，第11～12片叶展开）追施总氮量的40％～50％，以促穗大粒多。

花粒肥。在籽粒灌浆期追施总氮量的15％～20％，以提高叶片光合能力，增粒重。高产攻关田可适当提高后期用氮肥比例。

后期酌情施肥。夏玉米中后期施肥应根据产量指标情况，酌情施肥，穗肥以速效氮肥效果为好，一般每亩可再追施尿素15～20千克。高产示范田要适当补施花粒肥，以补充植株养分、防止后期植株早衰、促进籽粒灌浆、提高千粒重。花粒肥以速效氮肥为宜，一般每亩可追施尿素10～15千克，在玉米行侧深施或结合灌溉施用。为了减轻劳动强度，推荐实行简化栽培，可以用同等养分含量的硫包衣玉米专用控释肥作，或控释肥＋全元素生物有机肥为基肥一次施入，在种子下方5厘米和种子两侧各10～15厘米三个方位点施肥；也可以分2次在播种时和拔节后施入。

第三节　科学灌溉技术

玉米田要不要浇水，应根据玉米的生长发育情况、天气情况和土壤含水量情况而定。播种时，良好的土壤墒情是实现苗全、苗齐、苗壮、苗匀的保证。若壤土含水量低于15％，黏土含水量低于20％，沙土含水量低于12％即需要灌水。从玉米生长发育的需要和对产量影响较大的时期来看，一般应浇好4次关键水：

（1）拔节水　玉米苗期植株较小，耐旱、怕涝，适宜的土壤水分为田间持水量的60％～65％，一般情况下可以不浇水。但玉米拔节后，植株生长旺盛，雄穗和雌穗开始分化，需水量增加。墒情不足时，浇小水。

（2）大喇叭口水　该期进入需水临界始期，不能缺水，地皮干就得浇水，此期如果干旱（"卡脖旱"），会导致小花大量退化，容易造成雌雄花期不育。

（3）抽穗开花水　玉米抽雄开花期前后，叶面积大，温度高，蒸腾蒸发旺盛，是玉米一生中需水量最多、对水分最敏感的时期。此期为需水高峰，应保证充足水分，如地表土手握不成团，应立即浇水。浇水一定要及时、灌足，不能等天靠雨，若发现叶片萎蔫再灌水就会减产。

（4）灌浆水　籽粒灌浆期间仍需要较多的水分。适宜的土壤含水量为田间持水量的70％～75％，低于70％就要灌水。此期保持表土疏松，下部湿润，保证有充足的水分，遇涝注意排水。

第四节　玉米化控技术

在玉米拔节期前后 3～5 天，此时玉米有 6～7 片叶，这时田间喷施玉米生长化控剂，能够降低穗位高，增强植株抗倒伏能力。化控剂选择要注意使用专用控旺剂，不能使用含乙烯利成分的产品，注意正确化控时间，把握好控旺时机。化控过早或过晚，都不易形成壮苗。

第五节　夏玉米田除草技术

夏季杂草生长迅速，与玉米争水、争肥、争空间，对玉米苗期生长危害较大，特别是玉米苗期生长较慢，草害严重时造成苗瘦、苗弱，必须进行除草。除草方法有多种：

（一）中耕灭茬

小麦收割后及时灭茬，结合灭茬，松土除草。

（二）麦秸覆盖

麦收后将麦秸覆盖在宽行上，既可控制杂草，又可培肥土壤。

（三）除草剂封闭

滥用除草剂污染环境，使用除草剂是最后的办法。

（1）除草剂品种　目前用于玉米田土壤封闭的除草剂品种很多，效果比较好的有两个品种：40％玉丰悬乳剂和40％乙阿悬乳剂。

（2）使用时间　玉米播种后出苗前。这一时期杂草正处于出苗期，易触药而死亡，待杂草出苗后再喷药，效果就不会太理想。

（3）使用剂量　常用药量，亩用 40％玉丰悬乳剂 165 克或 40％乙莠悬乳剂 180 毫升。严禁点燃麦茬，以防燃烧后的麦灰与除草剂发生反应，降低药效。

（4）使用方法　要求必须在浇水或降雨后田间湿度较大时使用。兑药时要充分摇匀，然后按使用面积计算药量，并准确量取。先加少量水将药剂稀释成母液，然后按每亩药量对水 40～50 千克，搅拌均匀后对土壤表面均匀喷雾。喷药时采取边喷边退的方式进行。

（5）注意事项　一是最好使用喷雾器，对水量要充足，喷雾要均匀，勿重喷或漏喷，避免大风天气喷雾；二是如果土壤干旱，进行土壤处理时，应加大喷液量，可以提高灭草效果；三是喷药后地表形成一层药膜，不要中耕而破坏药膜；四是喷药以早上 10 时前或下午 4 时为好，避免药液挥发或破坏药膜；

五是喷药后及时用碱水清洗喷雾器械，免伤其他作物。

第六节　玉米人工去雄和辅助授粉技术

一、人工去雄

玉米去雄只要方法得当，一般均表现增产。因玉米在抽穗开花过程中，雄穗呼吸作用旺盛，消耗一定养分，去雄后节省养分、水分，可供雌穗发育，增加穗粒数，去雄还可以改善植株上部光照条件、降低株高、防止倒伏，同时，去雄可有兼防玉米螟的效果。据试验，去雄可增产 10％左右。农民反映说，"玉米去了头，力量大无穷，不用花本钱，产量增一成"。

去雄虽然是一项增产措施，但如果操作不当，茎叶损失过多，还会造成减产，因此，去雄剪雄时要掌握以下几点：

第一，去雄要在雄穗刚露出顶叶尚未散粉时，用手抽拔掉。如果去雄过早，易拔掉叶子影响生长；过晚，雄穗已开花散粉，失去去雄意义。

第二，无论去雄或剪雄，都要防止损伤叶片，去掉的雄穗要带到田外，以防隐藏在雄穗中的玉米螟继续危害果穗和茎秆。

第三，去雄要根据天气和植株的长相灵活掌握。如果天气正常，植株生长整齐，去雄可采取隔行去雄或隔株去雄的方法，去雄株数一般不超过全田株数的 1/2 为宜，靠地边、地头的几行不要去雄，以免影响授粉。授粉结束后，可将雄穗全部剪掉。以增加群体光照和减轻病虫害。如果碰到高温干旱或阴雨连绵天气，或植株生长不整齐时，应少去雄或不去雄，只在散粉结束后，及时剪除大田全部雄穗。

第四，去雄要注意去小株、去弱株，以便使这些小弱株能提早吐丝授粉。

二、辅助授粉

玉米是异花授粉作物，往往因高温干旱或阴雨连绵造成授粉不良，结实不饱满，导致减产。试验证明，实行人工辅助授粉能减少秃顶和缺粒现象，使籽粒饱满，一般可增产 10％左右。玉米雄花开放主要在上午 8—11 时，此时花粉刚开放，生活能力强，加之上午气温较低，田间湿度较大，最易授粉授精，如果没有风，花粉不易落下，到午后气温升高，田间湿度也下降，花粉生活力降低，甚至死亡，即使再落下来，也无授粉能力。因此，在盛花期如果无风，就要实行人工辅助授粉。

人工辅助授粉可采用人工拉绳法，即用两根竹竿，在竹竿的一端拴上绳子，于上午 9—11 时，由两人各拿一竹竿，每隔 6～8 行顺行前进，使绳子在雄穗顶端轻轻拉过，让花粉散落下来。授粉工作要在花粉大量开放期间，一般进行 2～3 次。对于部分吐丝晚的植株，如果田间花粉已经散完，无法再授粉，则应采集其他田块玉米的花粉进行授粉。

第七节　玉米的收获技术

适时晚收技术指在不影响小麦播种的情况下尽量推迟收获期，增加千粒重，促使玉米增产。克服苞叶发黄即收获的老习惯，在玉米籽粒乳线消失即苞叶发黄后 7～10 天开始收获，即玉米穗苞叶变白松散，籽粒全部硬化，且有光泽，籽粒出现黑胚层时收获，一般后茬种小麦的地块在兼顾小麦最佳播种期的前提下提倡玉米适宜收获期为高产田 10 月 5 日前、一般田为 9 月底。此时收获不仅产量高而且品质也好，是玉米的最佳收获期。

第八节　夏玉米病虫草害主要种类

夏玉米田发生的害虫主要有：地下害虫、玉米螟、黏虫、叶螨（红蜘蛛）、蚜虫、桃蛀螟、棉铃虫等。

夏玉米田发生的主要病害有：玉米粗缩病、褐斑病、大（小）斑病、弯孢菌叶斑病、丝黑穗病、玉米纹枯病、锈病等。

山东省夏玉米田杂草种类主要以禾本科杂草与阔叶杂草混生为主，其常见杂草有马唐、狗尾草、牛筋草、马齿苋、反枝苋、皱果苋、铁苋菜等。

一、主要害虫及其防治

（一）地下害虫

主要有地老虎、蛴螬、蝼蛄等。

地老虎：地老虎较小的幼虫（一、二龄幼虫）昼夜活动，啃食心叶或嫩叶；较大的幼虫（三龄后）白天躲在土壤中，夜出活动为害，咬断幼苗基部嫩茎，造成缺苗。大部分地下害虫多发生在玉米 6 叶期以前。发生严重的田块，常常造成缺苗断垄，使亩株数减少，严重减产。

防治地老虎的措施：

1. 诱杀技术　地老虎成虫具有较强的趋光和趋化性。诱杀成虫是防治地老虎的上策。方法是利用频振式杀虫灯诱杀。

杂草是成虫产卵的主要场所，也是幼虫转移到玉米幼苗上的重要途径。在玉米出苗前彻底铲除杂草，并及时移出田外可有效地压低虫口基数。

对四龄以上幼虫用毒饵诱杀效果较好，方法是每亩用 0.5 千克 50% 辛硫磷乳油，加清水 5 升左右，喷在 4～5 千克炒香的黄豆饼上（也可用棉籽皮代替），搅拌均匀即成。于傍晚撒施于玉米幼苗附近。

2. 药剂防治

（1）种子包衣　种子包衣可以起到杀虫、杀菌和促进幼苗生长等多种功能。常用的种衣剂以含有杀虫剂毒死蜱为首选，禁用或限用含有克百威、甲拌磷等高毒杀虫剂的种衣剂。

（2）药剂拌种　可选用毒死蜱、辛硫磷、甲基异柳磷等药剂按照药剂使用说明剂量加水稀释后均匀喷洒到玉米种子上即可。

（二）玉米螟

玉米螟又称玉米钻心虫，是黄淮海夏玉米产区主要害虫之一。玉米螟是多食性害虫，寄主植物多达 200 种以上，主要为害的作物是玉米、高粱等。

玉米螟的综合防治：

（1）越冬期防治　玉米螟幼虫绝大多数在玉米秆和穗轴中越冬，第二年春天在其中化蛹。对玉米、小麦轮作区，提倡收获玉米雌穗后秸秆还田然后再播种小麦；如果玉米秸秆收获，建议 4 月底以前应把玉米秆、穗轴作为燃料烧完，或作饲料加工粉碎完毕。这是消灭越冬玉米螟，有效控制第二年玉米螟发生的基础措施。

（2）大口期防治　在心叶末期被玉米螟蛀食的花叶率达 10% 应进行防治。防治方法：用 1.5% 辛硫磷颗粒剂按每亩 0.25 千克，掺细沙 7.5 千克，拌匀，撒入心叶中，防治效果良好。

（3）生物防治　在大喇叭口期玉米螟产卵高峰期接种松毛虫赤眼蜂卵控制玉米螟的发生。当田间百株卵块达 3～4 块、天气晴朗时即可放蜂。一般每亩释放 2 万～3 万头赤眼蜂，分两次释放，间隔 5～7d。每亩放 3 个点，每个点周围半径一般以 20 米左右为宜。放蜂时，选玉米植株中部叶片，将叶片从中间主脉撕开一半，向茎秆方向卷成筒，然后将准备好的蜂卡固定其中即可。

（4）穗期防治　穗期玉米植株高大，难以喷药防治。若玉米螟发生较重可采用人工滴注药剂的方法（尤其适于制种田）。常用的药剂有 40% 敌敌畏乳油、5% 高效氯氰菊酯乳油、40% 辛硫磷乳油或 20% 氰戊菊酯乳油。稀释 500 倍液，在雌穗苞顶开一小口，注入 2 毫升左右药液，可兼治穗期发生的棉铃虫。

（三）黏虫

黏虫是一种暴发性的害虫，俗称行军虫、夜盗虫，年份之间发生有一定差异。此虫在山东省不能越冬，初虫源是由外地迁入的（成虫）。第 2 代危害玉米，此时正值小麦生长后期，幼虫不取食小麦，以田间幼嫩杂草和玉米为食，待小麦收割后，幼虫全部转移集中到套种玉米的植株上取食，如不及时防治，黏虫会将玉米的叶片全部吃光。

防治方法：

（1）成虫盛发时，采用频振式杀虫灯诱杀。

（2）幼虫的防治以生物防治如 Bt 制剂等和化学防治相结合的方式。药剂可选用：灭幼脲（一氯苯隆、灭幼脲Ⅲ号、苏脲Ⅰ号）、高效氯氰菊酯、功夫等。

（四）蚜虫

危害玉米的蚜虫主要是玉米蚜。该虫自玉米大喇叭口时期直到玉米收获时均能为害。

防治玉米蚜虫常用的高效低毒药剂有：吡虫啉、啶虫脒以及含有二者有效成分的混剂。

（五）桃蛀螟

桃蛀螟是近几年在黄淮海夏玉米种植区穗期发生的重要害虫之一，常常和玉米螟、棉铃虫混合发生，发生的数量和危害程度较后两者严重。

桃蛀螟的防治与玉米螟相结合，且基本相同。

二、主要病害及其防治

（一）粗缩病

玉米粗缩病是由灰飞虱传播病毒引起的一种病毒病，发病后植株矮化，叶色浓绿，节间缩短，基本上不能抽穗，因此发病率几乎等于损失率，许多地块绝产失收。

1. 发病条件及规律　玉米粗缩病毒主要在小麦和杂草上越冬，也可在传毒昆虫体内越冬。当玉米出苗后，小麦和杂草上的灰飞虱即带毒迁飞至玉米上取食传毒，引起玉米发病。在玉米生长后期，病毒再由灰飞虱携带向高粱、谷子等晚秋禾本科作物及马唐等禾本科杂草传播，秋后再传向小麦或直接在杂草上越冬，构成循环。

粗缩病的发生发展与灰飞虱在田间的活动有密切的关系。当田间小麦近于成熟时，第一代灰飞虱带毒传向玉米，所以播种越早，发病越重，一般春玉米发病重于夏玉米。夏玉米套种发病重于夏直播玉米。山东省 5 月下旬是第一代灰飞虱迁飞活动高峰，此时正值玉米苗期，所以发病重。

2. 综合防治　防治策略应选种抗耐病品种和加强栽培管理、配合药剂防治的综合措施。

（1）选用抗耐病品种　目前没有发现对粗缩病免疫的品种，抗病品种也少，生产上有较耐病的品种，可选择使用。

（2）调整播种期和耕作方式　调整播期，适期播种，避开 5 月中下旬灰飞虱传毒高峰。夏玉米应在 5 月底至 6 月上旬播种，改套种为夏直播，清除地头、地边杂草，减少侵染来源。对早播玉米发病重的，应尽快拔除改种，发病轻的地块应结合间苗拔除病苗，并加大肥水，使苗生长健壮，增强抗病性，减轻发病。

（3）药剂防治　吡虫啉对灰飞虱有十分突出的防治效果，使用含有该药剂的玉米种衣剂处理种子，是控制幼苗期灰飞虱危害，防治粗缩病传播的有效措施。常用的种衣剂有5.4%吡·戊玉米种衣剂或含有吡虫啉的其他种衣剂。

未包衣处理的玉米种子，如果是麦套玉米，在小麦收割后对玉米苗立即喷洒吡虫啉或啶虫脒，包括田间、地头的杂草也要均匀喷洒药剂，有效控制灰飞虱，防止病毒的再传播。

（二）玉米大（小）斑病

玉米大（小）斑病是玉米上的重要叶部病害。20世纪70~80年代，随着抗病杂交种的推广应用，大（小）斑病基本得到控制。目前，由于病原菌小种的演变，加上生产中推广的某些骨干自交系较感染大（小）斑病，使大（小）斑病在某些区域不同程度发生，尤其是制种田。

玉米大（小）斑病综合防治措施：防治策略以推广和利用抗病品种为主，加强栽培管理，及时辅以必要的药剂防治。

药剂防治：目前，防治大（小）斑病常用50%多菌灵可湿性粉剂500倍液或70%甲基硫菌灵可湿性粉剂800倍液，隔5~7天喷一次，连续防治2~3次。

（三）玉米丝黑穗病

玉米丝黑穗病又称乌米、哑玉米，是一种苗期侵染、严重影响玉米高产的一个重要病害。

综合防治措施：

（1）种植抗病品种　利用抗病品种是防治丝黑穗病的根本措施。

（2）种子处理　采用种子包衣技术，是有效控制该病害的重要措施之一。

常用的高效、低毒玉米种衣剂有5.4%吡·戊悬浮种衣剂、20.3%毒·福·戊悬浮种衣剂等，种衣剂中含有防治玉米丝黑穗病的高效药剂——戊唑醇，对该病害有突出的控制效果；如果种子未进行包衣处理，也可使用戊唑醇、福美双、三唑酮（粉锈宁）等药剂拌种处理，也会收到较好的效果。

（四）玉米锈病

玉米锈病是我国华南、西南玉米上的常见病害，以前北方少有发生，一般年份仅在玉米成熟后期叶上出现零星病斑，不构成产量影响。近年来，由于品种的改变和气候等因素的影响，使北方夏玉米锈病有一定程度的流行危害，发病玉米叶片干枯，后期早衰，籽粒不饱满，造成较大减产。

玉米锈病的综合防治：

（1）选种适合当地的抗、耐病高产品种。

（2）加强栽培管理，合理施肥，防止偏使氮肥，合理增施磷钾肥。

（3）化学防治。在发病初期可用 25％三唑酮可湿性粉剂 800 倍液喷雾，7 天后视病情进行再次防治。戊唑醇、苯醚甲环唑等均可。

（五）玉米褐斑病

该病主要危害叶片、叶鞘和茎秆，以前对玉米生产影响不大。进入 21 世纪后尤其是近几年来，褐斑病在黄淮海夏玉米产区发生逐年加重，造成叶片干枯早衰，影响产量。

玉米褐斑病的综合防治：

（1）选种适合当地的抗、耐病高产品种。

（2）加强栽培管理，合理施肥。防止偏使氮肥，合理增施磷钾肥。

（3）适当降低种植密度，提高田间通透性。

（4）发病重的地块，玉米收获后清除病残体，避免秸秆还田。

（5）化学防治。在发病初期可用三唑酮、丙环唑、苯醚甲环唑等药剂防治，7 天后视病情进行再次防治。

三、玉米杂草防除

（一）常见杂草

禾本科杂草：马唐、牛筋草、狗尾草等。

阔叶杂草：反枝苋、皱果苋、鳢肠、藜、铁苋菜、苘麻等。

莎草科杂草：香附子。

（二）化学防除技术

1. 播后苗前除草

（1）单剂　a. 甲草胺、乙草胺、丁草胺、异丙草胺、异丙甲草胺、二甲戊乐灵；b. 莠去津、莠灭净、扑草净、氰草津、2,4-D 丁酯。

（2）混剂　a＋b。

常用的土壤处理混用组合：乙草胺＋莠去津；异丙草胺＋莠去津；丁草胺＋莠去津；甲草胺＋乙草胺＋莠去津；甲草胺＋异丙草胺＋莠去津；乙草胺＋氰草津。

2. 苗后茎叶处理

（1）防除禾本科与阔叶杂草　烟嘧磺隆、磺草酮、甲基磺草酮（硝磺草酮）、砜嘧磺隆（安全性较差）等。

（2）防除阔叶杂草为主　噻吩磺隆、莠去津、2,4-D 丁酯（东北）、二甲四氯（2-甲基-4-氯苯氧乙酸）、苯达松、氟嘧磺隆、氯氟吡氧乙酸等。

3. 常用茎叶处理混用组合　烟嘧磺隆＋莠去津；磺草酮＋莠去津；甲基

磺草酮＋莠去津；烟嘧磺隆＋2,4-D丁酯；烟嘧磺隆＋二甲四氯。

4. 芽前芽后除草　具有"封杀"作用除草剂混剂：乙草胺＋烟嘧磺隆＋莠去津；异丙草胺＋烟嘧磺隆＋莠去津；异丙甲草胺＋烟嘧磺隆＋莠去津；乙草胺＋甲基磺草酮＋莠去津；异丙草胺＋甲基磺草酮＋莠去津；异丙甲草胺＋甲基磺草酮＋莠去津。

第三章　棉花高产栽培技术

第一节　棉花栽培技术

一、棉花的生育阶段

棉花的一生可划分成 5 个生育阶段：

（1）播种出苗阶段　从播种到出苗，主要是扎根出苗，一般 10～15 天。

（2）苗期阶段　从出苗到现蕾，该阶段主要是长根、长茎叶、出分枝，一般 40～45 天。

（3）蕾期阶段　从现蕾到开花，该阶段根系生长最快、茎叶生长加快、开始现蕾并生长，一般 25～30 天。

（4）花铃期阶段　从开花到吐絮，该阶段茎叶生长快，蕾、花、铃大量形成，吸收肥水最多，一般 50～60 天。

（5）吐絮期阶段　从吐絮到收花结束，成熟的棉铃逐渐开裂吐絮，一般 30～70 天。各阶段棉花生长中心和生长要求的条件不同，生产上要分阶段搞好管理。

二、棉花的六大生长特性

棉花的六大生长特性：①无限生长特性。棉花在适宜和环境条件下可以不断生长，现蕾、开花结铃，表明了棉株个体有巨大的增产潜力。②喜温、喜光性。棉花喜欢在较高温度条件下生长。③营养生长和生殖生长并进，时间长。④再生能力强。⑤适应性广。⑥株型可控。

三、转 BT 基因抗虫棉品种的生育特点

转 BT 基因抗虫棉是指外源抗虫基因导入棉花体内而使棉花具有抗虫性状的抗虫棉，可分为转 BT 基因抗虫棉、转 CPTI（豇豆胰蛋白酶抑制基因）基因抗虫棉等。我国目前主要有单价基因抗虫棉（导入一个 BT 基因）、双价基因抗虫棉（探入 BT＋CPTI 基因）。转 BT 基因抗虫棉能产生使害虫消化道丧失功能的晶体蛋白质，害虫取食后在碱性肠道中被降解活化而产生毒性，使消化道溃烂，pH 升高，最终害虫麻痹死亡。抗虫棉的推广改变了棉田的生态环境，棉铃虫种群由 20 世纪 90 年代的大暴发转变为现在的中等发生。抗虫棉的特点是抗棉铃虫和其他鳞翅目害虫，而不抗蚜虫、蓟马、盲蝽象等害虫和红蜘

蛛，抗虫棉的抗虫性在棉花不同的生育阶段和不同器官存在差别，环境条件对抗虫性有影响，一般是生长前期抗虫性强、后期抗虫性弱，生长点抗虫性强，花、蕾、铃抗虫性差，高温干旱抗虫性下降。抗虫棉品种多表现苗期偏弱、中后期加快，茎枝纤细、株型紧凑，现蕾早、成铃率高、单铃重偏低，后期易出现早衰等情况。现在推广的品种很多已克服了长势弱、后期早衰、单铃重偏低的缺点，但仍具有结铃性强、成铃率高的特点。

四、播种准备

1. 土地准备 棉花的前茬以小麦、豆类、瓜类、绿肥带田为宜，切忌重迎茬和连作。土壤以沙壤土和轻壤土为好，种植地块应选择土层较厚，地势平坦的中上等肥力地块。

（1）深耕整地 高产棉田 2 年深耕 1 次，冬前深耕，耕深 30 厘米左右，耕后晒垄，以利挂雪过冬和接纳春雨，春天及时进行旋耕和耙耢。

（2）增施有机肥 亩施优质土杂肥 2 000～3 000 千克，或商品有机肥（有机质含量 30%、氮磷钾含量 4%）200 千克以上。

（3）棉柴还田 一熟或下茬不种越冬作物的棉田 11 月中下旬收花结束后进行。秸秆还田的地块每亩用尿素 10 千克，有利于秸秆腐解。

2. 种子准备 选用良种进行种子处理，是抵抗不良环境条件，减少苗期病害，提高田间出苗率，争取全苗、齐苗、壮苗的重要措施。

（1）选用良种 肥水条件好的棉田可选鲁棉研 15、鲁棉研 20、鲁棉研 24、鲁棉研 25 等杂交抗虫棉品种，中等肥力棉田选用鲁棉研 21、鲁棉研 22、鲁棉研 28 等良种。

（2）选种晒种 精选成熟饱满，并具有本品种特性的种子。播种前晒种 3～5 天，每天晒种 4～6 小时，晒种时将种子放在木板或苇席上，不要直接放在砖底或水泥地上。晒种有促进后熟消灭种子表面病菌的作用，对苗期的角斑病、炭疽病有一定的防效。

（3）药剂处理 有消毒杀菌和促进发芽、出苗等作用。方法是：播种前用 40%甲基异柳磷，每 100 千克种子用 2 千克甲基异柳磷，对水 1.5～2.0 千克稀释后，均匀喷洒在种子上，拌匀后堆闷 4 小时即可播种。

3. 种植密度

（1）250～30 千克产量水平。

表 1-1 250～30 千克产量水平的棉花种植密度

株高（厘米）	密度（株）	行距（厘米）	株距（厘米）	果枝（个）	亩铃数（个）
100	2 800～3 500	80	27	14	60 000～65 000

平均每个果枝有铃 1.4~1.6 个。

（2）200~250 千克产量水平。

表 1-2　200~250 千克产量水平的棉花种植密度

株高（厘米）	密度（株）	行距（厘米）	株距（厘米）	果枝（个）	亩铃数（个）
80	>4 000	70	23	10~20	45 000~55 000

平均每个果枝有铃 1.1~1.4 个。

（3）300~350 千克产量水平。

表 1-3　300~350 千克产量水平的棉花种植密度

株高（厘米）	密度（株）	行距（厘米）	株距（厘米）	果枝（个）	亩铃数（个）
120	2 500~3 000	80~90	30~33	15~16	70 000~80 000

平均每个果枝有铃 1.9~2.2 个。

（4）300 千克以上产量，棉瓜间作或地力较高的黏土地。

表 1-4　300 千克以上产量的棉花种植密度

株高（厘米）	密度（株）	行距（厘米）	株距（厘米）	果枝（个）	亩铃数（个）
140	2 000~2 500	100	30~33	16~17	70 000~80 000

平均每个果枝有铃 2.2~2.5 个。

4. 播种技术

（1）确定播种期　播种的时期根据地温及晚霜期来确定，一般当土壤深 5 厘米地温连续 3~5 天稳定在 12~14℃ 时即可播种，一般当地在 4 月 15—25 日是最佳播期。适期播种可使棉花生长健壮，现蕾开花提早，延长结铃时间，有利于早熟、高产、优质；播种过早，地温低，容易造成烂种、缺苗；播种过晚，生育期推迟，导致晚熟、减产，降低纤维品质。

（2）播种技术　播种要求播行端直，行距一致，播深适宜，深浅一致，播种均匀，无漏播、重播。播种有点播和条播两种方法。播深以 3~4 厘米为宜。人工点播每穴 2~4 粒种子，机播每穴 4~5 粒种子，播后覆土厚度 0.15~1.0 厘米。

第二节　棉花的生育期管理

一、棉花苗期管理（4 月下旬至 6 月上旬）

主要任务：防治苗病，促苗齐苗壮。

（1）及时放苗　放苗后不堵土，湿度大时把放苗孔扒大，散湿、减轻苗病。晚播棉应特别注意天气变化，如遇高温，棉花应"拱土放气、见绿放苗"，预防高温烧苗。

（2）间苗、定苗、合理密植　棉花 2～3 叶片真叶后定苗，一般棉田每亩留苗 3 000～4 000 株。

（3）严格拔除不抗虫杂株　抗虫棉与普通棉相比，抗虫棉子叶偏小，皱褶明显，叶色深绿，棉株小、长势弱株型紧凑；而杂株子叶平展肥大，叶色浅，长势旺；在间苗、定苗时，将不符合抗虫棉长相的杂苗去掉，提高整体的抗虫性，千万不要根据苗大小留苗。

（4）及时喷药保护，预防苗病　5 月上旬，棉苗出齐后，及时喷施杀菌剂康有力、噁霉灵＋硕丰 481 增强抗病能力，减轻苗病发生。一般 6～7 天喷药 1 次，连喷 2～3 次。

（5）早揭地膜　5 月中旬开始防治棉蚜，选用高招、佳和定、锁杀等精品杀虫剂，每 6～7 天用药一次，可防治苗蚜，兼治红蜘蛛以外的其他害虫。麦收前后，红蜘蛛发生时，可选用索螨等高效杀螨剂配合使用，兼治红蜘蛛。6 月 20 日左右可揭膜。

二、棉花蕾期管理（6 月上旬至 7 月上旬）

此阶段确保棉花稳长是关键；发棵稳长，搭好丰产架子，为棉花高产打下基础。

（1）促稳长，控徒长　地膜棉或水肥条件好的棉田容易徒长，形成高脚苗；管理上要"以控为主"控制徒长：①农业措施：苗期未揭地膜的棉田，此时一定要揭膜，并中耕松土，促根下扎，实现发棵稳长。②化控一般使用助壮素化控，应本着"少量多次，宁少勿多"的原则。参考：每亩 0.5～1.0 克缩节胺对水 30 千克，或 20 毫克/千克的矮壮素喷洒，可达到矮化、增产的目的。具体使用量要"看天、看地、看棉花"，灵活掌握。

（2）棉铃虫的防治　不要用药防治棉铃虫卵和初孵化后的小幼虫，沾针尖大小一点抗虫棉叶就可中毒死亡，死亡率达到 99.5％以上，此时用药纯属浪费。由于抗虫棉对二铃以上的幼虫效果很差；所以当百株二龄以上的幼虫达到 8 头时，才要考虑用药防治。一般抗虫性好的棉田，用氟铃脲均匀喷雾 1～2 次即可控制危害。

（3）严格去除不抗虫杂棵　抗虫棉田棉铃虫多，大多是种棉纯度差，不抗虫杂棵多引起的。杂棵一般表现顶尖、蕾花被害严重，叶片大、颜色浅，发现后应及时拔除。只要杂棵不超过 15％，拔除后一般不会影响产量。

（4）肥水管理　蕾期一般不施肥。遇旱，棉花红茎比例超过 2/3 时，浇小水，浇后及时中耕，破除板结，地力差、长势弱的棉田可追施尿素 5～7.5

千克。

（5）预防棉花枯黄萎病 蕾期是枯黄萎病的发病关键时期，可喷硕丰481或棉满丰、速补钾等，增强抗病能力；发现田间有枯黄萎病株时，加康有力或太森等喷雾防治，一般喷2～3次可有效控制病情。

（6）培土 6月下旬结合中耕松土，培土高度15～20厘米，时间一般不晚于7月1日。

（7）重施花铃肥 花铃期是棉花需肥高峰期，无论何种棉田都要重施花铃肥。①施肥品种：以速效氮肥为主，可亩施尿素15～20千克，也可亩施硝酸磷钾22-9-9的25～30千克。②施肥时间：一般为6月底7月初"薄地见花施肥，肥地见桃施肥"，同时应注意遇旱浇水，以水调肥。③施肥方法：在大行中间串施，切记不要在小行施肥，以免离根太近，烧根伤苗。

三、花铃期管理（7月中旬至8月下旬）

此阶段棉花和长棵同时进行，协调好二者的关系是关键；控旺长，防早衰、增结桃是主要任务。

（1）控旺长 初花期（7月1—20日）是控制棉花旺长的关键时期，每亩用缩节胺3～5克对水45千克或40毫克/千克的矮壮素喷洒。同时结合防虫，于盛花期、结铃期叶面喷施0.2%磷酸二氢钾，可以防止早衰，减少落桃，增加铃重。

控旺长要达到的标准：

①理想的株型，株高和行距比1：0.8。

②大暑前后（7月23日左右）带1～2个成铃封行，达到"下封上不封，中间一条缝"。

（2）适时打顶 打顶时间一般为7月15—20日，最晚不超过7月25日。实际生产上棉农可根据棉棵和平均行距的比是1：0.8。棉棵过高脱落严重，而且棉铃发育不好，铃重轻。

（3）防早衰

①补施盖顶肥：7月底、8月初每亩在大行撒施尿素7～10千克。

②叶面喷肥：8月10日前主要喷施硕丰481或棉满丰、速补钾等腐殖酸叶面肥（目的是防脱落，补充微量元素，增强抗病能力）。8月10日至9月10日，喷施0.2%～0.3%磷酸二氢钾和1%～2%尿素混合液，一般喷3次以上。此时根系逐日老化、吸收能力差，必须叶面补充肥料。

（4）旱浇水 花铃期遇旱，必须及时浇水，以水调肥，满足棉花正常生长的需要，此时棉株需水量大，并且也不易起徒长，一般要饱灌，保持花铃期地皮不见干。

四、吐絮期管理（8月下旬至11月上旬，70~80天）

改变以往棉花管理"前紧、中松、后不管"的习惯，既要加强肥水管理增强铃数、铃重，又要持续防治盲蝽象保秋桃。

（1）盲蝽象防治不松懈　坚持6~7天打药1次，防治盲蝽象兼治其他害虫；一般于9月中旬，顶部棉桃皮老化，盲蝽象无法危害才能停药。

（2）重视叶面补肥　结合治虫加0.2%磷酸二氢钾或1%尿素溶液，叶面补充营养，促早熟、增铃重。

（3）剪空果枝，9月1日去无效花蕾　可减轻害虫发生，节约养分，促进结大铃。

第三节　棉花的栽培技术管理

一、棉花肥水管理

1. 棉花的需肥规律　棉花苗期以根生长为中心，吸收氮、磷、钾的数量占一生吸收总量的5%以下；进入营养生长与生殖生长的并进阶段，根系迅速扩大，吸收氮、磷、钾的数量占一生吸收总量的35%；花铃期是形成产量的关键时期，吸收氮、磷、钾的数量占一生总量的60%，吸收强度和比例均达到高峰，是棉花养分的最大效率期和需肥最多的时期；吐絮期棉花长势减弱，吸肥量减少，吸收养分占一生总量的5%，吸收强度也明显下降。

2. 施肥技术　肥沃棉田应注重施厩肥、秸秆还田、复播绿肥等有机肥料的使用。由于棉花生长要求丰富的矿质营养，所以在施有机肥料时再配合适量的磷、钾肥，高产棉田一般要求施有机肥4 000千克/亩，硝酸铵80千克/亩，过磷酸钙60千克/亩，缺钾土壤施硫酸钾30千克/亩。棉花生长期追肥遵循"轻施苗肥，稳施蕾肥，重施花铃肥，补施盖顶肥"的原则，苗期应施尿素10~15千克/亩，蕾期施尿素20~25千克/亩，花铃期在棉株基部坐1~2个成铃时施20~35千克/亩尿素或硝酸铵，盖顶肥一般在立秋后施尿素或硝酸铵15~25千克/亩。

3. 水分管理　棉花的需水规律：棉花出苗到现蕾阶段需水量低，占全生长期总需水量15%以下；现蕾后需水量逐渐增大，此阶段需水量占全生长期总需水量12%~20%；开花以后，棉株生长旺盛，需水量大，需水量占全总需水量45%~65%；吐絮期由于气温下降，需水量逐渐减少，需水量占全总需水量10%~20%。

4. 灌溉技术　灌溉有播前贮备灌溉和生育期灌溉两种。播前贮备灌溉即冬耕后的灌溉，以利提高土壤水分和墒情。生育期灌溉即棉花出苗到收获的灌溉，棉花全生育期灌水 4～5 次，苗期一般不灌水，现蕾至开花期是棉田灌水关键时期，应及时灌水。灌头水后，再遇干旱，第 2 水必须及时；进入花铃期后，雨热同季，应注意旱涝防护，必须根据土壤墒情、田间湿度和植株长势掌握灌水时间和灌水量；棉花最后一水应掌握至 8 月中下旬灌。

二、棉花的整枝技术

1. 蕾期去叶枝（"脱裤腿"） 棉花现蕾后，将第一果枝以下的叶枝幼芽及时去掉，可以减少营养消耗，改善棉田通风透光，去叶枝应保留果枝以下的 2～3 片叶，它们对根系提供有机养料有一定的作用。弱苗则不需去叶枝。生长过旺的棉田，为抑制营养生长，防止徒长，可将结果枝以下的枝叶全部抹去，称为"脱裤腿"。在缺苗处保留 1～2 个叶枝，可充分利用空间，多结铃。

2. 花铃期摘心（打顶） 适时打顶，就是解除棉花顶端优势，使植物生长素与养料集中流向侧芽，也是改变棉株体内营养物质运输分配的方向，使养料运向生殖器官，有利于植株多结铃，增加铃重。要注意的是不得过早打顶，否则会影响总铃数，减轻铃重及养料的消耗。正确的打顶时间，应根据气候、地力、密度、长势等情况决定。棉农的经验是"以密定枝，以枝定时；时到不等枝，枝到看长势"。一般棉田每公顷总果枝数达到 90 万个左右时打顶较为适宜。打顶应掌握轻打、打小顶，晴天打顶有利于伤口愈合。

3. 吐絮期打老叶及推株并垄 吐絮期如果棉田枝叶茂盛荫蔽，可将可将主茎下部老叶打掉，空果枝剪去，抹赘芽等，对荫蔽特别严重的棉田，将相邻两行棉株分别拥向左右两边摊开，略呈"八"字形，以增加行间的通风透光，促进棉铃成熟，减少烂铃损失。

4. 打群尖 一般在 8 月中、下旬开始打群尖，打群尖时以花为界，剪去空枝或无效花蕾，每果枝留 1～2 个朵节。

三、棉花的化学控制

1. 花蕾期化控 在蕾期生长过旺的情况下。每亩 0.5～1.0 克缩节胺对水30 千克，或 20 毫克/千克的矮壮素喷洒，可达到矮化、增产的目的。

2. 花铃期化控 花铃期群体与个体的矛盾十分突出，旺长棉田，很容易因田间荫蔽，导致蕾铃大量脱落而形成"中空"。另外，花铃期受旱或缺肥水容易引起早衰，因此应灵活进行化调。有早衰趋势的棉田，除及时施肥灌水外，还可以喷施叶面肥。化控的时间为盛花期或二水前，每亩用缩节胺 3～5 克对水 45 千克或 40 毫克/千克的矮壮素喷洒。同时结合防虫，于盛花期、结铃期叶面喷施 0.2%磷酸二氢钾或每亩用丰收素原液对水 50 千克叶面喷施，可以防止早衰，减少落桃，增加铃重。

3. 吐絮期化学催熟　为了增加霜前花产量和总产，对一些贪青晚熟棉田可进行化学催熟。常用的催熟剂有乙烯利，喷施时间一般在早霜前 10～15 天，以桃铃 40 天以后为好。亩用 40%乙烯利（2-氯乙基磷酸）75～100 毫克对水 30 千克均匀喷洒棉株，促进棉花早吐絮，增加霜前花的比重。注意乙烯利不要喷得太早，以免降低产量和品质；喷洒时尽量喷到青铃上；留种田不宜使用。

四、棉花病虫害的防治

1. 清洁田园和秋耕技术　棉花收获后及时拔除棉秆并清洁田园，清除病虫残体。秋耕深翻，有条件的棉区秋冬灌水保墒，压低病虫越冬基数。

2. 选用抗（耐）病虫品种　因地制宜选用抗枯萎病、耐黄萎病品种，在选用抗病品种的基础上，选用抗虫棉优质高产品种。

3. 种子处理技术　种子包衣应根据本地苗期主要病虫种类，选用吡虫啉或噻虫嗪种子处理剂、赤·吲乙·芸苔、芸苔素内酯等药剂与枯草芽孢杆菌、苯醚甲环唑、咯菌腈等杀菌剂混合处理种子。

4. 生物源农药和天敌保护利用技术　①生物源农药。棉铃虫卵孵化始期喷施棉铃虫 NPV、甘蓝夜蛾 NPV、Bt.（抗虫棉田禁用），斜纹夜蛾卵孵化始期喷施斜纹夜蛾 NPV，不仅具有良好的防治效果，还可有效保护天敌。应用藜芦碱防治棉蚜、棉铃虫。预防苗病、枯萎病、黄萎病，采用 1 000 亿芽孢/克枯草芽孢杆菌可湿性粉剂处理种子，苗期和花蕾期随水滴灌施药或叶面喷雾。防治铃病，采用多抗霉素叶面喷雾。②人工释放赤眼蜂。棉铃虫成虫始盛期人工释放卵寄生蜂螟黄赤眼蜂或松毛虫赤眼蜂，放蜂量每次 10 000 只/亩，每代放蜂 2～3 次，间隔 3～5 天，降低棉铃虫幼虫量。③天敌保护利用。棉花生长前期注意保护天敌，发挥天敌控害作用。小麦、油菜收获后，秸秆在田间放置 2～3 天，有利于瓢虫等天敌向棉田转移。苗蚜发生期，当棉田天敌单位（以 1 只七星瓢虫、2 只蜘蛛、2 只蚜狮、4 只食蚜蝇、120 只蚜茧蜂为 1 个天敌单位）与蚜虫种群量相比，黄河流域棉区高于 1∶120、长江流域棉区高于 1∶320 时，可不施药防治，利用自然天敌控制蚜虫。长江流域棉区棉花苗期至蕾期一般年份不施用化学农药防治苗蚜。

5. 昆虫信息素诱杀害虫技术　棉铃虫越冬代成虫始见期至末代成虫末期，连片大面积使用棉铃虫性诱剂，每亩设置 1 个干式飞蛾诱捕器和诱芯；

长江流域棉区斜纹夜蛾常发区，连片大面积使用斜纹夜蛾性诱剂，每亩设置1个夜蛾型诱捕器和诱芯，群集诱杀成虫，降低田间落卵量。连片施用生物食诱剂，于夜蛾科害虫（棉铃虫、地老虎、三叶草夜蛾等）主害代羽化前1～2天，以条带方式滴洒，每隔50～80米于1行棉株顶部叶面均匀施药，可诱杀成虫。

6. 生态调控和生物多样性控害技术 西北内陆棉区棉田周边田埂和林带下种植苜蓿等作物，培育和涵养天敌，增强天敌对棉蚜、棉铃虫、棉叶螨的控制能力。棉铃虫常发区，棉田套种玉米、苘麻条带，诱集棉铃虫，集中杀灭。

7. 高效低毒环境友好型药剂 防治蚜虫选用啶虫脒、烯啶虫胺等；防治棉盲蝽选用丙溴磷等；防治棉铃虫选用茚虫威、氟啶脲、多杀霉素、甲氨基阿维菌素苯甲酸盐等；防治棉叶螨选用哒螨灵、炔螨特等；预防枯萎病、黄萎病选用乙蒜素、噁霉灵、甲基硫菌灵等。

五、棉花栽培中存在的问题与解决的方法

地膜棉花长势强，倒伏早衰要早防：

许多棉农在种植地膜棉花的过程中，容易出现一些技术上的失误，造成棉株倒伏和早衰。前者是由揭膜过迟引发的，后者是因追肥不及时或者不足造成的。为此，应及时采取以下措施：

（1）适时揭去地膜 地膜棉花前期对肥水的吸收能力比直播棉强得多，如能适时揭去地膜、加强田间管理，地膜棉花就能充分发挥优势；如果迟揭膜或者不揭膜，则不利于棉株根系下扎，使得大部分根系分布于土壤上层，棉株支撑能力较差，非常容易倒伏。因此，必须适时揭去地膜，促根下扎。揭膜时间以初花期最为适宜。

（2）快速补施肥料 地膜棉由于发育进程比直播棉早20～30天，一切管理措施都要相应提早，特别是要迅速施足花铃肥，每亩追施尿素10千克或施三元复合肥10～15千克。对缺钾棉田每亩还要增施钾肥5～10千克。

（3）促使植株平衡生长 地膜棉由于发育快，容易疯长，必须采取相关措施，使其平衡生长。采取的措施：一是在进入盛蕾期后每亩用缩节胺2～3克，或助壮素8～12毫升，对水40千克喷雾；二是注意在喷施调节剂后及时追肥。喷施调节剂后，棉花叶色很快转为浓绿，这时不能忽略潜伏的脱肥问题，该追肥的仍要追肥。同时，还要注意揭膜后清除残膜，以免影响中耕培土和后茬管理。

（4）种植抗虫棉，千万不可自留种 由于质量好的抗虫棉品种，特别是优杂交抗虫棉品种的价格较高，为了降低种植成本，不少棉农便用自家收摘的棉

花留种。棉花生长期间，凡是用自留种的棉田在第二代棉铃虫大发生的情况下，会出现抗虫性能差、混杂退化严重、结铃少的现象。据此，为了确保植棉效益，种植抗虫棉，千万不可自留种，抗虫棉自留种纯度低，抗虫性能差，会导致严重减产减收。棉花是常异交作物，异花授粉率一般在 10％左右，高者可达 20％。因此，繁育抗虫棉品种时，要求繁育田的周围设置宽 500 米以上的隔离带，在隔离带内不能种植其他品种棉花。如果没有这样的隔离带，其他品种棉花就极易与抗虫棉相互授粉，造成品种混杂。这样严格的保纯措施，对一家一户来说是很难做到的。对于常规棉花品种来说，稍有点混杂（在 5％以内），不会明显减产减收。而对抗虫棉来说，少量混杂便会造成较大损失。这是因为目前我国种植的抗虫棉品种，对棉铃虫 3 龄以上幼虫的杀灭作用很差。杂植株棉花由于自身不抗棉铃虫，不但会造成棉铃虫在其上存活的危害，而且还会向周围抗虫棉棉株上转移危害，危害较重时，如不及时防治会造成严重减产。对中棉所系列、鲁棉研系列、冀棉系列等抗虫棉品种的田间调查结果看：大型种子企业生产的抗虫棉品种纯度在 98％以上，在第二代棉铃虫一般发生年份不需进行喷药防治，棉株顶尖受害株仅占 2.5％～4.3％（棉株顶尖受害株率达到 5％为喷药防治指标），抗虫棉自留种的纯度只有 81％～90.3％，喷药防治第二代棉铃虫，棉株顶尖受害株占 8.1％～10.8％，抗虫棉自留种棉田与合格抗虫棉良种田相比，每亩减产 14.8％。

（5）杂交抗虫棉只能种植杂交第一代，不能留种种植第二代　我国种植的常规抗虫棉品种，只要搞好提纯复壮，保持原来的种性，可以自留种进行多年种植。而科杂 2 号，中棉所 29 号、中棉所 53 号，鲁棉研 15 号、鲁棉研 20 号、鲁棉研 23 号、鲁棉研 24 号、鲁棉研 25 号等杂交抗虫棉品种，只能种植杂交第一代种子。种植杂交第一代种子的棉田，所产的种子便是杂交第二代种子。如果将杂交第二代种子用于大田生产，植株会出现严重分离，会出现株型各异，抗虫性能变差，产量、品质都大幅降低的现象。据试验，种植同一品种的杂交第二代种和杂交第一代种，前者比后者一般减产 15％左右。因此，种植杂交抗虫棉时千万不能用自留种，应年年购买合格的杂交一代种种植。

（6）不同时期棉花叶部的喷肥

①苗期喷肥：苗期叶部喷肥，能促使棉苗早发，促使弱苗转化为壮苗，并能控制株高，防止徒长。一般选喷 1％尿素和 1％～2％过磷酸钙浸泡过滤液混合液 50～75 千克。

②蕾期喷肥：生长正常的棉田可用磷酸二氢钾 300～500 倍液加适量锌肥喷施；棉株增长高峰出现在开花前，营养生长过快，会提早封行，增加中下部的蕾铃脱落，这类棉田需要喷施抑制剂，控制棉株主茎和果枝顶端生长。即在

棉花蕾期，亩用缩节胺或调节胺 1.5 克，对水 50 千克喷洒。

③花铃期喷肥：棉花花铃需肥量大，是形成产量的关键时期。植株矮小，根系不发达，叶色暗中有紫的棉田，亩喷 2％过磷酸钙或 0.2％～0.3％磷酸二氢钾溶液 60 千克，能起到减少蕾铃脱落和壮桃促绒的作用。生长不旺，叶色淡黄时，可亩喷洒 1％尿素溶液 50 千克。

④吐絮期喷肥：棉花吐絮期，营养生长几乎停止，叶片逐渐衰老，根部吸收肥水的能力减弱。脱肥早衰的棉花，亩可喷洒 1％～1.5％尿素溶液 60～75 千克；生长正常或长势偏旺的棉田，亩喷施 2％～3％过磷酸钙浸出液 60～75 千克，既防早衰，又促早熟。贪青晚熟的棉花，开始采收时，亩用 40％乙烯利 100～150 克，加水 30 千克喷洒，以促进棉花早熟，提高棉花的等级。

第四节　棉花中后期管理要点及采摘

棉花进入吐絮期，是最后一个生育阶段。整个 9 月，上部棉铃都还在继续生长充实。到 10 月下旬采收完毕，还有 50 多天的时间，如放松了管理，仍可能遭受重大损失。

一、要抓好中后期棉田管理

有效开花期较长：从多年定点观察的经验来看，白露花不归家也不一定成为定律，这要看秋天的高温持续期有多长，正常年景，白露节气开的花是完全可以成熟的，若秋高气爽的时间长，到 9 月 15 日开的花，也是可能收到手的。只是开花到吐絮的时间要延长到 60～70 天。有些植棉模范的经验是"天上飘雪花，地下摘棉花"，说的就是摘白露节气后开的那一部分花所结成桃吐絮的花。可见，抓田间管理还有较充足的时间。

切实落实管理措施：一是抢施第二次桃肥，每亩尿素 10～15 千克；二是对缺硼缺钾严重的棉田，根外喷施硼肥和钾肥 2～3 次；三是对雨后长势较旺的棉花继续喷施延缓型的植物生长调节剂缩节胺或助壮素 1～2 次；四是要关注斜纹夜蛾、四代棉铃虫及棉粉虱的发生，及早统防统治。

二、棉花后期管理技术

（1）对因缺钾造成的早衰棉田，如果上部还有挺立的绿叶或还有部分早衰程度轻的棉株，可再喷一次 2％硫酸钾肥溶液。

（2）对至今仍较茂密的棉田，可打去中下部主茎大叶和空枝，让棉田通风透光，利于已成熟的棉桃失水开裂，正常吐絮，减少因继续降雨而增加烂桃。有条件的将已黑的棉桃摘下剥花晾晒，可减少损失。

（3）对因中上部结铃多而倒地或压弯的棉株，已经不能扶起，可花一两分钟时间绑一绑，能挽救二三十个棉桃，值得。

（4）9月还可能遭受烟粉虱（有的俗称白粉虱）的危害，暴发时能使棉叶全部干枯造成减产。不要等到虫多成灾再去防治，发现茂密处有虫活动就要开始用药。经试验，用联苯菊酯防治效果较好。

（5）一般棉田最迟到9月5日将尚未开花的花蕾及尖部一律去掉，促使上部幼铃加快生长发育，尽量减少霜后花。9月空气湿度变小，土壤蒸发量加大，如此后不降雨，9月下旬还可能出现秋旱，如果上部棉桃较多，浇水又较方便，可浇一次攻桃水，否则因旱减产太可惜，此条适用于高产田。

（6）需要乙烯利催熟的棉田，第一次不宜喷药过重，更不能喷百草枯等，到10月1日前后，视天气和棉田茂密程度，宜分两次喷药催熟，第一次用药后先使大部分棉叶逐渐变黄促其养分向棉桃转移，然后叶柄生出离层叶片脱落，切忌一次用药将棉叶打枯；第二次用药再促使棉桃开裂吐絮。

三、棉花采摘

（1）采摘适时　棉花采摘是棉花生产的最后一个环节，是能否保证丰产丰收高效的关键。由于棉花是无限花序作物，陆续现蕾、开花、结铃、成熟，需要多次采收。所以，根据棉铃成熟后在开裂过程中还要完成纤维发育的第三阶段，即纤维的脱水转曲期，约7天左右。棉铃壳含水量由80%下降到30%，棉瓣含水由57%下降到18%，纤维进一步脱水成熟，形成转曲，同时由于纤维素的沉积，纤维强度继续增加。因此，一般6~8天的棉铃纤维强力达到最高，成熟度好，纤维转曲多，色泽白亮品级高，产量高。

（2）遇阴雨连绵天注意抢收　棉花采摘期时间拉得很长，大约需要2个多月，在吐絮采摘期，如果阳光充足，温度较高，湿度较低，棉花吐絮快、吐絮畅；反之，如遇长期低温，阴雨连绵，棉铃不能正常开裂，采摘期延长，造成了采摘困难，棉铃霉烂，棉纤维品质降低，减产减收。因此，根据棉花生育特性和高产优质栽培技术经验除了采取抗逆促早栽培管理，力争使采摘期和阴雨连绵天气错开外，就是要抢晴天，战雨天，即晴天快采，雨天抢采，如遇长期阴雨连绵年份，温度偏低，棉铃开裂迟缓或不能正常吐絮时，应摘收老熟棉桃，可在室内加温干燥，促进后熟，开裂吐絮。

（3）不要混入"三丝"　"三丝"（也称异性纤维）是指有色纤维、农膜、毛发丝和羽绒等外来软性物质的总称。由于棉花在采摘、晾晒、贮存、加工过程中"三丝"混入后，再经过轧花加工过程由长的变成短的细丝，由大的变成小的颗粒，这些细丝和颗粒再经过纺纱多道工序的加工，则变成越来越细的颗粒。用含有"细丝和颗粒"的棉花进行纺纱、织布即产生疵点，纺纱时极大地影响纺纱品质。因此，要严格控制"三丝"混入。

造成"三丝"的源头在采摘、晾晒、加工、包装和贮藏等一系列的生产操作过程中。因此，从籽棉的污染源头进行质量控制是提高原棉质量的根本。一是提高棉农对"三丝"危害的认识；二是采棉时不要用化纤袋，要用棉布袋收棉。晒棉时要采用支架，棉布做晒单，防止在地面或马路上晒花混入"三丝"；三是单独贮存控制，在家中一定要单独贮放，严格与家畜和家禽隔开；四是在采摘、晾晒时人要戴帽子，防止混入毛发，同时提倡家庭挑拣，一经发现挑拣出并处理。

第二篇

蔬菜高产高效种植篇

第一章　安全蔬菜及相关要求

第一节　安全蔬菜的定义与类型

一、安全蔬菜的定义

安全蔬菜即通常所说的环保型蔬菜、生态蔬菜、卫生蔬菜、营养蔬菜等。

广义上讲，安全蔬菜应集安全、卫生、优质、营养于一体。安全蔬菜在产销中不能受环境污染，也不污染生产环境，在产销过程中能保持生态平衡，能保持或发展优良的生态环境，有使蔬菜生产获得持续发展的可能。所谓"安全"，主要是指生产的蔬菜不含对人体有害、有毒的物质，如生产时不用人工合成的化学农药、化肥、激素，或在有关标准规定允许的范围内使用。所谓"卫生"，是指不使用尚未充分腐熟的人、畜粪尿，产品中不带有危害人、畜的病原菌、寄生虫等。"优质"是指蔬菜的商品性状优、质量良好，如蔬菜发育正常，成熟度、形状、色泽、质地、口味俱佳，产品新鲜，无病虫、无损伤或以净菜上市等。"营养"是指蔬菜中应含的膳食纤维、维生素、蛋白质、水分和各种矿物元素比较丰富，许多茄果类蔬菜、香辛蔬菜、薯芋类蔬菜等还应重视其茄红素、辣椒素、香辛味及淀粉等特殊成分的含量。

狭义上讲，安全蔬菜都不应受到有害、有毒物质的污染。若受到一定的污染，其在产品中的残留量也应控制在标准允许的范围之内。

凡是安全的蔬菜都应具有环保、安全、卫生、优质、营养的特性。在安全蔬菜生产过程中，由于产前、产中、产后所采取的生态条件、操作规程的不同，或采收、运输、加工、包装、贮藏的要求不一样，或依据的标准不同，大致可以分为3类，即无公害蔬菜、绿色蔬菜和有机蔬菜。安全蔬菜中，以无公害蔬菜对质量的要求标准较低，目前较易普及。绿色蔬菜对质量的要求居中，其质量标准高于无公害蔬菜。有机蔬菜对质量的要求最高，目前还难以大面积推广。

二、安全蔬菜的类型

我国的安全食品大致分为3种类型，即无公害食品、绿色食品和有机食品。安全蔬菜的界定，也与安全食品相同。

（一）无公害蔬菜

无公害蔬菜也称无毒害蔬菜或无污染蔬菜。无公害蔬菜是无公害作物之一，也称为安全作物或安全蔬菜。

无公害蔬菜生产的目标有两个：一是生产无公害蔬菜，以满足人们生活日益增长的需要，并在实现良好经济效益的同时，确保消费者身体不受损害；二是把生产与环境保护结合起来，在生产过程中综合应用无公害栽培技术措施，确保蔬菜生产系统少受农药、化肥、激素等化学合成物质的破坏。当前无公害蔬菜生产区域面广量大，在蔬菜生产时应兼顾改善生态条件和提高经济效益两个方面。所以，无公害蔬菜的生产标准中，严格禁止使用已经公布不准使用的剧毒农药；同时，又允许限量、限时、限浓度使用一些农药、化肥、激素。这些物质有一定毒性，在蔬菜中的残留量要求限定在一定阈值以内。

无公害蔬菜是农业部无公害食品行动计划的主要内容之一。农业部为配合无公害食品行动计划制定并发布了配套的一系列标准，这些标准有农产品质量安全标准体系、农产品质量安全监督检测体系、农产品质量安全认证体系、农业技术推广体系、农产品质量安全执法体系及农产品质量安全信息体系六大体系。在质量标准中，既要考虑传统的商品标准，又要防止高残留、高毒农药的污染。在检测的标准中，既要有感官的方法，做到简便易行，强调可操作性，又要有严格的定义和量化标准。因此，在这六大体系的标准中，第一，应注意选择产地环境。第二，应注意生产过程，从源头上抓起。在农业技术推广体系中，力争在蔬菜生产产地提高品质、防止污染，达到营养、安全、卫生的指标。第三，防止产品在预冷、包装、贮藏、加工、运输过程中的二次污染或产品变质。无公害蔬菜进入市场前，还应按农产品安全标准，经检测、认证后才能进入市场销售。

无公害蔬菜的产品要求、环境要求和生产资料使用要求，可参见《无公害农产品管理办法》《NY/T5010—2016 无公害农产品　种植业产地环境条件》《无公害农产品标志管理办法》《GB 2763—2016 食品安全国家标准　食品中农药最大残留限量》等。生产操作规程为推荐性的行业标准，由各省、直辖市、自治区地方制定。无公害蔬菜从产地环境、生产过程直至到消费者手中，各种各样的规程、标准很多，其目的就是为了提高产品的质量和防止产品的污染。

（二）绿色蔬菜

绿色食品这个名词从英文 Green food 直译得来，其意义并非指"绿颜色"的食品，而是对"无污染"食品的一种形象描述。与环境保护有关的事物都冠以绿色，为了突出这类食品出自良好的生态环境，因此定名为绿色食品，在蔬菜上称为绿色蔬菜。绿色蔬菜是通过有关部门认证的、无污染的、安全的、优质的、营养类蔬菜的总称。

绿色食品分为 A 级和 AA 级绿色食品两个级别。其中 A 级绿色蔬菜生产中允许限量使用化学合成生产资料；AA 级绿色蔬菜则较为严格，要求在生产过程中不使用化学合成的肥料、农药和其他有害于环境和健康的物质。从本质上讲，绿色蔬菜是从普通蔬菜向有机蔬菜发展的一种过渡性产品。

（三）有机蔬菜

有机蔬菜是指来自有机农业生态体系的蔬菜产品。有机蔬菜生产过程中，完全不用人工合成的化学肥料、农药、激素及转基因品种等，其核心是建立良性循环，以维持农业的可持续发展。在有机农业生产体系中，作物秸秆、畜禽粪便、豆科作物、绿肥和有机废弃物为土壤肥力的主要来源；以作物轮作和各种物理、生物、生态措施来控制病虫草害为主要手段。从常规农业向有机农业转化需要有一个转换过程，一般需要 3 年左右，转换期内按有机农业的标准进行生产，3 年转换期内所产的产品称为有机转换产品，经国家环境保护总局有机食品发展中心检验合格后，发给有机转换产品的证书及标志。3 年后，生产环境、生产过程和生产的产品经检测合格后才能取得正式的有机食品证书，使用有机食品标志。

综上所述，在无公害蔬菜、绿色蔬菜、有机蔬菜这 3 类安全蔬菜中，以无公害蔬菜制定的标准较低，较易实施，现在各地蔬菜进入市场前必须实行准入制，均按无公害蔬菜的标准进行检测，合格后方能进入市场销售。有机蔬菜制定的标准较高，一时很难普及，只能在少数产地环境条件较好、生产技术水平较高的地方生产。绿色蔬菜的品质介于无公害蔬菜与有机蔬菜之间，若按绿色蔬菜 A 级标准生产的产品，其质量与无公害蔬菜相近（略高于无公害蔬菜），若按绿色蔬菜 AA 级标准生产的产品，其质量与有机蔬菜相近（略低于有机蔬菜）。当前及今后一段时间，德州市发展安全蔬菜的原则是：全面普及无公害蔬菜，大力发展绿色蔬菜，适度发展有机蔬菜。

第二节　无公害蔬菜生产基地的选择与建设

发展无公害蔬菜首先应从生产的源头抓起，要认真选择和建设无公害蔬菜的生产基地。

一、无公害蔬菜生产基地的选择

发展无公害蔬菜生产基地须与经济建设、城乡建设、环境建设同步规划，以便吸取多年来蔬菜基地屡建屡迁、浪费资金的教训。无公害蔬菜基地建设还必须与环境效益、社会效益和经济效益相统一。为此，在基地建设时，必须遵循以下指导思想。

（一）遵循生态规律和经济规律

在无公害蔬菜基地建设中，要正确处理环境与经济的关系，必须遵循经济规律和生态规律，保障经济和环境协同发展。在经济体系中，经济规模、增长速度、产业、能源结构、资源状况与配置、生产部局、技术水平、投资水平、供求关系等都有着各自及相互作用的规律。在环境体系中，污染物产生、排放、迁移转换、环境自净能力、污染物防治、生态平衡等也都有自身的规律。在经济系统与环境系统之间相互依赖、相互制约的关系中，亦有着客观的规律性。发展思路中只遵循经济规律而忽视生态规律时，会造成环境恶化、危害人体健康，而且制约经济的正常发展；反之，只顾生态规律，忽视经济规律的发展思路也是不行的。

（二）选择生态环境良好的地方

应在具有良好的气候、地形、地势、地貌、土壤肥力、水文、植被等适于栽培蔬菜的地方建立蔬菜生产基地，以利于丰产丰收。

（三）选择环境污染较轻的地方

无公害蔬菜生产基地要建在未直接受到"三废"、城镇垃圾等污染的地方。在其周边 2～3 千米以内须无污染源。只有这样，才能有利于生产出安全、卫生的蔬菜。

（四）选择毒源、病虫源少的地方

在邻近农药厂、化工厂、医疗单位的地方，或在病虫害较多的老菜区，均不能建立无公害蔬菜生产基地。只有这样，才能减少毒害或病虫害的发生。

（五）选择交通便利，受交通工具污染少的地方

一般而言，无公害蔬菜基地的生产面积较大，产品数量较多，其大量的商品蔬菜需通过运输远销国内外。然而，建立的蔬菜生产基地距离高速公路太近时，易受到汽车尾气、灰尘等对蔬菜的污染。因此，无公害蔬菜生产基地至少应距主干公路 100 米以上。

（六）选择有防护设施的地方

最好在基地的四周有高岗、河流、沟渠、防护林或围墙环绕，以少受外界污染或其他不利因素的干扰。

二、无公害蔬菜基地的建设

无公害蔬菜基地建设中，除了尽量减少外来污染外，也要避免生产过程中内部的污染。基地建设应立足于在菜地内部建立生物小循环系统，即植物→动物→微生物三者之间的循环。要尽量减少或最好不用来自菜地以外的未经腐熟的有机肥料。可通过菜园内部种植绿肥、牧草，或利用菜叶边皮养殖畜禽、过

腹还田，或沤制有机肥料及生产沼气肥料来培肥土壤。生产时要按无公害食品标准进行操作，投入的生产资料应防止污染，实行生产全过程监控。产品经过检测后，在产后的预冷、加工、包装、贮藏、运输过程中都应防止二次污染。在基地建设中，应注意改善基地生产条件和生态系统。要求在发展生产、增加收益的同时，也应增进土壤肥力，改善生态环境，使无公害蔬菜生产成为农业生产持续发展的一部分。

（一）建立旱涝保收的水利系统

蔬菜含水量大，对肥水要求严格，既要勤灌，又怕涝渍。故菜地对排灌设计标准的要求比大田作物要高；要求日降水 300 毫米时能及时排出，百日无雨时能保证灌溉，地下水位应在 1.0～1.5 米以下。德州市属半湿润半干旱地区，大多数年份或一年中的大多数时段需要灌溉，应重点解决井灌配套物资设备，加速旱园水利化的进程；有地面水流的地区，应积极引调符合灌溉水质量的外水，改旱园为水园。同时，也应改善排水渠系（特别是要打通竹节排水沟），防止夏秋之交暑雨成涝。在温室、大棚中栽培的，可以采用沟灌、滴灌技术，禁止大水漫灌。

（二）平田整地，实现田园化

田园化是适应机械化、减少劳务支出、提高经济效益的一种有效手段。目前，由于土地大都为一家一户经营，很多地方的田块大小不一、土地高低不平，必须结合水利建设、道路改造、四旁绿化、营造防护林；并通过平田整地，使土地平整，以逐步过渡到田园化。当前，应大力扶持农业专业经济合作组织、家庭农场等新型经营主体的发展，积极做好土地流转工作。

（三）改土培肥，创造肥沃的菜园土层

一般在大田作物区域内发展蔬菜基地，或在盐碱土、风沙土等土壤瘠薄地区发展蔬菜生产时，尤需改土培肥。改土培肥的方法有以下几种。

1. 利用蔬菜茬口间隙，种植绿肥作物 冬春可以播种苜蓿、苕子、豌豆和蚕豆，夏季可以播种田菁、柽麻、绿豆、肥田萝卜和黑麦草等绿肥作物。所有的绿肥作物均应在其鲜草产量较高时，并在栽培下茬蔬菜前及早翻入土内，经过腐烂后才能增加土壤有机质，从而改善土壤的理化性状，提高土壤肥力。

2. 忌用新鲜的人、畜、禽粪便，应积极发展沼气肥料 新鲜的人、畜、禽粪便中含有病菌及寄生虫，不宜直接施用。一般需经堆制，使之在发酵腐熟过程中杀死各种病菌、虫卵和杂草种子，并将腐熟肥料中的有机物质逐步分解为植物可以吸收的营养成分。近年来，各地在大力发展沼气池。将人、畜、禽粪便及秸秆等一起投入沼气池中密封发酵，此法既能清洁环境、提供沼气能源，又能生产出合格的有机肥料。一般沼气池中的汁水（沼液）经过滤后，可

通过水泵和管道浇灌或喷灌作追肥用；沼渣则可用作基肥。沼气肥料是生产无公害蔬菜的优质、廉价的肥料。

无公害蔬菜栽培中一般不宜施用新鲜的人粪尿，如需施用，必须经过充分腐熟，杀死其中的病菌。栽培叶菜类、根菜类、地下块茎和块根类蔬菜时，切忌施用未经腐熟的人粪尿作肥料。

3. 提倡施用腐熟的饼粕类肥料 包括豆饼、菜籽饼、花生饼、芝麻饼或麻油渣等，这些饼粕肥的含氮量 $4.6\% \sim 7.0\%$，含磷量（P_2O_5）$1.3\% \sim 3.2\%$，含钾量（K_2O）$1.3\% \sim 2.1\%$，营养极其丰富、全面。它能提高瓜菜的品质，尤其是栽培西瓜时，施用饼肥的效果更为明显。施用饼肥必须经过发酵。在发酵前要先经过粉碎，其粉碎的程度越高，腐烂分解和产生肥效也就越快。饼肥应在缸中或在不漏水的水泥池中密闭沤制发酵，防止其肥水渗漏和肥料挥发，同时，防止蝇蛆等病虫侵入。饼肥的汁水可用作追肥，渣滓可用作基肥。

4. 可以施用有机颗粒肥料 近年来，已有商品有机颗粒肥料供应。它是混合畜、禽粪便，粉碎的饼肥和油粕等不同肥料，通过检测计算和合理配合，经过堆制充分发酵、晾干半小时，再用机器将其压制成颗粒的有机颗粒肥料。这些成型的有机颗粒肥料中，由于氮、磷、钾及微量元素配合的比例不同，便可制造出各种蔬菜的专用肥料。如适于叶菜类蔬菜施用的颗粒有机肥料中，其氮素含量较高；适于茄果类蔬菜施用的颗粒有机肥料，其磷、钾含量较高；适于根菜类蔬菜施用的颗粒有机肥料，其钾素含量较高。

第三节 无公害蔬菜产地环境质量指标

无公害蔬菜产地环境质量指标，主要是大气质量指标、农田灌溉水质量指标及土壤质量指标 3 个方面。现将近年来我国颁布的有关质量指标分别介绍如下。

一、无公害蔬菜生产大气质量指标

影响农作物生长的大气污染物很多，主要有 2 类：一类是人类日常生活中普遍产生的大气污染物，其中对人类和动植物影响较大的有二氧化硫、氟化物、氮氧化物、臭氧、飘尘、总悬浮微粒等。另一类主要是工厂生产过程中所产生的污染物，如氯气、氨气、乙烯等。氟化氢一方面可由燃煤等过程释放，另一方面也可以由化工、砖瓦等工厂工艺过程中释放。一般工艺性污染物能造成大气污染而危害农作物，其主要是事故性泄漏所引起的。

无公害蔬菜产地环境最新的空气质量指标，见表 2-1。

表 2-1　无公害蔬菜生产环境空气质量指标

项目		浓度限值[①]	
		日平均[②]	植物生长季平均[③]
环境空气质量基本控制项目[④]:			
二氧化硫[⑤]（毫克/米³）	≤	0.15[a]	0.05[a]
		0.25[b]	0.08[b]
		0.30[c]	0.12[c]
氟化物[⑥]［微克/（分米²·天）］	≤	5.0[d]	1.0[d]
		10.0[e]	2.0[e]
		15.0[f]	4.5[f]
铅（微克/米³）	≤	—	1.5
环境空气质量选择控制项目:			
总悬浮微粒物（毫克/米³）	≤	0.30	
二氧化氮（毫克/米³）	≤	0.12	
苯并［a］芘（微克/米³）	≤	0.01	
臭氧（毫克/米³）	≤	一小时平均[⑦]：0.16	

注：①各项污染物数据统计的有效性按 GB3095 中的第 7 条规定执行。

②日平均浓度指任何一日的平均浓度。

③植物生长季平均浓度指任何一个植物生长季月平均浓度的算术平均值。月平均浓度指任何一月的日平均浓度的算术平均值。

④一小时平均浓度指任何一小时的平均浓度。

⑤均为标准状态：指温度为 273K，压力为 101.325kPa 时的状态。

⑥二氧化硫：a. 适于敏感作物：如：冬小麦、春小麦、大麦、荞麦、大豆、甜菜、芝麻、菠菜、青菜、白菜、莴苣、黄瓜、南瓜、西葫芦、马铃薯、苹果、梨、葡萄；b. 适于中等敏感作物：如：水稻、玉米、燕麦、高粱、番茄、茄子、胡萝卜、桃、杏、李、柑橘、樱桃；c. 适于抗性作物：如：蚕豆、油菜、向日葵、甘蓝、芋头、草莓。

⑦氟化物：d. 适于敏感作物：如：冬小麦、花生，甘蓝、菜豆、苹果、梨、桃、杏、李、葡萄、草莓、樱桃；e. 适于中等敏感作物：如：大麦、水稻、玉米、高粱、大豆、白菜、芥菜、花椰菜、柑橘；f. 适于抗性作物：如：向日葵、棉花、茶、茴香、番茄、茄子、辣椒、马铃薯。

二、无公害蔬菜生产灌溉水质量指标

蔬菜生产过程中需要大量灌溉用水，正常的河水、湖水、地下水所含的化学成分不会影响蔬菜正常的生长发育。由于水质受到各种形式的污染，应用污染的灌溉水进行灌溉，就可能对蔬菜的生长和污染残留等方面产生不良的后果。现根据农业行业标准 NY 5010—2016 制成表 2-2、表 2-3。此外，农田灌溉水质标准（GB 5084—2005）也可供参考（表 2-4、表 2-5）。

表 2-2　无公害蔬菜生产灌灌水基本指标

项目	指标			
	水田	旱地	菜地	食用菌
pH	5.5～8.5			6.5～8.5
总汞（毫克/升）	≤0.001			≤0.001
总镉（毫克/升）	≤0.01			≤0.005
总砷（毫克/升）	≤0.05	≤0.1	≤0.05	≤0.01
总铅（毫克/升）	≤0.2			≤0.01
铬（六价）（毫克/升）	≤0.1			≤0.05

注：对实行水旱轮作、菜粮套种或果粮套种等种植方式的农地，执行其中较低标准值的一项作物的标准值。

表 2-3　无公害蔬菜生产灌灌水选择性指标

项目	指标			
	水田	旱地	菜地	食用菌
氰化物（毫克/升）	≤0.5			≤0.05
化学需氧量（毫克/升）	≤150	≤200	≤100[a]，≤60[b]	—
挥发酚（毫克/升）	≤1			≤0.002
石油类（毫克/升）	≤5	≤10	≤1	—
全盐量（毫克/升）	≤1 000（非盐碱土地区），≤2 000（盐碱土地区）			—
粪大肠菌群（个/100 毫升）	≤4 000	≤4 000	≤2 000[a]，≤1 000[b]	

注：对实行水旱轮作、菜粮套种或果粮套种等种植方式的农地，执行其中较低标准值的一项作物的标准值。

a. 加工、烹饪及去皮蔬菜。

b. 生食类蔬菜、瓜类和草本水果。

表 2-4　农田灌溉用水水质基本控制项目标准值（引自 GB 5084—2005）

序号	项目类别		作物种类		
			水作	旱作	蔬菜
1	五日生化需氧量（毫克/升）	≤	60	100	40[a]，15[b]
2	化学需氧量（毫克/升）	≤	150	200	100[a]，60[b]
3	悬浮物（毫克/升）	≤	80	100	60[a]，15[b]
4	阴离子表面活性剂（毫克/升）	≤	5	8	5
5	水温（℃）	≤	35		
6	pH		5.5～8.5		
7	全盐量（毫克/升）	≤	1 000[c]（非盐碱土地区），2 000[c]（盐碱土地区）		

（续）

序号	项目类别		作物种类		
			水作	旱作	蔬菜
8	氯化物（毫克/升）	≤		350	
9	硫化物（毫克/升）	≤		1	
10	总汞（毫克/升）	≤		0.001	
11	镉（毫克/升）	≤		0.01	
12	总砷（毫克/升）	≤	0.05	0.1	0.05
13	铬（六价）（毫克/升）	≤		0.1	
14	铅（毫克/升）	≤		0.2	
15	粪大肠菌群数（个/100毫升）	≤	4 000	4 000	2 000[a]，1 000[b]
16	蛔虫卵数（个/升）	≤	2	2	2[a]，1[b]

注：a. 加工、烹饪及去皮蔬菜。

b. 生食类蔬菜、瓜类和草本水果。

c. 具有一定的水利设施，能保证一定的排水和地下水径流条件的地区，或有一定淡水资源能满足冲洗土体中盐分的地区，农田灌溉水质全盐量指标可以适当放宽。

表 2-5　农田灌溉用水水质选择性控制项目标准值（引自 GB 5084—2005）

序号	项目类别		作物种类		
			水作	旱作	蔬菜
1	铜（毫克/升）	≤	0.5	1	1
2	锌（毫克/升）	≤		2	
3	硒（毫克/升）	≤		0.02	
4	氟化物（毫克/升）	≤		2（一般地区），3（高氟区）	
5	氰化物（毫克/升）	≤		0.5	
6	石油类（毫克/升）	≤		5.5～8.5	
7	挥发酚（毫克/升）	≤		1	
8	苯（毫克/升）	≤		2.5	
9	三氯乙醛（毫克/升）	≤	1	0.5	0.5
10	丙烯醛（毫克/升）	≤		0.5	
11	硼（毫克/升）	≤	1[a]（对硼敏感作物），2[b]（对硼耐受性较强的作物），3[c]（对硼耐受性强的作物）		

注：a. 对硼敏感作物，如黄瓜、豆类、马铃薯、笋瓜、韭菜、洋葱、柑橘等。

b. 对硼耐受性较强的作物，如小麦、玉米、青椒、小白菜、葱等。

c. 对硼耐受性强的作物，如水稻、萝卜、油菜、甘蓝等。

三、无公害蔬菜生产土壤质量指标

无公害蔬菜生产的土壤不仅应满足土壤安全卫生标准，更应该满足蔬菜生长发育的需要。因此，无公害蔬菜生产的土壤指标应包括下列各个方面。

1. 土壤的理化性质　以轻壤土或砂壤土为佳，要求熟土层厚度不低于30厘米，土壤质地疏松，有机质含量高，腐殖质含量应在3%以上，蓄肥、保肥能力强，能及时供给植物不同生长阶段所需的养分，能经常保持水解氮在70毫克/千克以上，代换性钾100～150毫克/千克，速效磷60～80毫克/千克，氧化镁150～240毫克/千克，氧化钙0.1%～0.14%，以及含有一定量的硼、锰、锌、铜、铁、钼和铝等微量元素。这是不用或少用化肥的物质基础。

2. 土壤的保水、供水、供氧能力　土壤的供水性和通气性取决于土壤的固、液、气三相比及土壤容重和土壤颗粒组成的比例。适于蔬菜生产的土壤三相比为：固相占40%，气相占28%，液相占32%，即土壤的孔隙度应达到60%。适宜的土壤容重为1.0～1.3克/厘米^3，最好在1.0克/厘米^{3}以下。土壤翻耕后，其硬度应保持在20～25千克/米^{2}范围之内。

3. 土壤的稳温性　棚室土壤应有较大的热容量和导热率，并且温度变化要平稳。土壤的温度状况即土壤的热状况，除了对根系生长有直接影响外，还是土壤生物化学作用的动力。没有一定的热量条件，土壤微生物的活动、养分的吸收和释放等都不能正常进行。土壤温度受土壤种类、土壤水分、土壤颜色、地面倾斜度以及植被等的影响。如沙壤土比热小，黏壤土比热大。土壤比热大时升温慢，降温也慢，保温性能较好。因此，黏壤土最适宜栽培棚室蔬菜。

4. 土壤的安全卫生质量标准　生产无公害蔬菜时，应选用安全卫生、无病虫寄生、不存在有害物质的土壤。现按 NY/T 5010—2016，将无公害蔬菜生产的土壤环境质量标准列于表2-6。

表2-6　无公害蔬菜生产的土壤环境质量标准

项目		标准		
		土壤 pH<6.5	土壤 pH 6.5～7.5	土壤 pH>7.5
镉（毫克/千克）		≤0.30	≤0.30	≤0.60
汞（毫克/千克）		≤0.30	≤0.50	≤1.0
砷（毫克/千克）	水田	≤30	≤25	≤20
	旱地	≤40	≤30	≤25
铜（毫克/千克）	农田等	≤50	≤100	≤100
	果园	≤150	200	≤200

（续）

项目		标准		
		土壤 pH＜6.5	土壤 pH6.5～7.5	土壤 pH＞7.5
铅（毫克/千克）		≤250	≤300	≤350
铬（毫克/千克）	水田	≤250	≤300	≤350
	旱地	≤150	≤200	≤250
锌（毫克/千克）		≤200	≤250	≤300
镍（毫克/千克）		≤40	≤50	≤60
六六六（毫克/千克）		≤0.50	≤0.50	≤0.50
滴滴涕（毫克/千克）		≤0.50	≤0.50	≤0.50

注：①重金属（铬主要是三价）和砷均按元素量计，适用于阳离子交换量＞5 cmol（＋）/kg 的土壤，若阳离子交换量≤5 cmol（＋）/kg，其标准值为表内数值的半数。

②六六六为四种异构体总量，滴滴涕为四种衍生物总量。

③水旱轮作地的土壤环境质量标准，砷采用水田值，铬采用旱地值。

第四节　无公害蔬菜生产使用农药标准

为保障蔬菜的安全卫生，A 级绿色食品及无公害食品蔬菜允许使用部分化学农药，但必须遵照有关的标准或规定，禁用剧毒农药，限量、限时、限次数、限浓度使用部分化学农药。有机食品、绿色食品与无公害食品 3 者的标准或规定不完全相同。

一、在蔬菜生产中禁止使用的农药

1. 国家明令禁止使用的农药　国家明令禁止使用（所有作物上都不得使用）的农药有：六六六，滴滴涕，毒杀芬，二溴氯丙烷，杀虫脒，二溴乙烷，除草醚，艾氏剂，狄氏剂，汞制剂，砷制剂，铅制剂，敌枯双，氟乙酰胺，甘氟，毒鼠强，氟乙酸钠，毒鼠硅（共 18 种）。

2. 在蔬菜上不得使用的农药　在蔬菜、茶树、中药材上不得使用（其他作物可以使用）的农药有：甲胺磷，甲基对硫磷，对硫磷，久效磷，磷胺，甲拌磷，甲基异柳磷，特丁硫磷，甲基硫环磷，治螟磷，内吸磷，克百威，涕灭威，灭线磷，硫环磷，蝇毒磷，地虫硫磷，氯唑磷，苯线磷（共 19 种）。

禁止氧乐果在甘蓝上使用，禁止灭多威在十字花科蔬菜上使用；禁止溴甲烷在草莓、黄瓜上使用；禁止氟虫腈除卫生用、玉米等部分旱田种子包衣剂外的其他用途。

自 2016 年 12 月起，禁止在蔬菜上使用毒死蜱、三唑磷。

习惯上，把国家明令禁止使用的农药称为禁用农药，把蔬菜上不得使用的农药称为限用农药。在蔬菜生产上，严禁使用禁用、限用农药。应特别注意，含有禁用、限用农药成分的复配农药也不得使用。

二、无公害蔬菜安全使用的化学农药

参考生产绿色食品、无公害食品的资料，将生产无公害蔬菜可以限量、限时、限浓度、限次数使用的农药使用方法列于表 2-7，可以安全使用的农药标准列于表 2-8。

表 2-7　无公害蔬菜安全使用的化学农药

农药名称		急性口服毒性	最后一次施药距采收的间隔期（天）	常用药量〔克/（次·亩）或毫升/（次·亩）或稀释倍数〕	施药方法及最多使用次数
有机磷杀虫剂	敌敌畏	中等毒	10（7）	80%乳油 100～200 克（500～1 000 倍）	喷雾 1 次
	乐果	中等毒	15（9）	40%乳油 50～100 克	喷雾 1 次
	辛硫磷	低毒	10（7）	50%乳油 50～100 毫升（500～2 000 倍）	喷雾 1 次
	敌百虫	低毒	10（7～8）	90%固体 100 克（500～1 000 倍）	喷雾 1 次
氨基甲酸酯类杀虫剂	抗蚜威	中等毒	10（6）	50%可湿性粉剂 10～30 克	喷雾 1 次
菊酯类杀虫剂	氯氰菊酯	中等毒	叶菜 7（2～5）番茄 5（1）	10%乳油 20～30 毫升，25%乳油 12～16 毫升，10%乳油 20～30 毫升	喷雾 1 次
	溴氰菊酯	中等毒	叶菜 7（2）	2.5%乳油 20～40 毫升	喷雾 1 次
	氰戊菊酯	中等毒	叶菜 10（5）番茄 10（3）	20%乳油 15～40 毫升，10%乳油 30～40 毫升	喷雾 1 次
其他类杀虫剂	定虫隆（抑太保）	低毒	甘蓝 12（7）	5%乳油 40～80 毫升	喷雾 1 次

（续）

农药名称	急性口服毒性	最后一次施药距采收的间隔期（天）	常用药量［克/（次·亩）或毫升/（次·亩）或稀释倍数］	施药方法及最多使用次数
杂环类杀菌剂 百菌清	低毒	番茄 30（23）	75％可湿性粉剂 100～200 克	喷雾 1 次
甲霜灵	低毒	黄瓜 10（7）	50％可湿性粉剂 75～120 克	喷雾 1 次
多菌灵	低毒	黄瓜 10（7）	25％可湿性粉剂 500～1 000 倍	喷雾 1 次
腐霉利	低毒	黄瓜 5（1）	50％可湿性粉剂 40～50 克	喷雾 1 次
三唑酮（粉锈宁）	低毒	辣椒、番茄、黄瓜 7～10（5）	25％可湿性粉剂 35～60 克 20％可湿性粉剂 500～1 000 倍	喷雾 1 次

注：括号内的安全间隔期数字为国家或国际标准。农药含量不同时，可据施用的纯有效成分进行换算，或按农药使用说明书用量，按 1 公顷＝15 亩进行换算。

表 2-8　各种蔬菜安全使用的农药标准（GB 4285—1989）

蔬菜名称	农药	剂型	每亩常用药量或稀释倍数	每亩最高用药量或稀释倍数	施药方法	最多用药次数	最后一次施药距收获的天数（安全间隔期）	实施说明
不结球白菜	乐果	40％乳油	50 毫升 2 000 倍液	100 毫升 800 倍液	喷雾	6	不少于 7 天	秋冬季间隔期 8 天
	敌百虫	90％晶（固）体	100 克 1 000～2 000 倍液	200 毫升 500 倍液	喷雾	5	不少于 5 天	冬季间隔期 7 天
	辛硫磷	50％乳油	50 毫升 2 000 倍液	100 毫升 1 000 倍液	喷雾	2	不少于 6 天	每隔 7 天喷 1 次
	氰戊菊酯	20％乳油	10 毫升 2 000 倍液	20 毫升 1 000 倍液	喷雾	3	不少于 5 天	每隔 7～10 天喷 1 次
	乙酰甲胺磷	40％乳油	125 毫升 1 000 倍液	250 毫升 500 倍液	喷雾	2	不少于 7 天	秋冬季间隔期 9 天
	二氯苯醚菊酯	10％乳油	6 毫升 10 000 倍液	24 毫升 2 500 倍液	喷雾	3	不少于 2 天	

（续）

蔬菜名称	农药	剂型	每亩常用药量或稀释倍数	每亩最高用药量或稀释倍数	施药方法	最多用药次数	最后一次施药距收获的天数（安全间隔期）	实施说明
结球白菜	乐果	40%乳油	50毫升 2 000倍液	100毫升 800倍液	喷雾	4	不少于10天	
	敌百虫	90%晶（固）体	100克 1 000倍液	200克 500倍液	喷雾	5	不少于7天	秋冬季间隔期8天
	敌敌畏	60%乳剂	100毫升 1 000~2 000倍液	200毫升 500倍液	喷雾	5	不少于5天	冬季间隔期7天
	辛硫磷	50%乳油	100毫升 1 000倍液	200毫升 500倍液	喷雾	3	不少于6天	
	乙酰甲胺磷	40%乳油	125毫升 1 000倍液	250毫升 500倍液	喷雾	2	不少于7天	秋冬季间隔期9天
	二氯苯醚菊酯	10%乳油	6毫升 10 000倍液	24毫升 2 500倍液	喷雾	3	不少于2天	
甘蓝	氰戊菊酯	20%乳油	20毫升 4 000倍液	40毫升 2 000倍液	喷雾	3	不少于5天	每隔8天喷1次
	辛硫磷	50%乳油	50毫升 1 500倍液	75毫升 1 000倍液	喷雾	4	不少于5天	每隔7天喷1次
	氯氰菊酯	10%乳油	8毫升 4 000倍液	16毫升 2 000倍液	喷雾	4	不少于7天	每隔8天喷1次
豆类蔬菜	乐果	40%乳油	50毫升/亩 2 000倍液	100毫升/亩 800倍液	喷雾	5	不少于5天	夏季豇豆、四季豆间隔期3天
	喹硫磷	25%乳油	100毫升/亩 800倍液	160毫升/亩 500倍液	喷雾	3	不少于7天	
萝卜	乐果	40%乳油	50毫升/亩 2 000倍液	100毫升/亩 800倍液	喷雾	6	不少于5天	叶若供食用，间隔期9天
	溴氰菊酯	2.5%乳油	10毫升/亩 2 500倍液	20毫升/亩 1 250倍液	喷雾	1	不少于10天	
	氰戊菊酯	20%乳油	30毫升/亩 2 500倍液	50毫升/亩 1 500倍液	喷雾	2	不少于21天	
	二氯苯醚菊酯	10%乳油	25毫升/亩 2 000倍液	50毫升/亩 1 000倍液	喷雾	3	不少于14天	

（续）

蔬菜名称	农药	剂型	每亩常用药量或稀释倍数	每亩最高用药量或稀释倍数	施药方法	最多用药次数	最后一次施药距收获的天数（安全间隔期）	实施说明
黄瓜	乐果	40%乳油	50 毫升/亩 2 000 倍液	100 毫升/亩 800 倍液	喷雾		不少于 2 天	施药次数按防治要求而定
	百菌清	75%可湿性粉剂	100 克/亩 600 倍液	40 克/亩 2 000 倍液	喷雾	3	不少于 10 天	结瓜前使用
	粉锈宁	15%可湿性粉剂	50 克/亩 1 500 倍液	100 克/亩 750 倍液	喷雾	2	不少于 3 天	
	粉锈宁	20%可湿性粉剂	30 克/亩 3 300 倍液	60 克/亩 1 700 倍液	喷雾	2	不少于 3 天	
	多菌灵	25%可湿性粉剂	50 克/亩 1 000 倍液	100 克/亩 500 倍液	喷雾	2	不少于 5 天	
	溴氰菊酯	2.5%乳油	30 毫升/亩 3 300 倍液	60 毫升/亩 1 650 倍液	喷雾	2	不少于 3 天	
	辛硫磷	50%乳油	50 毫升/亩 2 000 倍液	50 毫升/亩 2 000 倍液	喷雾	3	不少于 3 天	
番茄	氰戊菊酯	20%乳油	30 毫升/亩 3 300 倍液	40 毫升/亩 2 500 倍液	喷雾	3	不少于 3 天	
	百菌清	75%可湿性粉剂	100 克/亩 600 倍液	120 克/亩 500 倍液	喷雾	6	不少于 23 天	每隔 7～10 天喷 1 次
茄子	三氯杀螨醇	20%乳油	30 毫升/亩 1 600 倍液	60 毫升/亩 800 倍液	喷雾	2	不少于 5 天	
辣椒	喹硫磷	25%乳油	40 毫升/亩 1 500 倍液	60 毫升/亩 1 000 倍液	喷雾	2	不少于 5 天（灯笼椒）	羊角椒安全间隔期不少于 10 天
洋葱	辛硫磷	50%乳油	250 毫升/亩 2 000 倍液	500 毫升/亩 1 000 倍液	垄底浇灌	1	不少于 17 天	洋葱结头期使用
	喹硫磷	25%乳油	200 毫升/亩 2 500 倍液	400 毫升/亩 1 000 倍液	垄底浇灌	1	不少于 17 天	洋葱结头期使用

（续）

蔬菜名称	农药	剂型	每亩常用药量或稀释倍数	每亩最高用药量或稀释倍数	施药方法	最多用药次数	最后一次施药距收获的天数（安全间隔期）	实施说明
大葱	辛硫磷	50%乳油	500毫升/亩 2 000倍液	750毫升/亩 1 000倍液	行中浇灌	1	不少于17天	
	喹硫磷	25%乳油	100毫升/亩 2 500倍液	400毫升/亩 700倍液	垄底浇灌	1	不少于17天	
韭菜	辛硫磷	50%乳油	500毫升/亩 800倍液	750毫升/亩 500倍液	浇施灌根	2	不少于10天	浇于根际土中
甜瓜	粉锈宁	20%乳油	25毫升/亩 2 000倍液	50毫升/亩 1 000倍液	喷雾	2	不少于5天	
西瓜	百菌清	70%可湿性粉剂	100～120克/亩 600倍液	120克/亩 500倍液	喷雾	6	不少于21天	每隔7～15天喷1次
	克螨特	73%乳油	1 500～2 000倍液	1 000倍液	喷雾	2	不少于8天	

第五节　无公害蔬菜生产中肥料的使用方法

为发展生态农业，有机蔬菜禁止使用人工合成的化肥，主张使用有机肥。而绿色蔬菜及无公害蔬菜的生产过程中，提倡施用有机肥料及生物肥料；允许按绿色食品或无公害食品的标准使用部分人工合成的化肥。为减少肥料的使用量，生产上应根据蔬菜作物生长发育的需要施肥。科学施肥时，可先预计蔬菜的产量和测定土壤中原有的营养成分，再依据土壤诊断施肥或平衡施肥的原则，适当补充其他营养成分。要防止施肥过量导致污染土壤、地下水、环境及蔬菜产品。

在生产无公害蔬菜时，为减少对环境和产品的污染，施肥时应以基肥为主，追肥为辅；施肥种类上应以有机肥为主，辅以其他肥料；限量施用的人工合成化肥也应以复合肥为主，单元素化肥为辅。现将无公害蔬菜生产时的需肥量、肥料的性质及施用方法分述如下。

一、各类蔬菜的需肥量

蔬菜以根、茎、叶等营养器官或花、果等生殖器官为产品，因其产量高、生长周期短、复种指数高，故每年从土壤中带走的营养元素较多，需要补充大量的营养物质。

蔬菜的种类繁多，各种蔬菜又因生理特性、食用部位等不同，对肥料的需求量差异很大。现根据蔬菜栽培学及农业生物学对蔬菜的分类方法，将各类蔬菜的需肥量介绍如下。

1. 茄果类蔬菜　这类蔬菜有番茄、茄子、辣椒和甜椒等。它们均以果实供人们食用。这类蔬菜共同的特点是：边生长、边开花、边结果。因此生产上要注意调节其营养生长与生殖生长之间的矛盾，才能获得较好的收成。茄果类蔬菜在生长过程中，需要供应充足的氮、磷、钾。氮、磷不足时，不仅会导致其花芽分化推迟，而且会影响花的发育。只有氮素供应充足，才能保证其正常的光合作用，保持其干物质的持续增长。生育前期缺氮时，其下部叶片易老化脱落。生育后期缺氮，则会导致开花数量减少，坐果率降低。但氮素过多时，易造成其营养体生长过旺，开花晚，易脱落，果实膨大受到很大限制。进入生殖生长后，其对磷的需要量剧增，而对氮的需要量略减。因此，茄果类蔬菜应注意适当增施磷肥，控制氮肥用量。充足的钾肥可使蔬菜作物的光合作用旺盛，并能促进果实膨大。番茄生育后期缺钾时，往往形成棱形果和空心果，从而降低商品质量。

缺钙是引起番茄和甜椒脐腐病的原因。据研究，在坐果期喷施 0.5%氯化钙溶液，可防止脐腐病，并能提高果实的硬度，延长果实的贮藏期。

番茄对缺铁、缺锰和缺锌都比较敏感。如果出现叶片黄化、花斑叶和小叶病时，应及早喷施多元微肥，防治生理病害。

茄果类蔬菜对氮、磷、钾三要素吸收的共同规律是：吸钾量最高，其次为氮，最低为磷。每生产 1 000 千克茄果类蔬菜需要吸收三要素的量列于表 2-9。

表 2-9　每生产 1 000 千克茄果类蔬菜对三要素的吸收量

作物	氮（N）（千克）	磷（P_2O_5）（千克）	钾（K_2O）（千克）	氮：磷：钾
番茄	2.2～2.8	0.5～0.8	4.2～4.8	1：0.3：1.8
茄子	2.6～3.0	0.7～1.0	3.1～5.5	1：0.3：1.5
辣椒	3.5～5.4	0.8～1.3	5.5～7.2	1：0.2：1.4

2. 瓜类蔬菜　瓜类蔬菜包括黄瓜、南瓜、笋瓜、西葫芦（菱瓜）、冬瓜、西瓜、甜瓜、节瓜、菜瓜、瓠瓜、丝瓜、苦瓜、佛手瓜和栝楼等。它们是典型的营养生长和生殖生长并进的作物。在进入结瓜期后，其生长和结实之间对养分的争夺矛盾比较突出，因此，在肥水上应注意调节。一般幼苗期植株需氮较多，只有在健壮的营养生长的基础上，才能有良好的生殖生长。但氮肥过多时，植株会徒长，延迟开花和结果，甚至会造成落花落果。坐瓜后对磷的需要

量剧增，对氮的需要量略减少。钾是瓜类蔬菜需要量较多的元素。每生产1 000千克瓜类果实三要素的吸收量见表2-10。

表2-10　每生产1 000千克瓜类（主要瓜类）果实对三要素的吸收量

作物	氮（N）（千克）	磷（P_2O_5）（千克）	钾（K_2O）（千克）	氮：磷：钾
黄瓜	2.8~3.2	0.8~1.3	3.6~4.4	1：0.3：1.8
冬瓜	1.3~2.8	0.6~1.2	1.5~3.0	1：0.3：1.5
西瓜	2.5~3.3	0.8~1.3	2.9~3.7	1：0.2：1.4
南瓜	3.7~4.2	1.8~2.2	6.5~7.3	1：0.5：1.7

多数瓜类蔬菜根系的吸肥力较强，对肥料的要求不严，但黄瓜的根系吸肥力较弱，追肥时宜轻追、勤追，如果偏施氮肥，其茎叶徒长，结瓜较少。黄瓜对缺锰、缺铜比较敏感，因此，喷施多元微肥有良好的增产作用。

3. 豆类蔬菜　豆类蔬菜包括菜豆、豇豆、毛豆、扁豆、豌豆和蚕豆等，主要以嫩豆荚、嫩豆粒供食用。这类蔬菜的共同特点是根系上长有根瘤。共生的根瘤菌具有从空气中固定氮素的能力，可以部分解决豆类蔬菜生育所需的氮素。因此，栽培这类蔬菜可以少施氮肥。它是发展无公害蔬菜生产中较好的茬口。但必须明确指出的是，豆类蔬菜不是不需要施氮肥，尤其是在幼苗期早春的早熟豆类栽培，以及食用嫩荚和嫩豆的栽培中，施用氮肥是不可缺少的。否则，会降低豆类蔬菜的产量和品质。豆类蔬菜对磷钾肥的需要量相对要多一些。

一般豆类蔬菜对硼、钼、锌等微量元素很敏感，缺乏时会引起生理病害。因此，在合理施用氮磷钾肥的基础上，喷施多元微肥对提高豆类蔬菜的结实率、促进籽粒饱满和提高产量均有一定作用。

4. 白菜类蔬菜　白菜类蔬菜包括结球白菜（大白菜）、不结球白菜（青菜）、菜薹、乌塌菜、芥菜等。这类蔬菜的叶面积很大，蒸腾量较大，但由于根系较浅，因此，对土壤的持水量和肥料含量的要求均较高。白菜类蔬菜自幼苗至成株的各个阶段均可食用，但植株的各个阶段对氮、磷、钾的需求量并不一致。

在白菜类蔬菜的全生长期内，应供应充足的氮肥。如果氮素供应不足，则植株矮小，叶片较少，茎基部易枯黄脱落，组织会变得粗硬。但氮素供应过多时，组织内含水量高，不利于储存，而且易遭受病害。后期磷、钾供应不足时，往往不易结球。每生产1 000千克大白菜需要吸收氮、磷、钾三要素的量分别为：氮（N）0.8~2.6千克、磷（P_2O_5）0.8~1.2千克、钾（K_2O）3.2~

3.7 千克，氮、磷、钾的吸收比例为 1：0.5：1.7。

　　据研究，叶面喷施 0.25%～0.5% 硝酸钙溶液后，可明显降低大白菜因缺钙而引起干烧心的发病率。大白菜对微量元素的要求以铁为最多，锌次之，铜最少。大白菜对缺硼也十分敏感。

　　5. 甘蓝类蔬菜　甘蓝类蔬菜主要包括结球甘蓝、羽衣甘蓝、抱子甘蓝、球茎甘蓝、芥蓝、花椰菜、青花椰菜（西兰花、绿菜花）等。它们是以叶片、叶球、短缩球茎、花薹、侧芽或花蕾供食用。结球甘蓝在进入结球期之前，由于生长量有限，吸收氮磷钾的数量较少。进入结球期以后，由于生长量大增，养分的吸收量急剧增加。结球甘蓝和花椰菜每生产 1 000 千克产品对三要素的吸收量见表 2-11。

表 2-11　每生产 1 000 千克结球甘蓝、花椰菜对三要素的吸收量

作物	氮（N）（千克）	磷（P_2O_5）（千克）	钾（K_2O）（千克）	氮：磷：钾
结球甘蓝	3.05	0.8	3.49	1：0.3：1.1
花椰菜	13.4	3.93	9.59	1：0.3：0.7

　　可见，结球甘蓝及花椰菜对氮、钾的需要量均大于对磷的需要量。花椰菜对氮、磷、钾的需肥量不仅大于结球甘蓝，就是与其他蔬菜相比，其需肥量也是很高的。

　　甘蓝类蔬菜通常需钙量很高，是典型的喜钙作物。当土壤缺钙时，往往会在结球甘蓝的叶缘出现干枯症状。花椰菜需硼较多，对缺硼的反应很敏感。缺钙会妨碍作物对硼的吸收。缺硼时，甘蓝类蔬菜易叶柄龟裂或发生小叶，且花茎中心开裂，花球会出现褐色斑点，并略带苦味，从而影响其商品菜的质量。此外，花椰菜对钼、锌、铁的缺少也很敏感，应注意及时补充。

　　6. 绿叶菜类蔬菜　绿叶菜类蔬菜包括菠菜、莴苣、芹菜、蕹菜、苋菜、茼蒿、芫荽、茴香、落葵、紫背天葵、菊花脑、芦蒿等数十种蔬菜。这类蔬菜主要是以柔嫩叶片、叶柄供食用；也有以嫩茎、嫩梢供食用的。大多数绿叶菜类蔬菜的根系较浅，生长迅速，每亩播种的密度多达十万至数十万株，对土壤和水肥条件要求较高。在施肥方法上宜浅施、勤施。追肥应以速效性氮肥为主。氮肥充足时，植株体内大部分的碳水化合物会与氮元素结合形成蛋白质和叶肉蛋白质，只有少数形成纤维素、果胶等；所以，绿叶菜类蔬菜的叶片柔嫩多汁，而较少纤维。氮肥不足时，植株矮小，叶面积较小，颜色黄而粗糙，易先期抽薹（或称未熟抽薹），甚至会失去食用价值。菠菜是一种耐盐碱、不耐酸性土壤的作物。它性喜硝态氮，当硝态氮占总氮量 75%～100% 时，生长发育良好。菠菜对磷、钾吸收量较高，缺钾时反应敏感。

　　芹菜为浅根系蔬菜，吸肥能力较弱，要求土壤中有机质含量较高、矿物质

营养丰富。在氮素不足时，会影响芹菜的叶片分化，进而影响其叶片数量和叶柄长度。磷肥对芹菜的质量有较大影响。磷肥过多，会使叶片细长，纤维增多。钾肥对芹菜生长后期的养分运输和贮藏有作用。钾肥能促使芹菜的叶柄粗壮、充实、光泽性良好，有利于提高其产品的质量。每生产 1 000 千克菠菜、芹菜对三要素的吸收量见表 2-12。

表 2-12　每生产 1 000 千克菠菜、芹菜对三要素的吸收量

作物	氮（N）（千克）	磷（P$_2$O$_5$）（千克）	钾（K$_2$O）（千克）	氮：磷：钾
菠菜	1.2～3.5	0.6～1.1	3.0～5.3	1：0.3：1.4
芹菜	18～2.0	0.7～0.9	3.8～4.0	1：0.4：2.0

7. 根菜类蔬菜　根菜类蔬菜包括萝卜、胡萝卜、芜菁、根芹菜、大头菜（根用芥菜、疙瘩头）、芜菁甘蓝、美洲防风、牛蒡等。它们都以肥大的肉质根供食用。人们为获得这些作物的膨大肉质根，首先要使其地上部分茂盛地生长，以此促进地下部的膨大；但地上部分过分繁茂时，又会降低其地下部分膨大的速率。氮肥对根菜类蔬菜茎叶的繁茂起着重大的促进作用。在根菜类蔬菜生育的中期，当氮与钾同时被植株大量吸收时，可增加干物质向地下部的分配量，促使氮与碳水化合物同时向根部积蓄。在根系膨大的时期，根系中的钾含量比氮含量丰富，氮、钾比小，可以促进根部的膨大。

胡萝卜对肥料的吸收量比萝卜要高。胡萝卜在播种后 50 天内生长缓慢，养分吸收量也较少；在 50 天以后吸收量将增加，特别是对钾的吸收量急剧增加，其次为氮和钙。在收获前 10 天，氮的吸收量占总吸收氮量 46%，磷占 55%。在收获时，胡萝卜叶片中钾的吸收量最多，其次是氮、钙、镁，而磷很少；根部则是钾和氮最多，其次是磷、钙和镁。每生产 1 000 千克萝卜、胡萝卜对三要素的吸收量见表 2-13。

表 2-13　每生产 1 000 千克萝卜、胡萝卜对三要素的吸收量

作物	氮（N）（千克）	磷（P$_2$O$_5$）（千克）	钾（K$_2$O）（千克）	氮：磷：钾
胡萝卜	2.4～4.3	0.7～1.7	5.7～11.7	1：0.4：2.6
萝卜	2.1～3.1	0.8～1.9	3.8～5.6	1：0.2：1.8

根菜类蔬菜的含硼量很高，可达 25～60 毫克/千克。其中，根甜菜、芜菁、萝卜的需硼量较多；胡萝卜的需硼量中等。萝卜幼苗期喷施 0.11%～0.25% 的硼效果良好。胡萝卜在叶片生长期和肉质根膨大期喷硼时，也有良好的作用。此外，这类蔬菜对铜、锰等微量元素很敏感，也应注意补充。

8. 葱蒜类蔬菜 葱蒜类蔬菜主要包括韭菜、大蒜、大葱、洋葱、韭葱、分葱、薤头等。葱蒜类蔬菜生长的主要部分是叶或芽的变态部分。它们的根系没有明显的主根和侧根，只有不耐干旱的须根，且不分枝，根毛以较少。

葱蒜类蔬菜对养分的需求一般以氮为主，并适当配合磷钾。洋葱和大蒜要注意施用催苗肥，促使幼苗迅速返青；以后再施肥时，则是为了促进鳞茎膨大生长。韭菜每收割一刀后，都要施一次重肥，且以氮肥为主。充足的氮肥才能使韭菜叶片肥厚鲜嫩，过多的钾肥会增加韭菜纤维的含量。

洋葱施氮过多时，鳞茎膨大延迟。在花芽分花期或分化后施氮肥，可抑制花芽分化，延迟抽薹。磷对洋葱鳞茎的膨大生长影响很大，苗期缺磷时，易出现黄绿相间的斑点。洋葱对微量元素的需要量虽然很少，但微量元素对洋葱的生长发育影响却很大，如缺锰时植株易倒伏；缺硼时叶片发育受阻，鳞茎不紧实，易发生心腐病。

葱蒜类蔬菜中所含有的辛辣味系硫化物所致。因此，在施肥时要注意补充硫肥，防止因缺硫而植株发黄。施用硫肥对提高葱蒜类蔬菜产品的品质和风味有重要意义。

每生产 1 000 千克大蒜、韭菜、洋葱对三要素的吸收量见表 2-14。

表 2-14　每生产 1 000 千克大蒜、韭菜、洋葱对三要素的吸收量

作物	氮（N）（千克）	磷（P_2O_5）（千克）	钾（K_2O）（千克）	氮∶磷∶钾
大蒜	4.5～5.5	1.1～1.3	4.1～4.7	1∶0.3∶0.9
韭菜	5.0～6.0	1.8～2.4	6.2～7.8	1∶0.4∶1.3
洋葱	2.0～2.4	0.7～0.9	3.7～4.1	1∶0.4∶1.8

9. 薯芋类蔬菜 薯芋类蔬菜包括甘薯、马铃薯、山药、芋头、魔芋、菊芋、香芋、蕉芋、豆薯、生姜、葛等。它们主要以块茎、根茎、球茎、块根等产品供人们食用。薯芋类蔬菜的产品器官都位于地下，要求土壤富含有机质，土层疏松深厚，且透气性与排水性良好。它们对有机肥和钾肥的反应良好。大量施用厩肥和钾肥，配合施用磷肥、氮肥，是薯芋类蔬菜获得高产的重要技术措施。

以生姜为例，其全生育期以吸收钾最多，氮次之，磷较少。薯芋类蔬菜是一类喜钾的蔬菜。据王晓云（1990）报道，生姜栽培中追施锌肥或追施锌肥加硼肥后，生姜茎叶和根茎的生长量均高于对照，表明锌和硼对生姜茎叶和根茎的生长有很大的促进作用，特别是在生姜生长后期，对促进根茎膨大所起的作用更为明显。

每生产 1 000 千克的生姜、山药、甘薯、马铃薯对三要素的吸收量见表 2-15。

表 2-15　每生产 1 000 千克的生姜、山药、甘薯、马铃薯对三要素的吸收量

作物	氮（N）（千克）	磷（P_2O_5）（千克）	钾（K_2O）（千克）	氮∶磷∶钾
生姜	4.5～5.5	0.9～1.3	5.0～6.2	1∶0.2∶1.1
山药	4.32	1.07	5.38	1∶0.25∶1.25
甘薯	3.93	1.07	6.2	1∶0.4～1.3∶2.2～2.9
马铃薯	3.1	1.5	4.4	1∶0.5∶1.5

10. 多年生蔬菜　多年生蔬菜包括竹笋、香椿（芽）、枸杞（芽）、花椒（芽）、黄花菜、百合、石刁柏（芦笋）、草莓等。在这些蔬菜中，除香椿、枸杞、花椒、竹笋为多年生木本植物外，其余都是多年生草本植物，能以宿根或地下茎越冬。由于它们在植物学上分属不同的科，在植物学性状和生物学特性方面的差异很大，因而在栽培技术及施肥特点上亦有很大区别。现将石刁柏、黄花菜、百合、草莓的施肥要点分述如下。

（1）**石刁柏**　石刁柏的吸肥量依其定植后的年龄不同而异。定植后的 1～2 年中，其植株幼小，吸肥量不多；以后 2～3 年则吸肥量逐年增加；到第 5 年是吸肥量最高的时期；此后至第 10 年，其吸收肥料的数量会逐年减少。在石刁柏的吸肥量中，以吸收氮肥为最多，钾次之，磷最少，氮肥对石刁柏产量的影响最大。

（2）**黄花菜**　黄花菜的根系多分布在 30～70 厘米的土层内，栽植前应深翻土壤，分层施足基肥，以保证养分的不断供应。栽植时，还应在盖土上施堆肥。除施足基肥外，每年还要在春季萌芽前、抽薹时再予追肥。在采摘期间，为了防止脱肥早衰，延长采收期，还应追施速效肥料或进行叶面喷肥。采收结束以后，要清除老朽根系，在松土施肥、培土，促使秋苗早发快长，以利于尽快恢复植株的生长发育，及早积累养分和萌发新根。冬季之前，还应施用腐熟的有机肥，培土覆盖，防寒越冬。

（3）**百合**　百合的根系较浅，吸肥力弱，应选择土壤肥沃、排水良好的沙壤土栽培。百合忌连作，在同一地块上必须实行 3～4 年轮作，否则易生立枯病。百合吸收氮较多，钾、磷次之。栽培百合前，应深翻晒垡，施腐熟的农家肥。定植前，再按穴撒施腐熟的堆肥或饼肥。肥料与土壤充分混合后，再在上面撒一层净土，再行播种。百合的鳞茎在播种时不能接触肥料，以防烂种。除基肥外，每年应在立春前后追 1 次肥，以促其茎、叶旺盛生长；6 月再追肥 1 次，促进鳞茎膨大。6 月追肥时，要控制氮肥用量，多施钾肥，以避免地上部分生长过旺。施钾肥有利于养分向鳞茎转运积累，可促使鳞茎肥大充实。

（4）草莓 草莓的根系入土较浅，不耐旱，对肥料的吸收能力很弱。草莓在生育初期吸收营养较少；进入花芽形成期时，土壤营养条件对草莓产量的影响很大。开花后，其对肥料的需求量日益增加。随着果实的发育，草莓对氮磷钾的吸收量亦相应地增加。到草莓的收获盛期，其对氮肥的吸收达到最大。对钾肥的吸收则与氮肥相似，从开花到果实膨大期间，钾肥吸收量呈逐渐增长的趋势，直至收获盛期时增加至最高峰值。对磷肥吸收的变化则较为缓慢且增量较小一些。每生产 1 000 千克草莓果实需吸收氮（N）3.1～6.2 千克、磷（P_2O_5）1.4～2.1 千克、钾（K_2O）4.0～8.3 千克，氮、磷、钾的吸收比例为 1∶0.4∶1.3。

二、肥料的性质和使用方法

蔬菜栽培上常用的肥料可分为有机肥料、生物肥料和化学肥料。无公害蔬菜生产提倡多施用有机肥料及生物肥料，少施或不施化学肥料，以减少污染，降低成本。现将肥料的性质和使用方法分述如下。

（一）有机肥料

有机肥料是含有较多的有机物，来源于动植物残体及人、畜粪便等废弃物的肥料的统称，它是蔬菜生产中的主要肥源。有机肥中含有丰富的有机质和各种营养元素，如纤维素、半纤维素、脂肪、蛋白质、氨基酸、激素及腐殖酸等。它具有改良土壤、培肥地力的作用。有机肥中的腐殖质能促使土壤形成团粒结构，改善土壤的通气性，提高土壤的保水、保肥能力。但是，有机肥又具有脏、臭、不卫生、养分含量低、肥效慢、体积大、分量重、运输和施用不方便等缺点。

施用有机肥料能够促使土壤中的有益微生物大量繁殖，将土壤中难以利用的磷钾和微量元素转化为作物可利用的有效养分。还能颉颃土壤中病原菌的活动，提高作物的抗性。有机肥中含有有机酸和其他一些有益物质，能够活化土壤中难溶性的养分、刺激作物生长，提高作物产量。施用有机肥可以改善农产品品质，提高农产品的质量。有机肥中的大量元素，如微量元素、糖类、脂类和氨基酸等都是无公害蔬菜生产的良好肥料。现将主要的有机肥料的性质及施用方法介绍如下。

1. 人粪尿 人粪尿是人粪和人尿混合的总称。人粪尿养分肥厚、含氮量高，养分齐全、肥效快、数量大。人粪尿的成分受食物结构的影响，所含的有机物质主要是：纤维素、半纤维素、脂肪、脂肪酸、蛋白质及其分解物质；以及少量的含有恶臭的粪胆质色素、吲哚、硫化氢、丁酸等带臭味的物质；此外，还有硅酸盐、磷酸盐、氯化物等盐类，还含有大量微生物，有时还含有病菌和寄生虫卵。人尿含水量在 96% 左右，可溶性有机物质和无机盐在 4% 左右。人尿中 70%～80% 的氮以酰胺态氮（尿素）的形态存在，还含有一定量的氯化钠。鲜尿 pH 多呈中性；储存一段时间后，尿素水解成碳酸铵后呈碱性。北方地区人粪尿中所含养分列于表 2-16。

表 2-16　北方地区人粪尿养分含量

分析项目	人粪		人尿
	干样	鲜样	鲜样
水分（%）	—	80.67	96.98
有机质（%）	71.87	15.20	0.81
全氮（N）（%）	6.38	1.16	0.53
全磷（P_2O_5）（%）	1.32	0.26	0.04
全钾（K_2O）（%）	1.60	0.30	0.14
pH	—	7.02	8.13
钙（%）	1.59	0.30	0.10
镁（%）	1.05	0.13	0.03
钠（%）	0.75	0.20	0.23
铜（毫克/千克）	69.68	13.41	0.25
锌（毫克/千克）	340.46	66.95	4.27
铁（毫克/千克）	2 751.98	489.10	30.43
锰（毫克/千克）	298.05	72.01	2.89
硼（毫克/千克）	4.26	0.87	0.44
钼（毫克/千克）	3.48	0.56	0.08
硫（%）	0.57	0.11	0.04
硅（%）	1.86	0.28	0.21
氯（%）	0.50	0.16	0.20

　　人粪尿属速效性肥料，可作基肥、追肥使用。人粪尿中可能带有传染病菌和寄生虫卵，一般有机蔬菜及外贸蔬菜生产上不宜施用。无公害蔬菜生产上在施用人粪尿之前，必须先用药剂处理或经过高温发酵处理，发酵的时间不得少于 15 天。人粪尿经过高温发酵处理后，既可增加肥效，又能杀虫杀菌，使人粪尿对作物及人体达到无害化。在堆肥发酵时，最好加入秸秆和泥土。堆肥必

须充分腐熟后才能施用，堆肥腐熟度鉴别的指标详见表2-17。

表2-17　堆肥腐熟度鉴别指标

项目	堆肥腐熟状况
颜色气味	堆肥的秸秆变成褐色或黑褐色，有黑色汁液，有氨臭味，使铵态氮含量显著增高（用铵试纸速测）
秸秆硬度	手握堆肥，湿时柔软，有弹性；干时很脆，容易破碎，有机质失去弹性
堆肥浸出液	取腐熟的堆肥1份加5～10份清水（重量比）搅拌后放置3～5分钟，堆肥浸出液颜色呈淡黄色
堆肥体积	腐熟的堆肥，堆肥的体积比刚堆制时塌陷1/3～1/2
碳氮比	一般为（20～30）：1（其中五碳糖含量在12%以下）
腐殖化系数	30%左右

2. 家畜粪尿和厩肥

（1）家畜粪尿　家畜粪尿包括猪、马、牛、羊等的粪尿。尿的主要成分有尿素、尿酸、马尿酸及钾、钠、钙、镁等盐类。粪的主要成分是未消化完的食物和某些中间产物。其中有蛋白质及其分解产物、脂肪酸、有机酸、纤维素、半纤维素、木质素等。家畜粪尿的养分含量变化较大，主要受家畜种类、年龄、饲料和饲养管理的影响。其一般含量见表2-18。

表2-18　家畜粪尿的养分含量

畜别		水分（%）	有机质（%）	氮（N）（%）	磷（P_2O_5）（%）	钾（K_2O）（%）	钙（CaO）（%）
猪	粪	82	15.0	0.60	0.40	0.44	0.09
	尿	96	2.5	0.30	0.12	0.95	—
牛	粪	83.3	14.5	0.32	0.25	0.16	0.34
	尿	93.8	3.5	0.95	0.03	0.95	0.01
马	粪	75.8	21.0	0.58	0.30	0.24	0.15
	尿	90.1	7.1	1.20	0.01	1.50	0.45
羊	粪	65.5	28.0	0.65	0.50	0.25	0.46
	尿	87.2	8.3	1.68	0.03	2.10	0.16

从表2-19中可以看到，家畜尿中含氮、钾较多。除猪尿中含磷较多外，其余家畜的尿含磷很少。由于尿的数量大，其所含养分的绝对量亦较大。例如，猪尿内氮约占1/3，钾约占2/3。家畜尿中各种形态氮的含量见表2-19。

表 2-19　家畜尿中各种形态氮的含量

氮的形态	猪尿（%）	牛尿（%）	马尿（%）	羊尿（%）
尿素态氮	26.0	29.77	74.47	53.39
马尿酸态氮	9.60	22.46	3.02	38.70
尿酸态氮	3.20	1.02	0.65	4.01
肌酐态氮	0.68	6.27	痕量	0.60
铵态氮	3.79	—	—	2.24
其他形态氮	56.13	40.48	21.86	1.06

　　畜粪中的氮大多呈有机态，作物不能直接利用，需经过微生物分解后才能释放出有效养分，因此，其肥效持久。畜粪在分解过程中所形成的腐殖酸能改良土壤。畜粪中的钾元素大部是水溶性的，有效性很高。据研究，畜粪中氮、磷、钾的当季利用率分别为 25%、30%～40% 及 60%～70%。因牲畜体质、消化能力等不同，畜粪在性质上还有各自的特点。

　　猪粪：猪粪一般含水较多。由于饲料较精，粪质较细，属冷性肥料。因含大量微生物和碳、氮比较小，腐熟速度比牛粪快。

　　牛粪：牛是反刍动物，其粪质较细密，含水量高，通气性差，分解较缓慢，发酵温度低，亦属冷性肥料。以施用在通气性较好的沙性土壤上为宜。

　　马粪：马粪质地粗松，含纤维多，并含有纤维分解细菌，分解较快，发酵温度高，属热性肥料。驴、骡粪与马粪相似。常用作温床的酿热物。冬春培育韭菜、韭黄，或茄果类、瓜类、豆类蔬菜育苗时均可施用。堆肥时加入适量马粪，可以促进腐熟。施用马粪可改善黏重的冷性土的性状。

　　羊粪：羊是反刍动物，粪干而细实。其养分浓度高，腐熟快，发热量大于牛粪，亦属热性肥料。在砂性土或黏性土上施用羊粪，均有良好的效果。

　　此外，兔粪也是一种优质有机肥料。其养分含量为：氮（N）1.77%～1.92%、磷（P_2O_5）0.92%～1.33%、钾（K_2O）1.94%。兔粪特性基本上与羊粪相似。

　　（2）厩肥　厩肥是家畜粪尿、垫料和饲料碎屑的混合物。因畜种不同，有牛厩肥、马厩肥、羊厩肥、猪厩肥等。以土为垫料的厩肥称"土粪"，用草作垫料的厩肥称"草粪"。垫料的种类很多，有作物秸秆、泥炭、肥土、干河泥、草皮等。它们具有很强的吸收能力，同时其本身也含有一定养分。若用土作垫料，则用量不宜过多，否则肥料质量差，花费劳力多。垫土的用量最好是粪尿量的 3～4 倍。若用玉米、高粱等作物秸秆作垫料，宜切短、碾碎，以增强其吸收能力，其用量主要取决于家畜的种类。

　　厩肥中含有大量的有机质及各种营养元素，属完全肥料。其养分大都呈有机态，肥效持久。氮素的当年利用率只有 20%～35%，后效期长。厩肥后效期：沙土中为 2～3 年，壤土中可达 5～6 年。新鲜厩肥的养分含量因家畜种类、饲料质量、垫料种类和用量不同而异，现将厩肥的平均养分含量列于表2-20。

表 2-20　厩肥的平均养分含量

厩肥种类	水分（%）	有机质（%）	氮（N）（%）	磷（P_2O_5）（%）	钾（K_2O）（%）	钙（CaO）（%）	镁（MgO）（%）	硫（SO_2）（%）
猪厩肥	72.4	25.0	0.45	0.19	0.60	0.08	0.08	0.08
牛厩肥	77.5	20.3	0.34	0.16	0.40	0.31	0.11	0.06
马厩肥	71.3	25.4	0.58	0.28	0.53	0.21	0.14	0.01
羊厩肥	64.6	31.8	0.83	0.23	0.67	0.33	0.28	0.15

　　厩肥的腐熟一般要经历生粪、半腐熟、腐熟、腐熟过劲等几个阶段。厩肥半腐熟阶段的特征可概括为"棕、软、霉"，即粪呈棕色，垫料（秸秆）变软，有霉烂味。在水热条件适宜时，厩肥由半腐熟状态继续分解，便进入腐熟阶段。腐熟厩肥的特征可概括为"黑、烂、臭"，即有机物呈烂泥状，厩肥现黑色，有氨臭味。腐熟厩肥若不施用时，要及时加水压紧，四周用泥封严，严防其进一步腐熟进入腐熟过劲阶段而降低肥效。

　　腐熟的家畜粪尿和厩肥不仅可作基肥，还可作追肥和种肥。

　　3. 禽粪　禽粪包括鸡、鸭、鹅等的粪便。禽粪的养分含量高于家畜粪尿（表 2-21）。禽粪的养分大多呈有机态，其中的氮以尿酸态氮为主，较易分解。发酵温度较高，属热性肥料。

表 2-21　禽粪养分的平均含量

禽粪类别	水分（%）	有机质（%）	氮（N）（%）	磷（P_2O_5）（%）	钾（K_2O）（%）
鸡粪	50.5	25.5	1.63	1.54	0.85
鸭粪	56.6	26.2	1.10	1.40	0.62
鹅粪	77.1	23.4	0.55	0.50	0.95
鸽粪	51.0	30.8	1.76	1.78	1.00

　　家禽排泄量与家禽的种类及饲料有关。1 只家禽的年排泄量分别是：鸡 5.0～7.5 千克，鸭 7.5～10.0 千克，鹅 12.5～15 千克，鸽 2～3 千克。随着养禽业的发展，禽粪量产生较大，亦是优质有机肥之一。

禽粪的养分浓度较高，且易分解，故在保存中要注意保氮。禽粪储存2个月后，如果不采取保肥措施，则其中的氮素可损失一半。为了保肥，养禽时可用干细土、泥炭作垫料。要经常换取出垫料，风干后储存于干燥阴凉处，或将用过的垫料与泥土、泥炭混合堆好，外用泥封。在禽粪中加入3%～5%过磷酸钙，或加入0.2%～0.25%硼砂或硼酸，均有利于保存其所含的氮素。

禽粪属精肥，腐熟后多用作追肥，每亩用量为20～25千克，可条施或穴施，施后需覆土以防养分损失。

4. 沼气发酵肥 沼气发酵肥是以农村中的秸秆、人畜粪尿、禽粪、青草、草皮、落叶、生活垃圾等为原料，在严格隔绝空气和一定的温度、湿度、酸度条件下，经微生物的兼气发酵（厌氧发酵）处理，产生沼气后的残渣和肥水。它是近年来新发展的一种有机肥料，对发展无公害蔬菜，特别是发展有机蔬菜是不可缺少的肥源。

发展沼气肥是解决农村积造有机肥、秸秆还田与解决燃料、饲料矛盾的好办法。发展沼气池具有能源、肥料、饲料、植树造林、环境卫生等多方面的社会、经济、环境效益。燃料问题解决了，就有大量的植物秸秆用作饲料，可饲养更多的大牲畜，从而扩大了大牲畜的养殖业，增添了大量的有机肥料。大量的有机肥料又可沤制沼气，沼气用作燃料，沼气液、沼气渣用作肥料，使作物增产、土壤培肥，使农业生产体系步入良性循环的轨道。所谓有机农业生产，主要是依靠农业系统内部大量有机肥料的投入，依靠利用有机废弃物及绿肥来解决土壤肥力问题，从而保持土壤持续、稳定的生产能力。因此，发展沼气事业完全符合无公害蔬菜生产的要求，尤其符合有机蔬菜生产的更高要求。建设好、管理好、利用好沼气，是发展有机食品、绿色食品和无公害食品所必需的农业技术措施，是生产安全食品的最好途径，必须进一步推广。

5. 饼肥 饼肥也称饼粕肥。它是油料作物种子榨油后剩下的残渣，供作肥料用的称作饼肥。主要有大豆饼、菜籽饼、花生饼、芝麻饼、棉籽饼、乌柏籽饼、桐籽饼、胡麻饼向日葵饼等。目前，大部分饼肥是先用作饲料，经畜禽过腹后转化为肥料，大大提高了饼粕的重复利用价值。但有些饼粕含有毒成分，如茶籽饼（又叫茶枯）含有皂素（$C_{73}H_{124}O_{36}$），桐籽饼含有桐油酸和皂素等，不宜直接用作饲料；其他如蓖麻籽饼、乌柏籽饼也不宜用作饲料。

饼肥是含氮较高的有机废料，平均有机质含量为75%～80%，含氮量2%～7%，含磷量1%～3%，含钾量1%～2%。几种主要饼粕肥的养分含量见表2-22。饼肥中的氮和磷多为有机态。其中氮以蛋白质态为主；磷以卵磷脂、磷脂素形态为主。有机态的氮和磷均需经微生物分解转化为无机态后才能被作物吸收利用。

表 2-22　几种主要饼粕肥的养分含量

饼粕种类	残油（%）	蛋白质（%）	氮（N）（%）	磷（P₂O₅）（%）	钾（K₂O）（%）
豆饼	5～7	43.0	7.0	1.3	2.1
花生饼	5～7	37.0	6.3	1.2	1.3
芝麻饼	14.6	36.2	5.8	3.2	1.5
向日葵饼	10.0	33.0	5.2	1.7	1.4
胡麻饼	7～8	31.5	5.0	2.0	1.9
菜籽饼	4～7	30.0	4.6	2.5	1.4
棉籽饼	4～8	22.5	3.4	1.6	1.0
大麻籽饼	—	—	5.0	2.4	1.3
蓖麻籽饼	—	—	5.0	2.0	1.9
桐籽饼	—	—	3.6	1.3	1.3
大米糖饼	—	2.3	3.0	1.7	—
乌桕籽饼	—	—	5.1	1.9	1.2
茶籽饼	—	—	1.1	0.3	1.2

饼肥可以作基肥，也可作追肥。其肥效的快慢与土壤状况、饼粕的粉碎和腐熟程度有关。粉碎、腐熟程度越高，腐烂分解和产生肥效越快。饼肥最好经发酵后再予施用，这样既能提高肥效，又可防止发生种蛆，避免饼肥入土后在腐解过程中产生有害物质而影响种子出苗和幼苗生长。

6. 绿肥　凡是用栽培或野生绿色植物的茎叶作肥料的，都称为绿肥。栽培绿肥可以起到"以田养田，以田养猪"以及活化土壤养分的作用。绿肥是一种优质肥源。绿肥在提供农作物所需的养分、改良土壤、改善农田生态环境和防止土壤侵蚀及污染等方面，均有良好的作用。大力发展绿肥作物，可为无公害蔬菜生产提供经济活力强、营养丰富、不受污染的土壤条件，对生产安全、优质、高产、高效的蔬菜而言具有十分重要的作用。现将绿肥在无公害蔬菜生产中的作用、绿肥的养分含量及绿肥作物的种类分述如下。

（1）绿肥在无公害蔬菜生产中的作用

① 提高土壤有机质的含量。绿肥含有机质一般在 15% 左右。栽培和施用绿肥，均有提高土壤有机质的含量的效果，尤其是采取禾本科绿肥与豆科绿肥混播，其效果优于豆科绿肥或禾本科绿肥单播。

② 提高土壤的氮素含量。绿肥中含有氮素，特别是豆科绿肥还能固定空气中的氮。据测算，全世界豆科作物与根瘤菌共生固氮约 4 000 万吨；而1997 年全世界工业氮肥产量总共为 4 500 万吨，可见豆科绿肥作物的共生固氮

的地位有多么重要。

③ 提高土壤有效养分含量，促进底土熟化。绿肥作物特别是豆科绿肥有强大的根系，吸收利用土壤中难溶性养分的能力较强，能把土壤中不易为其他作物吸收利用的养分集中起来。例如土壤中难溶性的磷，经绿肥吸收利用后，可变成绿肥作物体内的有机磷，当绿肥耕翻分解后，磷就容易被作物吸收利用。同时，由于绿肥作物的耕翻，能使土壤中的微生物大量繁殖并且活性增强，可进一步促使土壤中部分难于吸收的养分发生分解，为后作物利用。

④ 改良土壤，提高肥力。种植绿肥，可以抑制盐分上升，减轻耕作层盐分的积累，改良盐碱土。由于绿肥给土壤增加了新鲜的有机质和养分，改善了土壤的物理、化学性状，增强了土壤微生物的活力，提高了土壤肥力，所以有"一年木犀草，三年土地好；一年沙打旺，三年肥力壮"的说法。这表明，有豆科绿肥参与的轮作制度，在改良土壤、提高土壤肥力上有重要意义。

⑤ 覆盖地面，防止土肥流失。在坡地和沙荒地种植绿肥作物，由于茂盛的枝叶覆盖地面，减少了雨水对地面的侵蚀和风的吹蚀。同时，绿肥根系也起到了固定土壤及沙丘的作用，提高了土壤保水蓄水能力，为后作物创造有力的生长条件。

⑥ 调剂作物茬口，节省施肥劳力。在轮作中安排一定比例的绿肥，不但有养地与用地相结合的作用，而且便于轮作倒茬。在生产实践中，早晚茬交换以及水旱轮作，往往是通过绿肥地进行的，绿肥地是早茬，有了绿肥可以减少后茬有机肥的施用量，节省施肥劳力。

此外，发展绿肥作物，在解决远离村庄的地块或高坡（岗地）上运肥、施肥，节约人力、物力的方面具有一定意义。发展绿肥作物，还能为畜牧业提供饲草、饲料，为养蜂业提供蜜源作物，实在是一举多得的好事。

（2）绿肥作物的养分含量　绿肥的肥料成分和含量因其种类、翻压或刈割时间的不同而异。一般情况下，豆科绿肥植株含氮量比非豆科绿肥的含氮量要高。同种绿肥植物体上，因所处部位不同养分也有很大的差别。叶片的养分含量高于茎，地上部分的养分含量高于根部。绿肥生育期不同，养分积累情况也不一样。苗期因叶片占的比例大，其养分含量高于成株；花期养分含量虽比苗期低，但因绿色植物体总产量高，故其养分总积累量仍明显高于苗期。因此，一般情况下，绿肥在盛花期翻压或刈割施用较为适宜。环境条件对绿肥肥料成分和含量也有很大的影响，土壤肥力、气候因素都能影响其养分的积累。在高肥力的土壤上生长的绿肥，其绿色体养分含量相对要高于低肥力土壤上的绿肥；高温条件下，绿肥生长速度快，其养分积累往往低于温度较低条件下生长的绿肥。现将主要绿肥作物的养分含量列于表2-23。

表 2-23　主要绿肥作物的养分含量

绿肥名称	采样地点	植株含水率（%）	养分含量（占干物质%）			
			氮（N）	磷（P$_2$O$_5$）	钾（K$_2$O）	碳（C）
毛叶苕子	北京（高肥力土壤）	83.2	3.58	0.38	1.75	42.55
光叶苕子	北京（高肥力土壤）	82.2	3.44	0.38	2.06	43.92
箭筈豌豆	北京（高肥力土壤）	82.5	2.85	0.26	1.91	40.34
香豆子	北京（高肥力土壤）	86.3	2.84	0.28	1.81	40.23
豌豆	北京（高肥力土壤）	81.8	3.07	0.34	1.93	43.26
田菁	河北南皮（低肥力土壤）	73.1	2.27	0.26	1.90	37.38
柽麻	河北南皮（低肥力土壤）	78.5	1.24	0.19	1.50	38.49
白花草木樨	辽宁阜新（低肥力土壤）	75.9	2.30	0.36	1.45	41.08
黄化草木犀	辽宁阜新（低肥力土壤）	74.8	2.23	0.22	1.45	35.87
沙打旺，2 年生	北京（高肥力土壤）	82.8	3.32	0.32	1.99	45.00
红三叶，2 年生	北京（高肥力土壤）	84.5	2.32	0.30	2.03	46.77
小冠花，2 年生	北京（高肥力土壤）	94.2	3.22	0.37	2.97	44.49
百脉根，2 年生	北京（高肥力土壤）	85.2	3.37	0.30	3.30	45.08
黑麦草	江苏盐城（中肥力土壤）	85.7	1.76	0.32	3.15	34.86

（3）绿肥的种类　据调查，我国绿肥作物资源十分丰富，有 10 科，42 属，60 多个种，1 000 多个品种。其中，生产上应用较为普遍的有 4 科、26 属、26 种，约 500 多个品种。一般将绿肥作物分为冬季绿肥作物、夏季绿肥作物、多年生绿肥作物、水生绿肥作物 4 类。

冬季绿肥作物包括：紫云英（红花草）、金花菜（黄花苜蓿）、光叶紫花苕子（苕子、光叶苕子、野豌豆）、箭筈豌豆、蚕豆、豌豆等。

夏季绿肥作物包括：田菁、柽麻、草木犀、绿豆、乌豇豆、印度红豇豆等。

多年生绿肥作物包括：紫花苜蓿、紫穗槐等。

水生绿肥作物包括：绿萍、细绿萍等。

（二）生物肥料

生物肥料或称微生物肥料，也称微生物接种剂，简称菌肥，是以微生物生命活动而导致农作物得到特定的肥料效应的一类制（产）品。微生物肥料与有机肥料、绿肥、化学肥料一样，是农业生产中所使用的肥料制品之一。

微生物肥料具有两个方面的作用。其一，通过生物肥料制品中微生物的生命活动，增加植物的营养元素供应量，使植物营养状况得到改善，从而增加产量。其二，生物肥料制品中微生物的生命活动，还能产生促进植物生长的刺激物质，从而促进植物对营养元素的吸收，并能颉颃某些病原微生物，减轻病虫的危害。由此可见，微生物肥料用于无公害蔬菜生产后，能减少化肥及农药的使用量，它不仅能大幅度地提高蔬菜的产量和品质，而且能逐步消除化肥及农药的污染，为生产无公害蔬菜创造出良好的环境条件。现将当前生产上常用的生物肥料（微生物菌肥）的种类及使用方法分述如下。

1. 根瘤菌肥　根瘤菌肥又称根瘤菌剂。它是从豆科植物根瘤内的根瘤菌中分离出来后，又加以选育繁殖而成的产品。它是一种效果显著的微生物肥料。施入土壤后，根瘤菌可与相应的豆科作物的根共生而形成根瘤。根瘤细菌在根瘤内能将空气中的分子态氮固定并转化为作物可以利用的氮化物。在根瘤菌固定的氮素中，约有75％可供给作物直接利用，其余25％则用于组成菌体细胞。细菌死亡后，其中的氮素仍残留于土壤中，经分解又可被作物吸收利用。

根瘤菌与豆科作物的根共生具有"专一性"和"互接种族"的特点。前者指某一种根瘤菌只能与某一种豆科作物的根共生形成根瘤，在其他豆科植物上则不能形成根瘤。如紫云英根瘤菌只能在紫云英上着生根瘤。后者指一种根瘤菌能与几种豆科作物共生形成根瘤。根据根瘤菌共生的这一特点，可将根瘤菌分成若干组，各组根瘤菌及其共生的豆科植物见表2-24。

表 2-24　根瘤菌及其相应共生的豆科植物

根瘤菌名称	相应共生的豆科植物
花生根瘤菌	花生、豇豆、绿豆、赤豆、田菁、柽麻等
大豆根瘤菌	大豆、黑豆、青豆
苜蓿根瘤菌	紫花苜蓿、黄花苜蓿、草木犀等
豌豆根瘤菌	豌豆、蚕豆、苕子、钱笪豌豆等
紫云英根瘤菌	紫云英
菜豆根瘤菌	菜豆
三叶草根瘤菌	三叶草

菌剂质量会直接影响菌肥的增产效果。优质菌剂一般要求每克含活菌2亿～4亿个，甚至菌剂水分以20％～30％为宜。菌剂要求新鲜，杂菌含量不得超过10％。

菌剂质量的好坏与吸附剂及储存温度有关。草炭营养丰富，若用草炭做吸附剂，则菌剂的活菌率较高。优质菌剂必须在12℃以下低温储存，因为高温会引起菌肥的水分蒸发，使活菌体大量减少。

施用或接种高效根瘤菌剂后，能提高豆科作物与绿肥作物的产量，而且增产效果稳定，增产幅度一般在10％～20％。花生与大豆施用菌剂的效果与土壤肥力水平有关。如果土壤中全氮及有机质的含量较低且磷素营养充足时，施用菌剂的效果明显。新垦地区施用根瘤菌后，增产效果更大，尤其对某些专一性强的作物，如紫云英、三叶草等效果明显。在新区引种时，必须接种相应的菌种，否则不能形成根瘤。在多年生豆科作物和施用过根瘤菌剂的土壤上，继续施用菌剂仍能获得增产效果。

根瘤菌剂的使用效果，一般以拌种为最好。500 克根瘤菌剂可拌花生、蚕豆、豌豆、大豆等大粒种子 25～50 千克，可拌紫云英、苜蓿等小粒种子 15～25 千克。拌种的器皿宜用内壁光滑的瓷盆。拌种时，要加少量新鲜米汤或清水，先将菌剂调成糊状，再与种子充分拌匀，随后播种覆土。拌种应在阴凉处进行，要避免太阳暴晒。拌过菌种的种子，不能再用过磷酸钙拌种。如有必要时，可先将种子外面包裹一层泥浆，再用少量草木灰中和过磷酸钙中的游离酸，然后才能拌种，以免降低菌剂接种的效果。如果来不及拌种，则早期追施根瘤菌肥也有一定效果。菌剂作为追肥施用，可在豆科作物出苗后，用 500 克菌剂加水 25～580 千克，配成稀溶液，于傍晚浇在作物根部，也能收到较好的效果。

2. 固氮菌肥　固氮菌也是一种细菌。主要由自身固氮菌和联合固氮菌两大类好气性固氮微生物组成。它们主要生活在植物根际处，或寄生在根系表面及根系内部，但其寄生在根系上不会形成根瘤。固氮菌的功能与根瘤菌相同，但生物固氮能力却要比根瘤菌低得多。利用固氮菌经人工培养制成的各种剂型的固氮菌接种剂，便是固氮菌肥。固氮菌肥虽然在各种作物上都可以用，但通常是用作禾本科作物的拌种剂（如前所述，豆科作物使用根瘤菌剂拌种），一般每亩使用量为 0.5～1 千克。

3. 解磷菌肥　解磷菌主要是细菌，一类分解无机磷，另一类则分解有机磷。它们都能把土壤有机物中植物难以直接吸收利用的磷元素（无效磷）转化为可利用的有效磷。其功能主要是提高磷的有效性；其次是能产生某些生长活性物质，促进作物生长，提高产量。解磷菌肥在各种作物上都能用，在豆科作物上的使用效果更好。它既可以作拌种剂，也可与有机肥一起施用。一般宜及早施用，每亩用量为 1 千克。

4. 解钾菌肥　解钾菌肥又称硅酸盐菌肥或生物钾肥，菌种为芽孢杆菌。芽孢杆菌能分解土壤中的难溶性磷、钾等矿物质营养元素。解钾菌肥的功能主要是提高磷、钾的有效性；其次是能产生一些生长激素，促进作物生长，提高产量。解钾菌肥在各种作物上都能使用，在豆科、薯类、瓜果等作物上使用效果更好。它既可作为拌种剂和蘸根剂，也可与有机肥一起作基肥施用。一般宜早用，每亩用量为 1 千克。

5. 其他微生物肥料　除上述 4 种常见的微生物肥料外，微生物肥料的品种还有许多，有的由于多种原因在应用上受到限制。现将其他微生物肥料的种类介绍如下。

（1）VA菌根真菌肥料　所谓VA菌根真菌肥料，就是土壤中某些真菌侵染植物根系后所形成的菌根——根共生体。它能够大大加强植物利用磷和其他微量元素的能力，还能够增强植物的抗逆性。

（2）微生态菌肥　微生态菌肥以有益微生物的种群所组成。它能够改善植物的生长环境，促进植物生长发育，改善农产品品质，增强作物的抗逆性，提高作物的产量。

（3）抗生菌类肥料　这类肥料具有提高作物产量的作用，能够防治作物病虫害和刺激植物生长。一般作为复合微生物肥料的添加剂，现在市场上也出现了单独销售的、属于防治土传病害的微生物肥料品种。

（4）复合菌肥类　复合菌肥有两种情况：一种是由2种以上有益微生物互不颉颃地复合在一起；另一种是用一种或多种微生物与植物营养物质复合在一起。复合菌肥生产的目的，是为了提高接种的效果，但在目前复合或复混的机制仍然不太清楚的情况下，该产品的效果并不十分显著。当前，复合菌肥产品虽多，但质量却参差不齐。

（5）活性堆肥　活性堆肥是植物秸秆添加饼粕和其他调节物质后，在微生物制剂的作用下，发酵制成的产品。它含有大量的活微生物，能起到微生物肥料的作用。

（6）有机、无机和微生物复合肥　即将有机肥、无机肥和微生物复合肥混合在一起，一般是制成颗粒状。它可以较好地解决养分速效和缓效的问题，并能够解决大量养分合理利用的问题。

（7）"几丁质"（甲壳）有机肥　"几丁质"（甲壳）有机肥是用天然的"几丁"物质，如甲壳、虾壳、蟹壳等为主要原料制造的环保型有机肥料。它不含任何激素、抗生素及重金属，不污染土壤、水分及作物，是确保安全生产的环保型产品。甲壳素不溶于水，可调节土壤的酸碱性，能刺激土壤中有益微生物的活性，并能控制及调节土壤中的氮、磷、钾均衡持久地释放。甲壳素中含有钙、铁、镁、锰、硫等微量元素，能保障作物生长的需要。甲壳素还能促使作物分泌"几丁"酶，这种酶可以分解地下害虫的卵、蛹等含有"几丁质"的外壳及大部分真菌的细胞壁，从而减轻地下害虫的危害，减少农药的施用量。"几丁"酶也是天然的生长刺激素，能促进植物的吸收，加速作物的生长。

（8）微生物有机肥　无公害蔬菜生产上必须以有机肥为主，微生物肥和化肥为辅。为弥补有机肥的不足，各地生产了许多微生物有机肥。它们具有肥效高、用量少、不脏臭的特点，很适合在无公害蔬菜生产上使用。

（三）化学肥料

1. 无公害蔬菜生产中化肥施用的原则　在无公害蔬菜生产上，施肥应以有机肥为主，并辅以其他肥料；施用化肥时，应以多元复合肥为主，单元素肥料为辅。施肥方法上应以基肥为主，追肥为辅。要尽量限制化肥的施用，如果确实需要，可以有限度地选择施用部分化肥，但应掌握以下原则：

（1）正确选用肥料　选用化肥既要考虑养分含量，又要选用含杂质少，尤其是含重金属及有毒物质较少、纯度较高的肥料；还要根据土壤情况，尽可能选用不致土壤酸化的肥料；要重视氮、磷、钾的配合使用，杜绝偏施氮肥的现象；特别要谨慎使用硝态氮和含硝态氮的复合肥、复混肥等。

（2）严格控制化肥的用量　在控制化肥的用量时，尤其要减少氮素化肥的用量。蔬菜种类繁多，各自的生育特性与需肥规律相差很大，不同蔬菜的栽培季节与栽培方式又多不相同，因此，要根据不同种类蔬菜的生育特性、需肥规律、土壤供肥状况以及肥料的种类与养分含量，科学地计算施肥量。还要根据不同的栽培方式（如设施栽培与露地栽培），不同的栽培季节与土壤、水分等条件，灵活掌握化肥的用量。一般情况下，每亩一次性施入的化肥量应不超过25千克。安全蔬菜生产中，每亩每次施用氮肥的限量标准见表2-25。

表2-25　安全蔬菜生产氮肥施用限量标准

蔬菜类别	氮肥最多施用量（千克/亩）	蔬菜名称
速生叶菜类	8	小油菜、叶用莴苣（生菜）
瓜果类	20	茄子、黄瓜、西瓜、甜瓜
结球叶菜类	15	大白菜、甘蓝
根菜类	12	萝卜、胡萝卜

（3）采用科学的施肥方法，坚持基肥与追肥相结合　基肥要以腐熟的有机肥为主，配合施用磷、钾肥；追肥要根据蔬菜不同生育阶段及对肥料的需要量大小而分次追肥。要注重在产品器官形成的盛期，如根茎、块茎膨大期，结球期，开花结果期重施追肥。基肥要深施、分层施或沟施。追肥要结合浇水进行。化肥必须与有机肥配合施用，有机氮与无机氮的比例以1∶1为宜。如施用优质厩肥1 000千克，加尿素10千克（厩肥作基肥，尿素可作基肥和追肥）。化肥也可与有机肥、复合微生物肥料配合施用。如厩肥1 000千克，可加配尿素5～10千克，或配磷酸二氢铵20千克，或配复合微生物肥料60千克（厩肥作基肥，尿素、磷酸二氢铵和复合微生物肥料作基肥和追肥用）。

（4）注意最后一次追肥的时间　对于一次性收获的蔬菜，为避免硝酸盐在植物体内的积累，最后一次追施化肥应在收获前30天进行。对于连续结果的瓜果蔬菜，也应尽可能在采收高峰来临之前15～20天追施最后一次化肥。

2. 主要化学肥料的组成和养分含量　为便于查阅和节约篇幅起见，现根据中国农业科学院土壤肥料研究所编写的《化肥实用指南》，将主要化学肥料的组成和养分含量列于表 2-26。

表 2-26　主要化学肥料的组成和养分含量

	化肥名称	主要化合物	养分含量（%）	备注
氮肥	碳酸氢铵	NH_4HCO_3	N 17	挥发性强
	硫酸铵	$(NH_4)_2SO_4$	N 20～21	
	氯化铵	NH_4Cl	N 24～25	
	氨水	NH_4OH	N 12～16	挥发性强
	液态氮	NH_3	N 83	20℃时蒸汽压为 7.7 个大气压，需耐压容器储存
	硝酸铵	NH_4NO_3	N 34	
	尿素	$(NH_2)_2CO$	N 46	
	石灰氮	$CaCN_2$	N 20～22	有毒
磷肥	过磷酸钙	$Ca(H_2PO_4)_2 \cdot 2H_2O$	P_2O_5 12～20	水溶性磷，含石膏 40%～50%
	重过磷酸钙	$CaH_4(PO_4)_2 \cdot 2H_2O$	P_2O_5 45 左右	水溶性磷，不含石膏
	氨化过磷酸钙	$CaHPO_4 \cdot NH_4 \cdot H_2PO_4 \cdot (NH_4)_2SO_4$	N 2，P_2O_5 13 左右	柠檬酸溶性磷
	钙镁磷肥	$\alpha\text{-}Ca_3(PO_4)_2$	P_2O_5 12～20	柠檬酸溶性磷
	沉淀磷酸钙	$CaHPO_4 \cdot 2H_2O$	P_2O_5 27～40	柠檬酸溶性磷
	脱氟磷肥	$\alpha\text{-}Ca_3(PO_4)_2$	P_2O_5 14～18	柠檬酸溶性磷
	偏磷酸钙	$Ca(PO_3)_2$	P_2O_5 64～67	柠檬酸溶性磷
	钢渣磷肥	$Ca_4P_2O_9$	P_2O_5 8～14	柠檬酸溶性磷
	磷矿粉	$Ca_5F(PO_4)_3$	P_2O_5 20～30	难溶性磷
	骨粉	$Ca_3(PO_4)_2$	P_2O_5 22～23	难溶性磷
钾肥	氯化钾	KCl	K_2O 50～60	
	硫酸钾	K_2SO_4	K_2O 50	
	窑灰钾肥		K_2O 6～10	
	钾镁肥		K_2O 30 左右	
复合肥料	硝酸钾	KNO_3	N 13.86，K_2O 46	
	硝酸磷肥	$CaHPO_4 \cdot NH_4；H_2PO_4 \cdot NH_4NO_3$	N 20～26，P_2O_5 13～20	
	磷酸一铵	$NH_4H_2PO_4$	N 12，P_2O_5 52	
	磷酸二铵	$(NH_4)_2HPO_4$	N 18，P_2O_5 46	
	偏磷酸铵	NH_4PO_3	N 14，P_2O_5 70～73	
	磷酸二氢钾	KH_2PO_4	P_2O_5 24，K_2O 27	

3. 化学肥料的配比、混合及储存

（1）化学肥料的配比及混合　单独施用一种肥料时，一般不能满足作物生长的需要，即使含有氮、磷、钾的复合肥料，亦难恰好适合某种土壤的供肥状况和作物对养分比例的需要。因此，根据土壤特点与作物的需要，配制出适宜养分比例的混合肥料后加以施用，不但能提高肥料中养分的有效性，发挥出养分之间相互的增益作用，还可以改善肥料的物理性状，以便于施用，节约劳力。但并非所有的肥料均能任意配合，如配置不善，将会引起养分损失，降低肥效。因此在混合之前，要根据肥料的性质和相互作用的变化情况，考虑其能否混合。在考虑化肥之间能否混合时，应注意掌握下列原则：第一，能改善肥料的物理性状；第二，不使养分损失；第三，有利于提高肥料的效果。

按照上述 3 条原则，大致可分为 3 种情况，即可以混合、不可以混合及可以暂时混合，但不应久置。

①可以混合。2 种以上的肥料经混合后，不但养分没有损失，而且有时还能互相取长补短，有利于作物生长。例如，硫酸铵与过磷酸钙或磷矿粉混合后，因硫酸铵为生理酸性肥料，可增加过磷酸钙的有效性，特别是在石灰性的土壤中更是如此。再如，硝酸铵和氯化钾混合后，生成氯化铵和硝酸钾，它们均具有较好的物理性能，两者混合后的潮解性能都比原来的单一肥料的潮解性小，便于使用。

②可以暂时混合，但不宜久置。有些化学肥料混合后，立即使用时不致有不良影响，但如果长期放置，就会出现有效养分减少或物理性状变坏的问题。例如，硝态氮与含有游离酸较多的过磷酸钙混合后，会吸湿结块，增加施肥作业时的困难；同时，硝态氮也会逐渐分解，造成氮素的损失。但在混合前，用一些石灰或草木灰中和过磷酸钙内的游离酸时，就不致引起氮素的损失，即便如此，仍不能长久放置。再如，尿素与氯化钾混合后，养分虽无损失，但增加了吸湿性。据测定，两者分别储存 5 天时吸湿为 8%，而混合后吸湿则达 36%。吸湿致使肥料的物理性状变劣，增加了施用上的困难，故宜随混随施。

③不能混合。有些化学肥料混合后，会引起养分损失或肥效降低。例如，铵态氮肥（硫酸铵、氯化铵）都不宜与碱性肥料（石灰、石灰氮）混合，否则，会引起氮素的损失。又如，过磷酸钙也不宜与碱性肥料混合，混合后会使过磷酸钙可溶性磷含量下降。对于不能混合的肥料，只要相隔 1~2 天分别施用，就不致产生以上不良现象。

肥料可否混合可参考图 2-1。

（2）化学肥料的储存　化肥的品种很多，各有各的特性。有的本身性质不稳定，养分容易挥发损失；有的有较强的吸湿性、腐蚀性、毒性和燃烧性等。

		1	2	3	4	5	6	7	8	9	10	11	12	13	14	15	16	17	18	19	20	21	22	23	24
1	硫酸铵																								
2	硝酸铵	●																							
3	氨水	×	×																						
4	碳酸氢铵	×	●	×																					
5	尿素	○	●	×	×																				
6	石灰氮	×	×	×	×	×																			
7	氯化铵	○	●	×	○	×	×																		
8	过磷酸钙	○	●	×	×	×	×	×																	
9	钙镁磷肥	●	●	×	○	○	×	×	×																
10	钢渣磷肥	×	×	×	×	×	×	×	○	○															
11	沉淀磷肥	○	●	×	○	○	×	○	○	○	○														
12	脱氟磷肥	●	●	×	○	○	×	○	○	○	○	○													
13	重过磷酸钙	○	●	×	×	×	×	×	×	○	×	×	○												
14	磷矿粉	○	●	×	×	×	×	○	○	○	○	○	○	●											
15	硫酸钾	○	●	×	×	○	×	○	○	○	○	○	○	○	○										
16	氯化钾	○	●	×	×	○	×	○	○	○	○	○	○	○	○	○									
17	窑灰钾肥	×	×	×	×	×	×	×	×	×	×	×	×	×	○	×	×								
18	磷酸铵	○	●	×	×	○	×	○	○	○	○	○	○	○	○	○	○	×							
19	硝酸磷肥	●	●	×	●	●	×	●	○	○	●	●	●	●	●	●	●	×	×						
20	钾氮混肥	○	●	×	×	○	×	○	○	○	○	○	○	○	○	○	○	×	○	●					
21	氨化过磷酸钙	○	●	×	×	○	×	○	○	○	○	○	○	○	○	○	○	×	○	●	○				
22	草木灰、石灰	×	×	×	×	×	×	×	×	×	×	×	×	×	×	×	×	×	×	×	×	×			
23	粪、尿	○	○	×	○	○	×	○	○	○	○	○	○	○	○	○	○	○	○	○	○	○	×		
24	新鲜厩肥、堆肥	○	×	○	×	○	×	○	○	○	○	○	○	○	○	○	○	○	○	○	○	○	×	○	
		1	2	3	4	5	6	7	8	9	10	11	12	13	14	15	16	17	18	19	20	21	22	23	24
		硫酸铵	硝酸铵	氨水	碳酸氢铵	尿素	石灰氮	氯化铵	过磷酸钙	钙镁磷肥	钢渣磷肥	沉淀磷肥	脱氟磷肥	重过磷酸钙	磷矿粉	硫酸钾	氯化钾	窑灰钾肥	磷酸铵	硝酸磷肥	钾氮混肥	氨化过磷酸钙	草木灰、石灰	粪、尿	新鲜厩肥、堆肥

图 2-1 肥料可否混合施用示意图

图例：○表示可以混合施用；●表示可以暂时混合，应现混现用，不宜久放；×表示不可混合施用

因此，要根据肥料的特性，采用适当的储存保管方法，乙方肥料编制、养分损失或吸湿结块而造成施用不便。所以，在储存化肥时，应力争做到以下 3 点。

①低温干燥。温度和湿度直接影响到化肥的质量。总的来说，温度愈高，湿度愈大，潮解挥发或结块的问题愈严重，对肥料品质的不良影响也愈显著。碳酸氢铵吸水后，在高温下自行加快分解，氮素的挥发损失量增加。任何化肥都不能堆放在露地上任其风吹、雨淋及烈日暴晒。任何化肥都应放置在干燥凉爽的仓库里，尤其是硝态氮、尿素、碳酸氢铵、氯化钾等都应入库储存，并保持肥料袋或其他包装、容器的完好无损。化肥存放时，先用木板垫起，使之距离地面 30～40 厘米，使用前才开启使用。

②按类分堆储存。在储存多种化肥时，应按类别分堆存放。不应混存、混杂，尤其不能将食物、农药、种子与菌肥、其他化肥混存，以免发生种子发芽率降低等事故。易燃、易爆的硝态氮肥更不可与硫黄、煤油、油布、木炭、蒿秆等物品混存；铵态氮肥不应与碱性肥料或碱性农药同库混存，以免增加氮素的挥发损失。此外，菌肥与化肥亦应分别储存。

③采取防火、防腐蚀和防毒措施。化肥仓库内都应禁止火源，须备有沙包、灭火器等消防器材。肥料中如含有腐蚀性物品或有毒物质，保存时应特别小心。过磷酸钙因含有游离酸，腐蚀性强，不宜长期存放在麻袋或铁质容器中，以免损坏包装、容器。氨水和石灰氮等对人、家畜的眼、鼻和肺的黏膜部位有强烈的刺激作用，有害健康，故操作时需戴上口罩、风镜、手套等，以加强保护。

第二章 蔬菜的栽培制度

第一节 蔬菜栽培制度概述

蔬菜的栽培制度是指在一定的时间内，在一定的土地面积上各种蔬菜安排布局的制度。它包括因地制宜地扩大复种，采用轮作、间、混、套作等技术来安排蔬菜栽培的次序，并配以合理的施肥和灌溉制度、土壤耕作和休闲制度。

蔬菜的茬口安排，不但要求产量高，更要求全年均衡供应多样化的新鲜产品。要把种类繁多的蔬菜品种组织到栽培制度中去，除露地栽培，还有保护地栽培。通过早春促成露地栽培，秋冬延迟栽培，冬季保护地栽培实现排开播种，周年生产。

一个栽培制度的形成，是由一个特定地域的自然气候条件、资源条件和经济需求共同决定的。

山东省春季和初夏降水量少，空气干燥而光照充足，是栽培蔬菜种类较多的季节，尤以瓜类、茄果类以及大蒜、洋葱、马铃薯等生长良好。秋季降雨适中，天高气爽，昼夜温差大，光照充足，非常适于叶菜类、根菜类、豆类，以及葱、姜、辣椒的生长。秋季是山东省种植蔬菜最好的季节，盛产大白菜、萝卜、大葱、姜、辣椒等蔬菜，并久负盛名。冬季月平均气温在0℃以下，最低气温在−10℃以下，没有防寒保温设施蔬菜不能生长，而夏季7、8月份高温、多雨、或高温、干旱，喜冷和喜温性蔬菜生长不良，病虫害严重，产量低而不稳。因此，山东蔬菜历史上形成了以春、秋两季为主的栽培制度。在春菜集中收获的6—7月和秋菜集中收获的10—11月便形成了蔬菜的旺季；而春季的3—4月和夏秋的8—9月便出现了蔬菜的淡季。

20世纪80年代中期种植业结构调整以来，山东蔬菜进入到了突飞猛进的商品发展阶段，蔬菜栽培制度也发生了巨大变化。主要表现在保护地蔬菜栽培迅猛发展，并成为蔬菜生产的重点，以冬暖大棚为龙头，大、中、小拱棚、阳畦等多种保护形式相结合的局面已经形成，保护地内的作物安排、间作套种和轮作换茬等更为复杂和多样。随着两高一优农业战略的实施，粮菜、棉菜间作套种（又称立体种植）模式日益规范和成熟。山区越夏蔬菜栽培及农区利用粮菜间套种植越夏蔬菜等有了较大发展。由此而出现的情况是蔬菜种类、品种的栽培季节，以及一年中蔬菜上市的季节、月份差越来越小，蔬菜周年生产，均衡供应的目标已基本实现。

第二节　耕作方式及设置原则

蔬菜栽培有轮作、连作、间作、套作和混作等耕作方式，合理利用这些耕作方式，既可以大幅度提高日光能和土壤肥力的利用率，还可以减轻病虫害，恢复和提高土壤肥力。

一、轮作和连作

轮作是指在同一块菜地上，按一定的年限轮换种植几种性质不同的蔬菜，也称换茬或倒茬。一年单主作地区就是不同年份栽种不同种类的蔬菜；一年多主作地区则是以不同的多次作方式，在不同年份内轮流种植。

连作是在同一块土地上不同年份内连年栽培同一种蔬菜。

轮作是合理利用土壤营养元素，改良土壤结构，提高土壤肥力，减轻土传病危害的有效措施。除露地栽培，还有保护地栽培，其轮作制度需分别制定。除按市场需求确定种植计划外，在轮作设计时应掌握以下原则：

1. 吸收土壤营养不同，根系深浅不同的蔬菜互相轮作　如，消耗氮肥较多的叶菜类、消耗钾肥较多的根茎菜类与消耗磷肥较多的果菜类轮作；深根性的根菜类、茄果类、瓜类（除黄瓜外）与浅根性的叶菜类、葱蒜类等轮作。

2. 互不传染病虫害的作物互相轮作　同科蔬菜常感染相同病虫害，制订轮作计划时原则上应尽量避免将同科蔬菜连作。每年调换种植管理性质不同的蔬菜，可使病虫害失去寄主或改变生活条件，从而达到减轻或消灭病虫害的目的。

3. 能改善土壤结构的作物互相轮作　在轮作制度中适当配合豆科、禾本科蔬菜的轮作，增加有机质以改良土壤团粒结构。在豆科、禾本科作物之后，先种植需氮较多的白菜类、茄果类、瓜类等，再种植需氮较少的根菜类和葱蒜类，以需氮最少的豆类放在最后；薯芋类因其耕作较深，需中耕培土，施大量有机肥，杂草少，余肥多，也是改进土壤肥力的作物；根系发达的瓜类和宿根性韭菜，较根菜类遗留给土壤较多的有机质，有利于土壤团粒结构的形成。

4. 注意不同蔬菜对土壤酸碱度的要求　如豆类、甘蓝、马铃薯等种植后，能增加土壤酸度；而玉米、南瓜、苜蓿等种植后，能减少土壤酸度，故对土壤酸度敏感的洋葱等作为玉米、南瓜后作可获较高产量，作为甘蓝的后作则减产。

5. 考虑前作对杂草的抑制作用　前后作配置时，要注意前作对杂草的抑制作用为后作创造有利条件。一般胡萝卜、芹菜等生长缓慢，抑制杂草作用很小，葱蒜类、根菜类也易遭杂草危害；而南瓜、冬瓜等因生长期间侧蔓迅速布满地面，杂草易消灭；甘蓝、马铃薯等抑制杂草作用也较大。

6. 考虑作物的化感作用　部分作物品种的根际分泌物可以抑制一些土壤病原物的生长，从而降低另一部分作物品种的受害程度。如栽培葱蒜类后，种植大白菜可以减轻白菜软腐病。

7. 适当种植牧草、鱼草等作物　运用植物健康管理技术，适当种植牧草、鱼草等，增加土壤有机质、改善土壤肥力，减轻病虫危害。

8. 发展冬季农业，提高复种指数，增加菜农收入　冬季气温低，病虫害较少，有利于安全优质蔬菜的生产。发展冬季农业，充分利用冬闲田发展蔬菜，提高复种指数，是保粮、扩菜、增收，全面合理安排的较好途径。

9. 要兼顾前后作，不误农时　根据以上原则，蔬菜轮作的年限依蔬菜种类、病情而长短不一。如白菜、芹菜、甘蓝、花椰菜、葱蒜类等没有严重发病的地块上可以连作几茬，但需增施有机肥。需2～3年轮作的有马铃薯、黄瓜、辣椒等；需3～4年轮作的有茭白、芋、番茄、大白菜、茄子、甜瓜、豌豆等；而西瓜则6～7年。一般禾本科常连作，十字花科、百合科、伞形科等较耐连作，但以轮作为佳；茄科、葫芦科、豆科、菊科连作危害大。以茄果类为主的轮作，第一年茄果类，秋冬白菜、春白菜；第二年瓜类、萝卜、莴苣；第三年豆类、甘蓝、白菜；第四年茄果类。

二、间、混、套作

2种或2种以上的蔬菜隔畦、隔行或隔株同时有规则地栽培在同一地块上，称为间作；不规则地混合种植，称为混作。前作蔬菜的生长发育后期在它行间或株间种植后作蔬菜，前、后两作共同生长的时间较短，称为套作。

间套作配置的原则：

因为主作与间套作的种间关系，除了有互助互利的一面，还有矛盾的一面，因此实行间套作时，要根据蔬菜的生态特征特性，选择互助互利较多的作物品种，实行搭配，还要因地制宜地采用合理的田间群体结构及相应的技术措施，才能保证增产；如搭配不好，反而加剧了作物间矛盾，导致减产。具体掌握以下原则：

1. 合理搭配蔬菜的种类和品种

（1）高矮结合　高秧与矮秧搭配，有利于光能的充分利用，也可增加单位面积株数，对不同层次的光照和气体都能有效地利用，同时还可改善田间小气候条件。如黄瓜与辣椒间作。

（2）直立与水平结合　采取直立叶型与水平叶型相搭配，能有效利用光能。如葱、蒜与菠菜间作。

（3）深浅结合　深根性与浅根性蔬菜种类相搭配，以合理利用不同层次土壤中的营养，也避免了同一层次内的根系竞争。如茄果类与叶菜类间套作。

（4）早晚结合　在生长期、熟性和生长速度上掌握住生长期长的与短的，生长快的与慢的，早熟的与晚熟的相搭配。如叶菜类与黄瓜间套作。

（5）阴阳搭配　喜强光的与耐阴的相搭配。如黄瓜与芹菜间作。

（6）对营养元素竞争小的相搭配。这样可以有效地利用土中不同的营养，如叶菜类需氮多，对磷、钾要求较少；果菜类需磷、钾较多，它们套作互有益处。

（7）互不抑制　应注意某些作物分泌的物质对所搭配作物的抑制作用。

2. 合理安排田间结构　间套作后，单位面积上的总株数增加，所以要处理好主、副作物间争光线、争空间和争肥水的矛盾，具体掌握：

（1）主副作物合理配置。

（2）加宽行距、缩小株距，以充分发挥边行的优势作用。

（3）前茬利用后茬的苗期，不影响生长，而后茬利用前茬的后期，不妨碍苗壮和生长，尽量缩短共生期。

（4）掌握土壤养分要求不同的、根系深浅不同的间套作，如毛豆需氮少，玉米需氮多，叶菜需氮多，果菜需磷钾多的间套作。

3. 采取相应的栽培技术措施　蔬菜间套作的类型依各地区气候条件和经济条件的不同，形式繁多，概括起来可分为菜菜间套作、粮菜间套作和果（桑）菜间套作等。黄河流域蔬菜间套作的如：

（1）早春菜间套春夏菜　如春萝卜、小白菜等早春速生菜间套地爬瓜类、豆类、薯芋类和辣椒、茄子等。可增加蔬菜淡季上市量。

（2）越冬晚茬或早熟夏菜间套晚熟夏菜　如春甘蓝、洋葱等，以及春马铃薯、早黄瓜、早番茄、西葫芦、矮菜豆等和冬瓜、南瓜、伏豇豆、伏黄瓜等堵"伏缺"品种间套。

（3）早秋速生菜与秋冬生长期长的蔬菜间套　如早秋白菜、秋茼蒿和甘蓝、花椰菜、秋菜豆间套；小白菜、小萝卜与芹菜或胡萝卜间套。早秋速生菜是克服夏淡季的主要品种。

（4）早熟越冬菜与晚熟越冬间作　如耐寒的白菜、菠菜、塌菜与越冬生长慢的晚茬菜，如洋葱、大蒜、春甘蓝等间作，越冬早茬菜乃是堵冬春缺菜的好品种。

菜粮间套作，常见的有麦田间作耐寒或半耐寒的小白菜、菠菜；麦田套作西瓜、甜瓜、芋头等；马铃薯或矮菜豆、毛豆、南瓜间作玉米；马铃薯与棉花间作；玉米与豇豆隔株间作等。

果（桑）菜间作，如果园、幼林行间利用冬季落叶期间作耐寒的白菜、塌菜、甘蓝、芜菁、萝卜等，可以增加春淡季的蔬菜上市量。

第三节　蔬菜栽培季节茬口与茬口安排

为便于制定与落实生产计划，通常把蔬菜的茬口分为"季节茬口"与"土地茬口"（或称"生产季节茬口""土地利用茬口"）。"季节茬口"指在时间上，一年当中栽培的茬次，习惯上把蔬菜分为越冬茬、春茬（或早春茬）、夏茬（或春夏茬）、伏茬（或连秋茬）、秋茬5个季节茬口。"土地茬口"指空间上，在轮作制度中，同一块菜地上全年安排蔬菜的茬次，如一年一熟（茬）、一年两熟、两年五熟、一年三熟、一年多熟等。这两种茬口，在生产计划中共同组成完整的蔬菜栽培制度。

一、蔬菜栽培的季节茬口

蔬菜的栽培季节是指从种子直播或幼苗定植到产品收获完毕为止的全部占地时间而言。对于先在苗床中育苗，然后定植到大田中去的蔬菜，因为苗期不占大田面积，所以育苗期虽是蔬菜生长期的一部分，但不计入栽培季节。确定蔬菜栽培季节的基本原则就是将蔬菜的整个生长期安排在它们能适应的温度季节里，而将产品器官的生长期安排在温度最适宜的季节里，以保证产品的高产、优质。

光照、雨量、病虫害等与栽培季节也有密切关系，保护地栽培应将蔬菜茂盛生长期安排在光照条件好的时期，以充分利用太阳的光和热，获得单位面积的最高产量。耐寒性蔬菜的叶原基形成和马铃薯等块茎形成，喜温蔬菜的花芽分化，四季豆的结荚，均以短日照有利，而大蒜、洋葱鳞茎的形成，要求长日照。西瓜、甜瓜的开花坐果期，要求避开雨季，而大白菜为避病，往往适当迟播，从地热来说，高山、洼地比平原季节迟，阳坡比阴坡、砂性土比黏重土季节要早。

（一）露地蔬菜栽培季节茬口

根据以上原则，结合各地气候条件，可将种类繁多的蔬菜品种按栽培季节进行归类，露地蔬菜的季节大体上可分为以下5茬：

1. 越冬茬　俗称越冬菜，并包括越冬根茬菜。是一类耐寒或半耐寒蔬菜，其主要蔬菜种类有菠菜、芹菜、小葱、韭菜、芫荽、大蒜、洋葱等，一般是秋季露地直播或育苗，冬前定植，以幼苗或半成株状态露地过冬，翌年春季或夏初供应，是堵春淡季的主要茬口。这一茬口既是早春用中小棚栽培生产果菜类的良好前茬，也是夏菜茄瓜豆的前茬。延至4—5月甚至6月腾茬出地的晚茬菜，如春甘蓝、春花椰菜、洋葱、大蒜、莴苣等，通常间作、套作晚熟夏菜，如爬地瓜类、豇豆、毛豆和地瓜、芋、姜、山药等，也可作为伏菜的前茬或翻耕晒垡，秋季种秋冬菜。

2. 春茬　春茬又叫早春菜，是一类耐寒性较强，生长期短的绿叶菜，如小白菜、小萝卜、茼蒿、菠菜、芹菜等，另加春马铃薯和冬季保护地育苗，早春定植的春白菜、春甘蓝、春花椰菜等。春茬菜一般在早春土地解冻后即可播种定植，生长期4～60天即可采收供应。一般在3月播种，5月上市，正好在夏季茄瓜豆大量上市以前，过冬菜大量下市以后的"小淡季"上市，这一季节通常与晚熟夏菜的爬地瓜类、辣椒、茄子、豇豆、早毛豆、四季豆等间套作或作为伏菜的前茬。

3. 夏茬　即春夏菜、夏菜，包括那些春季终霜后才能露地定植的喜温耐热蔬菜，如茄、瓜、豆类蔬菜，是各地主要的季节茬口。一般在6—7月大量上市，形成旺季。因此，宜将早中晚熟品种排开播种，分期分批上市，一般在4—5月定植的蔬菜为此类。这茬菜在立秋前腾茬出地，后茬种植伏菜或经晒垡后种秋冬菜，远郊肥源和劳动力不足之处，也可以晒垡后直接栽晚熟过冬菜。

4. 伏茬　又叫火菜、伏菜，是专门用来堵秋淡的一类耐热蔬菜，大多于6—7月播种或定植，8—9月上市供应。适合种植的蔬菜主要有中晚熟的结球甘蓝、花椰菜、黄瓜、番茄、茄子、菜豆、豇豆及速生绿叶菜类等。

5. 秋冬茬　也叫秋茬。通常叫秋菜、秋冬菜，是一类不耐热的蔬菜，如大白菜、甘蓝、根菜类及部分喜温性的茄果瓜豆及绿叶菜，是全年各茬中面积最大的，一般在立秋前后直播或定植，10—11月上市供应，也是冬春贮藏菜的主要茬口，其后作为越冬菜或冰垄休闲后明春栽种早春或夏菜。

（二）保护地蔬菜栽培季节茬口

保护地蔬菜生产，是增加冬季和早春鲜菜供应和提高蔬菜生产经济效益的重要措施，在生产上要求技术水平高，设备条件好。依据冬季蔬菜生产的栽培特点及上市时间，一般可分为下述5茬：

1. 秋冬茬　秋冬茬也有的称为秋延迟栽培，是秋季延长蔬菜收获期的保护地栽培方式，通常在夏末秋初露地或遮阳棚播种育苗，然后定植在日光温室，春秋用大棚及大、中拱棚等保护地内，在中秋进行覆盖保温，其产品在初冬至新年供应市场。

秋冬茬栽培的瓜果蔬菜应选用苗期较耐热，抗病，适合秋冬生长抗逆性强的品种。若栽培芹菜等叶菜类蔬菜，对播种期要严格掌握，过早或过晚都不能达到适期收获的目的。近几年来，秋冬茬栽培面积有了较大的发展，蔬菜种类以番茄、黄瓜、西葫芦、菜豆、芹菜、结球甘蓝、花椰菜为主。

2. 越冬茬　在秋末冬初播种或定植，新年前后开始采收上市，直至翌年5—6月拔秧，生长发育全程都在保护地设施内完成，山东省目前主要采用冬暖型日光温室，适宜栽培的蔬菜主要是可以连续采收的果菜类蔬菜，对品种的要求，必须具备耐低温、耐弱光、抗病性强、对温度剧烈变化适应性强等特性。

3. 冬春茬 主要是利用春用型单坡面大棚、拱圆大棚，以及部分冬暖型日光温室和中拱棚，栽培黄瓜、西瓜、厚皮甜瓜、西葫芦、番茄、茄子、辣椒、菜豆、豇豆、扁豆等果菜类蔬菜，一般于 11 月至翌年 1 月播种育苗，1—3 月定植，3—4 月收获，6—7 月拨秧腾茬。需注意，冬季育苗应采用电热温床或酿热温床，以利于培育适龄壮苗，定植时保护设施内温度达不到要求，应采取多层覆盖或适当推迟定植期。利用拱圆大棚等进行冬春茬栽培时，越冬期间还可以采用多层覆盖，种一茬白菜、茼蒿、芫荽、莴苣等耐寒性较强的速生叶菜。

4. 秋延迟栽培 如前所述，这一方式属于半促成栽培，其所采用的保护设施为阳畦、小拱棚以及部分中拱棚，延迟栽培的蔬菜有番茄、辣椒、西葫芦等果菜类蔬菜，以及芹菜、莴笋、花椰菜等蔬菜，多于夏末秋初播种育苗，果菜类蔬菜 9 月下旬盖膜保护，10 月下旬夜间加盖苇毛毡、草毡等增加保护，11—12 月拨秧腾茬。芹菜、莴笋、花椰菜等多于 11 月上旬盖膜保护，11 月下旬加盖草毡等，12 月至翌年 1 月收获。

5. 春早熟栽培 多数蔬菜都可以安排春早熟栽培，喜温性的果菜类蔬菜，如番茄，茄子，辣椒、黄瓜、西葫芦、菜豆等，用塑料薄膜覆盖，夜间加盖草苫时，其定植期大约在 2 月下旬至 3 月上旬；只有塑料薄膜未有草毡者，定植期应在应为 3 月下旬至 4 月上旬。耐寒和半耐寒蔬菜，如结球甘蓝、花椰菜、芹菜、白菜、莴苣等，同样的覆盖条件，其定植期（或播种期）可比喜温性的瓜菜类蔬菜提早。3 月下旬至 4 月初，山东各地的气温已适合耐寒、半耐寒蔬菜的生长，可以撤除覆盖物，而转为露地栽培。喜温性的果菜类蔬菜，从 4 月中旬开始，白天阳畦或小拱棚内温度达到 30℃ 左右可适当通风；若白天气温已达到 25℃，可掀开薄膜，使植株接受自然光照，在傍晚再覆盖，待夜间最低气温已稳定超过 15℃ 时，可撤除覆盖物。

二、蔬菜栽培的茬口安排

（一）茬口安排的基本原则

茬口安排涉及轮作、间套作、多次作原理和方法的综合运用，一般在茬口安排上应掌握以下原则。

（1）掌握条件，合理安排茬口 根据环境的变化和作物对环境条件的要求安排茬口，使作物生长发育尤其是产品器官形成阶段安排在最适宜的环境条件下。

（2）突出重点，合理搭配主、副茬 在蔬菜栽培中，要将一年中各茬妥善安排，应首先把主茬安排好，再搭配安排副茬。

（3）注意茬口的衔接和轮作　一年中多茬种植，应严格掌握茬次的衔接时间，在保证主茬作物适宜生长期的前提下，抢种副茬。

（二）蔬菜栽培的基本茬口类型

1. 露地蔬菜栽培茬口

（1）一年一茬　一年一茬多为生长期长的蔬菜和多年生蔬菜，例如：山药、芋、草石蚕、茭白、莲藕，以及韭菜、石刁柏、黄花菜等。

（2）一年两茬　可分为一年两大茬和一主茬一副茬两种安排方式：

① 一年两大茬：一般春茬露地栽培番茄、茄子、辣椒、黄瓜、西葫芦、冬瓜、豇豆、菜豆、结球甘蓝、花椰菜、马铃薯等，下茬种植大白菜、萝卜、胡萝卜、根芥菜、秋结球甘蓝、秋芹菜、秋花椰菜等。

② 一主茬一副茬：早春利用风障畦播种春萝卜或种植白菜，后茬接晚茄子、丝瓜、苦瓜等生长期较长的蔬菜。其中，前茬为副茬，后茬为主茬。

（3）一年三茬　大致可以分为以下 5 种方式：

① 早春菜—晚春菜—秋菜：在春秋两大茬之前安排一茬早春早熟菜，例如，利用风障畦栽培育苗白菜或种越冬菠菜、薹菜等；收获后种植番茄、黄瓜、冬瓜等；下茬秋播大白菜、萝卜，或栽培秋芹菜、秋莴笋等。

② 春菜—夏淡季菜—秋菜：早春露地种植生育期稍短的结球甘蓝、莴笋、早熟番茄等；腾茬后夏播耐热白菜、苋菜等短季菜；秋茬接大白菜、萝卜、秋结球甘蓝、秋芹菜等。

③ 越冬菜—春菜—秋菜：早春收获菠菜、小葱等蔬菜之后，种植番茄、茄子、黄瓜、冬瓜等；秋初种植莴笋、茼蒿等；或越冬菜为大蒜、洋葱等，腾茬后种秋黄瓜、秋菜豆等，然后再种植越冬菠菜、薹菜及其他越冬菜。

④ 一年多次作：例如一年四茬（四种四收），越冬菠菜—春萝卜—早茄子—大白菜，茼蒿—矮生菜豆—苋菜—大白菜。一年五茬（五种五收），越冬菠菜—春白菜—西葫芦—苋菜—大白菜。

⑤ 两年五茬：例如第一年春茬种菜豆、黄瓜、番茄、马铃薯等；秋茬栽培早熟大白菜、秋菜豆、秋黄瓜等；然后播种越冬菠菜、薹菜、小葱等。第二年早春收获越冬菜后，栽培西葫芦、冬瓜、辣椒、豇豆等，秋茬栽培大白菜、萝卜等。也可以第一年安排春夏两茬后再种越冬菜。

2. 保护地蔬菜栽培茬口

（1）一年三茬　大致可以分为以下几种方式：

① 秋冬菜—越夏菜—秋延迟菜：例如在夏秋遮阳育苗，种植一茬中晚熟茄子，收获后种植生育期短的夏白菜或油菜（南方称为青菜），腾茬后种植黄瓜或西葫芦等。

② 冬菇—早春茄果类蔬菜—夏豇豆：例如，冬季栽培平菇、草菇，收获后种早春黄瓜、早春西葫芦、早春番茄、早春辣椒等，收获后再种夏豇豆、夏菜豆等。

（2）一年四茬　大致可以分为以下几种方式：

① 早春菜—夏淡季菜—秋菜—越冬菜：例如，在冬季利用保护地育苗，早春种植一茬茄果类或瓜类蔬菜，腾茬后夏季播一茬耐热夏白菜、豇豆或菜豆，下茬秋播大白菜、萝卜，冬季移栽冬芹菜或油菜、蒜苗等。

② 越冬菜—早春菜—夏淡菜—秋延迟菜：例如，在夏秋季露地遮阳网育苗，冬季种植一茬耐寒性较强的芹菜、甘蓝、莴笋等蔬菜，早春种植瓜类或茄果类蔬菜，腾茬后种一茬耐热草菇或平菇，夏秋季种大白菜、豇豆等。

③ 秋延迟菜—冬春菜—夏菜—秋菜：例如，秋季露地或小拱棚育苗种植秋番茄，收获后冬季移栽黄瓜，夏茬种植豇豆、菜豆，收获后秋季种植一茬甘蓝、花椰菜。

第三章 蔬菜保护栽培设施

第一节 保护设施在蔬菜栽培中的作用

蔬菜保护栽培是在外界环境条件不适于蔬菜生产的季节里，利用特制的设备，在人工创造的气候环境条件下，进行蔬菜生产的栽培方式。主要包括两方面内容：首先，是设计建造适合不同季节不同蔬菜生长发育的保护设施；其次，是在设施环境条件下进行蔬菜的栽培，达到早熟、优质、高产、高效的目的。保护设施在蔬菜栽培中的作用有：

（1）利用风障、阳畦、温床、大棚、日光温室等设施进行瓜类、茄果类、豆类、甘蓝、菜花（花椰菜）、芹菜、莴笋等蔬菜的育苗。在外界气候尚不能生产蔬菜的季节，创造适于幼苗生长发育的条件，集中培育蔬菜秧苗，使幼苗在适宜设施内达到壮苗标准，以便露地及时定植、提早收获。

（2）在各种保护设施中，创造适于蔬菜生长发育的温度、光照、肥、水、气体条件，在早春季节对春季蔬菜前、期中期进保护，提早定植、提早成熟的"半促成栽培"。

（3）利用大棚小棚日光温室等对秋季蔬菜中后期进行保护地秋延迟栽培，结合短期贮藏，使露地蔬菜拉秧后，仍有新鲜瓜、果、叶菜供应。

（4）利用大棚及日光温室在冬季进行黄瓜、番茄、辣椒（主要是灯笼椒）、西葫芦等喜温性蔬菜生产，达到冬春季也能供应此类瓜果、蔬菜的"促成栽培"的目的。

（5）利用保护设施遮阳、避光、防雨、保湿的作用，进行大蒜、韭菜等蔬菜的软化栽培。

（6）利用不受灾害天气影响的保护设施环境，进行立体化生产，可达到高产、高效益的目的。

（7）利用保护设施进行蔬菜育种及良种的加代繁殖。

第二节 保护栽培设施的场地规划

一、场地选择

（一）场地位置

保护地要有固定设施，为了便于管理，应集中建设，使其能形成一定的规模。而且最好选择没有污染、有发展前途、能不断扩大的场地建设。为使物料和产品运输方便，宜安排在交通方便、道路畅通的地方。在一般农区都将保护设施建于村南，但不宜与住宅区混建。在城市郊区，不要将保护设施建在工厂下风地段，以免受有毒烟尘污染。具有地热资源及工厂余热条件的，应充分利用。也可利用天然的高岗土崖及防风林的南侧，建设保护设施。

（二）场地的光照条件

太阳光是保护地的主要光源和热源，必须选择有充足光照条件的场地建设保护设施。场地要求平坦开阔，南、东、西三面的建筑物及树木要离开保护地一定距离，此距离要相当于建筑物及树木高度的 1.5 倍以上，否则会造成遮阴，影响作物生长。温室、大棚场地的地势最好北高南低，有一定坡度，坡降以 8°～10° 较好，这样的场地设施内每天作物接受的日照时间长，对提高保护地内地温、促进作物生长有良好作用。

（三）场地的通风条件

保护地内气温较高时，需要及时通风换气，场地有微风对通风换气有利。但要防止大风危害，应避免将保护设施建于风口及高岗地上。

（四）场地的土壤条件

蔬菜保护栽培一般种植茬次多而且产量高，要求土壤有良好的物理性状。最好选用耕层松软、富含有机质（腐殖质）、吸热能力强、保水且透气性好、适于根系生长的肥沃土壤。保护设施场地要求地下水位低、排水良好。如建在地势低洼处，设施内一般湿度大，土壤升温慢，蔬菜作物根系生长不良，还易感染病害。

（五）场地的水利及电源条件

保护地要求水源充足，水质良好，冬季水温略高，以深井水为宜。保护地应具备稳定的电源，以便照明、安装电动卷帘机、杀虫灯、恶劣天气时用电热线增温及利用人工光源补光。

二、保护地的规划布局

保护地的各种设施互相有一定联系。在发展保护地栽培时，应根据当地生产条件按适宜的比例发展各类保护设施。一般采用温室或酿热温床为大、中、小棚育苗。按照 1 亩日光温室可配 10 亩大棚，1 亩大棚相应发展 10 亩中小棚的比例进行规划设计。育苗设施位于保护地中央，便于运苗。主要保护设施，可采用与场地内主路对称的分布方式安排，从北向南排列。为了便于温室、大棚每隔几年换地轮作一次和互不遮阳，温室、大棚间南北距离不少于 10～20 米。在两温室或大棚间的空地上，可设中小拱棚，以充分利用稳定的小区气候。

第三节　保护设施的主要类型、结构和建造

一、保护设施类型

农业保护设施种类很多，结构多样，在性能上有很大差异，主要有风障畦、风障小拱棚、阳畦、温床、塑料棚日光温室等类型。其中阳畦包括风障畦，风障阳畦、风障小拱棚、改良阳畦。温床包括酿热温床、火道温床、电热温床及加温温室。塑料薄膜大、中、小棚包括拱圆形小棚（小拱棚）、拱圆形中棚、拱圆形大棚（含竹木结构拱圆形大棚、水泥柱钢筋梁竹拱架大棚、全水泥预制拱杆组装大棚、装配式镀锌钢管大棚等）。塑料薄膜日光温室包括春用型日光温室（含一坡一立式日光温室、拱形屋面日光温室两种）、冬暖型日光温室（含冬暖式拱形屋面日光温室、钢架梁拱形屋面日光温室、琴弦式日光温室等）。

二、风障畦、风障小拱棚的结构与建造

风障畦与风障小拱棚都是东西向，畦北侧扎风障，风障每隔 3～4 个栽培畦设一道，每个栽培畦宽 1.5 米。风障高 1.5～2 米，风障材料一般用玉米秸、芦苇或高粱杆。扎风障时在畦的北侧挖 30 厘米深的沟，将玉米秸等材料整齐密排沟内，向南侧倾斜 75°角埋土压牢，并在 1 米的高处用苇秸或竹竿前后各一根夹扎固定，风障扎好后，在北侧加 1 米高的稻草或草帘或培土，以增强挡风能力。扎风障主要起到挡风和保温作用，能使早春小拱棚的气温提高 3～4℃，地温提高 4～6℃，可使一些耐寒性蔬菜（菠菜、芹菜、油菜）和喜温性蔬菜在冬春季提早上市。

在扎好的风障前用毛竹片、细竹竿、荆条或直径 6～8 毫米的钢筋作为骨架，按东西向每隔 80～100 厘米的距离插一根拱杆，拱高 80～100 厘米，南北纵向拉 2～3 道横杆，横杆上面覆盖塑料薄膜，即成风障小拱棚。夜间为了保温防寒，塑料薄膜上面可覆盖草苫。这种棚与露地相比，在 1—4 月可以平均提高棚内气温 4.2～6.2℃，10 厘米地温提高 7～9℃；在 3 月中旬，晴天棚内温度可达到 30℃以上，昼夜温差可达 20℃以上。能提早定植茄果类及瓜果类等喜温性蔬菜，特别适用于小白菜、甘蓝、莴苣等半耐寒蔬菜的提早栽培。

三、阳畦和改良阳畦的结构与建造

阳畦又称"冷床"，是在风障畦的基础上发展起来的，由风障、阳畦框墙、透明及不透明覆盖物组成。为提高阳畦防风防寒性能，多建成阳畦群。风障阳畦的布局与风障畦相同，多由 4 个宽 1.5 米、东西延长的畦组成。

北边第一畦北侧打畦框，沿畦框北侧埋设风障为"本畦"，第二畦是作为管理本畦的走道和放覆盖物用，第三畦用于种植露地春菜，第四畦由风障沟占用。畦框是用土围绕阳畦四周夯实而成，北侧畦框高 35～60 厘米，南侧畦框高 10～20 厘米，东西两侧畦框南低北高，并与南北两畦框密切相接，四侧框顶宽 20 厘米左右。一般畦长 22.5 米，宽 1.5 米，面积为 34 米^2，称为标准畦。畦框的具体高度，生产中还应根据栽培蔬菜的植株高度和有无透明覆盖物而定。风障阳畦主要用于早春育苗和分苗，还可以用于黄瓜、番茄、甘蓝等蔬菜的早熟栽培。

阳畦还可用竹竿插成半拱状，形成小拱棚式，以加大畦内空间，不仅可育苗和分苗，而且可以进行黄瓜、番茄、甘蓝等蔬菜的早熟栽培。

改良阳畦是在风障阳畦的基础上，把北畦框加高加厚为后墙，以代替风障。高一般为 0.9～1 米，厚为 40～50 厘米。后墙向南 0.7～1 米处，埋设一排 1.5 米高的立柱，东西向南隔 3 米设 1 根立柱，立柱上按南北向固定毛竹片，北与后墙相连，南与畦埂相接，呈半拱圆形，并在立柱间及其前后各拉一横杆，上面覆盖塑料薄膜和草苫，膜上面用铁丝或压膜线压紧。改良阳畦主要适用于茄果类蔬菜的秋延迟和春早熟栽培或芹菜越冬栽培。

四、温床的结构与建造

温床在结构上与阳畦相似，除具有阳畦的防寒保温设备外，还在栽培畦下面增加了人工热源。根据热源的不同可分为：酿热温床、电热温床及火道温床 3 种。

（一）酿热温床

酿热温床是利用微生物分解有机质时产生的热量来增加床温，它由畦框、酿热物、透明覆盖物和不透明覆盖物组成。床面大小可与阳畦相同，东西向，在畦南侧下挖 50 厘米，畦北侧下挖 30～35 厘米，畦中间向下挖 20 厘米。使畦底面呈拱形。然后将鲜马粪与细碎秸秆、树叶按 7：3 的比例填入畦床内，并用适量的人粪尿和水浇灌，使填料持水量达 70%～75%，填料整平踏实后，盖上薄膜，待温床升高到 60～70℃时，再填 2 厘米的细土。为防治地下害虫，在覆盖细土时撒上一层敌百虫或辛硫磷粉进行防治。盖上后再整平踏实，最后填入培养土。喷水湿透培养土后覆盖塑料薄膜，夜间盖草苫或苇毛苫。发酵正常时，第 2 天床温即可升到适宜播种（或定植）喜温蔬菜的要求。

（二）电热温床

电热温床是利用电热线来提高畦床温度的一种增温设施。它既可用于育苗，又可用于大、中、小拱棚早熟栽培的早期提温。如果铺设时加上控温仪，既能方便管理，又能降低操作成本，效果更好。

　　电热温床的制作是在阳畦的基础上，把电热线铺在床底。铺线前，先起出原来的畦面床土，起土深度应根据作物的育苗方式而定，如黄瓜等一次性育苗，起土深 16 厘米，番茄播种畦起土 13 厘米，分苗畦起土 16 厘米左右。起土后整平畦，将 1 000 瓦电热线 2 根布在畦底，每个标准畦共布线 12 行，行距 8～12 厘米。布线时应掌握畦南侧线密，北侧稍稀，并顺线撒盖 2 厘米厚的细土，整平踏实，以防电热线移位。最后再填入培养土或排放营养钵，钵间空隙用土填平。

　　电热温床铺设之前，应计算好所用电热线根数。北京电线厂生产的 NOV/V089 农用电热线规格有 2 种：一种长 160 米，功率 1 100 瓦，另一种长 300 米，220 瓦。

　　电热线加温所需的功率取决于当地气候条件、育苗季节、蔬菜种类等。早春育苗所需功率，一般取 80～120 瓦/米^2。可按下列公式计算出所选电热线的根数及布线间距：

　　所需总功率（瓦）W＝总面积（加温面积，米^2）×功率（瓦）/米^2

$$电热线根数\ n＝\frac{总功率}{电热线额定功率（瓦）}（n\ 取整数）$$

$$苗床内布线条数\ N＝\frac{电热线长－床宽（米）}{实际加温床长（米）}（N\ 取偶数）$$

$$布线平均距离\ s＝\frac{床宽}{布线条数（N）－1}$$

　　温床两边散热快，实际布线时不能直接按计算的平均间距布线，为使整个温床达到比较均匀的温度，适当减少温床两边的布线间距，增大温床中间的布线间距。

　　布线时，先在温床两头，用竹棒按调整的实际布线间距插好，然后将电热线来回扣好，并适当拉紧。如发生电热线过长或过短的情况，可灵活拔动竹棒调节。过长的电热线切勿剪断，尽量设法埋入土中，严禁圈团通电使用。

　　电热线铺好，覆盖培养土后可拔掉竹棒。电热线两端的导线通过闸刀开关接通电源，或加控温仪。每个温床使用 2 根以上电热线时，只能并联，不能串联。在苗床进行管理及浇水时宜切断电源，以防意外。

（三）火道温床

　　火道温床是由畦框、地下火道和支架，加盖塑料薄膜与不透明覆盖物组成。首先在地下建成火道回龙炕，然后在火道上部垫 5 厘米细土踏实，上面放上培养土或营养钵作阳畦苗床。播种灌水时应防止过量水渗入火道内，造成温度不均和床上干湿不匀。烧火加温的燃料要用发热时间短的麦草，才能使温床温度均匀，对幼苗生长发育有利。要在床内 10 厘米深处安放温度表，掌握夜温在 14～17℃，不可盲目烧火加温，以防秧苗徒长。

五、拱圆形塑料薄膜小拱棚的结构与建造

拱圆形小棚又称小拱棚。小拱棚的骨架主要是用细竹竿、竹片、荆条或者直径 6～8 毫米的钢筋等材料弯曲成拱形骨架，高 1 米左右，于畦面（畦面宽 1.5～4 米）两侧沿畦埂每隔 30～60 厘米顺序插入地下，深度 20～30 厘米。上面覆盖塑料薄膜，夜间增盖草苫、苇毛苫等不透明覆盖物保温。

小拱棚拱架可就地取材，容易建造，并且坚固耐用。由于棚体矮小，易于加盖草苫保温防冻。春季提前定植可早于拱形大棚，秋季延后比拱形大棚时间长，可用于春早熟和秋延迟栽培瓜类、茄果类等喜温性蔬菜，冬季可种植耐寒性或半耐寒性蔬菜。

六、拱圆形塑料薄膜中拱棚的结构与建造

拱圆形塑料薄膜中拱棚又称中拱棚或中棚，中拱棚的面积和空间比小拱棚稍大，人可进入棚内操作。骨架材料基本上与小拱棚相同。棚宽一般 4～6 米，中央设置高 1.5～1.8 米的立柱，棚长 30～40 米。棚宽 45 米，可设置单排立柱，棚宽加大时可设置双排立柱。用竹木或钢材支成拱圆形，横向每隔 30～50 厘米插一根，做成支架；纵向加 3～5 根细竹竿作为拉杆来固定棚架，棚架上面覆盖塑料薄膜。

中拱棚与小拱棚相比，棚内空间较大，便于操作，使用范围扩大，但由于缺少不透明覆盖物，夜间保温性能较差，一般用于番茄、茄子、黄瓜等高秧蔬菜的春早熟栽培。如果在棚内套小拱棚加草苫和地膜覆盖，可种植早熟西瓜，能大幅度提高经济效益。

七、拱圆形塑料大棚的结构与建造

拱圆形大棚又称大棚，按照棚架材料的不同可分为竹木结构棚、水泥竹木棚、水泥钢架竹木拱棚、钢材结构棚、水泥预制件棚和装配式镀锌钢管大棚等。山东省目前使用最多的是水泥柱竹木大棚和水泥钢筋竹木混合结构棚。拱圆形大棚高度为 2 米以上，跨度 6～15 米，长 40～60 米，棚面呈拱形。

（一）竹木结构拱圆形大棚

大棚立柱、拱杆、拉杆均为竹木。立柱用直径为 5～8 厘米的木杆或竹竿，以承担棚架及覆盖物的重量和风的负荷，按东西向每隔 2 米 1 根，南北每隔 2～3 米 1 根。如大棚宽 12 米时，南北设 5 根立柱支撑，其中中柱高 2 米，两根腰柱高 1.7 米，立柱要埋入土中半米，并固定好。拉杆用直径 6～8 厘米的

竹竿固定在东西向立柱顶端下方 20 厘米处，形成悬梁，上安小支柱。拱杆用直径为 4～5 厘米的鸭蛋竹，固定在南北同一排立柱顶端或小支柱上形成拱圆形棚架。两侧下端埋入地下 30 厘米，形成完整的拱形棚架。最后在拱形棚架上覆盖薄膜，并在两拱杆间用压膜线压膜。

这种棚型建造投资少，见效快，有利于新菜区的发展，但由于竹木易腐烂，一次投资仅可以使用 3～5 年，同时还由于立柱较多，操作不便，遮光面积较大。

（二）水泥柱钢筋竹拱大棚

这种大棚立柱为水泥预制，拉杆有水泥预制的，也有用钢筋焊接的，拱杆用直径为 6～8 厘米的鸭蛋竹。立柱主体断面直径为 8～10 厘米。顶端凹形便于安放拱杆，每排横间立柱 5 根，设计要求与竹木结构相同。钢筋花梁与竹木结构大棚的拉杆作用相同，主要用于纵向连接立柱支撑杆。钢筋花梁是用直径为 8 毫米的圆钢做上筋，6 毫米圆钢做下筋，中间用 6 毫米圆钢焊接成 20 厘米宽的花梁。花梁中间按直角三角形焊接，上面每隔 1 米焊接 1 个直径为 8 毫米的圆钢弯成的马鞍形拱杆支架，高 15 厘米。其他建造规模及程序与竹木结构大棚相同。

（三）全水泥预制拱杆大棚

这种棚是用水泥预制拱杆与水泥预制立柱组装而成，这种棚由于材料坚固，既可建成有立柱大棚，也可建成无立柱大棚。这种棚除预制件材料有区别外，其他结构、规模与竹木大棚相同。

这种大棚棚体坚固耐久，抗风雪能力强，管理也方便。缺点是棚体过重，不易搬动，遮阳面大，用水泥和钢材多，不宜大面积推广。

（四）装配式镀锌钢管大棚（简称管棚）

管棚设施经过多年的生产应用，不断改进提高，现在普遍推广的是长 30 米、宽 6 米、高 2.5 米的联合 6 型薄壁热镀锌钢管棚。

管棚结构主要包括：棚体骨架，联结卡具，单门和双门，摇膜机构，压膜线张紧机构等。联合 6 型的特点是：联结卡具少，安装方便；主要零部件采用热镀锌处理，使用寿命长；棚肩高 1.5 米，门宽 1.8 米。改善了棚内的操作条件，便于机械作业。另外，还装有摇膜机构和压膜张紧机构，棚的两端设置了斜拉撑，提高了棚的抗风雪能力（可以适应最大风速 25 米/秒，雪压 20 千克/米^2）。

这种商品棚结构合理，安装维修方便，使用寿命长；无立柱，操作方便，有利于黄瓜、番茄等高秧作物的后期生长发育；透光性良好，是一种现代化的大棚，但造价高，一次性投资较大。

八、日光温室的结构与建造

日光温室是我国近年来发展最快的一种保护设施，它在各种保护设施栽培体系中起到了龙头作用。它是在吸收加温土温室和拱圆形大棚结构的优点上，不断改进发展完善起来的一种新型保护设施。它的基本结构是：东西向延长，东、西、北三面为墙体结构，南坡面为一面坡或拱圆形的采光屋面。从北墙到屋脊高处有保温性好的后屋顶。根据其结构性和栽培季节及作物的不同，可分为春用型日光温室和冬暖型日光温室两种。

（一）春用型日光温室的结构与建造

春用型日光温室分拱形温室和一坡一立式温室（单坡面温室），以拱形温室采光性能为好，是目前推广应用的主要温室类型。

1. 建造尺寸 南北跨度 8 米，脊高 2.8 米，北墙高 2 米，向南设 3 根高度不等的立柱，即北墙向南 1.2 米处设高 2.6 米的后立柱，后立柱向南 2.8 米处设高 2.1 米的中立柱，中立柱向南 2.8 米处设高 1.2 米的前立柱，前立柱向南留 1.2 米的空地。东西两立柱相距 3 米，各柱顶端架东西横梁，横梁长 2.99 米，立柱和横梁为水泥预制件。采光面斜线角度为 23.8°，弧面角度由下而上分别为 51.3°、21.4°、8.1°，后屋面仰角 37.7°，墙体下厚 1 米、上厚 0.6 米。

2. 结构性能特点 先将横梁放于后排各柱顶端，然后再用鸭蛋竹，自后立柱开始，向南经中立柱、前立柱，呈拱形固定在立柱上，最前端插入前立柱南 1.2 米处的地下，深为 20 厘米。然后在鸭蛋竹之上每隔 50～80 厘米东西向拉一根不锈钢丝。再在不锈钢丝上自后立柱处开始南北向加压小竹竿，小竹竿与鸭蛋竹作拱杆，间距 40～50 厘米。最后覆盖塑料薄膜。建好后整个采光屋面呈拱形。扣塑料薄膜采用里顶外压式，即于膜上两拱杆间用压膜线压紧。后屋面用宽 10 厘米、高 12 厘米、长 180 厘米的水泥预制件或直径 10～12 厘米、长 180 厘米的木棒作斜梁，横担在后立柱与后墙上，然后东西向拉 4 根 8 号不锈钢丝，上铺一层玉米秸或苇箔，用土填平后，再用麦秸泥抹平封严。也可用宽 100 厘米、高 12 厘米、长 180 厘米的水泥预制板，担在后立柱与后墙上，上铺一层秸秆后，用土填平后，再用麦秸泥抹平封严。

这种结构温室的主要特点是采光好，空间大，升温快，保温性能好，整体坚固，抗风雪能力强。可用于蔬菜冬、春、秋季进行早熟或延迟栽培。

（二）冬暖型日光温室的结构和建造

冬暖型日光温室，由于引进来源、栽培习惯和建材规格的不同，建造规格和式样很不一致，性能差别很大。

主要技术参数：近几年德州市建造的冬暖型日光温室的主要技术参数见表 2-27，各地可根据实际情况选用。冬暖型日光温室建造方法与春用型日光温室相同，唯墙体厚度比春用型日光温室厚，一般墙体下部 2.0 米左右，上部 1.5～1.8 米，用挖掘机筑墙的甚至更厚。

表 2-27 德州市日光温室主要结构参数

型号	跨度（米）	前跨（米）	走道（米）	后墙高（米）	脊高（米）	采光屋面角度（°）	后屋面角度（°）
山东Ⅲ型	9	7.7	1.3	2.3～2.4	3.6～3.7	25.1～25.7	45～47
山东Ⅳ型	10	8.6	1.4	2.4～2.5	3.8～4.0	23.8～24.9	45～47
德州Ⅳ型*	11～12	9.5～10.5	1.5	3.0～3.5	4.5～5.0	25.3～25.5	45

* 温室内测量数据，温室内地面比室外低 0.5～0.8 米。

（三）冬暖型钢架（或镀锌钢管、菱镁骨架）无立柱拱形日光温室的结构及建造

1. 结构参数 这种日光温室的结构参数可参考表 2-27。

2. 结构性能特点 只在后屋面前设 1 排后立柱，不设中立柱及前立柱。后立柱前为拱形钢架结构，上下拱梁用 16 号圆钢制成，中间用号钢筋呈 M 型与上下梁焊接成一个整体拱梁，拱梁上部在与后立柱焊接成一体，拱梁下部插入地面固定。然后在拱梁上面，每隔 40～50 厘米拉一根东西向的 8 号不锈钢丝，在梁与梁之间每隔 1.5 米南北向压一细竹竿，构成采光屋面的骨架。墙体及后屋面的结构与上述日光温室相同。

这种结构日光温室的主要优点是：屋面采用拱形，室内种植区域无立柱，既减少了遮光面积，加大了采光面积，采光性能好，有便于机械化操作。

第四节 保护设施的性能与环境调控

一、光照性能与调控管理

保护设施的光照性能包括光照时数、光照强度、光质和光照分布 4 个方面。这 4 个方面既互相联系又互相影响，构成了设施内复杂的光照条件。对保护设施的光照性能要求是，能够最大限度地透入光线，使设施内光线分布比较均匀，受光面积较大。

（一）阳畦、小拱棚的采光性能与调控技术

阳畦、小拱棚靠增加光照和覆盖保温来提高局部气温和地温的。阳畦的风障与地面呈 70°角，阳畦框北高南低，上部与地面呈 8°～11°角，有利于对阳光

的吸收。地表对阳光的吸收特点是：早晨光线折射度高，阳畦（床）内阴影多，光吸收弱；午间随太阳的升高光吸收增强；午后随太阳降低光吸收减弱。在光线的分布上，由于阳畦南侧有遮阴墙，阳畦北侧光照强度大于南侧。改良阳畦把后墙加高，使透光面角度增加到18°～22°，提高了蔬菜对阳光的利用率，作物生长明显好于阳畦。不同方位的阳畦光线利用率也不同。采用无风障南北向建阳畦，早晨及下午光线与棚面垂直，光利用率高，但午间光线直射棚顶，棚内东西两侧散射光较多；若采用东西向建阳畦，阳畦北侧加风障，与南北向阳畦相比，全天大部分时段光线利用率高，特别是中午更为明显，唯早晚光线利用率较低。

阳畦、小拱棚的光照调节，主要是通过采用透光性能好的塑料薄膜和适当早揭晚盖不透明覆盖物来实施。晴天日见光要在8小时以上，一般阴天要见散射光6小时以上，连阴雨天也要在每日中午揭开草苫接受散射光1～2小时。

（二）温室、大棚的采光性能与调控

为改善温室、大棚内的光照条件，可采用适宜的温室或大棚方位、棚面角度，根据不同蔬菜作物的需光特性安排棚内布局等措施来改善光照条件。就我市来讲，温室、大棚以坐北朝南的方位，棚面呈拱形及倾斜角在30°以上为宜。温室、大棚要选用透光性能好的棚膜覆盖，膜上的不透明覆盖物早揭、晚盖，以便充分采光，经常清洗棚面保持较高的透光率。将温室后墙涂白或在温室后部张挂发光幕，增加后排光照强度。

在不增加温室或大棚内进光量的情况下，通过改变畦向架形等方法使作物多受光。如秋冬茬黄瓜、番茄等采用南北畦采光较好，实行高畦栽培光线利用率更高。合理密植，黄瓜、番茄等及时整枝、打杈、摘老叶等，可使功能叶充分见光。为了提高温室或大棚内的光照强度，延长光照时间，促进作物生长发育，可采用荧光灯、碘钨灯、高压水银灯、弧氟气灯等人工光源补充光照。人工补充光照的缺点是成本高，所以生产上很少采用。在连阴雨雪天气情况下，人工补充光照显然是十分必要的。

二、温度性能与调控管理

（一）阳畦、小拱棚温度变化与调控管理

德州市的风障阳畦应用时间一般为1—4月，小拱棚应用时间一般为3—4月及10—11月。在1—2月阳畦地表温度比露地平均高13～15℃，畦内地表温度可达20℃，平均最低温度也在2～3℃，2～3月晴天最高温度可达30℃以上。春季小拱棚平均气温比外界气温高4.2～6.2℃，秋季平均气温比外界气温高1.0～1.4℃。早春小拱棚地温低于阳畦，到4月以后10厘米地温较阳畦高2.1℃。

阳畦和小拱棚的温度调控主要依靠通风和揭盖草苫来实现。温度低时要适时揭盖不透明覆盖物以防冻害发生，在中午打开棚的两头通风，温度超过20℃以上时，要揭开棚膜逐渐加大通风量，遇到寒流及雨雪天也应在中午适当揭草苫透光。

（二）温室、大棚的温度变化与调控管理

不同结构类型的温室、大棚内温度的四季变化是不同的。在11月下旬至2月下旬的低温阶段，拱圆形大棚、春用型日光温室内平均气温在-5～0℃；冬暖型日光温室在12月至2月这3个月的平均最低温度为10.6～12.2℃，比外界气温高出14～16℃，地温维持在14.2～15.9℃。因此，拱圆形大棚、春用型日光温室冬季只能种植耐寒性蔬菜，冬暖型日光温室则能种植果菜类等喜温蔬菜。在2月中旬至3月中旬，温室、大棚内气温可达15～38℃，比外界露地高2.5～15℃，能使瓜果类蔬菜很好地生长。

温室、大棚内5厘米地温受外界影响比较大，而10厘米地温则比较稳定。在2月下旬，单坡面春用型日光温室10厘米地温可达12℃以上，多层覆盖拱圆形大棚也能达到12℃。一天内最高和最低地温出现的时间比最高、最低气温出现的时间晚2小时，这有利于温室、大棚内温度的调控管理。

日光温室和大棚内温度的调控包括采光、保温和降湿三个方面。一是采光。通过选用最适当的温室、大棚结构和采光角度，选用最好的棚室骨架材料和塑料薄膜，最大限度地使光进入温室、大棚，是保证棚室内温度的关键。二是保温。主要措施是增加墙体和后屋顶的厚度，选用优良的不透明覆盖材料进行外覆盖，采用地膜覆盖，必要时采用大棚内套小棚的方法进行多层覆盖。要保证外覆盖材料不被雨雪淋湿，可在不透明覆盖材料外加盖一层旧棚膜，并用绳固定好，防止被风刮走。三是降湿。湿度超过蔬菜生长的适宜范围时，要通过加强通风散湿，采用全棚室地膜覆盖和滴灌、微喷灌技术灌溉浇水，降低棚室内湿度。

三、湿度变化与调控管理

（一）设施内的湿度变化

设施内空气相对湿度的变化规律是：设施内气温升高相对湿度降低，气温降低相对湿度升高；晴天、刮风天气相对湿度低，阴雨雾天相对湿度增高；一天中，日出后随着温度升高，相对湿度开始下降，夜间随温度下降相对湿度增大。设施内空气相对湿度过大、过高的主要原因是灌水不当和低温结露。

（二）设施内湿度的调控

严格控制低温期大水漫灌，浇水宜采用膜下微滴灌的方式，要适时采用通风换气或夜间留小缝通风来降低湿度。

四、气体变化与调控管理

(一) 设施内的气体变化

由于处于密闭环境，与外界隔绝，设施内施用的未腐熟厩肥会产生氨和亚硝酸气体危害作物，同时也由于二氧化碳浓度过低影响作物的光合作用。据测定，早晨设施内二氧化碳浓度最高，可达 1 000 毫升/米³；上午 8 时以后光合作用加强，二氧化碳浓度急剧下降，至 9 时可降至 200 毫升/米³ 以下，低于外界大气中的二氧化碳浓度，会影响蔬菜的正常光合作用，经通风或施用二氧化碳气体可得到补充；在下午关闭通风口后至晚 10 时，设施内二氧化碳浓度又开始升高。

(二) 调控设施内气体的措施

通风换气是调节二氧化碳浓度的有效办法，即使在寒冷的冬季也应适当通风换气来调节二氧化碳的浓度。白天要提高棚室内二氧化碳浓度，可采用二氧化碳施肥，或者多施腐熟的有机肥料，促进土壤微生物活动的办法。也可采用菇菜间作的办法来提高棚室内二氧化碳的浓度。为防止有害气体的产生和积累，不可在棚室内点火熏烟。化肥要深施，一次施肥不要过量。有机肥一定要经充分腐熟后施用，以免产生氨气及亚硝酸气体。

下面详细介绍应用化学反应法进行二氧化碳施肥的方法。

化学反应法二氧化碳施肥，就是利用碳酸氢铵与稀硫酸发生化学反应，产生硫酸铵、水和二氧化碳。

1. 硫酸：水（体积比）为 1：3 的稀硫酸配制　在瓷缸、塑料桶或塑料缸中先加入 3 份水（体积），再在木棒不断搅动下，将 1 份（体积）浓硫酸缓缓加入水中，然后搅匀，冷却至室温备用。

2. 二氧化碳气肥施用方法　棚室内每 50 米² 设一个高 80 厘米，上口直径 35～40 厘米的塑料桶，即跨度 10 米左右的棚室，每隔 5 米设置一个塑料桶，在桶内加约 2/3 高的 1：3 稀硫酸（一般稀硫酸溶液在桶内高度为 50～60 厘米），将碳酸氢铵装入双层塑料袋中密封，并与一块石头连在一起备用。

碳酸氢铵用量：按棚室内土地面积计算碳酸氢铵用量。苗期 5.7～7.8 克/米²，定植～坐果 11.5～16.3 克/米²，坐果～收获期 11.5～16.3 克/米²。

按棚室内土地面积计算出碳酸氢铵用量后，除以棚室中设置塑料桶的个数，即为每袋碳酸氢铵的用量。

于 9：00—10：00 时将装有碳酸氢铵的塑料袋投入稀硫酸桶中，用尖物从距离棚室出入口远的一头开始把装碳酸氢铵的塑料袋扎破。关闭通风口及出入口。

3. 施用时间　11 月至 1 月，10：00 以后；1 月下旬至 2 月下旬，9：00

以后；3月至4月，6：30—7：00；5月至6月，5：00—6：00，棚室内气温大于15℃时施用。

4. 注意事项

（1）碳酸氢铵的用量：密度小或总光合面积小时取相应各期用量的下限（较少的量）；密度大或总光合面积大时取相应各期用量的上限（较多的量）。

（2）碳酸氢铵的分装工作必须在棚室外进行，以防碳酸氢铵挥发造成蔬菜叶片氨中毒。

（3）必须在晴天上午日出后进行施用。中午高温时，常进行放风，不能施用。阴、雨、雾、雪天气光线弱，蔬菜的光合效率低亦不应施用。

（4）施后关闭通风口及出入口，2小时后或棚室内气温超过26℃时再通风换气。

（5）稀硫酸桶中投入碳酸氢铵后有气泡产生时，说明硫酸没有用完；投入碳酸氢铵后没有气泡产生时，说明硫酸已经用完，要把稀硫酸桶拿出棚室，捞出没有用尽的碳酸氢铵，马上进行重新包装。反应液为硫酸铵溶液，应集中储存，待棚室蔬菜浇水时随水施入。

五、土壤盐分的危害与控制

设施蔬菜产量高，化肥施用量大，土壤盐分积累上升较快，极易造成危害。因此，对长期连作的保护设施，在发生土壤盐分过浓时要更换新土。要根据蔬菜生长需要配方施肥，土地休闲时，可采用大水压盐等措施进行改土。蔬菜收获后种植吸肥力强的玉米、高粱、甘蓝等作物，能有效降低土壤盐分含量和酸性，若土壤有积盐现象或酸性强，还可种植耐盐性强的蔬菜如菠菜、芹菜、茄子、番茄、韭菜、莴苣等或耐酸力较强的油菜、空心菜、芹菜等，达到吸除土壤盐分的目的。

第四章　瓜类蔬菜栽培技术

第一节　黄瓜栽培技术

一、春季大棚栽培技术

（一）播种育苗

1. 品种选择　选用早熟、丰产、优质、抗病性强、商品性好的品种。华南型黄瓜品种有申青 1 号、南杂 2 号、宝杂 2 号等，华北型黄瓜品种有津优 1 号、津春 4 号、津春 5 号、津绿 4 号等，欧洲光皮型黄瓜有申绿 03、碧玉 2 号、春秋王等。

2. 播种期　大棚春黄瓜一般在 1 月上中旬播种，早熟栽培的可提前至上一年 12 月上旬左右，播种在大棚内进行。

3. 营养土配制　播种育苗前需进行营养土配制，一般按体积配比，菜园土（3 年以上未种植过瓜类作物）6 份、充分腐熟的有机肥（可采用精制商品有机肥）3 份、砻糠灰 1 份，按总重量的 0.05% 投入 50% 多菌灵可湿性粉剂，充分拌匀后密闭 24 小时，晾开堆放 7～10 天，待用。

4. 种子处理　先用清水浸润种子，再放入 55℃ 的温水烫种，水量是种子的 4～5 倍，不断搅拌，10～15 分钟后捞出用清水冲洗，去杂去瘪。

5. 营养钵电加温线育苗　选择排灌方便、土壤疏松肥沃的大棚地块。苗床播种前 1 个月深翻晒白。整平苗床后，按 80～100 瓦/米² 铺电加温线。

选择直径 8 厘米的塑料营养钵，装入营养土，排列于已铺电加温线的苗床上。播种前一天，营养钵浇足底水。选择饱满的种子，每营养钵播种 1 粒，轻浇水，再用营养土盖好，厚度 0.5～1 厘米。然后盖地膜、搭小拱棚，做好防霜冻工作。

播种至种子破土，白天保持小拱棚内 28～30℃，夜间 25℃。破土后揭去营养钵上的地膜，保持白天 25～28℃，夜间 20℃、不低于 15℃。齐苗后土壤含水量保持在 70%～80%。

6. 苗期管理　整个苗期以防寒保暖为主，白天多见阳光，夜间加强小拱棚覆盖，白天 20～25℃，夜间 13～15℃。苗期以控水为主，追肥以叶面肥为宜，应在晴天中午进行，并掌握低浓度。

定植前 7 天逐渐降低苗床温度，白天 15℃，夜间 10℃。

壮苗标准为子叶平展、有光泽，茎粗 0.5 厘米以上，节间长度不超过 3～

4 厘米，株高 10 厘米，4 叶 1 心，子叶完整无损，叶色深绿，无病虫害，苗龄 35～40 天。

（二）定植前准备

1. 整地作畦 选择 3 年以上未种过瓜类作物，地势高爽，排灌方便的大棚。施足基肥后进行旋耕，深度 20～25 厘米，旋耕后平整土地。一般 6 米跨度大棚作 4 畦，畦高 25 厘米，畦宽 1.1 米，沟宽 30 厘米，沟深 20～25 厘米。整平畦面后覆盖地膜，将膜绷紧铺平后四边用泥土压埋严实。

2. 施基肥 每亩施充分腐熟的农家肥料 4 000 千克，25％蔬菜专用复合肥 50 千克或 45％专用配方肥（N：P_2O_5：K_2O＝15：15：15）25～30 千克，撒施于土表后进行充分旋耕。

（三）定植

1. 定植时间 苗龄 35～40 天，大棚内保持最低土温 8℃以上、最低气温 10℃以上时，即可定植，一般在 2 月下旬至 3 月初，早熟栽培可提前至 1 月下旬定植。

2. 定植方法 选择冷尾暖头天气的晴天中午进行。用打洞器或移栽刀开挖定植穴，定植前穴内浇适量水后栽苗，定植时脱去营养钵起苗，注意不要弄散营养土块。定植时营养土块与畦面相平为宜，每畦种 2 行，用土壅根，浇定根水，定植孔用土密封严实，防止膜下热气外溢，灼伤下部叶片，同时有利于提高地温，保持土壤水分。定植完毕后搭好小拱棚、盖好薄膜，夜间寒冷时需在小拱棚上加盖保暖物，如无纺布等。

3. 定植密度 定植株距为 33 厘米左右，每亩定植 2 500 株左右。

（四）田间管理

1. 温光调控

（1）定植至缓苗期 定植后 5～7 天基本不通风，保持白天 25～28℃，晚上不低于 15℃。

（2）缓苗至采收 以提高温度，增加光照，促进发根、发棵，控制病虫害的发生为主要目标。管理措施以小拱棚及覆盖物的揭盖为主要调节手段。缓苗后，晴天白天以不超过 25℃为宜，夜间维持在 10～12℃，阴天白天 20℃左右，夜间 8～10℃，尽量保持昼夜温差在 8℃以上。晴天应及时揭除覆盖物，下午在室内气温下降到 18～20℃时应及时覆盖。室温超过 30℃以上，应立即通风。如室内连续降至 5℃以下时应采取辅助加温措施。

（3）采收期 进入采收期后，保持白天温度不低于 20℃，以 25～30℃时黄瓜果实生长最快。

2. 植株整理

（1）搭架 在黄瓜抽蔓后及时搭架，可搭"人"字形架或平行架，也可用绳牵引，用绳牵引的要在大棚上拉好铁丝，准备好尼龙绳，制作好生长架。

（2）整枝　及时摘除侧枝。10 节以下侧枝全部摘除，其他可留 2 叶摘心，生长后期将植株下部的病叶、老叶及时摘除，以加强植株通风透光，提高植株抗逆性。整枝摘叶需在晴天上午 10 时以后进行，阴雨天一般不整枝。整枝后为避免整枝处感染，可喷施药剂进行保护。

（3）引蔓　黄瓜抽蔓后及时绑蔓，第一次绑蔓在植株高 30～35 厘米时，以后每 3～4 节绑一次蔓。绑蔓一般在下午进行，避免发生断蔓。当主蔓满架后及时摘心，促生子蔓和回头瓜。用绳牵引的要顺时针向上牵引，避免折断瓜蔓。当主蔓到达牵引绳上部时，可将绳放下后再向上牵引。结合整枝、引蔓，及时掐除卷须。

3. 肥水管理

（1）追肥

①定植至采收。定植后根据植株生长情况，追肥 1～2 次。第一次可在定植后 7～10 天施提苗肥，每亩施尿素 2.5 千克左右或有机液肥（如氨基酸液肥）；第二次在抽蔓至开花，每亩施尿素 5～10 千克，促进抽蔓和开花结果。

②采收期。进入采收期后，肥水应掌握轻浇、勤浇的原则，施肥量先轻后重。视植株生长情况和采收情况，由每次每亩追施三元复合肥（$N：P_2O_5：K_2O=15：15：15$）5 千克逐渐增加到 15 千克。

（2）水分管理　黄瓜需水量大且不耐涝。幼苗期需水量小，此时土壤湿度过大，容易引起烂根；进入开花结果期后，需水量大，在此时如不及时供水或供水不足，会严重影响果实生长和削弱结果能力。因此，在田间管理上需保持土壤湿润，干旱时及时灌溉，可采用浇灌、滴灌、沟灌等方式，避免急灌、大灌和漫灌，沟灌后要及时排除沟内多余水分，以免引起烂根。

（五）采收

保护地黄瓜需及时采收，前期要适当带小采收（即收获小瓜），尤其是根瓜应及早采收，以免影响蔓、叶和后续瓜的生长。一般采收前期每瓜 100～150 克，每隔 3～4 天采收 1 次，中期 150～200 克，每隔 1～2 天采收 1 次，后期根据市场需求可适当留大。

（六）包装

用于鲜销的黄瓜，为了提高价值，应包装后上市销售。用于包装的黄瓜应符合相关产品标准规定的质量要求，具备以下特征：黄瓜完整无损、无任何可见杂质、外观新鲜、硬实，表面无水珠、无异常气味和口味，黄瓜籽柔嫩而未发育，瓜条不皱缩、不萎蔫、不呈现过熟的淡黄色和黄色。

包装材料应使用国家允许使用的材料，推荐用薄膜或玻璃纸单独进行包装，包装后应贴上标签。包装容器应整洁、干燥、牢固、美观、无污染、无异味，内壁无尖突物，无虫蛀、腐烂、霉变。

二、夏秋栽培技术

（一）品种选择

夏秋黄瓜品种如选用不当，会严重影响产量。夏秋期间温度高，病虫为害多，宜选用耐热、抗病的品种。又因夏季日照长，在长日照下栽培黄瓜，还需选用对光照反应不敏感的品种，以免雌花减少，降低产量。黄瓜是短日照蔬菜，一般春黄瓜品种在春播短日照的条件下可促进雌花的形成，但如延迟到夏秋播种，在长日照的环境下就会产生枝叶繁茂，雌花少而雄花多，只开花不结瓜的现象，所以一般春黄瓜品种不宜作夏秋黄瓜栽培。夏秋黄瓜一般选用津研系列类型的黄瓜，如夏黄瓜可选用清凉夏季、津杂 2 号等，秋黄瓜可选用津研黄瓜如津研 4 号、津研 5 号、津研 7 号、长光落合、立秋落合等。

（二）播种时期

夏黄瓜一般在 6 月中旬至下旬分批播种，秋黄瓜一般在 7 月上旬播种。黄瓜分批播种，一直可播到 8 月，若大棚黄瓜一直可播到 8 月下旬至 9 月初。夏秋黄瓜可直播，也可采用育苗移栽。育苗一般采用穴盘快速育苗。

（三）穴盘育苗

夏秋季节气温高，多暴雨及台风，自然灾害频繁，为确保夏秋黄瓜丰产、丰收，育苗应在塑料大棚内进行。

1. 营养土配制　可采用菜园土（3 年以上未种植过瓜类作物）：充分腐熟的有机肥＝5：5；或采用草炭土：珍珠岩：煤渣为 6：2：2 的比例配制营养基质，并按基质总重量的 3％～5％投入三元复合肥（$N：P_2O_5：K_2O＝15：15：15$）充分拌匀。按营养土或营养基质总重量的 0.5％投入 25％多菌灵可湿性粉剂（1.2％～1.5％水溶液喷湿基质后闷 24 小时），晾开堆放 7～10 天，待用。

2. 装盘浇水　采用 50 穴或 72 穴育苗盘，先将穴盘进行消毒后，将营养土或营养基质充填于育苗盘内，进行压实，使营养土或营养基质面略低于盘口。将已充填基质的育苗盘搁置于"搁盘架"上，在播种前 4 小时左右浇足水分（以盘底滴水孔渗水为宜）。

3. 播种　采用人工点播或机械播种，每穴 1 粒种子，播种深度为 2～3 毫米。用基质把播种后留下的小孔盖平，补足水分（以盘底滴水孔渗水为宜）。在育苗盘上盖两层遮阳网，以利于保持水分。

4. 苗期管理　播种后 2 天左右，出苗达到 30％～35％时应及时揭去遮阳网，在光照较强的中午应在小拱棚上覆盖遮阳网，以利降温。根据秧苗生长情况及时补充水分，高温季节要求傍晚或清晨进行均匀喷雾（以盘底滴水孔渗水为宜）。

出苗前，棚内温度控制在 28～30℃；出苗后，温度调控在 25℃ 左右。在温度允许的情况下，应尽可能增加秧苗的光照时间，促使秧苗苗壮生长。

（四）定植前准备

1. 整地作畦　选择 3 年以上未种过瓜类作物、地势高爽、排灌方便的地块或大棚。

2. 施基肥　每亩施有机肥 2 000 千克和 25% 蔬菜专用复合肥 30 千克，撒施均匀后进行旋耕，做畦同春季大棚栽培。

（五）定植

直播的黄瓜，播种前将种子浸泡 3～4 小时，播后用遮阳网、麦秆、稻草等覆盖，降低土温，保持水分，防雷阵雨造成土壤板结，以利出苗。出苗后在子叶期间苗、移苗及补苗。

穴盘育苗移栽的应进行小苗移栽，在 2 片子叶平展后即可定植。定植应在傍晚进行，每畦种 2 行，株距 35 厘米，每亩 2 000～2 200 株。定植后随即浇搭根水，第 2 天进行复水。定植后应使用遮阳网覆盖，提高秧苗素质，为高产优质打好基础。

（六）田间管理

由于气温高，夏秋黄瓜蒸腾作用旺盛，需大量水分，因此必须加强肥水管理。必要时进行沟灌，但忌满畦漫灌，夜间沟灌后要及时排去积水。黄瓜生长至 20 厘米左右时应及时制作生长架。可采用搭架栽培，也可采用吊蔓栽培，及时引蔓、绑蔓和整枝，生长中后期要及时摘除中下部病叶、老叶。采收阶段要追肥，采用“少吃多餐”的方法，即追肥次数可以多一些，但浓度要淡一些，每次施肥量少一点，有利黄瓜吸收。同时要加强清沟、理沟，及时做好开沟排水和除草工作。

（七）采收

夏秋黄瓜从播种至开始采收，时间短。夏黄瓜结果期正处于高温季节，果实生长快，容易老，要及早采收。秋黄瓜、秋延后大棚黄瓜，到后期秋凉时果实生长转慢，要根据果实生长及市场状况适时采收。

三、黄瓜日光温定植后室越冬栽培技术

（一）选择适宜的品种

适于日光温室越冬栽培的黄瓜品种主要有：长春密刺、山东密刺（新泰密刺）、津春系列、津优系列等。

（二）培育健壮的嫁接苗

黄瓜嫁接是黄瓜根被葫芦科其他蔬菜根替换的栽培方式。搞嫁接栽培主要

是为了防治和减轻土壤传染性病害的发生，解决黄瓜不能进行长期连作栽培的问题；同时也可利用砧木根系生长力强的特点，增强嫁接黄瓜对不良环境的抵抗力，增强黄瓜吸肥能力，促使植株生长旺盛，最终达到增加产量的目的。

黄瓜嫁接首先要选好砧木和接穗。目前在生产上砧木主要选择黑籽南瓜，也可用白籽南瓜。接穗选生产当季栽培所适宜的优良黄瓜品种，主要有申青1号、南杂2号、宝杂2号以及津研系列黄瓜等。

黄瓜嫁接方法有靠接法、插接法和劈接法等。目前生产上常用的是靠接法和插接法。下面介绍靠接法：

1. 播种顺序　由于靠接法要求两种苗的大小应一致，黄瓜苗生长缓慢，故接穗应提前5～7天播种，然后播砧木。即黄瓜提前5～7天播种，黑籽南瓜后播。

2. 适时嫁接　黄瓜苗播后11～13天，第1真叶开始展开；砧木苗播后7～8天子叶完全展开，第1片真叶刚要展开时为嫁接的适期。

3. 嫁接方法　把黄瓜苗和砧木苗从苗床中取出，先拿起砧木苗，剔掉生长点，然后在2个子叶着生部的下侧面0.5～1厘米处向下斜着呈300°～400°角把胚轴切到2/3处，切口斜面长为0.8～1厘米。接穗在子叶下1厘米左右处向上切成角度300°左右的斜口，深入胚轴3/5处，切口斜面长为0.7～1厘米。将两个斜口互相插入，然后用嫁接夹夹住，立即将苗栽到育苗钵中。

4. 嫁接后的管理

（1）嫁接后1～3天的管理　此时是愈伤组织形成时期，也是嫁接苗成活的关键时期。一定要保证小拱棚内湿度达95%以上，棚膜内壁应挂满水珠，从外面看不见嫁接苗为宜。温度白天保持25～28℃，夜间18～20℃，3天内全天密封遮光。

（2）嫁接后4～6天的管理　此时棚内湿度应降到90%左右。温度白天保持23～26℃，夜间17～19℃。早晚逐渐见散射光。此时接穗的下胚轴会明显伸长，子叶叶色由深绿转为浅绿色，第1片真叶开始显现。

（3）嫁接后7～10天的管理　棚内湿度应降到85%左右。温度白天保持22～25℃，夜间16～18℃，可完全不遮光，并适当通风。为预防病菌侵染，此期间可用50%多菌灵可湿性粉剂600倍液喷雾防病。嫁接成活后，应及时剪断接穗（黄瓜）的根系。嫁接后11天至定植的管理与非嫁接黄瓜相同。

（三）定植前的准备及定植

1. 整地施肥、起垄作畦　每亩施充分腐熟的优质土杂肥20～25米^3，腐熟马粪10～15米^3，磷酸二铵80～100千克，黄瓜专用复合肥100千克，硫酸钾50千克。70%的肥料均匀撒在地面上，深翻30厘米。然后起垄，做高20～25厘米、宽90厘米的高畦，相邻2畦间距30～35厘米。在起垄作畦时将剩余的 30％肥料均匀施在栽培畦中。作好畦后，在畦中间挖一条深宽各 15 厘米的南北向灌水沟。

2. 定植　定植方式是大小行定植，即每一高畦种植 2 行，行距 80 厘米，株距 30 厘米左右。相邻两畦间的黄瓜行距 40 厘米，形成大小行定植。定植后顺小沟浇定植水，水要浇透。4～5 天后浇缓苗水，水量要浇透垄。再过 3～5 天墒情适宜耕作时进行中耕，连续 2～3 次深中耕，耕深 10 厘米，但不能伤及黄瓜土坨。耕后将畦面整平，南北向覆盖地膜。

（四）定植后的管理

1. 甩条发棵期管理　白天温度维持 25～30℃，夜间 17～20℃，白天温度过高时应适当通风降温。草苫早揭晚盖，延长见光时间。揭苫后应立即擦拭棚膜，增加透光率。及时整枝绑蔓，改善群体内部光照条件。

由于基肥比较充足，此期基本不追肥。可根据黄瓜长势，于缓苗后进行第 1 次追肥，可结合浇水，每亩追施腐熟人粪尿或腐熟饼肥及过磷酸钙浸出液（每千克肥料对水 10～15 千克，浸沤发酵 10～20 天后取上清液使用）1 500 千克（亩用饼肥 100 千克，过磷酸钙 50 千克）。也可叶面喷肥。以后每隔 15～20 天追肥 1 次，至根瓜采摘时，追肥 2～3 次。

2. 结果期管理　在冬季最寒冷阶段（12 月下旬至次年 2 月上旬）重点做好温室的保温工作。在温度管理上应实行高温管理，不让热量轻易丧失掉。白天日光温室内的温度可控制高些，将热量蓄积于温室内。

擦拭棚膜，提高膜的透光能力。疏叶落秧，改善黄瓜通风透光条件。

温度管理要求白天温度不超过 30～32℃，夜间最低温度在 15℃左右。在晴朗无风的白天，可适当提前开放风口，高温时避免突然放风，以免对叶片造成伤害。

水肥管理是持续高产的重点。此时植株所吸收的肥料养分量有一半左右被果实带走，因此必须及时追肥浇水。每次追肥数量应视土壤、土质和植株长势而定。一般追肥量为，每亩每次追施硝酸铵 20 千克，过磷酸钙 50 千克或磷酸二铵 20 千克，硫酸钾 30 千克或黄瓜专用肥 30 千克。追肥种类应是硝态氮多而铵态氮少的肥料，铵态氮的施用量不要超过追施氮量的 1/4～1/3。低温时期少量施用铵态氮是有益的。也可少量追施钾肥或叶面喷施磷酸二氢钾，喷施浓度不超过 0.2％。

第二节　西葫芦（茭瓜）栽培技术

一、对环境条件的要求

西葫芦（茭瓜）喜温暖而干燥的气候条件。种子发芽的适温为 25～30℃，生长发育的适温为 15～29℃，开花坐果的适温为 22～25℃。荚瓜属短日照蔬菜，低温短日照能促进雌花形成，但还是需要充足的光照。它对土壤条件要求不甚严格，宜选用土层深厚、疏松而肥沃的土壤。荚瓜吸肥能力强，故栽培上应施入充足的基肥。

二、露地地膜覆盖栽培

(一)栽培季节

春季露地栽培 4 月中旬播种育苗，5 月上中旬定植或 4 月中下旬直播，5 月下旬至 6 月上旬采收。

夏秋露地栽培 6 月下旬至 7 月上旬播种育苗，7 月上中旬定植或 7 月中旬直播，8 月中下旬采收。

(二)品种选择

选择抗病、优质、高产、商品性好、符合市场消费习惯的品种，主要有凯旋 2 号、双丰 2 号、百利等。

(三)栽培技术

1. 整地作畦施肥　荚瓜不宜连作，应进行 2～3 年轮作。头年秋季前作收获后，犁田晒地，灌好冬水，冬春耙耱。次年 3 月上中旬，每亩施入腐熟有机肥 5 000～6 000 千克，磷酸二铵 20 千克，过磷酸钙 50 千克，硫酸钾 15 千克，基肥施入后深翻土地，耙碎土块，整平地面做畦，畦高 15～20 厘米、宽 140 厘米、沟宽 30 厘米，或作高 20～25 厘米、宽 60 厘米、沟宽 30 厘米的高垄。

2. 定植（直播）

（1）定植（直播）时间　春季栽培的在 5 月上中旬定植或 4 月中下旬直播，夏季栽培的在 7 月上中旬定植或直播。

（2）定植（直播）方法　春季栽培，定植前 2 天苗床浇透水，选择晴天上午定植，定植时先铺好地膜，按株距在畦面上打孔或挖穴，每畦栽 2 行，将苗栽入后覆细湿土，栽完后浇水。采用直播的，先在畦上铺好地膜，按株距打孔或挖穴，穴深 6～7 厘米，直径 4～5 厘米，穴内浇水，水下渗后，将出芽的种子播入 1 粒，胚根朝下，覆盖过筛湿细土。或先在畦面打孔浇水，水下渗后播种覆土，再覆盖地膜。高垄栽培的，每垄播种或定植一行。夏季栽培可直播或育苗移栽。

（3）定植（直播）密度　高畦栽培，一般行距 85 厘米，株距 50 厘米，每亩栽苗 1 500 株左右；高垄栽培，一般行距 80 厘米，株距 50 厘米，每亩栽苗 1 600 株。

3. 田间管理　播种后（定植后）至结瓜前，先播种后覆膜的，幼苗出土后气温升高时在幼苗上方将地膜划"十"字形洞口通风，以防高温灼伤幼苗。

晚霜过后，从地膜开口处将秧苗挪出膜外，并将洞穴填平，植株四周地膜裂口用土压住，防止被风吹毁。瓜苗出土后，遇有寒流侵袭时注意防霜冻。

（1）追肥灌水　定植或出苗后以蹲苗为主。当田间植株有 90% 以上坐瓜后，瓜有 0.25 千克重时，开始追肥灌水，每亩追施尿素 15～20 千克、钾肥 10 千克。结瓜盛期，每 15～20 天追肥一次，肥料用量、种类与第一次相同。大量采收期，要保持土壤湿润，每 7～10 天灌水一次，每次灌水应在采瓜前 2～3 天进行，夏季灌水应在早晚进行，水量不宜过大。生长中后期，喷施 0.2% 磷酸二氢钾水溶液或尿素作叶面肥，10 天一次，防止早衰。

（2）中耕除草、打老叶、疏花疏果　定植缓苗或直播出苗后，在畦（垄）沟内中耕松土，清除杂草，边松土边打碎土坷垃，拍实保墒，一般进行 2～3 次，及时摘除病叶、老叶、畸形瓜，雌花太多要进行疏花疏果。

（3）保花保果　菜瓜属异花授粉作物，所以雌花开放必须进行人工授粉，防止雌花脱落。人工授粉在 9：00—10：00 进行，方法：将当天开放的雄花的花药摘下，插入雌花的柱头内，雄花少时，每朵雄花可授 2～3 朵雌花。如果雄花不足，可用丰产剂 2 号或防落素（对氯苯氧乙酸）涂抹雌花柱头，亦可防止落花落瓜。

三、中小拱棚栽培

（一）栽培季节

3 月上旬播种育苗，3 月下旬至 4 月上旬定植，5 月中旬采收。

（二）品种选择

主要有凯旋 2 号、双丰 2 号、百利等。

（三）栽培技术

1. 整地作畦、施肥　头年前茬作物收获后，清洁地块，秋耕晒垡，灌好冬水。次年 2 月中下旬扣膜暖地。头年秋耕前或次年春覆膜前，每亩施腐熟有机肥 5 000～7 000 千克，磷酸二铵 25 千克，硫酸钾 20 千克，过磷酸钙 40 千克。基肥施入地化冻后，深翻晒地，定植前耙碎土地，整平地面做垄，垄高 20～25 厘米、宽 60 厘米、沟宽 30～40 厘米、垄距 80 厘米；或作高畦，畦宽 1.2 米、高 20～25 厘米、沟宽 40 厘米。

2. 定植

（1）定植时间　4 月上旬定植。

（2）定植方法　选晴天上午，定植时先铺地膜，按 50 厘米株距在畦面上打孔，高畦每畦栽 2 行，高垄每垄栽 1 行，将苗栽入后覆土，再顺畦（垄）沟灌水，水量以离畦（垄）面 10 厘米为宜。

（3）定植密度　一般行距 80 厘米，株距 80 厘米，每亩栽苗 1 600 株左右。

3. 田间管理

（1）追肥灌水　定植后以蹲苗为主，一般不灌水。当田间90％以上植株坐瓜后，结合追肥开始灌水，每亩施尿素20千克。结瓜盛期10天左右灌水一次，每15～20天追肥一次，肥料用量、种类与第一次相同。生长到中后期，喷施叶面宝或0.2％磷酸二氢钾水溶液或尿素作叶面肥，10天一次，防止早衰。

（2）温度、湿度管理　定植后，要密闭保温，促进缓苗，白天温度保持在30～32℃，最高不超过35℃，相对湿度维持在80％～85％。缓苗后到结瓜前要适当放风，降低棚温，白天温度为25～29℃。5月下旬以后，白天要揭开底边大通风，相对湿度维持在50％～60％。6月中旬以后，要日夜通风。7月上旬可揭膜。

（3）中耕、除草、打老叶、疏果　定植缓苗后，在畦（垄）沟内中耕松土，清除杂草，灌水前一般进行2～3次，并及时摘除病叶、老叶及畸形瓜，疏去过多的雌花。

（4）保花保果　每天9：00—10：00，将当天开放的雄花的花药摘下，插入雌花的柱头内，雄花少时，每朵雄花可授2～3朵雌花，或用丰产剂2号或防落素涂抹雌花柱头，可防止落花落瓜。

4. 采收　一般5月中旬采收。

四、日光温室栽培

（一）秋冬茬栽培

1. 栽培季节　8月中旬育苗，9月上旬定植，10月中下旬上市。

2. 品种选择　主要有凯旋7号、冬玉、百利等。

3. 栽培技术

（1）整地作畦施肥　前作收获后，温室应伏泡伏晒休闲。定植前高温闷棚消毒，然后每亩施入腐熟有机肥4 000～5 000千克，过磷酸钙40千克，磷酸二铵30千克，硫酸钾15千克，开沟施入畦底。基肥施入后翻地，耙碎土块，整平地面作高畦，畦高15厘米、宽120厘米、沟宽30厘米，或做成宽60厘米、高20厘米、沟宽40厘米的高垄栽培。

（2）定植

①定植时间。8月中旬直播或9月中旬定植。

②定植方法。育苗移栽的，定植时先铺地膜，在畦面上按50厘米株距打孔，每畦栽两行；高垄栽培的，每垄一行，栽完后浇水，并顺畦（垄）沟灌一水。直播的，按50厘米株距打孔，浇水后将出芽的种子播入，胚根朝下，覆盖过筛湿细土，然后覆盖地膜。

③定植密度。一般行距 80 厘米，株距 50 厘米，每亩栽苗 1600 株左右。

（3）田间管理

①追肥灌水。定植后到坐瓜前，一般不浇水。以控水蹲苗为主。90％以上植株坐瓜后，结合追肥开始灌水，每亩施尿素 20 千克。结瓜盛期，10 天左右浇水一次。11 月以后，气候变冷不宜浇明水，可采用滴灌或膜下暗灌，而且灌水要选晴天上午进行。每 15～20 天追肥一次。

②温、湿度管理。秋冬茬茭瓜在播种时气温尚高，一般 4～5 天即可出苗，要注意防雨和适当遮阳。定植后（9 月中旬），露地气温开始下降，要及时在温室上覆盖薄膜，覆膜后的温、湿度管理是白天保持 20～25℃，夜晚 14℃，室内相对湿度控制在 60％～70％。同时，根据温度高低进行通风换气。

③保花保果。雌花开放，应每天上午进行人工授粉或用激素处理雌花柱头。

（4）采收　10 月中下旬采收。

（二）冬春茬栽培、春茬栽培

1. 栽培季节　冬春茬栽培 10 月中下旬播种育苗，11 月中旬定植，12 月下旬上市。春茬栽培 12 月中下旬或 1 月上旬定植，2 月下旬至 3 月上旬上市。

2. 品种选择　主要有凯旋 7 号、冬玉、百利、阿多尼斯、9805 等。

3. 栽培技术

（1）整地作畦施肥　茭瓜不宜和瓜类连作，应轮作 2～3 年，前作收获后，清洁地块，进行土壤和温室消毒。整地前每亩施入腐熟有机肥 5 000～7 000 千克，磷酸二铵 40 千克，过磷酸钙 50 千克。基肥施入后，翻耕耙耱平整做畦，畦宽 1.0～1.2 米，在畦中间作一深 15 厘米、宽 20 厘米的灌水沟，进行膜下暗灌，畦高 20～25 厘米、沟宽 40 厘米。

（2）定植

①定植时间。冬春茬栽培的在 11 月中旬定植，春茬栽培的在 12 月中下旬或 1 月上中旬定植，应选择晴天上午定植。

②定植方法。定植时先铺好地膜，按行株距在畦面上打孔，每畦栽 2 行，将苗栽入后覆细土、灌水，栽完后顺畦沟灌水。

③定植密度。一般行距 80 厘米，株距 50 厘米，每亩栽苗 1 600 株左右。

（3）田间管理

①追肥灌水。定植后至缓苗前进行蹲苗。90％以上植株坐瓜后，灌水追肥，每亩施尿素 20 千克或磷酸二铵 15 千克。结瓜盛期，15～20 天追肥一次，用量与第一次相同。冬春气候寒冷，宜在晴天上午采用膜下暗灌或滴灌，水量不宜过大，在采瓜前 2～3 天进行，之后视瓜秧长相、天气情况，每 7～10 天灌水一次。冬春季节气温低，通风少，室内二氧化碳欠缺，结瓜期可进行二氧

化碳施肥。

②温、湿度及光照管理。定植后到缓苗前，要密闭保温，白天温度保持在 30～32℃，夜间 15～20℃。缓苗后，开始通风降温降湿，白天保持 20～25℃，夜晚 14℃，室内相对湿度控制在 70%～75%。结瓜期，白天室温保持在 25℃，夜晚 15℃，相对湿度 60%。缓苗后在后墙张挂反光膜，增加室内光照，一般在 11 月下旬至次年 3 月下旬增产效果最明显。

③保花保果、吊蔓。荬瓜属雌雄异花作物，因无传粉媒介必须进行人工授粉，将当天早晨开放的雄花的花药摘下，插入雌花的柱头内，雄花少时，每朵雄花可授 2～3 朵雌花，或用丰产剂 2 号、防落素涂抹雌花柱头。同时，瓜秧长到 60～70 厘米高时，开始吊蔓，方法同黄瓜。

（4）采收 冬春茬栽培在 12 月下旬采收、春茬栽培的在 2 月下旬至 3 月上旬采收。

第三节 西瓜栽培技术

西瓜起源于非洲热带草原，为葫芦科一年生攀缘性草本植物，我国栽培历史悠久。

一、生物学特性

（一）主要形态特征

1. 根 根系发达，主根入土深达 1.4～1.7 米，侧根水平伸展可达 3 米左右，但主要根群分布于 30 厘米左右土层内。西瓜发根早，但根量少，木质化程度高，再生能力弱，宜采用育苗钵育苗，苗龄不宜过长。

2. 茎 蔓性，中空。分枝力强，可进行 3～4 级分枝。茎基部易生不定根。

3. 叶 子叶两片，较肥厚，椭圆形。真叶属单叶，互生，叶缘缺刻深；表面有蜡质和茸毛，较耐旱。

4. 花 雌雄同株异花，个别品种有两性花。雄花出现节位一般在第 3～5 节。主蔓第一雌花着生节位随品种而异，一般在第 5～11 节。而后间隔 5～7 节再发生雌花，无单性结实能力；为半日性花，即上午开花，午后闭花；虫媒花，设施栽培应进行人工授粉，并以开花当天进行为宜。

5. 果实 瓠果，有圆形、短圆筒形、长圆筒形等，大小不等。小果型品种单果重仅有 1～2 千克，大果型品种可达 10～15 千克或更大。果实由果皮、果肉、种子 3 部分组成。果皮厚度及硬度，不同品种间差异较大，与耐运及储藏性有关。皮色有淡绿、深绿、墨绿或近黑色、黄色、白色等，果面有条带、花纹或无。果肉有大红、淡红、深黄、黄、白等颜色，质地硬脆或沙瓤，味甜，中心可溶性固形物含量 10%～14%。

6. 种子 多呈扁平状，种子大小、形状、颜色、千粒重等因品种而异，多为卵圆形或长卵圆形，褐色、黑色或棕色，单色或杂色，表面平滑或具裂纹。小粒种子，千粒重 20～25 克；大粒种子，千粒重 100～150 克；一般千粒重为 40～60 千克。种子使用寿命 3 年。

（二）生长发育周期

1. 发芽期 由种子萌动到 2 片子叶充分展开，第一片真叶露尖时结束，正常情况下，一般历时 8～10 天。

2. 幼苗期 从第一片真叶露尖到出现 4～5 片真叶时结束，一般历时 25～30 天。此期结束时，主蔓 14 节以内或 17 节以内的花芽已分化完毕。

3. 抽蔓期 由出现 4～5 片真叶到留瓜节的雌花开放时结束，一般历时 18～20 天。

4. 结果期 从留瓜节的雌花开放到果实成熟，一般需要 30～40 天。按果实的形态变化，通常将结瓜期分为坐瓜期、膨瓜期和变色期。

坐瓜期从开花到幼瓜表面茸毛稀疏消退（退毛）、果柄下弯时结束，需 4～6 天。从幼瓜"退毛"到果实大小基本定型（定个）时为膨瓜期，需 15～25 天。果实定个到成熟为变色期，一般需要 10 天左右。

（三）对环境条件的要求

1. 温度 喜热怕寒。生育适温为 25～30℃，10℃时生长发育停滞，低于 5℃发生冷害，高于 42℃产生高温障碍。根系生长最适温度为 25～30℃，最低温度为 10℃，低于 15℃根系发育不正常，最高温度不超过 38℃。

2. 光照 喜光，要求充足的日照时数和较强光照。一般每天需 10～12 小时的日照，光饱和点为 8 万勒克斯，光补偿点为 4000 勒克斯。

3. 湿度 西瓜整个生育期耗水量大，较耐旱，忌涝。适宜的空气相对湿度为 50%～60%。

4. 土壤营养 西瓜对土壤的适宜性较广，但以沙壤土或壤土为好。适宜 pH 为 5～7，不耐盐碱，土壤含盐量高于 0.2%即不能正常生长。整个生育期对养分吸收量较大，三要素的吸收比例为氮（N）∶磷（P_2O_5）∶钾（K_2O）= 3.28∶1∶4.33。

二、栽培季节与茬口安排

露地栽培应在无霜期内进行。设施栽培主要有塑料大、中、小棚春茬和秋茬栽培。春茬塑料大棚单层覆盖一般较当地露地西瓜提早 20～30 天定植，大棚内套盖小拱棚、夜间加盖草苫还可再提早 20～15 天定植。秋茬播种时间的确定应保证大棚内适宜生长的时间 100～120 天。

西瓜忌连作，应与大田作物或其他非瓜类蔬菜轮作 4～6 年。设施内连作时，应采取嫁接栽培，并加强病虫害预防。

三、栽培技术

（一）塑料大棚春茬栽培技术

1. 品种选择 应选用熟性较早，果型中等，耐低温，耐弱光，抗病，商品性好，品质佳，适宜嫁接栽培的品种。

2. 嫁接育苗 砧木有瓠瓜、南瓜、冬瓜和野生西瓜，以瓠瓜应用最多。嫁接方法有插接、靠接和劈接，以插接方法为最好，具体嫁接过程见嫁接育苗部分。

嫁接后 30 天左右，当瓜苗 3 叶 1 心时即可定植。

3. 施肥作畦 定植前 15～20 天扣棚，促地温回升。要求配方施肥，每亩参考施肥量为：优质纯鸡粪 3～4 米³、饼肥 100～200 千克、优质复合肥 50 千克、硫酸钾 50 千克、钙镁磷肥 100 千克、硼肥 1 千克、锌肥 1 千克。

在整平的地面上，开深 50 厘米、宽 1 米的沟施肥。挖沟时将上层熟土放到沟边，下层生土放到熟土外侧。把一半捣碎、捣细的粪肥均匀撒入沟底，然后填入熟土，与肥翻拌均匀，剩下的粪肥与钙镁磷肥、微肥以及 70% 左右的复合肥随着填土一起均匀施入 20 厘米以上的土层内。施肥后平好沟，最后将施肥沟浇水，使沟土充分沉落，其余的肥料在西瓜苗定植时集中穴施。

大棚西瓜宜采用高畦，南北延长。爬地、支架或吊蔓栽培。

4. 定植 在大棚内 10 厘米土层温度稳定在 13℃ 以上，最低气温稳定在 5℃ 以上时为安全定植期。选晴天上午定植。按株距挖穴、浇水，水渗后将营养土坨埋入穴内，使坨与地表平齐。嫁接苗栽植不宜过深，以免嫁接口接触地面，浇水面应能保证将瓜苗周围的土渗透。定植后覆盖地膜。参考密度为：

（1）支架或吊蔓栽培 采用大小行定植，大行距 1.1 米、小行距 0.7 米，早熟品种株距为 0.4 米、中熟品种 0.5 米，每亩定植株数分别为 1 500～1 800 株和 1 300～1 500 株。

（2）爬地栽培 中早熟品种可按等行距 1.6～1.8 米或大行距 2.8～3.2 米、小行距 0.4 米，株距 0.4 米栽苗，每亩定植 900～1 000 株；中熟品种可按等行距 1.8～2 米或大行距 3.4～3.8 米、小行距 0.4 米，株距 0.5 米栽苗，每亩定植 600～800 株。

5. 田间管理

（1）温度管理 定植后 5～7 天闷棚增温，白天温度保持在 30℃ 左右，夜间 20℃ 左右，最低夜温 10℃ 以上，10 厘米地温维持在 15℃ 以上。温度偏低时，应及时加盖小拱棚、二道幕、草苫等保温设施。缓苗后开始少量放风，大棚内气温保持在 25～28℃，超过 30℃适当放风，夜间加强覆盖，温度保持在 12℃以上，10 厘米地温保持在 15℃以上。随着外界气温的升高和蔓的伸长，当棚内夜温稳定在 15℃以上时，可把小拱棚全部撤除，并逐渐加大白天的放风量和放风时间。开花坐果期白天气温应保持在 30℃左右，夜间不低于 15℃，否则坐瓜不良。瓜开始膨大后要求高温，白天气温 30～32℃，夜间 15～25℃，昼夜温差保持 10℃左右，地温 25～28℃。

（2）肥水管理　定植前造足底墒，定植时浇足定植水，瓜苗开始甩蔓时浇一次促蔓水，之后到坐瓜前不再浇水。大部分瓜坐稳后浇催瓜水，之后要勤浇，经常保持地面湿润。瓜生长后期适当减少浇水，采收前 7～10 天停止浇水。

在施足基肥的情况下，坐瓜前一般不追肥。坐瓜后结合浇水每亩冲施尿素 20 千克，硫酸钾 10～15 千克，或充分腐熟的有机肥沤制液 800 千克。膨瓜期每亩再冲施尿素 10～15 千克、磷酸二氢钾 5～10 千克。

开花坐瓜后，每 7～10 天进行一次叶面喷肥，主要叶面肥有 0.1％～0.2％尿素、0.2％磷酸二氢钾、0.2％丰产素、1％复合肥浸出液以及 1％红糖或白糖等。

（3）植株调整　采用吊蔓栽培时，当茎蔓开始伸长后应及时吊绳引蔓。多采取双蔓整枝，将两条蔓分别缠在两根吊绳上，使叶片受光均匀。引蔓时如茎蔓过长，可先将茎蔓在地膜上绕一周再缠蔓，但要注意避免茎蔓接触土壤。

爬地栽培一般采取双蔓整枝或三蔓整枝法。双蔓整枝法保留主蔓和基部的一条健壮子蔓，多用于早熟品种；三蔓整枝法保留主蔓和基部两条健壮子蔓，其余全部摘除，多用于中、晚熟品种。当蔓长到 50 厘米左右时，选晴暖天引蔓，并用细枝条卡住，使瓜秧按要求的方向伸长。主蔓和侧蔓可同向引蔓，也可反向引蔓，瓜蔓分布要均匀。

（4）人工授粉与留瓜　开花当天 6：00—9：00 授粉，阴雨天适当延后。一般每株瓜秧主蔓上的第 1～3 朵雌花和侧蔓上的第一朵雌花都要进行授粉。选留主蔓第二雌花坐瓜，每株留一个瓜，其他作为后备瓜。坐瓜后，要不断进行瓜的管理，包括垫瓜、翻瓜、竖瓜等。

吊蔓栽培时要进行吊瓜或落瓜，即当瓜长到 500 克左右时，用草圈从下面托住瓜或用纱网袋兜住西瓜，吊挂在棚架上，以防坠坏瓜蔓；或将瓜蔓从架上解开放下，将瓜落地，瓜后的瓜蔓在地上盘绕，瓜前瓜蔓继续上架。

（5）植物生长调节剂的应用　塑料大棚早春栽培西瓜，棚内温度低，为提高坐瓜率，可在授粉的同时用 20～50 毫克/升坐果灵（主要成分为防落素、赤霉酸）蘸花；坐瓜前瓜秧发生旺长时，可用 200 毫克/升助壮素（甲哌鎓水剂）

喷洒心叶和生长点，每5～7天一次，连喷2～3次。

（6）割蔓再生　大棚西瓜采收早，适合进行再生栽培，一般采用割蔓再生法。具体做法是：头茬瓜采收后，在距嫁接口40～50厘米处剪去老蔓。割下的老蔓连同杂草、田间废弃物清理出园，同时喷施50％多菌灵可湿性粉剂500倍液进行田间消毒，再结合浇水每亩追施尿素12～15千克、磷酸二氢钾5～6千克，促使基部叶腋潜伏芽萌发。由于气温较高，光照充足，割蔓后7～10天就可长成新蔓，之后按头茬瓜栽培法进行整枝、压蔓以及人工授粉等。

温度管理上以防高温为主。根据再生新蔓的生长情况，开花坐果前可适量追肥，一般每亩追施腐熟饼肥40～50千克，复合肥5～10千克，幼瓜坐稳后，每亩追施复合肥20～25千克，促进果实膨大，通常40～45天就可采收二茬瓜。

（二）地膜覆盖与双膜覆盖栽培

1. 品种选择　选用早熟或中熟品种。

2. 育苗　在加温温室或日光温室内，用育苗钵进行护根育苗，适宜苗龄为30～40天，具有3～4片真叶。

3. 定植　地膜覆盖于当地终霜期后定植，双膜覆盖（小拱棚＋地膜）可比露地提早15天左右。定植前15～20天开沟施肥，沟深50厘米、宽1米，施肥后平沟起垄，垄高15～20厘米、宽50～60厘米，早熟品种垄距为1.5～1.8米，中晚熟品种垄距1.5～1.8米，株距40～50厘米。为节约架材和地膜，双膜覆盖还可采取单垄双株栽植或单垄双行栽植，垄距3.0米，早熟品种每亩定植1 100～1 300株，中熟品种800～900株，随定植随扣棚。

4. 田间管理　双膜覆盖定植后密闭保温，以利缓苗。缓苗后注意通风换气，防止高温烤苗。当外界气温稳定在18℃以上时撤除拱棚，雨水多的地区，可在完成授粉后撤棚。多采用双蔓整枝，引蔓、压蔓要及时。为确保坐果，必须进行人工辅助授粉。头茬瓜结束后，加强管理，可收获二茬瓜。

（三）无籽西瓜栽培要点

1. 人工破壳、高温催芽　无籽西瓜种壳坚厚，种胚发育不良，发芽困难，需浸种后人工破壳才能顺利发芽。破壳时一定要轻，种皮开口要小，长度不超过种子长度的1/3，不要伤及种仁。无籽西瓜发芽要求的温度较高，以32～35℃为宜。

2. 适期播种、培育壮苗　无籽西瓜幼苗期生长缓慢，长势较弱，应比普通西瓜提早3～5天播种，苗期温度也要高于普通西瓜3～4℃。要加强苗床的保温工作，如架设风障、多层覆盖等。此外，在苗床管理时，还应适当减少通风量，以防止床内温度下降太快。出苗后及时摘去夹住子叶的种壳。

3. 配置授粉品种　无籽西瓜植株花粉发育不良，必须间种普通西瓜品种作为授粉株，生产上一般 3 或 4 行无籽西瓜间种 1 行普通西瓜。授粉品种宜选用种子较小、果实皮色不同于无籽西瓜的当地主栽优良品种，较无籽西瓜晚播 5～7 天，以保证花期相遇。

4. 适当稀植 无籽西瓜生长势强，茎叶繁茂，应适当稀植。一般每亩栽植 400～500 株。

5. 加强肥水管理 从伸蔓后至坐瓜期应适当控制肥水。浇水以小水暗浇为宜，以防造成徒长跑秧，难以坐果。瓜坐稳后加大肥水供应量，肥水齐攻，促进果实迅速膨大。

（四）小果型西瓜栽培

小果型西瓜一般以设施栽培为主，可利用日光温室或大棚进行早熟栽培和秋延后栽培。小果型西瓜对肥料反应敏感，施肥量为普通西瓜的 70% 左右为宜，忌氮肥过多，要求氮、磷、钾配合施用。定植密度因栽培方式和整枝方式而异。吊蔓或立架栽培通常采用双蔓整枝，每亩定植 1 500～1 600 株。爬地栽培一般采用多蔓整枝，三蔓整枝每亩定植 700～750 株，四蔓整枝 500～550 株。留瓜节位以第二或第三雌花为宜。每株留瓜数可视留蔓数而定。一般双蔓整枝留 1～2 个瓜，多蔓整枝可留 3～4 个瓜。部分品种可留二茬瓜，坐瓜节以下子蔓应尽早摘除。

（五）收获

西瓜品质与果实成熟度密切相关。可根据从雌花开放到果实成熟的天数判断是否成熟，早熟品种一般需要 30 天左右，中熟品种 35 天左右，晚熟品种 40 天以上。

从形态上看，成熟瓜留瓜节附近的几节卷须变黄或枯萎，瓜皮变亮、变硬，底色和花纹色泽对比明显，花纹清晰，呈现出老化状；瓜的花痕处和蒂部向内明显凹陷；瓜梗扭曲老化，基部的茸毛脱净。另外，以手托瓜，拍打发出较浑浊声音的为成熟瓜，声音清脆为生瓜。

就地供应时，一般采收 9 成熟瓜。外销或储藏时，一般采收 8 成熟瓜。无籽西瓜比普通西瓜要适当提早采收，一般以 9 成至 9 成半熟采收较为适宜。小型西瓜大多皮薄怕压，不耐运输，最好外套泡沫网袋并装箱销售。

第四节　瓜类蔬菜病虫害及防治技术

一、黄瓜霜霉病

黄瓜霜霉病是黄瓜的重要病害之一，发生最普遍，常具有毁灭性。其他瓜类植物如甜瓜、丝瓜、冬瓜也有霜霉病的发生。西瓜抗病性较强，很少受害。

（一）症状

苗期和成株期均可发病。

（1）苗期　子叶正面出现形状不规则的黄色至褐色斑，空气潮湿时，病斑背面产生紫灰色的霉层。

（2）成株期　主要为害叶片。多从植株下部老叶开始向上发展。初期在叶背出现水浸状斑，后在叶正面可见黄色至褐色斑块，因受叶脉限制而呈多角形。常见为多个病斑相互融合而呈不规则形。露地栽培湿度较小，叶背霉层多为褐色；保护地内湿度大，霉层为紫黑色。

（二）病原

为鞭毛菌亚门霜霉科假霜霉属真菌。孢子囊梗由气孔伸出，常多根丛生，无色，（165～420）微米×（3.3～6.5）微米，不规则二叉状锐角分支 3～6 次，末端小梗上着生孢子囊。孢子囊呈椭圆形或卵圆形，淡褐色，顶端具乳突，（15～32)微米×（11～20）微米。游动孢子呈椭圆形，双鞭毛。卵孢子在自然情况下不易出现。

病菌有生理分化现象，有多个生理小种或专化型，为害不同的瓜类。

（三）发病规律

由于园艺设施栽培面积的不断扩大，黄瓜终年都可生产，黄瓜霜霉病能终年为害。病菌可在温室和大棚内以病株上的游动孢子囊形式越冬，成为次年保护地和露地黄瓜的初侵染源，并以孢子囊形式通过气流、雨水和昆虫传播。

病害的发生、流行与气候条件、栽培管理和品种抗病性有密切关系。

病菌孢子囊形成的最适温度为 15～19℃；孢子囊最适萌发温度为 21～24℃；侵入的最适温度为 16～22 ℃；气温高于 30℃或低于 15℃发病受到抑制。孢子囊的形成、萌发和侵入要求有水滴或高湿度。

在黄瓜生长期间，温度条件易于满足，湿度和降雨就成为病害流行的决定因素。当日平均气温在 16℃时，病害开始发生；日平均气温在 18～24℃，相对湿度在 80％以上时，病害迅速扩展；在多雨、多雾、多露的情况下，病害极易流行。另外，排水不良、种植过密、保护地内放风不及时等，都可使田间湿度过大而加重病害的发生和流行。在北方保护地，霜霉病一般在 2—3 月为始见期，4—5月为盛发期。露地多发生在 6—7 月。

此外，叶片的生育期与病害的发生也有关系。幼嫩的叶片和老叶片较抗病，成熟叶片最易感病。因此，黄瓜霜霉病以成株期最多见，以植株中下部叶片发病最严重。

（四）防治方法

1. 选用抗病品种　晚熟品种比早熟品种抗性强。但一些抗霜霉病的品种往往对枯萎病抗性较弱，应注意对枯萎病的防治。抗病品种有：津研 2 号、6 号，津杂 1 号、2 号，津春 2 号、4 号，京旭 2 号，夏青 2 号，鲁春 26 号，宁丰 1 号、2 号，郑黄 2 号，吉杂 2 号，夏丰 1 号，杭青 2 号，中农 3 号等，可根据各地的具体情况选用。

2. 栽培无病苗，提高栽培管理水平　采用营养钵培育壮苗，定植时严格淘汰病苗。定植时应选择排水好的地块，保护地采用双垄覆膜技术，降低湿度；浇水在晴天上午，灌水适量。采用配方施肥技术，保证养分供给。及时摘除老叶、病叶，提高植株内通风透光性。此外，保护地还可采用以下防治措施：

（1）生态防治　根据天气条件，在早晨太阳未出时排湿气 40～60 分钟，上午闭棚，控制温度在 25～30℃，低于 35℃；下午放风，温度控制在 20～25℃，相对湿度在 60%～70%，低于 18℃停止放风。傍晚条件允许可再放风 2～3 小时。夜温应保持在 12～13 ℃；外界气温超过 13℃，可昼夜放风，目的是将夜晚结露时间控制在 2 小时以下或不结露。

（2）高温闷棚　在发病初期进行。选择晴天上午闭棚，使生长点附近温度迅速升高至 40℃，调节风口，使温度缓慢升至 45℃，维持 2 小时，然后大放风降温。处理时若土壤干燥，可在前一天适量浇水，处理后适当追肥。每次处理间隔 7～10 天。注意：棚温度超过 47℃会烤伤生长点，低于 42℃效果不理想。

3. 药剂防治　在发病初期用药，保护地用 45% 百菌清烟雾剂（安全型）每亩 200～300 克分放在棚内 4～5 处，密闭熏蒸一夜，次日早晨通风。隔 7 天熏 1 次。或用 5% 百菌清粉尘剂、5% 加瑞农粉尘剂每亩 1 千克，隔 10 天 1 次。

露地可用 69% 安克锰锌（烯酰吗啉·代森锰锌）可湿性粉剂 1 500 倍液、72.2% 普力克（霜霉威盐酸盐）水剂 800 倍液、72% 克露（霜脲·锰锌）可湿性粉剂 500～750 倍液、70% 安泰生（丙森锌）可湿性粉剂 500～700 倍液、56% 抑快净（噁酮·霜脲氰）水分散颗粒剂 500～700 倍液、25% 甲霜灵可湿性粉剂 800 倍液、40% 乙膦铝水溶性粉剂 300 倍液、64% 杀毒矾（噁霜·锰锌）可湿性粉剂 500 倍液、80% 大生（代森锰锌）可湿性粉剂 600 倍液。

二、瓜类枯萎病

瓜类枯萎病又称蔓割病、萎蔫病，是瓜类植物的重要土传病害，各地有不同程度的发生。病害为害维管束、茎基部和根部，引起全株发病，导致整株萎蔫以至枯死，损失严重。主要为害黄瓜、西瓜，亦可为害甜瓜、西葫芦、丝瓜、冬瓜等葫芦科作物，但南瓜和瓠瓜对枯萎病免疫。

（一）症状

该病的典型症状是萎蔫。田间发病一般在植株开花结果后。发病初期，病株表现为全株或植株一侧叶片中午萎蔫似缺水状，早晚可恢复；数日后整株叶片枯萎下垂，直至整株枯死。主蔓基部纵裂，裂口处流出少量黄褐色胶状物，潮湿条件下病部常有白色或粉红色霉层。纵剖病茎，可见维管束呈褐色。

幼苗发病，子叶变黄萎蔫或全株枯萎；茎基部变褐，缢缩，导致立枯。

（二）防治方法

1. 选育抗病品种　利用抗病品种。黄瓜晚熟品种较抗病，如长春密刺、山东密刺、中农 5 号。将瓠瓜的抗性基因导入西瓜培育出了系列抗病品种，目前开始在生产上应用。

2. 农业防治　与非瓜类植物轮作至少 3 年以上，有条件可实施 1 年的水旱轮作，效果也很好。育苗采用营养钵，避免定植时伤根，减轻病害。施用腐熟粪肥。结果后小水勤灌，适当多中耕，使根系健壮，提高抗病力。

3. 嫁接防病　西瓜与瓠瓜、扁蒲、葫芦、印度南瓜，黄瓜与云南黑籽南瓜等嫁接，成活率都在 90% 以上。

4. 药剂防治　种子处理可用 60% 防霉宝（混合氨基酸铜）1 000 涪液＋平平加（脂肪醇聚氧乙烯醚）1 000 倍液浸种 60 分钟；定植前 20～25 天用 95% 棉隆对土壤处理，10 千克药剂拌细土每亩 120 千克，撒于地表，耕翻 20 厘米，用薄膜盖 12 天熏蒸土壤；苗床用 50% 多菌灵可湿性粉剂 8 克/ 米^2 配成药液进行消毒；或用 50% 多菌灵每亩 4 千克配成药土施于定植穴内。

发病初期可用 20% 甲基立枯磷乳油 1 000 倍液，50% 多菌灵 500 倍液、70% 甲基托布津可湿性粉剂 500～600 倍液、10% 双效灵（络氨铜）300 倍液、40% 抗枯灵（络氨铜·锌）500 倍液灌根，每株用药液 100 毫升，隔 10 天 1 次，连续 3～4 次。并用上述药剂按 1∶10 的比例与面粉调成稀糊涂于病茎，效果较好。

5. 生物防治　用木霉菌等颉颃菌拌种或土壤处理也可抑制枯萎病的发生。中国台湾研究用含有腐生镰刀菌和木霉菌的 20% 玉米粉、1% 水苔粉、1.5% 硫酸钙与 0.5% 磷酸氢二钾混合添加物，施入西瓜病土中，防效达 92%。

三、瓜类白粉病

瓜类白粉病在葫芦科蔬菜中，以黄瓜、西葫芦、南瓜、甜瓜、苦瓜发病最重，冬瓜和西瓜次之，丝瓜抗性较强。

（一）症状

白粉病自苗期至收获期都可发生，但以中后期为害重。主要为害叶片，一般不为害果实；初期叶片正面和叶背面产生白色近圆形的小粉斑，以后逐渐扩大连片。白粉状物后期变成灰白色或红褐色，叶片逐渐枯黄发脆，但不脱落。秋季病斑上出现散生或成堆的黑色小点。

（二）防治方法

宜采用抗病品种和加强栽培管理为主，配合药剂防治的综合措施。

1. 选用抗病品种 一般抗霜霉病的黄瓜品种也抗白粉病。

2. 加强栽培管理 注意田间通风透光，降低湿度，加强肥水管理，防止植株徒长和早衰等。

3. 温室熏蒸消毒 白粉菌对硫敏感，在幼苗定植前 2～3 天密闭棚室，每 100 米^3 用硫黄粉 250 克和锯末粉 500 克（1∶2）混匀，分置几处的花盆内，引燃后密闭一夜。熏蒸时，棚室内温度应维持在 20℃左右。也可用 45％百菌清烟剂，用法同黄瓜霜霉病。

4. 药剂防治 目前防治白粉病的药剂较多，但连续使用易产生抗药性，应注意交替使用。

所用药剂有：40％福星（氟硅唑）乳油 8 000～10 000 倍液、30％特富灵（甾醇脱甲基化抑制剂）可湿性粉剂 1 500～2 000 倍液、70％甲基托布津可湿性粉剂 1 000 倍液、15％粉锈宁可湿性粉剂 1 500 倍液、40％多硫悬浮剂 500～600 倍液、6％乐比耕（氯苯嘧啶醇）可湿性粉剂 3 000～5 000 倍液等。

注意：西瓜、南瓜抗硫性强，黄瓜、甜瓜抗硫性弱，气温超过 32℃，喷硫制剂易发生药害。但气温低于 20℃时防效较差。

四、瓜类炭疽病

瓜类炭疽病是瓜类植物的重要病害，以西瓜、甜瓜和黄瓜受害严重，冬瓜、瓠瓜、葫芦、苦瓜受害较轻，南瓜、丝瓜比较抗病。此病不仅在生长期为害，在储运期病害还可继续蔓延，造成大量烂瓜，加剧损失。

（一）症状

病害在苗期和成株期都能发生，植株子叶、叶片、茎蔓和果实均可受害，症状因寄主的不同而略有差异。

（1）苗期 子叶边缘出现圆形或半圆形、中央褐色并有黄绿色晕圈的病斑；茎基部变色、缢缩，引起幼苗倒伏。

（2）成株期 西瓜和甜瓜的叶片病斑黑色，呈纺锤形或近圆形，有轮纹和紫黑色晕圈；茎蔓和叶柄病斑椭圆形，略凹陷，有时可绕茎一周造成死蔓。果实多为近成熟时受害，由暗绿色水浸状小斑点扩展为暗褐至黑褐色的近圆形病斑，明显凹陷龟裂；湿度大时，表面有粉红色黏状小点；幼瓜被害，全果变黑皱缩腐烂。

黄瓜的症状与西瓜、甜瓜相似，叶片上病斑也为近圆形，但为黄褐色或红褐色，病斑的晕圈为黄色，病斑上有时可见不清晰的小黑点，潮湿时也产生粉红色黏状物，干燥时病部开裂或脱落。瓜条在未成熟时不易受害，近成熟瓜和留种瓜发病较多，由最初的水渍状小斑点扩大为暗褐色至黑褐色、稍凹陷的病斑，上生有小黑点或粉红色黏状小点；茎蔓和叶柄上的症状与西瓜、甜瓜相似。

（二）防治方法

采用抗病品种或无病良种，结合农业措施预防病害，再辅以药剂保护的综合防治措施。

1. 选用抗（耐）病品种　合理品种布局。瓜类作物的品种对炭疽病的抗性差异明显，但抗性有逐年衰减的规律，应注意品种的更新。目前，黄瓜品种可用津杂 1 号、津杂 2 号，津研 7 号等；西瓜品种可用红优 2 号、丰收 3 号、克伦生等。

2. 种子处理　无病株采种，或播前用 55℃ 温水浸种 15 分钟，迅速冷却后催芽。或用 40％ 福尔马林 100 倍液浸种 30 分钟，用清水洗净后催芽；注意西瓜易产生药害，应先试验，再处理。或 50％ 多菌灵可湿性粉剂 500 倍液浸种 60 分钟，或每千克种子用 2.5％ 适乐时（咯菌腈）4～6 毫升包衣，均可减轻为害。

3. 加强栽培管理　与非瓜类作物实行 3 年以上轮作；覆盖地膜，增施有机肥和磷钾肥；保护地内控制湿度在 70％ 以下，减少结露；田间操作应在露水干后进行，防止人为传播病害。采收后严格剔除病瓜，储运场所适当通风降温。

4. 药剂防治　可选用 80％ 大生可湿性粉剂 800 倍液，25％ 施保克乳油 4 000 倍液，80％ 炭疽福美可湿性粉剂 800 倍液，50％ 多菌灵可湿性粉剂 500 倍液，70％ 甲基托布津可湿性粉剂 800 倍液，65％ 代森锌可湿性粉剂 500 倍液；75％ 百菌清可湿性粉剂 500 倍液、2％ 农抗 120 水剂 200 倍液或 2％ 武夷菌素水剂 200 倍液等。保护地内在发病初期，也可用 45％ 百菌清烟雾剂每亩 250～300 克，效果也很好。每 7 天左右喷 1 次药，连喷 3～4 次。

五、黄瓜黑星病

黄瓜黑星病是一种世界性病害，20 世纪 70 年代前我国仅在东北地区温室中零星发生，80 年代以来，随着保护地黄瓜的发展，这种病害迅速蔓延和加重，目前已扩展到了黑龙江、吉林、辽宁、河北、北京、天津、山西、山东、内蒙古、上海、四川和海南 12 省（直辖市、自治区）。目前，此病已成为我国北方保护地及露地栽培黄瓜的常发性病害，损失可达 10％～20％，严重可达 50％ 以上，甚至绝收。该病除为害黄瓜外，还侵染南瓜、西葫芦、甜瓜、冬瓜等葫芦科蔬菜，是生产上亟待解决的问题。

（一）症状

整个生育期均可发生，其中嫩叶、嫩茎及幼瓜易感病，真叶较子叶敏感。子叶受害，产生黄白色近圆形斑，发展后引致全叶干枯；嫩茎发病，初呈现水渍状暗绿色梭形斑，后变暗色，凹陷龟裂，湿度大时病斑上长出灰黑色霉层（分生孢子梗和分生孢子）；生长点附近嫩茎被害，上部干枯，下部往往丛生腋芽。成株期叶片被害，开始出现褪绿的近圆形小斑点，干枯后呈黄白色，容易穿孔，孔的边缘不整齐略皱，且具黄晕，穿孔后的病斑边缘一般呈星纹状；叶柄、瓜蔓被害，病部中间凹陷，形成疮痂状病斑，表面生灰黑色霉层；卷须受害，多变褐色而腐烂；生长点发病，经两三天烂掉形成秃秧。病瓜向病斑内侧弯曲，病斑初流半透明胶状物，以后变成琥珀色，渐扩大为暗绿色凹陷斑，表面长出灰黑色霉层，病部呈疮痂状，并停止生长，形成畸形瓜。

（二）防治方法

1. 加强检疫，选用无病种子 严禁在病区繁种或从病区调种。做到从无病地留种，采用冰冻滤纸法检验种子是否带菌。带病种子进行消毒，可采用温汤浸种法，即 50℃ 温水浸种 30 分钟，或 55～60℃ 恒温浸种 15 分钟，取出冷却后催芽播种。亦可用种子重量 0.4％ 的 50％ 多菌灵或克菌丹可湿性粉剂拌种。

2. 选用抗病品种 如青杂 1 号、青杂 2 号、白头霜、吉杂 1 号、吉杂 2 号、中农 11、中农 13、津研 7 号等。

3. 加强栽培管理 覆盖地膜，采用滴灌等节水技术，轮作倒茬，重病棚（田）应与非瓜类作物进行 2 年以上轮作。施足充分腐熟有机肥作基肥，适时追肥，避免偏施氮肥，增施磷、钾肥。合理灌水，定植后至结瓜期控制浇水十分重要。保护地黄瓜尽可能采用生态防治，尤其要注意湿度管理，采用放风排湿、控制灌水等措施降低棚内湿度。冬季气温低应加强防寒、保暖措施，使秧苗免受冻害。白天控温 28～30℃，夜间 15℃，相对湿度低于 90％。增强光照，促进黄瓜健壮生长，提高抗病能力。

4. 药剂防治

（1）药剂浸种 50％ 多菌灵 500 倍液浸种 20～30 分钟后，冲净再催芽，或用冰醋酸 100 倍液浸种 30 分钟。直播时可用种子重量 0.3％～0.4％ 的 50％ 多菌灵或 50％ 克菌丹拌种，均可取得良好的杀菌效果。

（2）熏蒸消毒 温室或大棚定植前 10 天，每 55 米^3 空间用硫黄粉 0.13 千克，锯末 0.25 千克混合后分放数处，点燃后密闭大棚，熏一夜。

（3）发病初期及时摘除病瓜，立即喷药防治 采用粉尘法或烟雾法，于发病初期开始用喷粉器喷撒 10％ 多百粉尘剂，每亩用药 100 克；或施用 45％ 百菌清烟剂，每亩用药 67～90 克，连续 3～4 次。

（4）棚室或露地发病初期可喷洒下列杀菌剂　50％多菌灵＋70％代森锰锌，50％扑海因、65％甲霉灵、6％乐比耕、40％福星、70％霉奇洁、50％施保功等，隔 7～10 天 1 次，连续 3～4 次。也可用 10％多百粉尘剂。

六、黄瓜菌核病

黄瓜菌核病是保护地黄瓜栽培的重要病害，发病田块减产10％～30％，严重的可减产 90％以上。该病除为害黄瓜外，还为害甘蓝、白菜、萝卜、番茄、茄子、辣椒、莴苣、芹菜等蔬菜。

（一）症状

叶、果实、茎等部位均可被侵染。叶片染病始于叶缘，初呈水浸状，淡绿色，湿度大时长出少量白霉，病斑呈灰褐色，蔓延速度快，致叶枯死。幼瓜发病先从残花部，成瓜发病先从瓜尖开始发病，向瓜柄部扩展；病部初呈灰绿色到黄绿色，水浸状软化，随后病部长满白色棉絮状菌丝层，不久在菌丝层里长出菌核，最后瓜落地腐烂。茎染病多在茎基部，初呈现水渍状病斑，逐渐扩大使病茎变褐软腐，产生白色菌丝和黑色菌核，除在茎表面形成菌核外，剥开茎部，可发现大量菌核，严重时植株枯死。

（二）防治方法

1. 农业防治

（1）土壤深翻 15 厘米以上，阻止菌核萌发。

（2）实行轮作，培育无病壮苗。未发病的温室或大棚忌用病区培育的幼苗，防止菌核随育苗土传播。

（3）清除田间杂草，有条件的覆盖地膜，抑制菌核萌发及子囊盘出土。发现子囊盘出土，及时铲除，集中销毁。

（4）加强管理，注意通风排湿，减少传播蔓延。

2. 药剂防治　棚室采用烟雾法或粉尘法。于发病初期，每亩用 10％速克灵（腐霉利）烟剂 250～300 克熏一夜；也可于傍晚喷撒 5％百菌清粉尘剂，每亩每次用药 1 千克，隔 7～9 天 1 次。同时于发病初期用 40％菌核净可湿性粉剂 500 倍液，或 50％农利灵（乙烯菌核利）可湿性粉剂 1 200 倍液，或 50％速克灵（腐霉利）可湿性粉剂 1 500 倍液，或 50％扑海因（异菌脲）可湿性粉剂 1 500 倍液，或 80％多菌灵可湿性粉剂 600 倍液，或 20％甲基立枯磷乳油 800 倍液等药剂交替喷雾使用，隔 7～10 天 1 次，连续防治 3～4 次。

七、黄瓜蔓枯病

黄瓜蔓枯病是黄瓜栽培中的一种重要病害，在保护地和露地黄瓜上均有发生，常在很短的时间内造成瓜蔓整垄整片地萎蔫，减产 15%～30%。特别是在高温多雨季节发生严重，严重威胁黄瓜生产。由于瓜农长期单一使用化学农药，致使病菌产生了强烈的抗药性，防治效果越来越差，黄瓜产量和质量受到明显影响。

（一）症状

茎蔓、叶片和果实等均可受害。茎被害时，靠近茎节部呈现油渍状病斑，椭圆形或棱形，灰白色，稍凹陷，分泌出琥珀色的胶状物。干燥时病部干缩，纵裂呈乱麻状，表面散生大量小黑点。潮湿时病斑扩展较快，绕茎一圈可使上半部植株萎蔫枯死，病部腐烂。叶子上的病斑近圆形，有时呈 V 字形或半圆形，淡褐色至黄褐色，病斑上有许多小黑点，后期病斑容易破碎，病斑轮纹不明显。果实多在幼瓜期花器感染，果肉淡褐色软化，呈心腐状。

（二）防治方法

1. 农业防治

（1）选用抗病、耐病品种　津优 2 号、津优 3 号、津研 2 号等抗病性较好，可因地制宜优先选用。

（2）种子处理　选用无病种子或在播种前先用 55℃温水浸种 15 分钟，捞出后立即投入冷水中浸泡 2～4 小时，再催芽播种；或用 50%福美双可湿性粉剂以种子重量的 0.3%拌种。

（3）实行轮作　最好实行 2～3 年与非瓜类作物的轮作。

（4）加强栽培管理　增施有机肥，适时追肥，在施氮肥时要配合磷、钾肥，促使植株生长健壮。及时进行整枝搭架，适时采收。保护地栽培要以降低湿度为中心，实行垄作，覆盖地膜，膜下暗灌，合理密植，加强通风透光，减少棚室内湿度和滴水。露地栽培避免大水漫灌。雨季加强防涝，降低土壤水分。发病后适当控制浇水。及时摘除病叶，收获后烧毁或深埋病残体。

2. 药剂防治　选用高效、低毒、低残留药剂防治。发病初期及时喷药防治，可用 75%百菌清可湿性粉剂 600 倍液，或 70%代森锰锌可湿性粉剂 500 倍液，或 50%甲基托布津（甲基硫菌灵）可湿性粉剂 500 倍液，每 5～7 天喷 1 次，视病情连喷 2～3 次，重点喷洒瓜秧中下部茎叶和地面。发病严重时，茎部病斑可用 70%代森锰锌可湿性粉剂 500 倍液涂抹，效果较好。棚室栽培可用 45%百菌清烟雾剂熏蒸，每亩用量 110～180 克，分放 5～7 处，傍晚点燃后闭棚过夜，7 天熏 1 次，连熏 3 次，可获理想的防治效果。需要注意的是，合理混用或交替使用化学农药，可延缓病菌抗药性产生，大大提高防治效果。

八、黄瓜细菌性角斑病

黄瓜细菌性角斑病是我国北方保护地黄瓜的一种重要病害，寄主是黄瓜、葫芦、西葫芦、丝瓜、甜瓜、西瓜等。随着近年来塑料大棚栽培的普及，该病为害日趋严重，一些老菜区减产 10％～30％，严重的减 50％以上，甚至绝收。全国各地均有发生，东北、华北发生重。

（一）症状

主要为害叶片，也为害茎、叶柄、卷须、果实等。叶片受害，先是叶片上出现水浸状的小病斑，病斑扩大后因受叶脉限制而呈多角形，黄褐色，带油光，叶背面无黑霉层，后期病斑中央组织干枯脱落形成穿孔。果实和茎上病斑初期呈水浸状，湿度大时可见乳白色菌脓。果实上病斑可向内扩展，沿维管束的果肉逐渐变色，果实软腐有异味。卷须受害，病部严重时腐烂折断。

细菌性角斑病与霜霉病的主要区别有：①病斑形状、大小。细菌性角斑病的叶部症状是病斑较小，而且棱角不像霜霉病明显，有时还呈不规则形。霜霉病的叶部症状是形成较大的棱角呈明显的多角形病斑，后期病斑会连成一片。②叶背面病斑特征。将病叶采回，用保温法培养病菌，24 小时后观察。病斑为水渍状，产生乳白色菌脓（细菌病征）者，为细菌性角斑病；病斑长出紫灰色或黑色霉层者为霜霉病。湿度大的棚室，清晨观察叶片就能区分。③病斑颜色。细菌性角斑病病斑变白，干枯、脱落为止；霜霉病病斑末期变深褐色，干枯为止。④病叶对光的透视度。有透光感觉的是细菌性角斑病；无透光感觉的是霜霉病。⑤穿孔。细菌性角斑病病斑后期易开裂形成穿孔；霜霉病的病斑不穿孔。

（二）防治方法

由于黄瓜角斑病的症状类似黄瓜霜霉病，所以防治上易混淆，造成严重损失。

1. 选用抗、耐病品种　中国、日本等国家对已有的品种进行人工接菌鉴定，还没有发现免疫品种，但品种间发病程度有明显差异，津研 2 号、津研 6 号、津早 3 号、黑油条、夏青、全青、鲁青、光明、鲁黄瓜四号等为抗性品种。

2. 选用无病种子　从无病植株或瓜条上留种，瓜种用 70℃恒温干热灭菌 72 小时，或 50～52℃温水浸种 20 分钟，捞出晾干后催芽播种；或转入冷水泡 4 小时，再催芽播种。用代森铵水剂 500 倍液浸种 1 小时取出，用清水冲洗干净后催芽播种；用次氯酸钙 300 倍液浸种 30～60 分钟，或 40％福尔马林 150 倍液浸 1.5 小时，或 100 万单位硫酸链霉素 500 倍液浸种 2 小时，冲洗干净后催芽播种；也可每克种子用新植霉素 200 微克浸种 1 小时，再用清水浸 3 小时催芽播种。

3. 加强田间管理　培育无病种苗，用无病土苗床育苗；与非瓜类作物实行 2 年以上轮作；生长期及收获后清除病叶，及时深埋。保护地适时放风，降低棚室湿度，发病后控制灌水，促进根系发育，增强抗病能力；露地实施高垄覆膜栽培，平整土地，完善排灌设施，收获后清除病株浅体，翻晒土壤等。在基肥和追肥中注意加施偏碱性肥料。

4. 药剂防治　可选用 5% 百菌清粉尘剂或 5% 加瑞农粉尘剂每亩 1 千克或新植霉素、农用链霉素 5 000 倍液，喷雾防治，每 7 天 1 次，连续 2～3 次。也可喷 30% 或 50% 琥胶肥酸铜、50% 代森锌、50% 甲霜铜、50% 代森铵、14% 络氨铜、77% 可杀得（氢氧化铜）等，连用 3～4 次。日本北兴化学株式会社生产的 2% 春雷霉素对该病有很好的防效。与霜霉病同时发生时，可喷施 70% 甲霜铝铜或 50% 瑞毒铜。也可选择粉尘法，即喷撒 10% 乙滴、5% 百菌清。

第五章　茄果类蔬菜栽培技术

第一节　番茄栽培技术

一、春季大棚栽培技术

（一）播种育苗

1. 品种选择　大棚栽培一般都选早熟品种和中熟品种，主要品种有浙粉202、浙粉988、合作906、合作908、金棚1号、21世纪宝粉、L402等。

2. 播种期　11月上中旬在大棚内播种育苗，翌年1月下旬至2月中旬定植，4月上旬至7月上旬采收。

3. 种子处理　播种前进行种子处理，剔除杂质、劣籽后，用55℃温水浸种15分钟，并不断搅拌。然后将种子放在清水中浸种3～8小时，捞出用纱布包好，在25～30℃的环境中催芽，50%以上种子露白即可播种。

4. 播种　常用的育苗方法有两种，即苗盘育苗和苗床育苗。

（1）苗盘育苗　苗盘规格是25厘米×60厘米的塑料育苗盘，每个盘播种5克，每亩生产田用种30～40克。装好营养土浇足底水后播种，播后覆盖0.5厘米左右厚的盖籽土。苗盘下铺电加温线，上盖小拱棚。营养土配制是按体积比，肥沃菜园土6份、腐熟干厩肥3份、砻糠灰1份配制而成。

（2）苗床育苗　苗床宽1.5米，平整后铺电加温线，电加温线之间的距离为10厘米，然后覆盖10厘米厚的营养土，浇足底水后播种，播后覆盖0.5厘米左右厚的盖籽土。播种量每平方米15克左右。苗床上盖小拱棚。

5. 苗期管理　当幼苗有1片真叶时进行分苗，移入直径8厘米的塑料营养钵内，然后在大棚内套小拱棚，加盖无纺布、薄膜等保温材料。整个育苗期间以防寒保暖为主，并要遵循出苗前高、出苗后低，白天高、夜间低的温度管理原则。夜间温度不应低于15℃，白天温度在20℃以上，以利花芽分化，减少畸形果。同时要预防高温烧苗，应根据天气情况和苗情适时揭盖覆盖物。出苗后应保持多见阳光，当叶与叶相互遮掩时，拉大营养体的距离，以防徒长。苗期可用叶面肥喷施。壮苗标准是苗高18～20厘米，茎粗0.6厘米左右，节间短，有6～8片真叶。植株健壮，50%以上苗现蕾，苗龄65～75天。定植前7天左右注意通风降温，加强炼苗。

（二）定植前准备

1. 整地作畦　选择地势高爽，前2年未种过茄果类作物的大棚，施入基肥并及早翻耕，然后做成宽 1.5 米（连沟）的深沟高畦，每个标准棚（30 米×60 米）做 4 畦。畦面上浇足底水后覆盖地膜。

2. 施基肥 一般每亩施腐熟有机肥 4 000 千克或商品有机肥 1 000 千克，再加 25％蔬菜专用复合肥 50 千克或 52％茄果类蔬菜专用肥（N：P_2O_5：K_2O＝21：13：18）30～35 千克，肥料结合耕地均匀翻入土中后做畦。

（三）定植

1. 定植时间 当苗龄适宜，棚内温度稳定在 10℃以上时即可定植。一般在 1 月下旬至 2 月上旬，选择晴好无风的天气定植。

2. 定植方法 定植前营养钵浇透水，畦面按株行距先用制钵机打孔，定植深度以营养钵土块与畦面相平为宜。定植后，立即浇搭根水，定植孔用土密封严实。同时搭好小拱棚，盖薄膜和无纺布。

3. 定植密度 每畦种 2 行，行距 60 厘米，株距 30～35 厘米，每亩栽 2 400 株左右。

（四）田间管理

大棚春番茄的管理原则以促为主，促早发棵、早开花、早坐果、早上市，后期防早衰。

1. 温光调控 定植后闷棚（不揭膜）2～4 天。缓苗后根据天气情况及时通风换气，降低湿度，通风先开大棚再适度揭小棚膜。白天尽量使植株多照阳光，夜间遇低温要加盖覆盖物防霜冻，一般在 3 月下旬拆去小拱棚。以后通风时间和通风量随温度的升高逐渐加大。

2. 植株整理 第一花序坐果后要搭架、绑蔓、整枝，整枝时根据整枝类型将其他侧枝及时摘去，使棚内通风透光，以利植株的生长发育。留 3～4 穗果时打顶，顶部最后一穗果上面留 2 片功能叶，以保证果实生长的需要。每穗果应保留 3～4 个果实，其余的及时摘去。结果后期摘除植株下部的老叶、病叶，以利通风透光。

3. 追肥 肥料管理掌握前轻后重的原则。定植后 10 天左右追 1 次提苗肥，每亩施尿素 5 千克。第一花序坐果且果实直径 3 厘米大时进行第二次追肥，第二、第三花序坐果后，进行第三、第四次追肥，每次每亩追尿素 7.5～10 千克或三元复合肥 5～15 千克。采收期，采收 1 次追肥 1 次，每次每亩追尿素 5 千克、氯化钾 1 千克。

4. 水分管理 定植初期，外界气温低，地温也低，不利于根系生长，一般不需要补充水分。第一花序坐果后，结合追肥进行浇灌，此时，大棚内温度上升，番茄植株生长迅速，并进入结果期，需要大量的水分。每次追肥后要及时灌水，做到既要保证土壤内有足够的水分供应，促进果实的膨大，又要防止棚内湿度过高而诱发病害。

5. 生长调节剂使用　第一花序有 2～3 朵花开时，用激素喷花或点花，防止因低温引起落花落果，促进果实膨大，抑制植株徒长是确保番茄早熟丰产的重要措施之一。常用激素主要为番茄灵，用于浸花，也可用于喷花，浓度掌握在 30～40 毫克/千克。使用番茄灵必须在植株发棵良好、营养充足的条件下进行，因此定植后不宜过早使用。番茄灵也可防止高温引起的落花落果，在生长后期也可使用，但使用后要增加后期追肥，防止早衰。

（五）采收

番茄果实已有 3/4 的面积变成红色时，营养价值最高，是作为鲜食的采收适期。通常第一、第二花序的果实开花后 45～50 天采收，后期（第三、第四花序）的果实开花后 40 天左右采收。采收时应轻拿、轻放，并按大小分成不同的规格，放入塑料箱内。一般每亩产量 4 000 千克左右。

（六）包装

按番茄的大小、果形、色泽、新鲜度等分成不同的规格进行包装，要清除腐烂、过熟、日伤、褪色斑、疤痕、雹伤、冻伤、皱缩、空腔、畸形果、裂果、病虫害及机械伤明显不合格的番茄。用于包装的番茄必须是同一品种，包装材料应使用国家允许使用的材料，包装完毕后贴上标签。

二、秋季栽培技术

（一）品种选择

一般选用金棚 1 号、合作 908、浙粉 202、21 世纪粉红番茄等品种。

（二）播种时期

播种期一般在 7 月中旬，延后栽培的可推迟到 8 月上旬前。

（三）育苗

秋番茄也要采取保护地育苗，以减少病毒病的为害。播种方法与春季大棚栽培相同，先撒播于苗床上，再移栽到塑料营养钵中，或者采用穴盘育苗，将番茄种子直接播于 50 穴或 72 穴穴盘中。穴盘营养土可按体积比，如肥沃菜园土 6 份、腐熟干厩肥 3 份、砻糠灰 1 份或蛭石 50%、草炭 50% 配制。播种前浇透水，播后及时覆盖遮阳网，苗期正值高温多雨季节，幼苗易徒长，出苗后要控制浇水，应保持苗床见干见湿。遇高温干旱，应适量浇水抗旱保苗。秋季番茄苗龄不超过 25 天。

（四）整地作畦

秋番茄的前茬大多是瓜果类蔬菜，土壤中可能遗留下各种有害病菌，而且因高温蒸发土壤盐分上升，这对种好秋番茄极为不利。所以，前茬出地后，应立即进行深翻、晒白，灌水淋洗，然后每亩施商品有机肥 500～1 000 千克和

45％硫酸钾 BB 肥 30 千克，深翻整地，再做成宽 1.4～1.5 米（连沟）的深沟高畦。

（五）定植

8 月中旬至 9 月初选阴天或晴天傍晚进行，每畦种 2 行，株距 30 厘米，边栽植边浇水，以利活棵。

（六）田间管理

定植后要及时浇水、松土、培土。活棵后施提苗肥，每亩施尿素 10 千克左右。第一穗果坐果后，每亩施三元复合肥 15～20 千克，追肥穴施或随水冲施。以后视植株生长情况再追肥 1～2 次，每次每亩施三元复合肥 10～15 千克。

开花后用 25～30 毫克/千克浓度的番茄灵防止高温落花、落果。坐果后注意水分的供给。

秋番茄不论早晚播种都以早封顶为好，留果 3～4 穗，这样可减少无效果实的产生，提高单果重量。秋番茄后期的防寒保暖工作很重要，一般在 10 月底就要着手进行。种在大棚内的，夜间要放下薄膜；种在露地的，要搭成简易的小拱棚。早霜来临前，盖上塑料薄膜，一直沿用到 11 月底。作延后栽培的，进入 12 月后要加强保暖措施。可在大棚内套中棚，并将番茄架拆除放在地上，再搭小拱棚，上面覆盖薄膜和无纺布等防寒材料。如果措施得当，可延迟采收到 2 月中旬。其他田间管理与春季大棚栽培相同。

（七）采收

10 月中下旬可开始采收。采用大棚延后栽培的，可采收到翌年 2 月。露地栽培的秋番茄每亩产量为 1 000～2 000 千克，大棚栽培的秋番茄每亩产量为 2 000～2 500 千克。

第二节　茄子栽培技术

茄子原产于东南亚印度。在我国栽培历史悠久，分布很广，为夏、秋季的主要蔬菜。其品种资源极为丰富。据中国农业科学院蔬菜花卉研究所组织全国各省、市科技工作者调查统计，共搜集了 972 份有关茄子的材料，这为杂交制种提供了雄厚的资源条件。20 世纪 70 年代以前，茄子的单产不高，而后一些科研单位配制选育了一批杂交组合，如南京的苏长茄、上海的紫条茄、湖南的湘早茄等。一些种子公司也开始生产和经营杂交茄子种子，从而大大提高了茄子的单位面积产量。

茄子的营养成分比较丰富。据分析，每 100 克茄子可食部分含蛋白质 2.3 克，脂肪 0.1 克，碳水化合物 3 克，钙 22 毫克，磷 31 克，铁 0.3 毫克等。

一、植物学特征

茄子根系再生能力差，木栓化较早，不容易产生不定根，移栽后缓苗慢。所以茄子在2～3片叶子时，就要带营养土移栽，进行根系保护。茄子的茎呈圆形，直立，较粗壮，紫色或绿色，因品种而异，株高60～100厘米，分枝多而有规则，基中带木质。单叶互生，呈卵圆或长圆形。花为自花授粉的完全花，单生。开花结果习性是：早熟品种一般在主茎6～8节着生第1朵花。中、晚熟品种要到8～9节，才着生第1朵花，花大，下垂，花瓣5～8片，紫色或白色，花药两室，为孔裂式开裂，花药的开裂与柱头的接受花粉期相同．所以茄子一般为自花授粉，而且以当天开花的花粉与柱头授粉所得的结果率最高。但也有些品种的柱头过长或过短，这些花粉不能落在同一花的雌蕊柱头上，所以这些花就容易杂交，如周围栽上其他品种，茄子的杂交率为6%～7%，两个品种相隔50米远时，便很少有杂交的机会。茄子的果实为浆果，以采收嫩果食用。果实形状有：圆形、扁圆形、长条形与倒卵圆形等。果实颜色有深紫、鲜紫、白与绿色。种子扁圆形，光滑具革质，黄色。种子生在海绵组织的胎座中，每一果实有种子500～1 000粒，种子千粒重4～5克。发芽力能保持3～5年。

二、对环境条件的要求

茄子对温度、光照及土壤条件的要求，与番茄及辣椒相似。它喜温耐热，结果期间的适温为25～30℃。种子在30℃左右并有适当水分时6～8天即可发芽。幼苗期以日温25℃，夜温15～20℃为宜。开花结果期，如在17℃以下生长缓慢，高于35℃并加上干旱，则花器发育不良，尤其夜温高时，呼吸旺盛，果实生长缓慢，甚至成为僵果。

茄子对光照时间的长短反应不敏感。但光照强度对植株营养物质的积累影响很大。当光照强时，光合作用旺盛，植株生长健壮，果实品质优良；在弱光下，光合产物少，生长细弱，且妨碍受精，容易落花。

茄子枝叶繁茂，结果多，需水量大，但在不同生长时期对水分的要求不同，即生长前期需水较少，开花结果期需水量大。茄子对土壤空气条件要求较高，在雨季要及时做好开沟排水工作，土壤湿度过大易引起烂根和发生病害。

茄子较耐肥，要求疏松肥沃，排水良好的土壤。要求土壤pH为6～7.6。一般以氮、钾肥为主，其次是磷肥。磷肥宜在前期使用，可以提早果实成熟，在肥料充足的情况下，产量高、果色鲜艳、品质好。

三、栽培技术

1. 整地作畦、施基肥　茄子根系较发达，吸肥能力强，如要获得高产，宜选择肥沃而保肥力强的黏壤土栽培，不能与辣椒、番茄、马铃薯等茄科作物连作，要与非茄科蔬菜轮作 3 年以上。在茄子定植前 15～20 天，翻耕 27～30 厘米深，做成 1.3～1.7 米宽的畦；也可做 3.3～4 米宽的高畦，在畦上开横行栽植。

茄子是高产耐肥作物，多施肥料对增产有显著效果。苗期多施磷肥，可以提早结果。结果期间需氮肥较多，充足的钾肥可以增加产量。一般每亩施猪粪或人粪尿 2 000～2 500 千克，过磷酸钙 15～25 千克，草木灰 50～100 千克，在整地时与土壤混合，但也可以进行穴施。

2. 播种育苗　播种育苗的时间，要依据各地气候、栽培目的与育苗设备来定。一般在 11 月上中旬利用温床播种，用温床或冷床移植。如工厂化育苗可在 2 月上中旬播种。播种前宜先浸种，播干种则发芽慢，且出苗不整齐。

茄子种子发芽的温度一般要求在 25～30℃。经催芽的种子播下后 3～4 天就可出土。茄子苗生长比番茄、辣椒都慢，所以需要较高的温度。育茄子苗的温床宜多垫些酿热物，晴天日温应保持 25～30℃，夜温不低于 10℃。

苗床增施磷肥，可以促进幼苗生长及根系发育。幼苗生长初期，需间苗 1～2 次，保持苗距 1～3 厘米，当苗长有 3～4 片真叶时移苗假植，此后施稀薄腐熟人粪尿 2～3 次，以培育壮苗。

3. 定植　茄子要求的温度比番茄、辣椒要高些，所以定植稍迟。一般要到 4 月上中旬进行。为了使秧苗根系不受损伤，起苗前 3～4 小时应将苗床浇透水，使根能多带土。定植要选在没有风的晴天下午进行。定植深度以表土与子叶节平齐为宜，栽后浇上定根水。

栽植的密度与产量有很大关系。早熟品种宜密些，中熟品种次之，晚熟品种的行株距可以适当放大。其次与施肥水平的关系也很大，即肥料多可以栽稀些；肥料少要密一点，这样能充分利用光能，提高产量。一般在 80～100 厘米宽的小畦上栽 2 行。早熟品种的行株距为 50 厘米×40 厘米，中晚熟品种为（70～80）厘米×（43～50）厘米。

4. 田间管理

（1）追肥　茄子是一种高产的喜肥作物，它以嫩果供食用，结果时间长，采收次数多，故需要较多的氮肥、钾肥。如果磷肥施用过多，会促使种子发育，以致籽多，果易老化，品质降低，所以生长期的合理追肥是保证茄子丰产的重要措施之一。定植成活后，每隔 4～5 天结合浇水施 1 次稀薄腐熟人粪尿，催起苗架。当根茄（门茄）结牢后，要重施 1 次人粪尿，每亩 1 000～1 500 千克。这次肥料对植株生长和以后产量关系很大，以后每采收 1 次，或隔 10 天左右追施人粪尿或尿素 1 次。施肥时不要把肥料浇在叶片或果实上，否则会引起病害发生并影响光合作用的进行。

（2）排水与浇水 茄子既要水又怕涝，在雨季要注意清沟排水，发现田间积水，应立即排除，以防涝害及病害发生。

茄子叶面积大，蒸发水分多，不耐旱，所以需要较多的水分。如土壤中水分不足，则植株生长缓慢，落花多，结果少，已结的果亦果皮粗糙，品质差，宜保持80%的土壤湿度，干时灌溉能显著增产。灌溉方法有浇灌、沟灌两种。地势不平的以浇灌为主，土地平坦的可行沟灌。沟灌的水量以低于畦面10厘米为宜，切忌漫灌，灌水时间以清晨或傍晚为好，灌后及时把多余的水排除。

在水源不足，浇灌有困难的地方，为了保持土壤中适当的水分，还可采取用稻草、树叶或塑料薄膜（地膜）覆盖畦面的方法，以减少土表水分蒸发。

（3）中耕除草和培土 茄子的中耕除草和追肥是同时进行的。中耕除草后，让土壤晒白后要及时追上稀薄人粪尿。中耕还能提高土温，促进幼苗生长，减少养分消耗。中耕中期可以深些，5~7厘米；后期宜浅些，约3厘米。当植株长到30厘米高时，中耕可结合培土，把沟中的土培到植株根际。对于植株高大的品种，要设立支柱，以防大风吹歪或折断。

（4）整枝，摘老叶 茄子的枝条生长及开花结果习性相当有规则，所以整枝工作不多。一般将靠近根部的过于繁密的3~4个侧枝除去。这样可免枝叶过多，增强通风，使果实发育良好，不利于病虫繁殖生长。但在生长强健的植株上，可以在主干第1花序下的叶腋留1~2条分枝，以增加同化面积及结果数目。

茄子的摘叶比较普遍，摘叶有防止落花、果实腐烂和促进结果的作用。尤其在密植的情况下，为了早熟丰产，摘除一部分老叶，使通风透光良好，并便于喷药治虫。

（5）防止落花 茄子落花的原因很多，主要是光照微弱、土壤干燥、营养不足、温度过低及花器构造上有缺陷。

防止落花的方法：据南昌市蔬菜所试验，在茄子开花时，喷射50毫克/千克（即1毫升溶液加水200克）的水溶性防落素效果很好。浙江大学农学院蔬菜教研室在杭州用藤茄做的试验说明，防止4月下旬的早期落花，可以用生长刺激剂处理，其方法是用30毫克/千克的2，4-D丁酯点花。经处理后，防止了落花，并提早9天采收，增加了早期产量。

第三节 辣椒栽培技术

辣椒又叫番椒、海椒、辣子、辣角、秦椒等，是辣椒属茄科一年生草本植物。果实通常成圆锥形或长圆形，未成热时呈绿色，成熟时变成鲜红色、黄色或紫色，以红色最为常见。辣椒的果实因果皮含有辣椒素而有辣味，能增进食欲。辣椒中维生素 C 含量在蔬菜中居第一位。

辣椒原产于中南美洲热带地区，是喜温的蔬菜。15 世纪末，哥伦布发现美洲之后把辣椒带回欧洲，并由此传播到世界其他地方。辣椒于明代传入中国。清·陈昊子之《花镜》有番椒的记载。今中国各地普遍栽培，成为一种大众化蔬菜，其产量高，生长期长，从夏到初霜来临之前都可采收，是我国北方地区夏、秋淡季的主要蔬菜之一。

一、生物学特性

（一）形态特征

辣椒的根系不发达。一般多分布在 30 厘米土层内。根系再生能力弱，不耐涝也不耐旱，不耐高温或低温。辣椒茎木质部较发达而且坚硬，自然直立，分权力弱，适于密植。单叶互生，卵圆形或长卵圆形。完全花，呈白色或紫色。花有单生和簇生两种，以单生较普遍。果实为浆果。果皮是食用部分。果实有大果型，味较淡称为甜椒；有小果型的多为长椒，一般辣味较重。果实的形状有圆锥形、圆球形、弯曲形、扁圆形及羊角形。种子扁平略带圆形，淡黄色或乳白色。种子千粒重 3.0～7.8 克。发芽力可以保持 2～3 年。

（二）生育特点

辣椒生育初为发芽期，催芽播种后 5～8 天出土。15 天左右出现第一片真叶，到花蕾显露为幼苗期。第一花穗到门椒坐住为开花期。坐果后到拔秧为结果期。

（三）对环境条件的要求

1. 温度 种子发芽适宜温度 25～30℃，发芽需要 5～7 天，低于 15℃或高于 35℃时种子不发芽。辣椒适宜的温度在 15～34℃。苗期要求温度较高，白天25～30℃，夜晚 15～18℃最好，幼苗不耐低温，要注意防寒。开花结果初期，白天温度 20～25℃，夜间温度 15～20℃；结果期间，温度过高易灼烧。辣椒如果在 35℃时会造成落花、落果。因此栽植时采用双株定植可防止高温危害。

2. 光照 辣椒对光照长短的要求不严格，在较短日照（8～12 小时）下，辣椒开花较早结实多。

3. 水分 辣椒对水分条件要求严格，它既不耐旱也不耐涝。喜欢比较干爽的空气条件。辣椒被水淹数小时就会蔫萎死亡，所以地块选择要平整，浇水或排水的条件要方便。苗期不需过多的水分，在初花期和结果期要充足的水分。

4. 土壤 辣椒对土壤要求不严格。在 pH 为 6～7.6 时，一般沙土、黏土都可栽培，但其根系对氧气要求严格，宜在土层深厚肥沃，富含有机质和透气性良好的沙性土或两性土壤中种植。辣椒生育期要求充足的氮、磷、钾，但苗期氮和钾不宜过多，以免枝叶生长过旺，延迟花芽分化和结果。磷对花的形成和发育有重要作用，钾则是果实膨大的必需元素，生产中必须做到氮、磷、钾互相配合，在施足底肥的基础上搞好追肥，以提高产量和品质。

二、栽培管理技术

（一）露地栽培

早春育苗，露地定植为主。

1. 种子处理　要培育适龄壮苗，必须选用粒大饱满、无病虫害，发芽率高的种子。育苗一般在春分至清明。将种子在阳光下暴晒2天，促进后熟，提高发芽率，杀死种子表面携带的病菌。用300～400倍高锰酸钾溶液浸泡20～30分钟，以杀死种子上携带的病菌。反复冲洗种子上的药液后，再用25～30℃温水浸泡8～12小时。

2. 育苗播种　苗床做好后要灌足底水。然后撒薄薄一层细土，将种子均匀撒到苗床上，再用一层0.5～1厘米厚的细土覆盖，最后覆盖小拱棚保温增温。

3. 苗床管理　播种后6～7天就可以出苗。70%小苗拱土后，要趁叶面没有水时向苗床撒细土0.5厘米厚。以弥缝保墒，防止苗根倒露。苗床要有充分的水供应，但又不能使土壤过湿。辣椒长到5厘米高度时就要给苗床通风炼苗，通风口要根据幼苗长势以及天气温度灵活掌握，在定植前10天可露天炼苗。幼苗长出3～4片真叶时进行移栽定植。

4. 定植　在整地之后进行。种植地块要选择近几年没有种植过茄果类蔬菜和黄瓜、黄烟的春白地。刚刚收过越冬菠菜的地块也不宜种辣椒。定植前7天左右，每亩地施用土杂肥5 000千克，过磷酸钙75千克，碳酸氢铵30千克作基肥。定植的方法有两种：畦栽和垄栽。主要是垄作双行密植，即垄距85～90厘米，垄高15～17厘米，垄沟宽33～35厘米。施入沟肥，撒均匀即可定植。株距25～26厘米，呈双行，小行距26～30厘米。错埯栽植，形成大垄双行密植的格局。

5. 田间管理　苗期应蹲苗，进入结果期至盛果期，开始肥水齐攻。盛果期后旱浇涝排，保持适宜的土壤湿度。在定植15天后每亩追磷肥10千克、尿素5千克，并结合中耕培土高10～13厘米，以保护根系防止倒伏。进入盛果期后管理的重点是壮秧促果。要及时摘除门椒，防止果实坠秧引起长势下衰。结合浇水施肥，每亩追施磷肥20千克、尿素5千克，并再次对根部培土。注意排水防涝。要结合喷施叶面肥和激素，以补充养分和预防病毒病。

6. 及时采收　果实充分长大，皮色转浓绿，果皮变硬而有光泽时是商品性成熟的标志。

（二）辣椒的春提前保护地栽培

1. 育苗 选用早熟、丰产、株形紧凑、适于密植的品种是辣椒大棚春早熟栽培的关键，可选用农乐、中椒 2 号、甜杂 2 号、津椒 3 号、早丰 1 号、早杂 2 号等。播种期一般在 1 月上旬至 2 月上旬。

2. 定植 在 4～5 月。可畦栽也可垄栽，大小行双行定植。选择晴天上午定植。由于棚内高温高湿，辣椒大棚栽培密度不能太大，过密会引起徒长，光长秧不结果或落花，也易发生病害，造成减产。为便于通风，最好采用宽窄行相间栽培，即宽行距 66 厘米，窄行距 33 厘米，株距 30～33 厘米，每亩 4 000 穴左右，每穴双株。

3. 定植后的管理 定植时浇水不要太多，棚内白天温度 25～28℃，夜间以保温为主。过 4～5 天后，浇 1 次缓苗水，连续中耕 2 次，即可蹲苗。开花坐果前土壤不干不浇水，待第一层果实开始收获时，要供给大量的肥水，辣椒喜肥、耐肥，所以追肥很重要。多追有机肥，增施磷、钾肥，有利于丰产并提高果实品质。盛果期再追肥灌水 2～3 次。在撤除棚膜前应灌 1 次大水。此外还要及时培土，防倒伏。

4. 保花保果及植株调整 为提高大棚辣椒坐果率，可用生长素处理，保花、保果效果较好。2，4-D 质量分数为 15～20 毫克/千克。上午 10 时以前抹花效果比较好。扣棚期间共处理 4～5 次。辣椒栽培不用搭架，也不需整枝打杈，但为防止倒伏对过于细弱的侧枝以及植株下部的老叶，可以疏剪，以节省养分，有利于通风透光。

第四节　茄果类蔬菜病虫害及防治技术

一、番茄晚疫病

番茄晚疫病是番茄的重要病害之一，阴雨的年份发病重。该病除为害番茄外，还可为害马铃薯。

（一）症状

番茄晚疫病在番茄的整个生育期均可发生，幼苗、茎、叶和果实均可受害，以叶和青果受害最重。

（1）苗期　茎、叶上病斑呈黑褐色，常导致植株萎蔫、倒伏，潮湿时病部产生白霉。

（2）成株期　叶尖、叶缘发病较为多见，病斑水浸状不规则形，暗绿色或褐色，叶背面病健交界处长出白霉，后整叶腐烂。茎秆的病斑条形，暗褐色。

（3）果实　青果发病居多，病果一般不变软；果实上病斑呈不规则形，边缘清晰，油浸状暗绿色或暗褐色至棕褐色，稍凹陷，空气潮湿时其上长少量白霉，随后果实迅速腐烂。

（二）防治方法

1. 种植抗病品种　抗病品种有圆红、渝红 2 号、中蔬 4 号、中蔬 5 号、佳红、中杂 4 号等。

2. 栽培管理　与非茄科作物实行 3 年以上轮作，合理密植，采用高畦种植，控制浇水，及时整枝打杈，摘除老叶，降低田间湿度。保护地应从苗期开始严格控制生态条件，尤其是防止高湿。

3. 药剂防治　发现中心病株后应及时拔除并销毁重病株，摘除轻病株的病叶、病枝、病果，对中心病株周围的植株进行喷药保护，重点是中下部的叶片和果实。

药剂有 72.2％普力克（霜霉威盐酸盐）水剂 800 倍液，58％甲霜灵锰锌可湿性粉剂 500 倍液、25％瑞毒霉可湿性粉剂 800～1 000 倍液、64％杀毒矾（噁霜•锰锌）可湿性粉剂 500 倍液、50％百菌清可湿性粉剂 400 倍液。7～10天用药 1 次，连续用药 4～5 次。

二、番茄叶霉病

番茄叶霉病俗称"黑毛"，是棚室番茄常见病害和重要病害之一。在我国大部分番茄种植区均有发生，造成严重减产。以保护地番茄上发生严重。该病仅发生在番茄上。

（一）症状

主要为害叶片，严重时也可为害果实。叶片发病，正面为黄绿色、边缘不清晰的斑点，叶背初为白色霉层，后霉层变为紫褐色；发病严重时霉层布满叶背，叶片卷曲、干枯。果实发病，在果面上形成黑色不规则斑块，硬化凹陷，但不常见。

（二）防治方法

1. 采用抗病品种　如双抗 2 号、沈粉 3 号和佳红等，但要根据病菌生理小种的变化，及时更换品种。

2. 选用无病种或种子处理　52℃温水浸种 3 分钟，晾干播种；2％武夷霉素 150 倍液浸种；或每千克种子用 2.5％适乐时（咯菌腈）悬浮种衣剂 4～6毫升拌种。

3. 栽培管理　重病区与瓜类、豆类实行 3 年轮作；合理密植，及时整枝打杈，摘除病叶老叶，加强通风透光；施足有机肥，适当增施磷、钾肥，提高植株抗病力；雨季及时排水，保护地可采用双垄覆膜膜下灌水方式，降低空气湿度，抑制病害发生。

4. 药剂防治　保护地还可用 45％百菌清烟剂每亩 250 克熏烟，或用 5％百菌清、7％叶霉净或 6.5％甲霉灵粉尘剂每亩 1 千克，8～10 天 1 次，连续或交替轮换施用。

发病初期可用 10％世高（苯醚甲环唑）水分散颗粒剂 1 500～2 000 倍液、25％阿米西达（嘧菌酯）1 500～2 000 倍液、50％扑海因（异菌脲）可湿性粉剂 1 500 倍液，47％加瑞农（春雷·王铜）可湿性粉剂 800 倍液、2％武夷霉素 150 倍液、60％防霉宝超微粉 6 500 倍液、75％百菌清可湿性粉剂 600 倍液、50％多硫胶悬剂 700～800 倍液喷雾，每隔 7 天喷 1 次，连续喷 3 次。

三、番茄病毒病

番茄病毒病全国各地都有发生，常见的有花叶病、条斑病和蕨叶病 3 种，以花叶病发生最为普遍。但近几年条纹病的为害日趋严重，植株发病后几乎没有产量。蕨叶病的发病率和为害介于两者之间。自 2000 年以来，番茄黄化曲叶病毒病（简称 TY 病毒病）发病较为严重，应引起高度重视。目前尚没有防治 TY 病毒病的有效药剂，其防治方法主要是选用抗病品种和防治传播媒介——烟粉虱。

（一）症状

1. 花叶病　田间常见的症状有两种：一种是轻花叶，植株不矮化，叶片不变小、不变形，对产量影响不大；另一种为花叶，新叶变小，叶脉变紫，叶细长狭窄，扭曲畸形，顶叶生长停滞，植株矮小，下部多卷叶，大量落花落蕾，果小质劣，呈花脸状，对产量影响较大。

2. 条斑病　植株茎秆上中部初生暗绿色下陷的短条纹，后油浸状深褐色坏死，严重时导致病株萎黄枯死；果面散布不规则形褐色下陷的油浸状坏死斑，病果品质恶劣，不堪食用。叶背叶脉上有时也可见与茎上相似的坏死条斑。

3. 蕨叶病　多发生在植株细嫩部分。叶片十分狭小，叶肉组织退化，甚至不长叶肉，仅存主脉，似蕨类植物叶片，故称蕨叶病；叶背叶脉呈淡紫色，叶肉薄而色淡，有轻微花叶；节间短缩，呈丛枝状。植株下部叶片上卷，病株有不同程度矮缩。

（二）防治方法

采用以农业为主的综合防病措施，提高植株抗病力。另外，番茄病毒病的毒源种类在一年中会出现周期性的变化，春夏季以烟草花叶病毒为主，秋季则以黄瓜花叶病毒为主。生产上防治时应针对毒源采取相应的措施，才能收到较好的效果。

1. 选用抗病品种　可选用中蔬 4 号、5 号、6 号，中杂 4 号，佳红，佳粉

10 号等抗耐病品种。

2. 种子处理 种子在播前先用清水预浸 3～4 小时，再放入 10％磷酸三钠溶液中浸泡 20～30 分钟，洗净催芽。或用高锰酸钾 1 000 倍液浸种 30 分钟。

3. 栽培防病 收获后彻底清除残根落叶，适当施石灰使烟草花叶病毒钝化；实行 2 年轮作；适时播种，适度蹲苗，促进根系发育，提高幼苗抗病力；移苗、整枝、醮花等农事操作时皆应遵循先处理健株，后处理病株的原则。操作前和接触病株后都要用 10％磷酸三钠溶液消毒刀剪等工具，以防接触传染。

晚打杈，早采收。晚打杈促进根系发育，同时可减少接触传染；果实挂红时即应采收，以减缓营养需求矛盾，增强植株耐病性。

增施磷、钾肥，定植时根围施"5406"菌肥，缓苗时喷洒万分之一增产灵，促使植株健壮生长，提高抗病力；坐果期避免缺水、缺肥；自苗期至定植后和第一穗果实膨大期防治蚜虫可减轻蕨叶病的发生。

4. 施用钝化剂及诱导剂 用 10％混合脂肪酸（83 增抗剂）50～100 倍液，在苗期、移栽前 2～3 天和定植后 2 周共 3 次施用，可诱导植株产生对烟草花叶病毒的抗性。在番茄分苗、定植、绑蔓、整枝、打杈时，喷洒 1：（10～20）的黄豆粉或皂角粉水溶液，可防止操作时接触传染。

5. 施用弱毒疫苗以及病毒卫星 番茄花叶病毒的弱毒疫苗 N14 在烟草及番茄上均不表现可见症状，还可刺激生长，促进早熟；黄瓜花叶病毒（CMV）的卫星病毒 S52 可干扰病毒的增殖而起到防病作用。两者可以单独使用，也可混合使用。

方法：用 N14 或 S52 的 50～100 倍液，在移苗时浸根 30 分钟；或于 2 叶 1 心时涂抹叶面；或加入少量金刚砂后，用 2～3 千克/米^2 的压力喷枪喷雾接种。也可混合后使用，混合接种后 10 天左右会表现轻微黄化，之后逐渐恢复正常。

6. 药剂防治 发病初期可用 20％病毒 A（吗胍·乙酸铜）可湿性粉剂 500 倍液、1.5％植病灵（三十烷醇·十二烷基·硫酸铜）乳剂 1 000 倍液、抗毒剂 1 号（菇类蛋白多糖）200～300 倍液、高锰酸钾 1 000 倍液，再配合喷施增产灵（芸苔素内酯）5.4～10 毫克/升及 1％过磷酸钙或 1％硝酸钾作根外追肥，有较好的防效。

四、番茄早疫病

番茄早疫病又叫番茄轮纹病、番茄夏疫病，寄主是番茄、茄子、辣椒、马铃薯等，是为害番茄的主要病害。常引起番茄落叶、落果和断枝，因病可减产 30％以上，尤其在大棚、温室中发病重。全国各地均有发生。

（一）症状

苗期、成株期均可染病，主要侵害叶、茎、花、果。叶片初呈针尖大的小黑点，后发展为不断扩展的轮纹斑，边缘多具浅绿色或黄色晕环，中部现同心轮纹，且轮纹表面生毛刺状不平坦物，别于圆纹病。茎部染病，多在分枝处产生褐色至深褐色不规则圆形或椭圆形病斑，凹或不凹，表面生灰黑色霉状物，即分生孢子梗和分生孢子。叶柄受害，生椭圆形轮纹斑，深褐色或黑色，一般不将茎包住。青果染病，始于花萼附近，初为椭圆形或不定形褐色或黑色斑，凹陷，直径 10～20 毫米，后期果实开裂，病部较硬，密生黑色霉层。

（二）防治方法

1. 农业防治

（1）耐病品种　如茄抗 5 号、毛粉 802、烟粉 1 号等。此外，番茄抗早疫病品系 NCEBR1 和 NCEBR2 可用于抗病亲本，选育抗病品种。

（2）大面积轮作　应与大田作物或非茄科作物实行 3 年以上轮作。

（3）保护地　番茄重点抓生态防治。由于早春定植时昼夜温差大，白天 20～25℃，夜间 12～15℃，相对湿度高达 80％以上，易结露，利于此病的发生和蔓延。应重点调整好棚内温湿度，尤其是定植初期，闷棚时间不宜过长，防止棚内湿度过大、温度过高，减缓该病发生、蔓延。

（4）合理密植　以亩定植 4 000 株为宜，前期产量虽低，但中期产量高，小果少，发病轻。

2. 化学防治

（1）采用粉尘法于发病初期喷撒 5％百菌清粉尘剂，每亩 1 千克，隔 9 天 1 次，连续防治 3～4 次。

（2）发病前开始喷洒 80％代森锰锌可湿性粉剂 600 倍液或 50％扑海因（异菌脲）可湿性粉剂 1 000 倍液、75％百菌清可湿性粉剂 600 倍液，58％甲霜灵锰锌可湿性粉剂 500 倍液，64％杀毒矾（噁霜·锰锌）可湿性剂 500 倍液、40％大富丹（敌菌丹）可湿性粉剂 400 倍液、50％得益（氟吗啉·锰锌）可湿性粉剂 600 倍液。上述保护剂对早疫病防效高低的关键在于用药的早迟。凡掌握在发病前看不见病斑即开始喷药预防的，防效 70％以上；发病后用药虽有一定抑制作用，但不理想。因此，强调在发病前开始防治，压低前期菌源，把病情控制在经济危害指标以下。

（3）番茄茎部发病除喷淋上述杀菌剂外，也可把 50％扑海因（异菌脲）可湿性粉剂配成 180～200 倍液，涂抹病部，必要时还可配成油剂，效果更好，防效可达86.4％。

五、番茄斑枯病

番茄斑枯病又名番茄鱼目斑病、番茄斑点病、番茄白星病，寄主为番茄、茄子、马铃薯，以及茄科蔬菜、杂草。番茄叶部常见病害，各生育期都能发生，结果期间严重发病会造成早期落叶，对产量影响很大。目前该病有继续蔓延的趋势，影响产量和降低品质。全国各地均有发生。

（一）症状

全生长期均可发病，侵害叶片、叶柄、茎、花萼及果实。叶片上开始于叶背生水渍状小圆斑，以后叶正背两面出现许多边缘暗褐色、中央灰白色圆形或近圆形略凹陷的小斑点，斑点表面散生小黑点，继而小斑连成大的枯斑，有时穿孔，严重时中下部叶片干枯，仅剩顶部少量健叶。茎、果上的病斑近圆形或椭圆形，褐色，略凹陷，斑点上散生小黑点。

诊断番茄斑枯病应抓住其主要特点：病斑小，呈鱼眼状，其上散生许多黑色小斑点。其不同于番茄斑点病，斑点病的主要特征是：坏死斑呈灰黄色或黄褐色，上有轮纹或边缘有黄色晕圈，潮湿时生有暗灰色霉层。它也不同于细菌性斑疹病，细菌性斑疹病发病特点是：潮湿冷凉、低温多雨及喷灌后有利于发病，病斑深褐色至黑褐色，有晕圈，叶缘和未成熟果实染病明显。

（二）防治方法

1. 农业防治

（1）使用无病种子。一般种子可用 52℃温水浸种 30 分钟消毒处理。

（2）无病土育苗，育壮苗。

（3）重病地与非茄科蔬菜进行 3 年轮作，并及早彻底清除田间杂草。

（4）高畦覆地膜栽培，密度适宜，加强肥、水管理。合理留果，适时采收。

（5）及时摘除初发病株病叶，深埋或烧毁。收获后清洁田园，深翻土壤。

2. 化学防治　发病初期及时进行药剂防治，可用 10％世高水溶性颗粒剂 1 000～1 500 倍液（每亩用药量 80～150 克）、70％代森锰锌可湿性粉剂 600 倍液（每亩用药量 165 克）、75％百菌清可湿性粉剂 600 倍液（每亩用药量 100 克）、50％多菌灵可湿性粉剂 800～1 000 倍液（每亩用药量 100～125 克）、64％杀毒矾（噁霜·锰锌）可湿性粉剂 1 000 倍液（每亩用药量 100 克），或 47％加瑞农（春雷·王铜）600 倍液，或 50％混杀硫 500 倍液，或 40％灭病威（多硫悬浮剂）500 倍液，或 80％喷克（代森锰锌）500 倍液，或 58％甲霜灵锰锌可湿性粉剂 500 倍液，或 40％多硫悬浮剂 500 倍液。

六、番茄青枯病

番茄青枯病又名番茄细菌性枯萎病，寄主为番茄、辣椒、茄子、马铃薯、烟草、芝麻、花生等，高温多湿季节的重要病害，发病突然，温棚栽培主要为害秋后或秋冬茬栽培番茄。青枯病发病急、蔓延快，发生严重时会造成植株成片死亡，使番茄严重减产，甚至绝收。热带、亚热带地区均有发生。

近年来，随着农业种植业结构的调整，蔬菜种植面积扩大，复种指数连年提高，番茄青枯病的发生与为害呈逐年加重的趋势。据调查，轻病田减产10%，重病田减产50%以上，因此应高度重视，及时防治。

（一）症状

青枯病在番茄苗期就有侵染，但不发生症状。一般在开花期前后开始发病，发病时，多从番茄植株顶端叶片开始表现病状，发病初期叶片色泽变淡，呈萎蔫状，中午前后更为明显，傍晚后即可逐渐恢复，日出后气温升高，病株又开始萎蔫，反复多日后，萎蔫症状加剧，最后整株呈青枯状枯死，茎叶仍保持绿色，叶很少黄化，部分叶片可脱落，下部病茎皮粗糙，常发生不定根。斜剖病茎可见维管束变褐，稍加挤压有白色黏液渗出。在发病植株上取病茎一段，放在室内一个晚上可见菌脓从伤口流出；或放在装有清水的透明玻璃杯中，有菌浓从茎中流出，经过一段时间后可见清水变乳白色浑浊状。

（二）防治方法

1. 农业防治

（1）轮作　番茄与禾本科、十字花科、百合科以及瓜类作物进行 2～3 年以上轮作，与水稻等作物进行水旱轮作效果最为理想。不能与茄子、辣椒、马铃薯、花生以及豆科作物在同一地块上连作。

（2）施用生石灰，调整土壤 pH　每亩大田用 150～200 千克生石灰进行撒施，使土壤呈碱性，恶化病菌生存环境。

（3）加强田间管理　推广高畦种植，开好三沟，排灌方便，多施腐熟有机肥，做到氮、磷、钾配合，提高植株抗病能力。

2. 化学防治

（1）消灭地下害虫及线虫　在地下害虫为害猖獗和番茄根结线虫发生严重的地块，要消灭地下害虫和线虫，减少害虫及线虫对根部的伤害，避免病菌侵染。每亩施 3% 辛硫磷颗粒剂 2 千克于土壤中，即可防治；或在植株移栽后用阿维菌素溶液进行淋蔸。

（2）石灰氮土壤消毒法　石灰氮化学名氰氨化钙，商品名圣泰土壤净化剂、龙宝，俗名黑肥。石灰氮是药肥两用的土壤杀菌剂，石灰氮本身呈碱性，可调节土壤 pH，施入土壤中遇水产生的氰胺、双氰胺是很好的杀菌剂；同时，石灰氮又是缓释氮肥，含氮 20％左右，含钙 42％～50％，施入土壤后，由于钙元素的增加，改善了土壤的团粒结构。石灰氮施入土壤后可有效地杀灭其中真菌性病害、细菌性病害、根结线虫病及其他土中害虫，同时可缓解土壤板结、酸化，效果十分显著。施用方法：7—8 月，在高温条件下，先将大田翻犁并将泥土打碎、起沟，亩用 65 千克左右石灰氮与下茬作物需用的有机肥或 5 000 千克左右铡碎的作物秸秆一起施入沟内，将沟两边耕作层泥土回填盖在沟上并使之成垄，然后用地膜覆盖并封严，最后灌水使土壤湿润，闷 15～20 天、揭膜晾 5～7 天后，可直接栽植下茬作物，不需要再施其他肥料。

（3）药剂灌根

①方法一：每亩用青枯溃疡灵（中生菌素）2 包、敌克松（敌磺钠）5 包、农用链霉素 30 包，多菌灵 2 包、盐 6 包，对水 1 000～1 200 千克进行灌根，每 7～10 天 1 次，连灌 2～3 次，效果较好。

②方法二：77％可杀得（氢氧化铜）微粉粒 600 倍液或抗菌剂"401"（乙蒜素）500 倍液灌蔸、或 1∶1∶200 倍波尔多液灌蔸；或用 72％农用链霉素可溶性粉剂 2 500 倍液和 30％氧氯化铜 800 倍液灌根；或用特效杀菌王 2 000 倍液、敌克松（敌磺钠）400 倍液、青枯散 600 倍液灌根。

第六章 豆类蔬菜栽培技术

第一节 菜豆栽培技术

菜豆，又称四季豆、芸豆、茬豆、春分豆，豆科菜豆属一年生蔬菜，起源于美洲中部和南部，16世纪传入我国，全国各地普遍栽培。菜豆主要以嫩荚为食，其营养价值高、肉质脆嫩、味道鲜美，深受消费者的喜爱。

一、生物学特性

（一）形态特征

根系：主根发达，深达80厘米以上，侧根分布直径60~70厘米，多分布在15~30厘米耕层中，根上生长根瘤，有固氮作用。易老化，再生能力弱。茎：茎较细弱，缠绕生长，分杈力强。叶：初生真叶为单叶，对生；以后为三出复叶，互生。花：总状花序，花梗发生于叶腋或茎的顶端，花梗上有花2~10朵。蝶形花，花色有白、黄、红、紫等多种。果实和种子：果实为荚果，扁条形。嫩荚绿、淡绿、紫红或紫红花斑等，多为绿、淡绿色。成熟时黄白至黄褐色。种子为肾形，种皮颜色有白、红、黄、褐等。种子寿命2~3年。

（二）对环境要求

菜豆为喜温性蔬菜，要求较强的光照，不耐霜冻。生长适温18~20℃。开花结荚最适温度为18~25℃，0℃即受冻害，10℃以下生长不良，超过32℃花粉发芽力减弱，易引起大量落花落荚。花芽分化适温为20~25℃，高于27℃或低于15℃易出现不完全花，9℃以下花芽不能分化。土壤适宜在土层深厚、有机质丰富、疏松透气的壤土或沙壤土，土壤pH的适宜范围5.3~7.6，以pH 6.4最适宜。菜豆生育过程中吸收钾肥和氮肥较多，其次为磷肥和钙肥。微量元素硼和钼对菜豆生育和根瘤菌活动有良好的作用。不宜施含氯肥料。

二、栽培季节

日光温室栽培多采用秋冬茬和冬春茬。秋冬茬8月中旬前后开始播种，寒冬来临时采收，拉秧后定植早春茬果菜。冬春茬在10月下旬育苗，元月至春节前后采收。

三、日光温室早春茬菜豆栽培技术

(一)品种选择

选用熟期适宜、丰产性好、生长势强、优质、综合抗性好的品种，如2504架豆、绿龙菜豆、烟芸3号、双丰1号，泰国架豆王等。

(二)种子处理

选择籽粒饱满、有光泽的新种子，剔去有病斑、虫伤、霉烂、机械混杂或已发芽种子。选晴天中午暴晒种子2～3天，进行日光消毒并促进种子后熟，提高发芽势，使发芽整齐。

(三)培育壮苗

春茬菜豆的适宜苗龄为25～30天，需在温室内育苗。用充分腐熟的大田土作为营养土(土中忌掺农家肥和化肥，否则易烂种)。播种前先将菜豆种子晾晒2天，用福尔马林300倍液浸种4小时用清水冲洗干净。然后将种子播于7厘米×7厘米的营养钵中，每钵播3粒，覆土2厘米，最后盖膜增温保湿。出苗前不通风，白天气温保持18～25℃，夜间在13～15℃；出苗后，日温降至15～20℃，夜温降至10～15℃。第1片真叶展开后应提高温度，日温20～25℃，夜温15～18℃，以促进根、叶生长和花芽分化。定植前4～6天逐渐降温炼苗，日温15～20℃，夜温10℃左右。菜豆幼苗较耐旱，在底水充足的前提下，定植前一般不再浇水。苗期尽可能改善光照条件，防止光照不足引起徒长。幼苗3～4片叶时即可定植。

(四)整地定植

选择土层深厚、排水通气良好的沙壤土地块栽培。定植前结合精细整地施入充分腐熟的有机肥每亩4 000～5 000千克，三元复合肥或磷酸二铵每亩30～40千克做基肥。

定植一般在3月中旬前后，苗龄30天左右，采用高垄地膜覆盖法，垄高20～23厘米，大行距60～70厘米，小行距45～50厘米，穴距28～30厘米，每穴双株，栽4 000～6 000株/亩。

(五)定植后的管理

定植后闭棚升温，日温保持在25～30℃，夜温保持在20～25℃。缓苗后，日温降至20～25℃，夜温保持在15℃。前期注意保温，3月后外界温度升高，注意通风降温。进入开花期，日温保持在22～25℃，有利于坐荚。当棚外最低温度达23℃以上时昼夜通风。

菜豆苗期根瘤固氮能力差，管理上应施肥养蔓，及时搭架引蔓，防止相互缠绕，可在缓苗后追施尿素每亩15千克，以利根系生长和叶面积扩大。开花结荚前，要适当蹲苗控制浇水，一般"浇荚不浇花"，否则易引起落花、落荚。当第 1 花序嫩荚坐住长到半大时，结合浇第 1 次水冲施三元复合肥每亩 10～15 千克，以后每采收 1 次追肥 1 次，浇水后注意通风排湿。

结荚后期及时剪除老蔓和病叶，以改善通风透光条件，促进侧枝再生和潜伏芽开花结荚。

（六）采收

菜豆开花后 10～15 天可达到食用成熟度。采收标准为豆荚由细变粗，荚大而嫩，豆粒略显。结荚盛期，每 2～3 天可采收 1 次。用拧摘法或剪摘法及时采收，采收时要注意保护花序和幼荚、采大留小，采收过迟，容易引起植株早衰。

第二节　豇豆栽培技术

豇豆又名豆角、长豆角、带豆等，原产非洲热带草原地区，是夏秋淡季的主要蔬菜之一。

一、生物学特性

（一）主要形态特征

1. 根　为深根性蔬菜，主根入土可达 80～100 厘米，侧根不发达，根群较其他豆类小，吸收根群主要分布在 15～18 厘米耕作层内。

2. 茎　茎有蔓生、半蔓生和矮生 3 种，蔓生种的分枝能力较强。

3. 花　主蔓在早熟种 3～5 节、晚熟种 7～9 节、侧蔓 1～2 节抽生花序。总状花序，每花序着生 2～4 对花，花瓣呈黄色或淡紫色。自花授粉。

4. 果实及种子　果实为细长荚果，近圆筒形，为主要食用部分。

（二）生长发育周期

豇豆的生长发育过程与菜豆基本相似。生育期的长短因品种、栽培地区和季节不同差异较大，一般蔓生品种 120～150 天，矮生品种 90～100 天。

（三）对环境条件的要求

1. 温度　耐热，不耐霜冻。种子发芽适温为 25～30℃，种子出土后幼苗生长适温 30～35℃，抽蔓后生长发育适温 20～25℃，高于 35℃仍正常开花结荚。10℃以下的低温，生长受抑制，5℃以下低温植株受害。

2. 光照　喜光性强，但也耐阴。短日照蔬菜，但大部分品种对日照要求不严。

3. 水分　耐土壤干旱的能力比耐空气干旱的能力强。降水过多、积水和干旱均会引起落花、落荚，干旱还会引起品质下降、植株早衰、产量降低。

4. 土壤营养　对土壤的适应性广，稍能耐碱，但最适宜疏松、排水良好、pH 6.2～7 的土壤。根瘤菌不如其他豆类发达，需一定的氮肥。

二、栽培季节与茬口安排

豇豆主要作露地栽培，设施栽培极少。华北和东北多数地区一年栽培一茬，4 月中下旬至 6 月中下旬播种，7～10 月采收。华南地区常在生长期内分期播种，以延长供应期，如广州等地从 2～8 月均可播种，5～11 月陆续采收，供应期长达半年以上。

豇豆忌连作，应实行 2 年以上轮作。

三、栽培技术

1. 整地播种　结合整地，每亩施入充分腐熟的有机肥 4 米^3 左右。然后做成宽 1.3 米的低畦或 65～75 厘米的垄畦。

2. 播种　春季宜在地温 10～12℃时播种。直播一般行距 60～75 厘米，株距 25～30 厘米，每穴播 3～4 粒。播种深度约 3 厘米。每亩用种 3～4 千克。

3. 育苗与定植　豇豆育苗移栽可提早采收，增加产量。为保护根系，用直径约 8 厘米的纸筒或营养钵育苗，每钵播 3～4 粒，播后覆塑料小拱棚，出土后至移植前保持温度 20～25℃，床内保持湿润而不过湿。苗龄 15～20 天，长有 2～3 片真叶时定植。行距 60～80 厘米，株距 25～30 厘米，每穴 2～3 株，夏秋可留 3～4 株。矮生种可比蔓生种较密些。

4. 搭架摘心　当植株生长有 5～6 片叶时搭人字形架引蔓上架。第一花序以下的侧枝彻底去除。生长中后期，对中上部侧枝留 2～3 片叶摘心。主蔓 2 米以后及时摘心打顶，以使结荚集中，促进下部侧花芽形成。

摘心、引蔓宜在晴天中午或下午进行，便于伤口愈合和避免折断。

5. 肥水管理　开花结荚前控制肥水，防徒长。当第一花序开花坐果，其后几节花序显现时，浇足头水。中下部豆荚伸长，中上部花序出现后，浇二水。以后保持地面湿润。

追肥结合浇水进行，隔一水一肥。7 月中下旬出现伏歇现象时适当增加肥水，促侧枝萌发，形成侧花芽，并使原花序上的副花芽开花结荚。

6. 采收　开花后 15～20 天，豆荚饱满，种子刚显露时采收。第一个荚果宜早采。采收时，按住豆荚基部轻轻向左右转动，然后摘下，避免碰伤其他花序。

第三节　豆类蔬菜病虫害及防治技术

一、豆科蔬菜锈病

豆科蔬菜锈病是豆科蔬菜的重要病害之一，在我国各地均有发生，对产量影响较大。

（一）症状

主要为害叶片（正反两面），也可为害豆荚、茎、叶柄等部位。最初叶片上出现黄绿色小斑点，后发病部位变为棕褐色、直径1毫米左右的粉状小点，为锈菌的夏孢子堆。其外围常有黄晕，夏孢子堆1至数个不等。

发病后期或寄主衰老时长出黑褐色的粉状小点，为锈菌的冬孢子堆。有时可见叶片的正面及荚上产生黄色小粒点，为病菌的性孢子器；叶背或荚周围形成黄白色的绒状物，为病菌的锈孢子器。但一般不常发生。

（二）防治方法

1. 选育抗病品种　品种抗病性差别大，在菜豆蔓生种中细花种比较抗病，而大花、中花品种则易感病。可选择适合当地栽培的品种。

2. 加强管理　及时清除病残体并销毁，采用配方施肥技术，适当密植。

3. 药剂防治　发病初期及时喷药防治。药剂有：15％粉锈宁可湿性粉剂1 000～1 500倍液、50％萎锈灵可湿性粉剂1 000倍液、25％（丙环唑）乳油3 000倍液、12.5％速保利（烯唑醇）可湿性粉剂4 000～5 000倍液、80％代森锌可湿性粉剂500倍液、70％代森锰锌可湿性粉剂1 000倍液＋15％粉锈宁可湿性粉剂2 000倍液等均有效。15天喷药1次，共喷药1～2次即可。

二、菜豆炭疽病

（一）症状

菜豆整个生育期皆可发生炭疽病，且对叶片、茎、荚果及种子皆可为害。幼苗染病，多在子叶上出现红褐色至黑褐色圆形或半圆形病斑，呈溃疡状凹陷；或在幼苗茎部出现锈色条状病斑，稍凹陷或龟裂，绕茎扩展后幼苗易折腰倒伏，终致枯死。成株叶片病斑近圆形，如病斑在叶脉处，沿叶脉扩展时成多角形条斑，初红褐色，后转黑褐色，终呈灰褐色至灰白色枯斑，病斑易破裂或穿孔。叶柄和茎上病斑暗褐色短条状至长圆形，中部凹陷或龟裂。豆荚染病，初呈褐色小点，后扩大呈近圆形斑。稍凹陷，边缘隆起并出现红褐色晕圈，病斑向荚内纵深扩展，致种子染病。呈现暗褐色不定形斑。潮湿时上述各病部表面出现朱红色黏质小点病征（病菌分孢盘和分生孢子）。

（二）防治方法

（1）因地制宜地选育和运用抗病高产良种。

（2）选用无病种子，播前种子消毒　①可用种子重量0.3％的50％多菌灵可湿粉、40％（粉锈宁）多菌灵可湿粉、50％福美双可湿粉拌种，或用种子重量0.2％的50％四氯苯醌可湿粉拌种；②药液浸种。用福尔马林200倍液浸种30分钟，水洗后催芽播种；或40％多硫悬浮剂600倍液浸种30分钟。

（3）抓好以肥水为中心的栽培防病措施　①整治排灌系统，低湿地要高畦深沟，降低地下水位，适度浇水，防大水漫灌，雨后做好清沟排渍；②施足底肥，增施磷钾肥，适时喷施叶面肥，避免偏施氮肥。注意田间卫生，温棚注意通风，排湿降温。

（4）及早喷药防治　于抽蔓或开花结荚初期发病前喷药预防，最迟于见病时喷药控制病害，以保果为重点。可选喷70％托布津＋75％百菌清（1∶1）1 000～1 500倍液，或30％氧氯化铜＋65％代森锰锌（1∶1，即混即喷）800～1 000倍液，或80％炭疽福美（福·福锌）可湿粉500倍液，或农抗120（嘧啶核苷类抗菌药）水剂200倍液，或50％施保功（咪鲜胺氧化锰）可湿粉1 000倍液，隔7～15天1次，连喷2～3次或更多，前密后疏，交替喷施，喷匀喷足。温棚可使用45％百菌清烟剂［300克/（亩·次）］。

三、菜豆枯萎病

（一）症状

一般花期开始发病，病害由茎基部迅速向上发展，引起茎一侧或全茎变为暗褐色，凹陷，茎维管束变色。病叶叶脉变褐，叶肉发黄，继而全叶干枯或脱落。病株根变色，侧根少。植株结荚显著减少，豆荚背部及腹缝合线变黄褐色，全株渐枯死。急性发病时，病害由茎基向上急剧发展，引起整株青枯。

（二）防治方法

（1）选用抗病品种

（2）种子消毒　用种子重量0.5％的50％多菌灵可湿性粉剂拌种。

（3）实行轮作　与白菜类、葱蒜类实行3～4年轮作，不与豇豆等连作。

（4）高垄栽培，注意排水

（5）药剂防治　发病初期开始药剂灌根，选用的药剂有：96％"天达恶霉灵"粉剂3 000倍液＋"天达-2116"1 000倍液、75％百菌清（达科宁）可湿性粉剂600倍液，50％施保功（咪鲜胺·锰）可湿性粉剂500倍液、43％好力克（戊唑醇）悬浮剂3 000倍液、70％甲基托布津可湿性粉剂500倍液、20％甲基立枯磷乳油200倍液，60％百泰（吡唑醚菌酯·代森联）水分散粒剂1 500倍液，10％苯醚甲环唑水分散粒剂1 500倍液，50％多菌灵可湿性粉剂

500 倍液、10%双效灵（混合络氨铜）水剂 250 倍液等，每株灌 250 毫升，每 10 天 1 次，连续灌根 2～3 次。

（6）清洁田园，销毁病残体 及时清理病残株，带出田外，集中烧毁或深埋。

四、菜豆细菌性疫病

又名菜豆叶烧病、菜豆火烧病。寄主菜豆、豇豆、扁豆、小豆、绿豆等多种植物。菜豆常见病。发生普遍，为害较重，轻者可减产 10%左右，重者减产幅度可达到 20%以上。全国各地均有发生。

（一）症状

主要为害幼苗、叶片、茎蔓、豆荚和种子。

幼苗：发病子叶红褐色溃疡状，叶柄基部出现水浸状病斑，发展后为红褐色，绕茎一周后幼苗即折断、干枯。

叶片：多从叶尖或叶缘开始，初呈暗绿色油渍状小斑点，后扩大为不规则形，病部干枯变褐，半透明，周围有黄色晕圈。病部常溢出淡黄色菌脓，干后呈白色或黄白色菌膜。重者叶上病斑很多，常引起全叶枯凋，但暂不脱落，经风吹雨打后，病叶碎裂。高温高湿环境下，部分病叶迅速萎凋变黑。

茎蔓：茎蔓受害，茎上病斑呈红褐色溃疡状条斑，中央稍凹陷，当病斑围茎蔓一周时，其上部茎叶萎蔫枯死。

豆荚：豆荚上的病斑呈圆形或不规则形，红褐色，后为褐色，病斑中央稍凹陷。常有淡黄色菌脓，病重时全荚皱缩。

种子：种子发病时表面上出现黄色或黑色凹陷小斑点，种脐部常有淡黄色菌脓溢出。

（二）防治方法

1. 农业防治

（1）与非豆科蔬菜实行 2～3 年轮作。

（2）选用抗病品种，蔓生种较矮生种抗病。从无病田留种。

（3）及时除草，合理施肥和浇水。拉秧后应清除病残体，集中深埋或烧毁。

2. 物理防治 播种前种子用 45℃恒温水浸种 10 分钟。

3. 药剂防治

（1）播种前种子用高锰酸钾 1 000 倍液浸种 10～15 分钟，或用硫酸链霉素 500 倍液浸种 24 小时。

（2）开沟播种时，用高锰酸钾 1 000 倍溶液浇到沟中，待药液渗下后再播种。

（3）发病初期喷 14％络氨铜水剂 300 倍液，或 77％氢氧化铜可湿性粉剂 500 倍液，或 50％琥胶肥酸铜可湿性粉剂 500 倍液，或 72％农用硫酸链霉素可溶粉剂 3 000～4 000 倍液，或新植霉素 4 000 倍液。每隔 7～10 天喷 1 次，连续 2～3 次。

五、豇豆煤霉病

豇豆煤霉病又称为叶霉病，各地均有发生，是豇豆的常见病和重要病害，染病后叶片干枯脱落，对产量影响较大。除豇豆外，还可为害菜豆、蚕豆、豌豆和大豆等豆科作物。

（一）症状

主要为害叶片。在叶两面出现直径 1～2 厘米多角形的褐色病斑，病、健交界不明显，病斑表面密生灰黑色霉层；尤以叶背最多。严重时，病斑相互连片，引起叶片早落，仅留顶端嫩叶。

（二）防治方法

采取加强栽培管理为主、药剂防治为辅的防治措施。

（1）加强栽培管理　收获后清除病残体，实行轮作，施足腐熟有机肥，配方施肥；合理密植，保护地要及时通风，以增强田间通风透光性，防止湿度过大。发病初期及时摘除病叶，减轻后期发病。

（2）药剂防治　发病初期喷施 25％多菌灵可湿性粉剂 400 倍液、70％甲基托布津可湿性粉剂 800 倍液，77％可杀得（氢氧化铜）微粒粉剂 500 倍液，40％多硫悬浮剂 800 倍液、50％混杀硫悬浮剂 500 倍液或 14％络氨铜水剂 300 倍液，隔 10 天 1 次，连续用药 2～3 次。

第七章 白菜、甘蓝类蔬菜栽培技术

第一节 大白菜栽培技术

大白菜即结球白菜，又叫黄芽白。叶球柔嫩多汁，是全国产销量最大的蔬菜之一。据有关资料介绍，我国共有大白菜品种 1 247 个。在长江以北地区，大白菜的种植面积占秋播蔬菜面积的 30%～50%，供应期长达 5～6 个月。近年来南方各地也普遍栽培大白菜，而且除传统的秋播之外，城市蔬菜基地还在逐年发展反季节的春播、夏播大白菜，使原来基本没有大白菜供应的 5—9 月也有时鲜的大白菜应市，并取得了较高的经济效益和社会效益。

大白菜营养丰富，据分析，每 100 克白菜可食部分含碳水化合物 3 克、蛋白质 1.4 克、脂肪 0.1 克、无机盐 0.7 克、钙 33 毫克、磷 42 毫克、铁 0.4 毫克、维生素 C 24 毫克、维生素 A 0.1 毫克。大白菜的品质柔嫩，可煮食、炒食、生食，还可腌制酸菜。

一、生物学特征

大白菜是十字花科芸薹属芸薹种，能形成叶球的亚种为一二年生蔬菜。大白菜的根系发达，胚根形成肥大的肉质直根，长达 0.7 米，侧根分枝很多，主要分布在地表。营养生长期茎短缩，主要同化器官的莲座叶有 15～24 片，叶片宽大皱褶，有的品种叶片着生较直立，有的较开张。产品器官叶球，由 30～60 片球叶向内抱合而成。叶为白色或白绿色，叶球有卵圆形、平头形、直筒形 3 种类型。大白菜的花为无限生长的总状花序，花序长度因品种而异，花整齐，为完全花。花萼 4 枚，花瓣 4 枚，交叉对生成十字形，金黄色。雄蕊6 枚，内轮 4 枚长，外轮 2 枚短，称四强雄蕊，雌蕊 1 枚。子房上位，两心室。花柱短，柱头为头状。花内具有蜜腺，为虫媒花。品种之间以及大白菜与小白菜、大白菜和菜薹之间易杂交。果为长角果，圆筒形，有两个心室，中间有一层隔膜，种子着生在两侧。由花谢到种子成熟约 40 天。果荚过熟则自裂，每荚含种子 30 粒左右。种子圆形而微扁，红褐色或灰褐色，千粒重 2～3 克。一般种子寿命为 4～5 年，生产上多用 1～2 年内的种子。

二、对环境条件的要求

大白菜喜温和、冷凉的气候，耐轻霜，怕热。幼苗期对温度适应范围较广，生长前期适温 20℃ 左右。形成产品器官的结球期适温白天为 15～22℃，夜间为 5～12℃，25℃ 以上不利结球。32℃ 以上大白菜的呼吸强度超过光合强度。大白菜由于叶大而薄，蒸腾量大，而根系又较浅，因此对水分条件要求高，要保持土壤湿润。但水分过多会引起烂根，地面潮湿易诱发软腐病和霜霉病。大白菜对土壤养分要求高，尤其对氮肥要求高。进入结球期后钾的吸收量急剧增加。生产 1 000 千克大白菜，需要吸收氮（N）1.5～2.3 千克、磷（P_2O_5）0.7～0.9 千克、钾（K_2O）2～3.5 千克。

大白菜从萌动的种子开始，即可感应 0～10℃ 的低温，经过 10～30 天通过春化阶段。以后在 12～14 小时的长日照及较高温度（15～20℃）条件下抽薹开花。原产高寒地区的品种，通过阶段发育所要求的低温、长日照条件较严格，而原产南方的耐热早熟品种则相反，很容易通过阶段发育而抽薹开花。春大白菜要避免过早通过阶段发育，而发生先期抽薹。

三、栽培技术

（一）栽培方式与季节

传统栽培方式是露地栽培，秋播冬收。一般采用不同熟性的品种，7 月下旬至 9 月中旬播种，9 月下旬至翌年 1 月采收。反季节生产，可安排春、夏、秋或秋延后播种。

1. 春大白菜

（1）露地栽培 一种方式是露地直播，多在 3 月下旬播种，过早易发生先期抽薹，5 月下旬至 6 月中旬收获。另一种方式是保护地育苗，露地定植，2 月下旬至 3 月上旬在大棚或小棚内育苗，最好采用穴盘育苗。注意多重覆盖保温，3 月下旬至 4 月初定植，5 月中旬前后始收。

（2）保护地栽培 利用地膜和小拱棚覆盖，提前在 3 月上旬直播，由于保护设施白天的增温有"脱春化"作用，因而可防止抽薹，5 月中旬前可开始采收。4 月可分期、分批播种，排开上市，和夏天的菜衔接。

2. 夏大白菜

（1）露地直播 华北地区 5—7 月均可播种，播后 50～60 天采收。

（2）遮阳防雨棚栽培 利用夏季空闲大棚顶部覆盖薄膜，再加盖遮阳网，以防雨、遮阳、降温。在最炎热的 6—7 月播种大白菜，仍能正常生长和结球，生产效果比露地好。

（3）山地栽培 利用山地夏季气候较凉爽的有利条件，安排在平原露地较难栽培大白菜的炎热夏季 6—7 月直播，8—9 月采收．可达到平原地遮阳网覆盖栽培的效果。

3. 秋或秋延后大白菜 秋播的大白菜多半为直播，秋延后的有直播也有育苗移栽的，前期露地生长，到了 11 月中旬后中小棚覆盖防寒，春节前后采收，效益较好。即 10 月上旬直播或 9 月下旬育苗，10 月中旬移栽，翌年 1 月下旬至 2 月中旬收获。

（二）选地和整地

大白菜连作容易发病，所以要进行轮作，特别提倡粮菜轮作，水旱轮作。在常年菜地上栽培则应避免与十字花科蔬菜连作，可选择前茬是早豆角、早辣椒、早黄瓜、早番茄的地栽培。种大白菜的地要深耕 20～27 厘米，晒地 10～15 天，然后把土块敲碎整平，做成 1.3～1.7 米的宽畦或 0.8 米的窄畦、高畦。做畦时要深开畦沟、腰沟、围沟 27 厘米以上，做到沟沟相通。

（三）重施基肥，以有机肥为主

前作收获后，深翻土壤晒地。要求重施基肥，并将氮、磷、钾搭配好。在 7 月上旬，按每亩施 2 000 千克猪粪、75 千克左右菜枯、40～50 千克钙镁磷混合拌匀，加 1 500～2 000 千克人粪尿，并用适量的水浇湿，堆积发酵，外面再盖上一层塑料薄膜，让它充分腐熟，作畦时开沟施入。与此同时，每亩还要施上 10～15 千克复合肥。

（四）播种

大白菜一般采用直播，也可育苗移栽。直播以条播为主，点播为辅。在前茬地暂空不出来时，为了不影响栽培季节，也可采用育苗移栽。不管采用哪种方式，土壤一定要整细、整平，直播每亩用种量 200 克左右。育苗移栽者，每栽 1 亩大田需苗床 15～20 米^2，多用撒播的方法，用种量 75～100 克。播后每亩施用 1 500～2 000 千克腐熟人粪尿，并结合进行地面覆盖。此后每天早晚各浇水 1 次，保持土壤湿润，3～4 天即可出苗。大白菜的行株距要根据品种的不同来确定，一般早熟品种为（33～50）厘米×33 厘米，每亩留苗 3 500 株以上；中熟品种为（53～60）厘米×（46～53）厘米，每亩留苗 2 100～2 300株；晚熟品种为 67 厘米×50 厘米，每亩留苗 2 000 株以下。育苗移栽时，最好选择阴天或晴天傍晚进行。为了提高成活率，最好采用小苗带土移栽，栽后浇上定植水。

（五）田间管理

（1）间苗 长有 2～3 片真叶时，进行第 1 次间苗；5～6 片叶时，间第 2 次苗；7～8 片叶就可定苗。按不同品种和施肥水平选定不同的行株距，每穴留 1 株壮苗，间苗时可结合除草。

（2）追肥 大白菜定植成活后，就可开始追肥。每隔 3～4 天追 1 次 15% 的腐熟人粪尿，每亩用量 200～250 千克。看天气和土壤干湿情况，将人粪尿兑水施用。大白菜进入莲座期应增加追肥浓度，通常每隔 5～7 天追 1 次 30%

的腐熟人粪尿，每亩用量 750～1 000 千克，以及菜枯或麻枯 75～100 千克。开始包心后，重施追肥并增施钾肥是增产的必要措施，每亩可施 50％的腐熟人粪尿 1 500～2 000 千克，并开沟追施草木灰 100 千克，或硫酸钾 10～15 千克，这次施肥菜农将其叫做灌心肥。植株封行后一般不再追肥，如果基肥不足，可在行间酌情施尿素。

（3）中耕培土　为了便于追肥，前期要中耕、松土，除草 2～3 次。特别是久雨转晴之后，应及时中耕晾地，促进根系的生长。莲座中期结合沟施饼肥培土作垄，垄高 10～13 厘米。培垄的目的主要是便于施肥浇水，减轻病害。培垄后粪肥往垄沟里灌，不能沾污叶片。同时，水往沟里灌，不浸湿蔸（根）部。保持沟内空气流通，使株间空气湿度减少，这样可以减少软腐病的发生。

（4）灌溉　大白菜苗期应轻浇勤浇保湿润，莲座期间断性浇灌，见干见湿，适当炼苗。结球时对水分要求较高，土壤干燥时可采用沟灌。灌水时应在傍晚或夜间地温降低后进行，要缓慢灌入，切忌满畦。水渗入土壤后，应及时排出余水。做到沟内不积水。一般来说，从莲座期结束后至结球中期，保持土壤湿润是争取大白菜丰产的关键之一。

（5）束叶和覆盖　大白菜包心结球是生长发育的必然规律，不需要束叶。但晚熟品种如遇严寒，为了促进结球良好，延迟采收供应，小雪后把外叶扶起来，用稻草绑好，并在上面盖上一层稻草或农用薄膜，能保护心叶免受冻害，还具有软化作用。早熟品种不需要束叶和覆盖。

第二节　结球甘蓝栽培技术

甘蓝怕涝，要求排水良好，宜采用窄高畦栽培，一般畦宽 1.2 米，沟宽 0.3 米，畦高 0.25 米。甘蓝"三要素"的吸收量以钾最多，氮次之，磷最少。每亩施腐熟有机肥 1 500～2 000 千克作基肥，在作畦时施入。春甘蓝定植时宜在畦面每亩铺施有机肥 2 000～2 500 千克，既能发挥肥效，又能保护根系，防寒保苗。

一、播种育苗

甘蓝前期生长缓慢，根系再生能力强，适宜育苗移栽。春甘蓝和夏甘蓝在秋冬季和春季播种，气候温和，适宜生长，育苗比较容易。而秋甘蓝和冬甘蓝的播种期正值盛暑，且多台风暴雨，育苗须注意以下三点：一是选通风凉爽、接近水源、排水良好、前作非十字花科蔬菜、疏松肥沃、病虫源少的地块作苗床；二是应用遮阳网等覆盖材料搭设凉棚，起遮阴避雨作用，但要注意勤揭勤盖，阴天不盖，前期盖，后期不盖；三是假植，利用假植技术既能节约苗床面积，又便于管理，并能促进侧根发生，选优去劣，使秋苗齐壮。一般在幼苗具2～3片真叶时假植，苗间距6～10厘米。

二、定植

当甘蓝具有6～7片真叶时应及时定植，适宜苗龄为40天左右，气温高则苗龄短，气温低则苗龄长。定植时要尽可能带土。定植密度视品种、栽培季节和施肥水平而定，一般早熟品种每亩种4 000株，中熟品种3 000株，晚熟品种2 000株。

三、肥水管理

甘蓝的叶球是营养储藏器官，也是产品器官，要获得硕大的叶球，首先要有强盛的外叶，因此必须及时供给肥水促进外叶生长和叶球的形成。定植后及时浇水，随水施少量速效氮，可加速缓苗。为使莲座叶壮而不旺，促进球叶分化和形成，要进行中耕松土，提高土温，促使蹲苗。从开始结球到收获是甘蓝养分吸收强度最大的时期，此时保证充足的肥水供应是长好叶球的物质基础。追肥数量根据不同品种、计划产量和基肥而定。早熟品种结球期短，前期增重快，因此，在蹲苗结束、结球初期要及时分2次追肥，每次每亩施10千克尿素。注意从结球开始要增施钾肥。甘蓝喜水又怕涝，缓苗期应保持土壤湿润，叶球形成期需要大量水分，应及时供给，雨后和沟灌后及时排除沟内积水，防止浸泡时间过长，发生沤根损失。

四、采收

一般在叶球达到紧实时即可采收。早秋和春季蔬菜淡季时，叶球适当紧实也可采收上市。叶球成熟后遇天气暖和、雨水充足时仍能继续生长，如不及时采收，叶球会发生破裂，影响产量和品质。采用铲断根系的方法可以有效地防止裂球，延长采收供应期。

第三节　花椰菜栽培技术

花椰菜又名菜花、西兰花，是甘蓝种中以花球为产品的一个变种，原产地中海沿岸。

一、生物学特性

（一）主要形态特征

1. 根　主根基部粗大，根系发达，主要根群分布在30厘米耕作层内。

2. 茎　营养生长阶段为短缩茎，营养阶段发育完成后抽生花茎。

3. 叶　叶片狭长，披针形或长卵形，营养生长期具有叶柄，并具裂叶，叶面无毛，表面有蜡粉。

4. 花　复总状花序，完全花，异花授粉。

5. 果实和种子　长角果，每角果含种子10余粒。种子圆球形，紫褐色，千粒重2.5～4.0克。

（二）生长发育周期

花椰菜的生长发育周期与结球甘蓝相似，只是在莲座期结束后进入花球生长期。

（三）对环境条件的要求

1. 温度　喜冷凉，耐热、耐寒能力都不及结球甘蓝。种子发芽适温为20～25℃，营养生长适温8～24℃，以15～20℃最好。花球形成适温15～18℃，超过24℃时花球松散，抽生花薹，但一些早熟耐热品种25℃时仍可正常形成花球。低于8℃时，花球生长缓慢，遇0℃以下低温花球易受冻害。

花椰菜在5～25℃范围内均能通过春化阶段，在10～17℃时大幼苗通过最快。

2. 光照　花椰菜属于长日照植物，但对日照长短要求不如结球甘蓝严格，通过春化后，不分日照长短均能形成花球。

3. 湿度　喜湿润环境，不耐干旱，也不耐涝。

4. 土壤营养　适于土质疏松、耕作层深厚的肥沃土壤，最适土壤pH 6.0～7.0。喜肥耐肥。对硼、镁等元素有特殊要求，缺硼常引起花茎中空或开裂；缺镁时下部叶变黄。

二、栽培季节与茬口安排

露地栽培季节主要是春、秋两季。南方亚热带区，一般在7—11月依品种熟性不同排开播种，10月至翌年4月收获。长江、黄河流域，春茬10—12月播种，翌年3—6月收获；秋茬6—8月播种，10—12月收获。华北地区，春作2月上中旬播种，5月中下旬收获；秋茬6月下旬至7月上旬播种，10—11月收获。北方寒冷地区，春茬2—3月播种，6—7月收获；夏茬4月播种，8月收获；秋茬6月播种，9—10月收获。

三、栽培技术

（一）秋花椰菜栽培技术

1. 品种选择　可选择白峰、雪山、荷兰雪球等品种。

2. 育苗　花椰菜种子价格较高，一般用种量较小，育苗中要求管理精细。

在夏季和秋初育苗时，天气炎热，有时有阵雨，苗床应设置荫棚或用遮阳网遮阴挡雨。苗床土要求肥沃，床面力求平整。适当稀播。一般每 10 米^2 播种量 50 克，可得秧苗 1 万株以上。当幼苗出土浇水后，覆细潮土 1～2 次。播种后 20 天左右，幼苗 3～4 片真叶时，按大小进行分级分苗，苗间距为 8 厘米×10 厘米。定植前在苗畦上划土块取苗，带土移栽。

有条件的地区也可采用穴盘育苗，采用 108 孔穴盘，点播方式育苗。幼苗长到 3～4 片真叶时进行分苗。以后管理同苗床育苗。

3. 施肥、做畦　做畦一般采用低畦或垄畦栽培，多雨及地下水位高的地区应采用深沟高畦栽培。

一般每亩施厩肥 3～5 米^3、过磷酸钙 15～20 千克、草木灰 50 千克。施肥后深翻地，使肥土混合均匀。

4. 定植　一般早熟品种在幼苗 5～6 片真叶、苗龄 30 天左右时定植；中、晚熟品种在幼苗 7～8 片真叶、苗龄 40～50 天时定植。

定植密度：小型品种 40 厘米×40 厘米，大型品种 60 厘米×60 厘米，中熟品种介于两者之间。

5. 田间管理

（1）肥水管理　在叶簇生长期选用速效性肥料分期施用，花球开始形成时加大施肥量，并增施磷、钾肥。追肥结合浇水进行，结球期要肥水并重，花球膨大期 2～3 天浇水 1 次。缺硼时可叶面喷 0.2% 硼酸液。

（2）中耕除草、培土　生长前期进行 2～3 次中耕，结合中耕对植株的根部适量培土，防止倒伏。

（3）保护花球　花椰菜的花球在日光直射下，易变淡黄色，并可能在花球中长出小叶，降低品质。因此，在花球形成初期应把接近花球的大叶主脉折断，覆盖花球，覆盖叶萎蔫发黄后要及时换叶覆盖。

有霜冻地区应进行束叶保护，注意束扎不能过紧，以免影响花球生长。

6. 收获　适宜采收标准：花球充分长大，表面圆正，边缘尚未散开。如采收过早，影响产量；采收过迟，花球表面凹凸不平，颜色变黄，品质变劣。为了便于运输，采收时每个花球最好带有 3～4 片叶子。

（二）西兰花（绿菜花）栽培技术

西兰花是花椰菜的一个变种，又称绿菜花、青花菜、茎椰菜、意大利芥蓝、木立花椰菜等。

1. 品种选择　露地栽培宜选用早熟耐热品种、设施栽培宜选择耐寒性强中晚熟品种。

2. 整地、施肥　一般每亩施优质有机肥 5 米^3、过磷酸钙 30～40 千克、草木灰 50 千克。铺施基肥后深耕细耙，做成 1.3～1.5 米宽的低畦。

3. 定植 在幼苗长到 5～6 片真叶时定植。一般每畦栽 2 行，株距 30～40 厘米，定植密度每亩 2 500 株左右。早熟品种可适当密植，每亩 3 000 株左右。

4. 肥水管理 绿菜花需水量大，在花球形成期要及时浇水，保持土壤湿润。多雨地区或季节要及时排水，防止积水沤根。

5. 采收 在植株顶端的花球充分膨大、花蕾尚未开放时采收为宜。采收过晚易造成散球和开花。采收时，将花球下部带花茎 10 厘米左右一起割下。

顶花球采收后，植株的腋芽萌发，并迅速长出侧枝，于侧枝顶端又形成花球，即侧花球。当侧花球长到一定大小、花蕾尚未开放时，可再进行采收。一般可连续采收 2～3 次。

第四节　白菜类蔬菜病虫害及防治技术

一、白菜黑腐病

白菜黑腐病又名半边瘫，以夏秋季高温多雨季节发病重。病株率为 20%左右，轻度影响生产；病重地块发病率可达 100%，明显影响产量和质量。全国各地均有发生。为害作物有甘蓝、花椰菜、茎蓝、大白菜、萝卜、油菜等，储藏期继续为害，为大白菜生产中的主要病害之一。

（一）症状

幼苗出土前受害不能出土，或出土后枯死。成株期发病，叶部病斑多从叶缘向内发展，形成 V 字形的黄褐色枯斑，病斑周围淡黄色；病菌从气孔侵入，则在叶片上形成不定形淡黄褐色病斑，有时病斑沿叶脉向下发展成网状黄脉，叶中肋呈淡褐色，病部干腐，叶片向一边歪扭，半边叶片或植株发黄，部分外叶干枯、脱落，严重时植株倒瘫，湿度大时病部产生黄褐色菌溢或油浸状湿腐，干后似透明薄纸。茎基腐烂，植株萎蔫，纵切可见髓中空。种株发病，叶片脱落，花薹髓部暗褐色，最后枯死，叶部病斑 V 字形。黑腐病病株无臭味，有霉菜干味，可区别于软腐病。

（二）防治方法

1. 农业防治

（1）选用抗病的青帮、直筒形品种。

（2）实行 2～3 年轮作，与非十字花科作物隔年轮作，邻作也忌十字花科作物，最好是水旱轮作。

（3）适时播种，适期蹲苗。夏季大白菜播期可适当提前，秋冬大白菜播期可适当延后，以避开高温和多雨季节。深翻土地，减少病源。施足有机肥，增施磷、钾肥，施用充分腐熟的圈肥。

（4）尽量选温室或大棚育苗，选土壤肥沃、疏松透气、光照好、前茬种豆或葱蒜的菜园土为好。

2. 物理防治　播种前用 50℃ 温水浸泡 30 分钟进行种子消毒。

3. 药剂防治

（1）用 0.1％ 代森铵液浸种 15 分钟，或者 45 ％ 代森铵水剂 300 倍液浸种 15～20 分钟，洗净晾干后播种。或用农抗 751 杀菌剂 100 倍液 15 毫升浸拌 200 克种子，阴干后播种。或每千克种子用漂白粉 10～20 克加少量水，将种子拌匀，后放入容器内封存 16 小时，均可有效杀死种子上的病原。

（2）用种子重量 0.4％ 的 50％ 琥胶肥酸铜可湿性粉剂拌种，或用干种重量 0.3％ 的 50％ 福美双可湿性粉剂或 75％ 百菌清可湿性粉剂拌种。一旦发病及时喷 75％ 百菌清可湿性粉剂 600 倍液，或 72％ 农用硫酸链霉素可溶性粉剂连喷 3～4 次。对铜剂敏感的品种需慎用琥胶肥酸铜拌种。

二、白菜白斑病

可以为害白菜类蔬菜、萝卜、芥菜、芜菁等，发病率为 20％～40％，重病地块或重病年份病株率可以达到 80％～100％。

（一）症状

主要为害叶片。发病初期叶片上散生灰褐色细小斑点，后渐扩大呈圆形病斑，病斑中部渐变为灰白色，边缘有淡黄绿色晕圈。潮湿时病斑背面生一层淡淡的灰霉，后期病斑呈白色半透明薄纸状，易破裂穿孔。严重时许多病斑连成一片，引起叶片干枯死亡。

（二）防治方法

1. 农业防治

（1）选用抗病品种。

（2）与非十字花科蔬菜隔年轮作。

（3）清沟沥水；适期播种，增施有机肥；收获后及时清除田间病残体。

2. 物理防治　温汤浸种。可用 50℃ 温水浸种 20 分钟，需不断加热水，保持水温不变，并不断搅拌，使种子受热均匀后，移入冷水中冷却，晾干播种。

3. 药剂防治

（1）**药剂拌种**　用种子重量 0.3％ 的 25％ 甲霜灵可湿性粉剂，或用种子重量 0.4％ 的 75％ 百菌清可湿粉剂或 70％ 代森锰锌可湿性粉剂拌种。

（2）**喷药防治**　发病初期喷 80％ 代森锰锌可湿性粉剂 600 倍液，或 70％ 代森锰锌可湿性粉剂 400 倍液，或 50％ 多福可湿性粉剂 600～800 倍液，或 25％ 多菌灵可湿性粉剂 400～500 倍液，或 40％ 多硫悬浮剂 800 倍液，或 50％ 多·霉威可湿性粉剂 800 倍液，或 65％ 乙霉威可湿性粉剂 1 000 倍液，或 75％ 百菌清可湿性粉剂 600 倍液，或 50％ 苯菌灵可湿性粉剂 1 500 倍液，或 50％ 腐霉利可湿性粉剂 1 000 倍液，或 50％异菌脲可湿性粉剂 1 000 倍液，或 50％乙烯菌核利可湿性粉剂 1 000 倍液，或 5％福·异菌（利得）可湿性粉剂 800 倍液，或 80％代森锰锌可湿性粉剂 500 倍液，或 50％福美双可湿性粉剂 500 倍液，或 65％杀毒矾（噁霜·锰锌）可湿性粉剂 500 倍液。每隔 15 天喷 1 次，连续 2～3 次。

三、菜粉蝶

菜粉蝶俗称"菜青虫"，各地普遍发生且为害严重，主要为害十字花科蔬菜。属于鳞翅目粉蝶科。

（一）症状

以幼虫为害叶片，成虫不为害。幼龄幼虫只啃食叶片一面表皮及叶肉，残留另一面表皮，呈透明斑状，俗称"开天窗"。3 龄以后可将叶片吃成空洞和缺刻。如果虫量多、为害严重时可将叶片吃光，仅留叶脉和叶柄。幼虫排在菜叶上的虫粪能污染叶片及菜心。幼虫造成的伤口还易诱发软腐病。

（二）防治方法

（1）物理防治　及时清除田间枯枝落叶，消灭一部分幼虫和蛹。

（2）生物防治　可采用细菌杀虫剂、Bt 乳剂或青虫菌 6 号 500～600 倍液，喷雾防治。另外，还要保护、利用寄生蜂，在寄生蜂盛发期间，尽量减少使用化学农药，也可在 11 月中下旬释放蝶蛹金小蜂，提高当年的寄生率，控制翌年早春菜青虫发生。

（3）化学防治　发生量较大时及时施药防治，可用阿维菌素等药剂喷布。

第八章 绿叶菜类蔬菜栽培技术

第一节 芹菜栽培技术

芹菜，别名旱芹、药芹，伞形科二年生蔬菜，原产于地中海沿岸的沼泽地带。芹菜在我国南北方都有广泛栽培，在叶菜类中占重要地位。芹菜含有丰富的矿物盐类、维生素和挥发性的特殊物质，叶和根可提炼香料。

一、形态特征

1. 根 浅根系，主要根群密集于 10～20 厘米土层内，横向伸展直径为 30 厘米，吸收面积小，不耐旱和涝。

2. 茎 营养生长期为短缩茎，生殖生长期抽生为花茎。

3. 叶 叶片着生于短缩茎的基部，为奇数二回羽状复叶。叶柄长而肥大，为主要食用部分，颜色因品种而异，有浅绿、黄绿、绿色和白色。叶柄上有由维管束构成的纵棱，其间充满着薄壁细胞，在维管束附近的薄壁细胞中分布油腺，分泌具有特殊气味的挥发油。维管束的外层是厚角组织，其发达程度与品种和栽培条件密切相关。若厚角组织过于发达，则纤维增多，品质降低。

4. 花、果实及种子 复伞形花序，花小，白色，异花传粉。双悬果，果实圆球形，棕褐色，含挥发油，外皮革质，种子千粒重约 0.4 克。

二、对环境条件的要求

芹菜为半耐寒蔬菜，喜冷凉、温和的气候。种子发芽适温：15～20℃；叶的生长适温：白天 20～25℃，夜间 10～18℃，地温 13～23℃。幼苗可耐 −5～−4℃的低温和30℃的高温，成株可耐 −10～−1℃的低温。生殖生长适温为 15～20℃。芹菜属绿体春化型，具有 3～4 片真叶的幼苗，在 2～5℃的低温下经过 10～15 天可完成春化。

芹菜属低温长日照作物，在长日照条件下抽薹、开花、结实。幼苗期光照宜充足，生长后期光照宜柔和，以提高产量和品质。种子发芽需弱光，在黑暗条件下发芽不良。

芹菜对土壤湿度和空气湿度要求均较高。土壤干旱、空气干燥时，叶柄中的机械组织发达，纤维增多，薄壁细胞破裂使叶柄空心，品质下降。

芹菜宜在富含有机质、保水肥能力强的壤土或黏壤土中栽培，对土壤酸碱度适应范围为 pH 6.0～7.6。全生长期以施氮肥为主。幼苗期宜增施磷肥，促发根壮秧并加速第一叶节伸长，为叶柄生长奠定基础；后期宜增施钾肥以使叶柄充实粗壮，并限制叶柄无节制地伸长。缺硼时叶柄会产生褐色裂纹；缺钙时易发生干烧心病。每生产 1 000 千克芹菜需要氮 0.4 千克、磷 0.14 千克、钾 0.6 千克。

芹菜分本芹和洋芹两类，洋芹为芹菜的一个变种，从国外引入。洋芹与本芹比较，叶柄较宽，厚而扁，纤维少，纵棱突出，多实心，味较淡，产量高。

三、栽培技术

(一)茬口安排

芹菜最适宜于春、秋两季栽培，而以秋栽为主。因幼苗对不良环境有一定的适应能力，故播种期不严格，只要能避过先期抽薹，并将生长盛期安排在冷凉季节就能获得优质丰产。江南从 2 月下旬至 10 月上旬均可播种，周年供应。北方采用保护地与露地多茬口配合，亦能周年供应（表 2-28）。

表 2-28　芹菜周年茬口安排

栽培方式	播期（月/旬）	定植（月/旬）	收供（月/旬）	备注
大棚秋茬	6/下	8/下	11/上～12	10月下旬盖棚膜
日光温室秋冬茬	7/中～8/上	9/中～10/上	翌年1～2	露地育苗
露地春茬	1/中～2/上	3/下午4/上	5/下/6/上	设施育苗
露地夏茬	4/下午～5/中	6/下～7/中	8/中～9/中	6月下旬盖遮阳网
露地秋茬	6/上中	8/上中	10/中～11/上	遮阳网育苗

(二)日光温室秋冬茬芹菜栽培技术

1. 育苗

（1）播种　宜选用实心品种。定植 1 亩需 200 克种子、50 米^2 左右的育苗床。苗床宜选择地势高燥、排灌便利的地块，做成 1.0～1.5 米宽的低畦。种子用 5 毫克/升的赤霉素或 1 000 毫克/ 升的硫脲浸种 12 小时后掺沙撒播。播前把苗床浇透底水，播后覆土厚度不超过 0.5 厘米，搭花荫或搭遮阳棚降温，亦可与小白菜混播。播后苗前用 25% 除草醚可湿性粉剂 750～1 000 克/亩对水 60～100 千克喷洒。

（2）苗期管理　出苗前保持畦面湿润，幼苗顶土时浅浇一次水，齐苗后每隔 2～3 天浇一小水，宜早晚浇。小苗长有 1～2 片叶时覆一次细土并逐渐撤除遮阴物。幼苗长有 2～3 片叶时间苗，苗距 2 厘米左右，然后浇一次水。幼苗长有 3～4 片叶时结合浇水追施少量尿素（5 千克/亩），苗高 10 厘米时再随水追一次氮肥。苗期要及时除草。当幼苗长有 4～5 片叶、株高 13～15 厘米时定植。

2. 定植 土壤翻耕、耙平后先做成 1 米宽的低畦，再按畦施入充分腐熟的粪肥 3 000～5 000 千克/亩，深翻 20 厘米，粪土掺匀后耙平畦面。定植前一天将苗床浇透水，并将大小苗分区定植，随起苗随栽随浇水，深度以不埋没菜心为度。定植密度，洋芹 24～28 厘米，本芹 10 厘米。

3. 定植后管理

（1）肥水管理 缓苗期间宜保持地面湿润，缓苗后中耕蹲苗促发新根，7～10 天后浇水追肥（粪稀 1 000 千克/亩），此后保持地面经常湿润。20 天后随水追第二次肥（尿素 30 千克/亩），并随着外界气温的降低适当延长浇水间隔时间，保持地面见干见湿，防止湿度过大感病。

（2）温度、湿度调控 芹菜敞棚定植，当外界最低气温降至 10℃ 以下时应及时上好棚膜。扣棚初期宜保持昼夜大通风；降早霜时夜间要放下底角膜；当温室内最低温度降至 10℃ 时，夜间关闭放风口。白天当温室内温度升至 25℃ 时开始放风，午后室温降至 15～18℃ 时关闭风口。当温室内最低温度降至 7～8℃ 时，夜间覆盖草苫防寒保温。

4. 采收 一般进行掰收。当叶柄高度达到 67 厘米以上时陆续掰叶。掰叶前一天浇水，收后 3～4 天内不浇水，见心叶开始生长时再浇水追肥。春节前后可一次将整株收完，为早春果菜类腾地。

（三）露地秋茬芹菜栽培技术

露地秋茬芹菜育苗技术和定植方法、密度与日光温室秋冬茬芹菜的相似。前茬宜选择春黄瓜、豆角或茄果类，选择排灌便利的地块栽培芹菜。播种前对种子进行低温处理，可促进种子发芽。

露地秋茬芹菜定植后缓苗期间宜小水勤浇，保持地表湿润，促发根缓苗。缓苗后结合浇水追一次肥（尿素 10～15 千克/亩），然后连续进行浅中耕，促叶柄增粗，蹲苗 10 天左右。此后一直到秋分前每隔 2～3 天浇一次水，若天气炎热则每天小水勤浇。秋分后株高 25 厘米左右时，结合浇水追第二次肥（尿素 20～25 千克/亩）。株高 30～40 厘米以上时，随水追第三次肥并加大浇水量，地面勿见干。霜降后，气温明显降低，应适当减少浇水，否则影响叶柄增粗。准备储藏的芹菜应在收获前一周停止浇水。

培土软化芹菜，一般在苗高约 30 厘米时进行，注意不要使植株受伤，不让土粒落入心叶之间，以免引起腐烂。培土一般在秋凉后进行，早栽的培土 1～2 次，晚栽的 3～4 次，每次培土高度以不埋没心叶为度。

准备冬储后上市的芹菜应在不受冻的前提下尽量延迟收获，芹菜株高 60～80 厘米，即可陆续采收。

第二节　菠菜栽培技术

菠菜又称波斯草、赤根菜、红根菜，是黎科菠菜属绿叶蔬菜，以绿叶为主要产品器官。原产伊朗，目前世界各国普遍栽培。在我国分布很广，是南北各地普遍栽培的秋、冬、春季的主要蔬菜之一。

一、形态特征

菠菜主根发达，较粗大，侧根不发达，主要根群分布在 25～30 厘米耕层内。抽薹前叶着生在短缩的盘状茎上。叶戟形或卵形，色浓绿，质软，叶柄较长，花茎上叶小。叶腋着生单性花，少有两性花，雌雄异株，风媒花。菠菜植株的性型表现一般有 4 种：

（1）绝对雄株　植株较矮小，花茎上叶片不发达或呈鳞片状。复总状花序，只生雄花，抽薹早，花期短。

（2）营养雄株　植株较高大，基生叶较多而大，雄花簇生于花茎叶腋，花茎顶部叶片较发达。抽薹较晚，花期较长。

（3）雌性植株　植株高大，茎生叶较肥大，雌花簇生于花茎叶腋，抽薹较雄株晚。

（4）雌雄同株　植株上有雄花和雌花。种子圆形，外有革质的果皮，水分和空气不易透入，发芽较慢。

二、对环境条件的要求

菠菜是绿叶菜类耐寒力最强的一种，成株在冬季最低气温为 −10℃ 左右的地区都可以露地越冬。菠菜种子发芽最适温度为 15～20℃，叶面积的增长以日平均气温 20～25℃ 增长最快；在干热条件下，叶片窄薄瘦小，质地粗糙有涩味，品质较差。

菠菜是长日照蔬菜。温度和光照对菠菜的孕蕾、抽薹、开花有交互作用。花器的发育、抽薹和开花随温度的升高和日照加长而加速。要提高菠菜的个体产量，应当在播后的叶片生长期保持 20℃ 左右的温度，日照逐渐缩短，使叶原基分生快，花芽分化慢，争取较多的叶数。

菠菜在生长过程中需要大量水分。在空气相对湿度 80%～90%，土壤湿度 70%～80% 的条件下，菠菜生长旺盛，叶肉厚，品质好，产量高；生长期间缺水，生长速度减缓，叶组织老化，纤维增多，品质差。

菠菜适宜 pH 5.5～7.0、保水保肥力强的肥沃土壤，施用氮、磷、钾完全的肥料，不仅可以提高产量，增进品质，而且可以延长供应期。

三、栽培技术

(一) 茬口安排

菠菜在日照较短和冷凉的环境条件有利于叶簇的生长，而不利于抽薹开花。菠菜栽培的主要茬口类型有：早春播种，春末收获，称春菠菜；夏播秋收，称秋菠菜；秋播翌春收获，称越冬菠菜；春末播种，遮阳网、防雨棚栽培，夏季收获，称夏菠菜：大多数地区菠菜的栽培以秋播为主。

(二) 土壤的准备

播种前整地深 25～30 厘米，施基肥，做畦宽 1.3～2.6 米，也有播种后即施用充分腐熟粪肥，可保持土壤湿润和促进种子发芽。

(三) 种子处理和播种

菠菜种子是胞果，其果皮的内层是木栓化的厚壁组织，通气和透水困难。为此，在早秋或夏播前，常先进行种子处理，将种子用凉水浸泡约 12 小时，放在 4℃ 条件下处理 24 小时，然后在 20～25℃ 条件下催芽，或将浸种后的种子放入冰箱冷藏室中，或吊在水井的水面上催芽，出芽后播种。菠菜多采用直播法，以撒播为主，也有条播和穴播的。在 9—10 月播种，气温逐渐降低，可不进行浸种催芽，每亩播种量为 3～5 千克。在高温条件下栽培或进行多次采收的，可适当增加播种量。

(四) 施肥

菠菜发芽期和初期生长缓慢，应及时除草。秋菠菜前期气温高，追肥可结合灌溉进行，可用 20% 左右腐熟粪肥追肥；后期气温下降浓度可增加至 40% 左右。越冬的菠菜应在春暖前施足肥料，在冬季日照减弱时应控制无机肥的用量，以免叶片积累过多的硝酸盐。分次采收的，应在采收后追肥。

(五) 采收

秋播菠菜播种后 30 天左右，株高 20～25 厘米可以采收。以后每隔 20 天左右采收 1 次，共采收 2～3 次，春播菠菜常 1 次采收完毕。

第三节 莴苣栽培技术

莴苣包括茎用莴苣和叶用莴苣。茎用莴苣是以其肥大的肉质嫩茎为食用部位。嫩茎细长有节似笋，因此俗称莴笋或莴苣笋。莴笋去皮后，笋肉水多质嫩，风味鲜美，深受人民的喜爱。叶用莴苣又名生菜，以生食叶片为主，又分为散叶生菜和结球生菜。叶用生菜含大量的维生素和铁质，具有一定的医疗价值。叶用莴苣在西餐中作为色拉冷盘食用，栽培和食用非常广泛，有些国家将黄瓜、番茄和莴苣称之为保护地三大蔬菜。

一、形态特征

中国有叶用莴苣和茎用莴苣两种，叶用莴苣在我国广大农村作为自给性生产普遍栽培，以叶的颜色分为紫叶、浅绿色叶和深绿色叶；以叶形分有皱叶和平滑叶两种。品种有散叶莴苣和结球莴苣两种，特别是近年来由国外引进结球莴苣，品质脆嫩，结球较紧，抽薹较晚，抗寒性较强，产量高，品质好，栽培面积逐年扩大。

茎用莴苣即莴笋，有圆叶和尖叶两种类型，圆叶种莴笋的茎短粗，叶淡绿，质脆嫩，早熟，耐寒。尖叶的有紫叶和绿叶两种，生长期长，产量较高，晚熟，叶面略皱，节间较稀，抗寒性稍差。

当前栽培的散叶莴苣品种有广东生菜等；结球莴苣的品种有爽脆（Crispy）、大湖 118（Great lakes 118）、大湖 659-700（Great lakes 659-700）及玛莎 659（mesa 659）等。

圆叶莴笋的品种包括北京鲫瓜笋、上海中圆叶、上海大圆叶、济南白莴笋、陕西圆莴笋、四川挂丝红等；尖叶莴笋的品种有济南柳叶笋、北京紫莴笋、成都尖叶子、武汉红叶、上海尖叶、南京白皮香及陕西尖叶等。

二、露地莴苣栽培技术

（一）莴笋栽培技术

1. 春莴笋

（1）播种期　在一些露地可以越冬的地区常实行秋播。植株在 6～7 片真叶时越冬。春播时，各地播种时间比早甘蓝稍晚些。一般均进行育苗。

（2）育苗　播种量按定植面积播种 67 克/亩左右，苗床面积与定植面积之比约为 1∶20。出苗后应及时分苗，保持苗距 4～5 厘米。苗期适当控制浇水，使叶片肥厚、平展，防止徒长。

（3）定植　春季定植，一般在终霜前 10 天左右进行。秋季定植，可在土壤封冻前 1 个月进行。定植时植株带 6～7 厘米长的主根，以利缓苗。定植株行距为 30～40 厘米。

（4）田间管理　秋播越冬栽培者，定植后应控制水分，以促进植株发根，结合中耕进行蹲苗。土地封冻以前用马粪或圈粪盖在植株周围保护茎，以防受冻，也可结合中耕培土围根。返青以后要少浇水多中耕，植株"团棵"时应施一次速效性氮肥。长出两个叶环时，应浇水并施速效性氮肥与钾肥。

（5）收获　莴笋主茎顶端与最高叶片的叶尖相平时（"平口"）为收获适期，这时茎部已充分肥大，品质脆嫩，如收获太晚，花茎伸长，纤维增多，肉质变硬甚至中空。

2. 秋莴笋 秋莴笋的播种育苗期正处高温季节，昼夜温差小，夜温高，呼吸作用强，容易徒长，同时播种后的高温长日照使莴笋迅速花芽分化而抽蔓，所以能否培育出壮苗及防止未熟抽蔓是秋莴笋栽培成败的关键。

选择耐热不易抽蔓的品种，适当晚播，避开高温长日期间。培育壮苗，控制植株徒长。定植时植株日历苗龄在 25 天左右，最长不应超过 30 天，4～5 片真叶大小。注意肥水管理，防止茎部开始膨大后的生长过速，引起茎的品质下降。为防止莴笋的未熟抽蔓，可在莴笋封行，基部开始肥大时，用 500～1 000 毫克/千克的 MH（青鲜素）或 600～1 000 毫克/千克的 CCC（矮壮素）喷叶面 2～3 次，可有效地抑制蔓的抽长，增加茎重。

（二）结球莴苣栽培技术

结球莴苣耐寒和耐热能力都较弱，主要安排在春、秋两季栽培。春茬在 2—4 月，播种育苗。秋季在 8 月育苗。3 片真叶时进行分苗，间距 6 厘米×6 厘米。5～6 片叶时定植，株行距各 25～30 厘米。栽植时不易过深，以避免田间发生叶片腐烂。缓苗后浇 1～2 次水，并结合中耕。进入结球期后，结合浇水，追施硫酸铵 13～20 千克/亩。结球前期要及时浇水，后期应适当控水，防止发生软腐和裂球。

春季栽培时，结球莴苣花薹伸长迅速，收获太迟会发生抽薹，使品质下降。结球莴苣质地嫩，易碰伤和发生腐烂，采收时要轻拿轻放。

三、保护地莴苣栽培技术

根据栽培地的特点、保护地的类型及栽培季节创造温度条件，合理地安排育苗和定植期是非常重要的。如以大棚栽培来说，东北部地区，应在 3 月中下旬定植，4 月中下旬收获；东北中南部，3 月上旬定植，4 月上中旬采收。

（一）叶用莴苣的保护地栽培

1. 莴苣育苗技术

（1）种子处理 播种可用干籽，也可以浸种催芽。用干籽播种时，播种前用相当于种子重量 0.3% 的 75% 百菌清粉剂拌种，拌后立即播种，切记不可隔夜。浸种催芽时，先用 20℃ 左右清水浸泡 3～4 小时，搓洗捞出后控干水，装入纱布袋或盆中，置于 20℃ 处催芽，每天用清水淘洗一次，同样控干继续催芽，2～3 天可出齐。夏季催芽时，外界气温过高，要置于冷凉地方或置于恒温箱里催芽，温度掌握在 15～20℃。

（2）播种 选肥沃沙壤土地，播前 7～10 天整地，施足底肥。1 亩栽培田需要苗床 6～10 米^2，用种 30～50 克。每 10 米^2 苗床施过筛粪肥 10 千克、硫酸铵 0.3 千克、过磷酸钙 0.5 千克和氯化钾 0.2 千克，也可用磷酸二铵或氮磷钾复合肥折算用量代替。整平作畦，播前浇足水，水渗后，将种子混沙均匀撒播。覆土 0.3～0.5 厘米，高温时期育苗时，苗床也需遮阳防雨。

（3）播后及苗期管理　播后保持 20～25℃，畦面湿润，3～5 天可出齐苗。出苗后白天 18～20℃，夜间在 1～8℃。幼苗在两叶一心时，及时间苗或分苗。间苗苗距 3～5 厘米；分苗在 5 厘米×5 厘米的塑料营养钵中。间苗或分苗后，可用磷酸二氢钾喷或随水浇一次。苗期喷 1～2 次 75％百菌清或甲基托布津防病。苗龄在 25～35 天长有 4～5 片真叶时定植。

2. 定植后田间管理　定植后一般分 2～3 次追肥。定植后 7～10 天结合浇水追肥，一般追速效肥。早熟种在定植后 15 天左右，中晚熟种在定植后 20～30 天，进行一次重追肥，用硝铵 10～15 千克/亩 。以后视情况再追一次速效氮肥。

结球莴苣根系浅，中耕不宜深，应在莲座期前中耕 1～2 次，莲座期后基本不再中耕。

3. 采收　结球莴苣成熟期不一致，要分期采收，一般在定植后 35～40 天即可采收。采收时叶球宜松紧适中，成熟差的叶球松，影响产量；而收获过晚，叶球过紧容易爆裂和腐烂。收割时，自地面割下，剥除地面老叶，若长途运输或储藏时要留几片外叶来保护主球及减少水分散失。

（二）茎用莴苣（莴笋）的保护地栽培

莴笋育苗和定植可参照结球莴苣的方式进行。定植缓苗后要先蹲苗后促苗。一般是在缓苗后及时浇一次透水，接着连续中耕 2～3 次，再浇一次小水，然后再中耕，直到莴苣的茎开始膨大时结束蹲苗。

在缓苗后结合缓苗水追肥一次，当嫩茎进入旺盛生长期再追肥一次，每次追施硝酸铵 10～15 千克。

在嫩茎膨大期可用 500～1 000 毫克/升青鲜素进行叶面喷洒一次，在一定程度上能抑制莴笋抽薹。

莴笋成熟时心叶与外叶最高叶一齐，株顶部平展，俗称"平口"。此时嫩茎已长足，品质最好，应及时收获。生长整齐 2～3 次即可收完，用刀贴地割下，顶端留下 4～5 片叶，其他叶片去掉，根部削净上市。

第四节　绿叶菜类蔬菜病虫害及防治技术

一、霜霉病

（一）症状

主要为害叶片。病斑初呈淡绿色小点，边缘不明显，扩大后呈现不规则形，大小不一，直径 3～17 毫米，叶背病斑上产生灰白色霉层，后变灰紫色。

病斑从植株下部向上扩展，干旱时病叶枯黄，湿度大时多腐烂，严重的整株叶片变黄枯死，有的菜株呈现萎缩状，多为冬前侵染所致。

（二）防治方法

田内发现冬前侵染的萎缩株后，要及时拔除；合理密植；发病初期交替喷洒甲霜灵锰锌、杀毒矾、普力克等。

二、芹菜叶斑病

（一）症状

主要为害叶片。叶上初呈黄绿色水渍状斑，后发展为圆形或不规则形，大小4～10毫米，病斑呈灰褐色，边缘色稍深不明晰，严重时病斑汇合成斑块，终致叶片枯死。茎或叶柄上病斑呈椭圆形，3～7毫米，灰褐色，稍凹陷。发病严重的全株倒伏。高湿时，上述各病部均长出灰白色霉层，即病菌分生孢子梗和分生孢子。

（二）防治方法

选用耐病品种；种子消毒；合理密植；发病初期交替喷洒多菌灵、甲基托布津、可杀得等，保护地内可选用5％百菌清粉尘剂或百菌清烟剂进行防治。

三、芹菜软腐病

（一）症状

主要发生于叶柄基部或茎上。先出现水渍状、淡褐色纺锤形或不规则形凹陷斑，后呈湿腐状，变黑发臭，仅残留表皮。

（二）防治方法

避免伤根，培土不宜过高，以免把叶柄埋入土中，雨后及时排水；发现病株及时挖除并撒入生石灰消毒；发病初期交替喷洒农用硫酸链霉素、新植霉素、络氨铜水剂、琥胶肥酸铜、CT杀菌剂等。

四、小白菜、菜薹花叶病

（一）症状

在新长出的嫩叶上产生明脉，后出现斑驳，病叶多畸形，植株矮缩，结荚少，种子不实粒多，发芽率低。

（二）防治方法

选育抗病品种；定植时注意剔除病苗、弱苗；合理施肥，促进白菜生长；及时防治传毒蚜虫，药剂防治同白菜类。

第三篇

畜禽养殖篇

第一节　畜禽养殖场场区设计

一、场址选择

1. 地形地势要求　养殖场选址应根据当地的常年主导风向、风频等主要气象条件，尽可能建在居民区的下风下水位置，尽量减少养殖场生产带来的恶臭、粪污等对环境的污染。养殖场应选在地势较高、干燥平坦、排水良好、背风向阳、空气流通，交通便利，供电方便的地方。

2. 水源要求　在畜牧生产中，畜禽饮用、饲料配制、畜舍及设施的清洗消毒，畜体清洁以及小气候环境改善等都需要大量的水，因此必须保证地下水源充足，水质达标。对水源考察时，一般来讲，需要了解场址周围地面水系分布情况与汛情，地下水位及水质情况，水源附近有无大的污染源等。

3. 交通要求　在满足卫生防疫要求，与主要干道保持安全距离的前提下，养殖场选址应保持交通方便顺畅，利于饲料原料和产品销售的运输，最好距离饲料生产基地和放牧地较近。为了防止养殖场受周围环境污染，选址时应避开居民点的污水排放口，场址不能选在化工厂、屠宰场、制革厂、造纸厂附近或其下风向处。养殖场应距离国道 500 米；距离省道 300 米；距离一般道路 100 米；距离居民区 500 米以上。

4. 卫生防疫要求　不同的养殖场，尤其是具有人畜共患传染病的养殖场，各场之间应保持足够的安全距离。场区周围可以利用树林作为绿色隔离带，既能美化环境，同时又能起到阻断疫病传播途径的天然屏障的作用。

二、场区设计

养殖场场区布局应本着因地制宜、科学饲养、环保高效的原则，合理布局，统筹安排，综合考虑场区周围环境，有效利用场地的地形、地势、地貌，并为今后的进一步发展留有空间。场区建筑物的布局既要做到整齐紧凑，也要兼顾防疫要求、安全生产和消防安全，同时提高土地利用率。根据生产要求，养殖场场区一般要划分为生产管理区、生产区、粪污处理区、病畜隔离区等功能区域。各功能区域的建设应符合如下要求：

1. 生产管理区　应建设在场区上风处和地势较高地段，并与生产区保持 10 米以上距离，以保证生活区良好的卫生环境，外来人员只能在管理区内活动。

2. 生产区　要设立在下风向位置，要能控制场外人员车辆，使之不能进入生产区。各畜舍间要保持适当距离，前后两栋畜舍距离应不小于 8 米为宜。生产区净道与污道要分开，一般设立人员车辆门、活畜运输门、粪污清理门

3个大门，以利于防疫。大门口要开挖消毒池，深度长度以使进出车辆车轮外沿充分浸没在消毒液中为宜，一般为3.8米×3米×0.1米，同时设立消毒通道，包括地面消毒池、紫外线消毒灯，门口处设立洗手池、脚踏消毒池、淋浴室，更衣换鞋室等。

3. 粪污处理区与病畜隔离区　应设在生产区下风向，地势较低处，并与生产区有200米的卫生隔离。焚尸炉或尸坑距离畜舍300米以上，防止污水、粪尿等废弃物外溢。

4. 搞好场区绿化　绿化的主要地段包括生活区、道路两侧、隔离带等。场区绿化对卫生防疫、美化环境有着不可忽视的作用。

第二节　奶牛高效生产管理技术

一、良种奶牛的选择

奶牛品种及个体的优劣决定其一生的产奶量。我国大多数奶牛场饲养的奶牛为荷斯坦黑白花奶牛，这一品种优于其他奶牛品种，产奶量高，生产性能稳定，是农户的首选品种。具体要注意以下几点：

1. 选择标准　要求奶牛体格健壮，结构匀称，皮薄而富有弹性，体躯长宽深，背腰平直，尻部长平宽，胸部发育良好，腹大而不下垂，身躯从上面、侧面、后面3个位置观察呈"倒△"，四肢结实、端正。乳房大，呈方圆形，向前后延伸，侧着前线超过腰角前缘的垂线，底部呈水平状，底线略高于飞节，乳腺发育充分，乳头大小适中，乳静脉粗大而多弯曲，乳井大而深。

2. 年龄选择　奶牛年龄不同，产奶量有很大差异。在产第1胎时（一般在2.5岁左右），随着胎次及年龄的增加，产奶量也逐渐增加，到4～7胎（即6～9岁）时，产乳量达到最高峰，10岁后开始下降。因此，准备养奶牛的农户应选购3～5岁以内的青壮年奶牛。应从大型正规的奶牛场购买奶牛。

二、加强对奶牛产奶期的饲养管理

奶牛产奶有一定规律，一般产奶从产犊后15～20天开始迅速增加，到2个月左右（高产牛到3个月左右）达到产奶高峰，4个月后便显著下降，7个月后快速下降，到10个月末基本停止。了解这一规律，便于科学合理地饲养，以发挥奶牛最大的产奶潜力。在母牛干奶期的最后2周到泌乳达到最高峰，这一时期多采用"引导饲养法"饲养。其原则是在不违背科学饲养的前提下，少喂粗料，多给精料，供给充足的饮水，粗料自由采食。高峰过后按产奶量供给精料，如1头日产奶18千克，体重600千克奶牛口粮为：干草3千克，青贮玉米秸25千克，玉米4千克，麸皮2千克，豆饼0.6千克，棉饼1.0千克，鱼粉 0.58 千克，贝壳粉 60 克，食盐 50 克，磷酸三钙 20 克，整个产乳期之内饲料要相对稳定，日喂 3 次，做到青中有干，干中有青，青干搭配。饲喂有序进行，可按下述模式先添干草、第 1 次青贮料→第 1 次精料→第 2 次青贮料→第 1 次粥料→第 3 次青贮料→第 2 次精料→最后用粥料搜剩草。饮水在饲喂中进行。由此来保证产奶曲线高而平稳地缓慢下降。

三、掌握正确的乳房按摩与挤奶方法

1. 擦洗乳房　在挤乳前进行，能加速乳房的血液循环，加快乳汁地分泌。用 45～50℃温水将毛巾沾湿，先洗乳头及乳孔，再洗乳房底部中沟、左乳区、右乳区及乳房后部，然后拧干毛巾，自上而下地擦干整个乳房。

2. 按摩乳房　每次挤乳时充分按摩乳房，能使乳腺泡中的乳全部进入乳孔而被挤尽。试验表明，按摩乳房比不按摩乳房的奶牛可增乳 13%。每次按摩 1 分钟左右，表现为乳房膨胀，乳静脉怒张，有排乳象征时即可挤奶。当挤乳员觉得乳池中的乳汁已挤净时，可模仿犊牛撞击乳房的姿势，用手向上撞击数下，以刺激排乳反射，促进下次泌乳的到来。

3. 挤乳方法　挤乳人员应蹲坐在牛体右侧后 1/3 处，用拇指和食指紧握乳头基部，然后再用其余各指顺次压挤乳头，左右手有节奏地一紧一松连续进行。挤乳用力要均匀，动作要熟练，挤乳速度要求 80～120 次/分钟，先挤后 2 个乳头，挤到一定程度，再挤前 2 个乳头，然后再挤后，再挤前，直至挤净。每天可安排挤奶 3 次，每次间隔 5 小时左右。奶牛养殖户最好进驻奶牛养殖小区饲养，因为奶牛养殖小区都配置挤奶站，挤奶不仅省时省力，而且可大大减少牛奶受污染的机会。

四、做好干乳牛的养管工作

1. 干乳时间　一般在产乳 10 个月末进行，干乳期以 45～60 天为宜。

2. 干乳方法　减少挤奶次数法是由每天 3 次挤奶改为 1 天 2 次，再改为 1 天挤 1 次，隔天挤 1 次，最后停止挤乳，一般 4～7 天即可干乳；快速干乳法是在最后 1 次挤乳时，把乳挤干净，每个乳头内注入 10 毫升干乳软膏（预防乳房炎药品），使乳汁快速吸收，并能防止乳房炎发生。

3. 配合干乳的其他措施　从干乳前 5 天起，停止按摩乳房，控制饮水到最低给水量，减少或停止多汁饲料、精饲料的供给。加强运动，增加到日行 6 小时以上。

4. 干乳期的饲养　干乳后 3～4 天注意观察牛的消化情况及乳房状态，如无异常，可在几天内把饲料过渡到正常标准给量，但加精料、多汁料不宜过快，要逐渐进行。干乳期供给的干物质一般相当于奶牛体重的 1.5%～2.0%，

以干物质为基础，粗精料之比为 8：2 或 7：3，同时注意补充钙磷及无机盐。

五、抓好平时的管理工作

1. 合理有序的工作日程 目的是让牛建立良好的产乳条件反射，促进产乳。饲喂要做到定时定量定序，先粗后精，少喂勤添。挤乳人员固定，挤乳次数固定，挤乳顺序固定。工作日程可按刷拭牛体、上料、按摩乳房、挤乳、牵至运动场、打扫卫生等有序进行。

2. 严格对水、料的管理 夏季注意保持水质清洁，冬饮 12～16℃温水。冬季饲料供给要比正常营养标准增加 20%，以增加牛抗寒能力，不喂霉料、泥料、冰渣料及农药污染料。

3. 做好牛舍的防寒防暑 牛适宜的外界温度是 8～16℃。当温度从25.9℃上升到 28.6℃时，标准产乳下降 25.4%，因此夏季要给牛舍安装电扇，给牛淋浴，打开门窗，加快空气流通等。冬季温度对牛影响虽小些，但舍温要保持在 4℃以上。

六、抓好奶牛卫生

牛奶是直接饮用或用于深加工的食品。因此，必须确保牛奶的干净卫生，严禁混进污物或掺杂使假。每次挤奶前和售奶后都要清洗奶桶和挤奶器。奶牛的后躯要刷洗干净，乳房更应擦洗干净，挤出的头 3 把奶应弃之不要，因为头 3 把奶中含有较多的细菌，会污染其他奶液，影响奶的质量和贮存时间。挤完奶后要盖好桶盖，尽快出售和送往收奶站。某些药物会进入奶牛的乳汁中，影响牛奶的品质。因此，奶牛患乳房炎或其他疾病时，不得使用国家规定的禁用药物，以确保消费者的身体健康；这是奶牛饲养者必须严格遵守的职业道德。

第三节　肉牛高效育肥技术

牛是食草型的单胎反刍动物，它不仅为人们提供廉价的劳动力，而且还能提供营养丰富的肉和奶。由于牛易于管理，饲养方式简单，风险小，所以养牛业在畜牧业中占据很重要的位置。牛是一种强大的复胃食草动物，可以消化利用各种饲草、农副产品秸秆、糠麸、碎叶、豆芙皮等，另外，牛还能适应各种气候条件，生产出多种营养价值较高的畜产品，因此，养牛的经济效益是比较高的。从牛的最后归宿上讲，无论什么品种的牛，最后几乎都要被屠宰供给人类食用，从这个角度讲"牛本来就是肉用家畜"。为便于区分，凡是专门饲养作为肉用的牛，统称为"肉牛"。在当前畜牧业产业结构调整中，广大养殖户的目光转向饲养周期短、经济见效快的肉牛育肥生产中，因此，掌握肉牛育肥技术成为广大肉牛养殖户降低生产成本、提高养殖效益的关键所在。现将肉牛育肥技术介绍如下：

一、育肥肉牛的选择

1. 品种　品种的选择是肉牛育肥效果的关键所在。推荐引进生产速度快、饲料报酬率高、肉质好的国外优良品种，试验证明育肥效果最好的品种为皮埃蒙特牛、德国黄牛、利木赞牛、短角牛、夏洛来牛或者西门塔尔等乳肉兼用品种以及它们与本地黄牛的杂交后代，这些外来品种既可用来直接饲养，其公牛又可用于与本地母牛进行杂交改良，获取优良的杂交品种后进行育肥，在短期内可生产大量优质肉牛。

2. 年龄和体重　牛的年龄越小，生长发育越快。一般老龄牛消化吸收能力差，用作育肥时饲养成本较大。选购时要选 1.5～2.0 岁、体重在 300～400 千克的良种杂交牛，一般经过 100 天育肥，出栏体重可达到 550 千克以上。这类牛肉质鲜嫩多汁、脂肪少、适口性好，是上档牛肉。

3. 性别　性别对增重速度、饲料报酬影响较大，一般公牛最佳，阉牛次之，母牛较差。但从肉的综合品质来看，以阉牛为最好，是生产高档牛肉的首选。

4. 体型外貌　不论侧望、上望、还是前望、后望，肉牛体躯部分呈明显的矩形或长方形，也称为砖块形，四肢及胴体较长，十字部略高于体高，后肢飞节高的牛发育能力强，另外，牛背、腰肌肉要充盈、肩胛与四肢必须强健有力。

5. 育肥季节　肉牛育肥的季节以秋天为最好，其次为春、冬季。

二、厂址选择与场区设计

1. 厂址选择　育肥场选址应根据当地的常年主导风向、风频等主要气象条件，尽可能建在居民区的下风下水位，尽量减少养殖场生产带来的恶臭、粪污等对环境的污染。在地势高燥、背风向阳、空气流通，交通便利，供电方便，地下水源充足，水质达标的区域建厂为宜。在满足卫生防疫要求，与主要干道保持安全距离的前提下，养殖场选址应保持交通方便顺畅，利于饲料原料和产品销售的运输，最好距离饲料生产基地和放牧地较近。为了防止养殖场受周围环境污染，选址时应避开居民点的污水排放口，厂址不能选在化工厂、屠宰场、制革厂、造纸厂附近或其下风向处。养殖场应距离国道公路 500 米，距离省道公路 300 米，一般道路 100 米，距离居民区 500 米以上。

2. 场区设计　养殖场要因地制宜进行场区的功能分区，净道与污道分开，一般设立人员车辆门、活畜运输门、粪污清理门 3 个大门，以利于防疫。大门口要开挖消毒池，深度长度以使进出车辆车轮外沿充分浸没在消毒液中为宜，一般为 3.8 米×3 米× 0.1 米；设立消毒通道，包括地面消毒池、紫外线消毒灯。生产区门口处设立洗手池、脚踏消毒池、更衣换鞋池处、淋浴室。场区一般要划分为人员生产管理区、生产区、粪污处理区、病畜隔离区等区域。要搞好绿化工作。各功能区的建设应符合如下要求：

（1）生产管理区要与生产区严格分开，保持在 10 米以上距离。

（2）生产区要设立在下风向位置，要能控制场外人员车辆，使之不能进入生产区。各畜舍间要保持适当距离，前后两栋畜舍距离以不小于 8 米为宜。

（3）粪污处理区与病畜隔离区应设在生产区下风向，地势较低处，并与生产区有 200 米的卫生隔离。焚尸炉或尸坑距离畜舍 300 米以上，防止污水、粪尿等废弃物外溢。

表 3-1　牛场的建筑设施

生产建筑设施	辅助生产建筑设施	生活管理设施
育肥舍、后备牛舍、母牛舍、犊牛舍	消毒淋浴室、兽医化验室、大门、青贮池、配电室、水塔、水池、压力泵、物料库、粪污处理池	办公室、餐厅、宿舍、饲料加工间、饲料间、娱乐室、围墙、厕所

牛舍要求结构简单，坚固耐用，既能保持卫生，又便于管理。做到冬暖夏凉。尤其要注意冬季防寒，还要考虑湿度、排气、通风。大力推广冬季塑料暖棚养牛技术。对砖瓦结构建筑牛舍，一般舍高 2.2～2.5 米，跨度 5～6 米，长度根据养牛的数量多少而定。牛头均占面积 4～5 米^2。舍顶部要求选用隔热、保温性能好的材料，样式可采用坡式、平顶式或平拱式：以坡式为例，前后坡比例为 1∶3，即前坡短后坡长。牛舍的大门应坚实牢固，宽 2.0～2.5 米，高 2 米不设门槛，前窗一般高 80 厘米，宽 100 厘米，窗间隔 80 厘米，后窗一般只留 2 个，每个宽 50 厘米，窗台离地面高度以 1.2～1.4 米为宜。天窗设在沿前坡宽 0.8～1 米的前沿中，并打成若干"田"字窗格。在靠近牛舍两头的天窗，要做成可自由开启的窗扇，以调节温度、湿度及通风换气，墙壁厚度一般在 45 厘米左右。牛舍地面采用砖地或水泥地面，喂饲过道 1.2～1.5 米，牛床长度 1.6～1.8 米，宽 1～1.1 米，坡度 1%～1.5%；后有排粪尿沟及污水沟，宽 0.3 米，深 0.15～0.2 米。饲槽设在牛床前面，槽上口宽 50～60 厘米，槽底宽30～40厘米，槽内缘高 25～35 厘米，外缘高 60～80 厘米。

三、育肥牛饲养管理措施

1. 肥前调理

（1）调理肠胃　对新购进的牛，先休息半天后，灌服 1%牛黄清火丸，以去除心火，调理肠胃。

（2）驱虫　健胃 3～5 天后进行驱虫，首选药物为克虫星，灌服或拌干饲料中饲喂。体表喷洒 0.1% 敌百虫，可驱除蝇、虱等体外寄生虫。按每百千克体重口服 20～40 克六氯乙烷，驱除肝片吸虫。驱虫最好在下午或晚上进行，以便在第二天将虫体排出。此时最好让牛停食 8～10 小时，只给饮水，再服用泻药，如芒硝等，使牛及时把虫体排出体外。驱虫后的第 3 天灌服健胃散，每日 1 次，每次 250 克，连服 2 日。经过 2 周调教后，对新购架子牛分群、编号、称重记录。

2. 新购牛饲料调制与饲喂　刚入舍的牛因对新饲料不适应，第 1 周日粮应以干草为主，适当搭配青贮饲料，少喂或不喂精料。日粮水平按每头育肥牛每天营养需要量来配制，在日粮中需增加玉米等能量饲料的比例。每天饲喂玉米 2.5 千克，油渣 1 千克，麸皮 1 千克，秸秆或饲草 3～5 千克，食盐 40 克，小苏打 100 克，尿素 65 克，含硒生长素 20 克，多种维生素 35 克。要专槽饲喂，按大小分群饲养，防止恃强欺弱。

3. 育肥饲养

（1）牛舍保温　冬季要保持在 6℃ 以上，夏季要防暑降温，温度不要超过 30℃；平时要坚持每天清理粪便，保持清洁，适时通风换气，严防潮湿。

（2）定时定量　每日饲喂 3 次：早 5—7 时，中午 12—13 时，晚上 6—7 时，每次采食时间在 1.5 小时，喂后 1 小时给清洁的水；冬饮温水，夏饮凉水。

（3）加强营养　夏秋季各种青草，冬春季各种干草秸秆不限量。一般 250～300 千克体重的牛，日粮中精料比例占 55%，粗蛋白质含量 11%；350～400 千克的牛，日粮中精料比例占 75%，粗蛋白质含量 10.8%；450～500 千克以上的牛，日粮中精料比例占 75%～80%，粗蛋白质含量 10%。

（4）防疫灭菌　若发现牛食欲减退或消化不良，可喂酵母 60～65 片和多维素 20～25 克，1 次服用。牛舍要经常消毒、防疫，提高牛体抗病能力，保证育肥效果。

4. 肉牛疫病防治　肉牛疫病防治应坚持"预防为主，防重于治"的原则。牛舍出入口设消毒池，每年按时接种炭疽、副伤寒、牛肺疫、牛出血性败血症、口蹄疫等疫苗。圈舍使用前，用 2% 烧碱液或 20% 石灰水消毒，要经常打扫，冬天适时开关通风窗口。饲槽、用具也要经常清洗消毒。注意牛的疫病观察，发现病牛要给予诊断治疗。发生传染病时，应立即封锁和隔离饲养。对传染病死亡牛只，应采取焚烧法或深埋法处理。

四、注意事项

1. 应选择健康无病，生长发育良好，食欲旺盛的牛。

2. 每日要保证 40 千克的饮水。先草后料，可在料中拌匀各种添加剂，喂饱为止。每日的饲喂时间、方法、草料品种及加工调制都不得随意变动。喂酒糟的，喂配合饲料前先喂酒糟，取酒糟用水拌湿或干湿酒糟各半混匀。

3. 短期催肥可减少牛的运动量，长期肥育要有一定的运动量。最好坚持平地放牧。尽量减少爬坡，以减少能量消耗。经常刷拭牛体，要求牛下槽后就刷拭。

4. 适时出栏。肉牛（架子牛）经过 105 天的育肥，犊牛经过 105～135 天育肥后，体重达 450 千克以上，用手触摸胸前、后肢膝襞，感到丰满、柔软、充实并具有弹性时，说明牛体膘已丰满，则视为育肥完成，即可出栏。

第四节　生长育肥猪饲养管理技术

一、选择优良种猪品种

选用国外瘦肉型品种，如杜洛克、大约克、长白猪等作父本与当地母猪杂交。后代其杂种一代商品猪育肥效果较好，一般可提高增重 20%，提高瘦肉率 5%～8%。

二、注重育肥猪饲养管理

1. 合理分群　按照来源、体重、体质等条件进行分群饲养。

2. 饲料调制和饲喂　科学地调制饲料和饲喂猪只，能够提高育肥猪的增重速度和饲料利用率。①饲料调制：饲料可分为颗粒料、干粉料和湿拌料。在生产中可采用湿拌料，这样能增加适口性和提高饲料转化率；②饲喂方法：可分为自由采食与限量饲喂两种，自由采食有利于日增重；③饲喂量：一般小猪阶段日喂 4～6 次，大猪阶段日喂 2～3 次。

3. 饮水　饮水设备以自动饮水器最佳，可以防止水质污染。

4. 调教　要让猪养成在固定地点排泄粪尿、睡觉、进食和互不争食的习惯，保持猪舍清洁干燥、猪体卫生，创造舒适环境。

5. 去势、防疫和驱虫　①去势：一般在仔猪生后 35 天左右，体重 5～7千克时进行去势。去势后食欲增加，生长和脂肪沉积加快，日增重可提高7%～10%；②防疫：一般仔猪在育成期前（70 日龄以前）接种各种传染病疫苗（K88、K99、水肿-伤寒二联苗、猪瘟疫苗、猪丹毒疫苗、猪肺疫三联苗，猪瘟严重地区可用猪瘟脾淋苗加强防疫，秋冬季节正是蓝耳病的高发季节，蓝耳病的预防也是很重要）；③驱虫：猪驱虫可提高增重和饲料利用率。整个饲养期要驱虫两次，第一次在断奶后半个月，第二次在 120 日龄左右。驱虫常用药物：防治线虫病可用驱虫精、左旋咪唑、丙硫咪唑等药物，防治原虫病可用贝尼尔、咪唑苯脲、肠虫清、磺胺二甲氧嘧啶、强效土霉素等药物。

6. 防暑防寒　猪最适宜的温度一般为 15～25℃，温度过高、过低都能影响猪的采食量和日增重。因此，在夏季应采取降温措施，如喷洒凉水、安装水帘、加喂青绿多汁饲料。

三、小规模猪场免疫程序

（一）外购猪进场免疫程序

猪瘟单苗、猪肺疫单苗各 4 毫升（猪瘟、猪丹毒、猪肺疫三联苗 4 毫升也可）。

（二）种猪免疫程序

1. 每年春秋两季各注射一次猪瘟、猪丹毒、猪肺疫三联苗、口蹄疫和链球菌及猪瘟脾淋苗。

2. 每年 5 月份注射两次乙脑疫苗，间隔 7～14 天。

3. 细小病毒、伪狂犬、蓝耳病疫苗。种公猪每 4 个月注射一次，初产母猪配种前 5～6 周首免，2 周后加强免疫一次；经产母猪配种前免疫一次。

4. 母猪产前 45 天至 1 个月各注射一次萎缩性鼻炎、蓝耳病、伪狂犬病疫苗；产前 25 天，注射传染性胃肠炎与流行性腹泻二联苗，产前 20 天注射大肠杆菌多价苗（黄白痢）。

（三）仔猪、育肥猪免疫程序

1. 1 日龄猪瘟超前免疫（吃初乳前注射一头份猪瘟苗）。

2. 15 日龄注射仔猪大肠杆菌三价灭活苗，防治仔猪水肿。

3. 25 日龄注射猪瘟脾淋苗和蓝耳病灭活苗。

4. 断奶后 7 天注射传染性胃肠炎与流行性腹泻二联苗。

5. 30 日龄注射萎缩性鼻炎疫苗。

6. 35 日龄注射伪狂犬病冻干苗。

7. 40 日龄注射链球菌苗。

8. 50 日龄注射仔猪大肠杆菌三价灭活苗和传染胃肠炎与流行性腹泻二联苗。

9. 60 日龄和 120 日龄各注射一次猪瘟、猪丹毒、猪肺疫三联苗和猪瘟脾淋苗。

10. 每年 5 月份注射两次乙脑疫苗，间隔 7～14 天。

11. 每年春秋两季各注射一次口蹄病疫苗。

第五节　肉羊高效育肥技术

羊是食草型的单胎反刍动物，它不仅为人类提供优质的皮质，而且还能提供营养丰富的肉和奶。由于羊易于管理，饲养方式简单，风险小，所以养羊业在畜牧业中占据很重要的位置。羊是一种复胃食草动物，可以消化利用各种饲草、农副产品秸秆、糠麸、碎叶、豆荚皮等。另外，羊还能适应各种气候条件，生产出营养价值较高的畜产品，因此，养羊的经济效益是比较高的。从羊的最后归宿上讲，无论什么品种的羊，最后几乎都要被屠宰供给人类食用，从这个角度讲"羊本来就是肉用家畜"。为便于区分，凡是专门饲养作为肉用的羊，统称为"肉羊"。在当前畜牧业产业结构调整中，广大养殖户的目光转向饲养周期短、经济见效快的肉羊育肥生产，因此，掌握肉羊育肥技术成为广大肉羊养殖户降低生产成本，提高养殖效益的关键所在。现将肉羊育肥技术介绍如下：

一、厂址选择与羊舍设计

1. 场址选择 育肥场选址应根据当地的常年主导风向、风频等主要气象条件，尽可能建在居民区的下风下水位，尽量减少养殖场生产带来的恶臭、粪污等对环境的污染。在地势高燥、背风向阳、空气流通，交通便利，供电方便，地下水源充足、水质达标的区域建厂为宜。在满足卫生防疫要求，与主要干道保持安全距离的前提下，养殖场选址应保持交通方便，以利于饲料和产品的运输，最好距离饲料生产基地和放牧地较近。为了防止养殖场受周围环境的污染，选址时应避开居民点的污水排放口，厂址不能选在化工厂、屠宰厂、制革厂、造纸厂附近或其下风向处。养殖场应距离国道公路 500 米；距离省道公路 300 米；一般道路 100 米；距离居民区 500 米以上。

2. 场区设计 养殖场要因地制宜进行场区的功能分区，净道与污道分开，一般设立人员车辆门、活畜运输门、粪污清理门 3 个大门，以利于防疫。大门口要开挖消毒池，深度长度以使进出车辆车轮外沿充分浸没在消毒液中为宜，一般为 3.8 米×3 米×0.1 米；设立消毒通道，包括地面消毒池、紫外线消毒灯。生产区门口处设立洗手池、脚踏消毒池、更衣换鞋池处、淋浴室。场区一般要划分为人员生产管理区、生产区、粪污处理区、病畜隔离区等区域，并要搞好绿化工作，各功能区的建设应符合如下要求：

（1）生产管理区要与生产区严格分开，保持在 10 米以上距离。

（2）生产区要设立在下风向位置，要能控制场外人员车辆，使之不能进入生产区。各畜舍间要保持适当距离，前后两栋畜舍距离以不小于 8 米为宜。

（3）粪污处理区与病畜隔离区应设在生产区下风向，地势较低处，并与生产区有 200 米的卫生隔离。焚尸炉或尸坑距离畜舍 300 米以上，防止污水、粪尿等废弃物外溢。

表 3-2　羊场的建筑设施

生产建筑设施	辅助生产建筑设施	生活管理设施
育肥舍、母羊舍、公羊舍、配种室、育成室	消毒淋浴室、兽医化验室、青贮池、配电室、水塔、厕所、水池、压力泵、物料库、粪污处理池	办公室、餐厅、宿舍、饲料加工间、饲料间、娱乐室、围墙、大门

3. 羊舍设计

（1）建筑设计　羊舍要选在干燥、排水良好、通风向阳、接近放牧地和饲料基地、水源清洁的地方。位置在办公室和居民点的下风向，屋角对着冬春季的主风向。

（2）建筑面积　羊舍要有足够的面积，使羊在舍内不感到拥挤，又不浪费空间。具体则根据羊群规模大小、品种、性别、生理状况和当地气候等情况综合考虑。羊舍一般以保持舍内干燥、空气清新，利于冬季保暖、夏季防暑为原则。建筑面积可参考以下标准：种公羊 $1.5\sim2.0$ 米^2，母羊 $0.8\sim1.0$ 米^2，怀孕或哺乳母羊冬季产羔者 $2.0\sim2.5$ 米^2，春季产羔者 $1.0\sim1.2$ 米^2，育肥羔羊 $0.6\sim0.8$米^2，育肥羯羊或淘汰羊 $0.7\sim0.8$ 米^2。

（3）羊舍高度　根据羊舍类型及所容纳羊只数量决定，羊只数量多，羊舍可适当高些。一般高度为 2.5 米左右，单坡式羊舍后墙高度约 1.8 米。

（4）门窗和地面　大群饲养或冬春怀孕母羊、产羔母羊经过的舍门以 3 米宽、2 米高为宜。羊只数量少或分栏饲养的舍门可为 1.5 米×2 米。羊舍南面或南北两面可以保证羊舍干燥通风。羊舍地面应高于舍外地面20～30厘米，铺成斜坡以利于排水。饲料室地面宜用水泥铺成，一般羊舍可用土地或石灰与土对半混合夯实。

4. 羊舍类型

（1）棚舍结合羊舍　这种羊舍大致分为两种类型。一种是利用原有羊舍的一侧增体，修成三面有墙，前面敞开的羊棚。羊平时在棚里过夜，冬春进入羊舍。另一种是三面有墙，向阳避风面为 $1.0\sim1.2$ 米的矮墙，上部敞开，外面为运动场的羊棚。平时羊在运动场过夜，冬春进入棚内，这种棚舍适用于冬春天气较暖的地区。

（2）楼式羊舍　这种羊舍通风良好，防潮性能较好。楼板多以木条、竹片铺设，间隙 $1\sim1.5$ 厘米，离地面 $1.5\sim2.5$ 米。夏秋季节气候炎热，多雨潮湿，羊住楼上通风、凉爽、干燥。冬春季节，楼下经过清理即可圈养，楼上可贮存饲料。

（3）农膜暖棚式羊舍　这是一种更为经济合理、灵活机动、方便实用的棚舍结合式羊舍。这种羊舍可以原有三面墙的敞棚圈舍为基础，在距棚前房檐

2～3 米处筑 1 面高 1.2 米左右的矮墙。矮墙中部留 1 扇约 2 米宽的舍门，矮墙顶部与棚檐之间用木杆或木框支撑，上面覆盖塑料薄膜，用木条加以固定。薄膜与棚檐和矮墙连接处用泥土紧压。在东西两墙距地面 1.5 米处各留 1 个可开可关的排气孔，在棚顶最高处也留有 2 个与进气孔大小相当的可调式排气窗。这种羊舍充分利用了白天太阳能的蓄积和羊体本身散发的热量，提高夜间羊舍温度，使羊只免受风雪严寒的侵袭。使用农膜暖棚养羊，要注意在放牧前打开进气孔、排气窗和舍门，逐渐降低室温，使舍内外气温大体一致后再放牧。待中午阳光充足后，再关闭舍门及进出气口，提高舍内温度。

二、肉羊的饲养管理措施

1. 哺乳羔羊育肥技术　羔羊不提前断奶，保留原有母子对，仅提高隔栏补饲水平。断奶时从羊群中挑出已达到屠宰体重的羔羊出栏上市，活重达不到此要求的则留在羊群中继续育肥。一般情况下，体格较大、早熟性好的公羊能最先达到出栏体重。

饲喂：以舍饲育肥为主，母羊与羔羊同时加强补饲，母羊哺乳期间每日喂足量的优质豆科牧草，另补精料 250 克。羔羊应及早隔栏补饲，日粮以谷物粒料为主，搭配适量黄豆饼，建议饲料配方：整粒玉米 83％、黄豆饼 15％、石灰石粉 1.4％、食盐 0.5％、维生素和微量元素添加剂 0.1％。也可用 10％鱼粉代替黄豆饼，同时把玉米比例调整为 88％，每日喂 2 次，每次喂量以 20 分钟内吃净为宜。自由采食优质苜蓿干草。日粮中每只每天应添加 50～100 克蛋白质饲料。

出栏：经过 30 天育肥，到 4 月龄时，挑出体重在 25 千克以上的羊出栏上市。剩余的羊只断奶后再转入下一阶段育肥。

2. 断奶羔羊的快速育肥

（1）做好育肥前的准备工作　选择 3 月龄的断奶羔羊，先对其进行健康检查，再按性别和体格进行分组，然后驱虫、药浴和注射疫苗，最后进行称重，以便与育肥结束时的体重进行对比，检查育肥的效果。

（2）用高营养日粮进行催肥　准备工作做好以后，便可用高营养日粮进行催肥。即日粮中青干草占 50％，精饲料占 50％，精饲料典型配方为玉米56％、酒糟 30％、豆饼 10％、骨粉 2％、食盐 1％、多种微量元素添加剂 1％。

（3）将日粮制成颗粒饲料喂羊　尽可能将日粮中精、粗饲料混合在一起，制成直径为 1～2 厘米的颗粒饲料喂羊。其好处是精、粗搭配均匀，适口性好，利用完全，采食量大，饲喂方便，日增重比粉料要提高 20％左右。

（4）及时出栏上市　当催肥到 50 天，母羔体重达 30 千克、公羔达 35 千克以上时，应及时出栏上市。

3. 成年羊快速育肥技术

（1）选羊与分群 选择膘情中等、健康无病、牙齿好的羊育肥，淘汰极差的羊。将选出的羊按体重大小和体质状况分群。

（2）入圈前准备 对入圈前的育肥羊注射肠毒血症三联苗并进行驱虫。圈内设置足够的水槽和料槽，并进行清洗和消毒。

（3）饲料配方 建议日粮配方为：干草 25%，青贮玉米 60%，碎玉米 15%；每 100 千克配合饲料添加尿素 100 克。为提高育肥效果，应充分利用天然牧草、秸秆、树叶、农副产品及各种下脚料，扩大饲料来源，并利用秋茬地或较好的放牧草场进行科学放牧。

（4）饲养管理 日喂料量为每只 2.5～3.0 千克。每日投料 2 次，日喂量的分配与调整以饲槽内基本不剩为准。成年羊育肥期不宜过长，以 60 天左右出栏上市为佳。

第六节 肉鸡科学饲养管理技术

一、肉鸡场设计与建筑要求

1. 场区设计

（1）场址选择 选址应根据当地的常年主导风向、风频等主要气象条件，尽可能选在居民区的下风下水位，尽量减少养殖场生产带来的恶臭、粪污等对环境的污染。在地势高、干燥、背风向阳、空气流通、交通便利、供电方便、地下水源充足，水质达标的区域建厂为宜。在满足卫生防疫要求，与主要干道保持安全距离的前提下，养殖场选址应保持交通方便，利于饲料和产品的运输，最好距离饲料生产基地和放牧地较近。为了防止养殖场受周围环境污染，选址时应避开居民点的污水排放口，厂址不能选在化工厂、屠宰场、制革厂、造纸场附近或其下风向处。养殖场应距离国道公路 500 米；距离省道公路 300 米；一般道路 100 米；距离居民区 500 米以上。

（2）场区设计 养殖场要因地制宜进行场区的功能分区，净道与污道分开，一般设立人员车辆门、活畜运输门、粪污清理门 3 个大门，以利于防疫。大门口要开挖消毒池，深度长度以使进出车辆车轮外沿充分浸没在消毒液中为宜，一般为 3.8 米×3 米×0.1 米；设立消毒通道，包括地面消毒池、紫外线消毒灯。生产区门口处设立洗手池、脚踏消毒池、更衣换鞋池处、淋浴室。场区一般要划分为人员生产管理区、生产区、粪污处理区、病畜隔离区等区域。并要搞好绿化工作。各功能区的建设应符合如下要求：

①生产管理区要与生产区严格分开，保持在 10 米以上距离。

②生产区要设立在下风向位置，要能控制场外人员车辆，使之不能进入生

产区。各畜舍间要保持适当距离，前后两栋畜舍距离以不小于 8 米为宜。

③粪污处理区与病畜隔离区应设在生产区下风向，地势较低处，并与生产区有 200 米的卫生隔离。焚尸炉或尸坑距离畜舍 300 米以上，防止污水、粪尿等废弃物外溢。

2. 鸡舍设计

（1）大棚鸡舍建筑　鸡舍地基高出自然地面 15～20 厘米，中间高，两边坡度 2%～3%；夯实，地面水泥沙浆硬化，鸡舍外四周挖 25～30 厘米深的排水沟并硬化处理。鸡舍跨度 10～12 米，长度为每 10 000 只鸡 90～100 米，房檐高 1.8～2.0 米，顶高 3.5～3.8 米，开间 3.5～4.0 米，每开间顶部设一个直径 50 厘米的带盖通气孔。每间鸡舍南北沿墙上各设 2 个高 90 厘米、宽 90 厘米的通风窗，窗面四周装上木条，以便钉上彩布保暖。房顶结构由内向外分别用无机膜、稻草、瓦或油毡覆盖。

（2）砖瓦鸡舍建筑　地基要求同大棚鸡舍；鸡舍跨度 7.0～7.5 米，长度为每 5 000 只鸡 50～60 米，房檐高 1.8～2.0 米，顶高 3.5～3.8 米，每间顶部设一个直径 50 厘米、宽 80 厘米的通风窗，窗面四周装上木条，以便钉上彩布保暖。

（3）利用废旧房舍作为鸡舍　先清除屋内废旧物品及周围的垃圾、杂草，修好排水沟、门窗、墙壁屋顶、地面，堵死鼠洞，用生石灰加 1% 火碱粉刷墙壁，用火碱等消毒液彻底消毒后再进行一次福尔马林熏蒸消毒，达到保温、通风、防疫等要求后再进鸡。

二、育雏准备

1. 进雏前 1～2 周，要把育雏室彻底打扫干净，再用清水冲洗地面，冲洗后用 10% 石灰水或 1%～2% 氢氧化钠喷洒地面、墙壁和屋角。

2. 多次使用过的育雏室应强化消毒。首先用福尔马林与高锰酸钾（每立方米空间用福尔马林 20～40 毫升、高锰酸钾 7.5～20 克）熏蒸消毒，熏蒸时需泼湿地面和墙壁，紧闭门窗 12～24 小时，然后用 1%～2% 氢氧化钠、百毒杀等消毒药喷洒。雏鸡入舍前应开窗通风至无刺鼻异味。

3. 把饮水器、料桶等用具一一清洗干净，消好毒。

4. 雏鸡入舍前 1～2 天铺好清洁干净的垫料（刨花、锯末、干草等），育雏舍进行加温预热，使室温达到适于育雏的温度，以 33～35℃ 为宜。

三、选择优质鸡苗

肉鸡的生长速度、饲料转化率、抗病力等很大程度上取决于品种的遗传因素，所以在引雏前应选择生长速度快、抗病力强、育成率高的品种，且要从具有一定生产规模的正规孵化场引进，雏鸡应大小均匀、活泼、灵敏、无畸形、收黄好，腿部粗壮有力、体质强健。

四、肉鸡的饲养方式和饲养密度

1. 饲养方式　肉鸡饲养方式主要有垫料平养、网上平养和笼养3种，其中笼养投资较大，目前不实用，不论何种饲养方式，均应提倡全进全出制。垫料平养主要采用厚垫料平养法，简便易行，投资较少，适合于一般农户，但要注意垫料的选择和管理，常用来作垫料的原料有：

（1）锯木屑　要求质地柔软，不发霉，是首选的垫料，如来源困难可只用于育雏，垫料厚度3～5厘米。但由于初生雏开始时很容易误食，故一定要用垫纸封严锯木屑。

（2）河沙　要求大小如谷粒，均匀，筛去泥土、石块及其他杂物，为避免污染，使用前最好经过日晒消毒，但不要晒得太干，以免尘土飞扬。

（3）稻壳　要求用无霉点、压制后的稻壳。可与其他垫料混合使用，如单独使用稻壳，在进雏前1天内，在消毒好的育雏室内铺上稻壳5～8厘米，然后用消毒液全面消毒，可减少空气中灰尘，雏鸡使用的饮水器要用苗鸡纸箱或报纸垫上以防稻壳被雏鸡衔到饮水器内。日常管理中要勤翻垫料，靠近水槽的湿垫料要经常与干燥处翻换，防止垫料过湿结块，结块的垫料应及时更换。

网上平养一般用竹竿、木条等做成支架，上铺塑料网或铁网，离地面高40～50厘米，并设有地面工作走廊，虽然设备投资高，但与垫料平养比较，它有许多优点：

（1）节省垫料，有利于提高鸡粪的使用价值。

（2）可显著降低球虫病、大肠杆菌病、慢性呼吸道病、禽霍乱及腹水症的发生率，减少医药费用，有利于控制药残，提高肉鸡成活率。

（3）由于大部分管理工作在走廊上完成，可减少对鸡的应激，便于对鸡舍的卫生管理。

2. 饲养密度　饲养密度问题包括3方面的内容：一是每平方米面积多少只鸡，二是每只鸡占多少食槽，三是每只鸡饮水位置够不够，三方面缺一不可。

肉鸡适宜于高密度饲养，但究竟以多大密度为宜，要根据具体条件而定：一般而言，网上密度可适当提高，而垫料平养以较低密度为好；饲养日龄越大，密度越低；反之密度可以提高。此外，饲养密度与季节、气温、通风条件有密切关系。表3-3中所列饲养密度供建筑鸡舍、育雏及鸡只后期饲养管理时参考。

表 3-3　肉鸡饲养密度

周龄	厚垫料平养（只/米²）	网上平养（只/米²）	备注
1	30～35	35～40	
2	25～30	25～30	
3	20～22	20～22	
4	16～18	18～20	
5	14	18	
6	12	15	
7	10	12	
8	8～10	10～12	

3. 采用全进全出制饲养肉鸡　全进全出制饲养制度是保证鸡群健康、根除传染病的根本措施，也是肉鸡生产中计划管理的重要组成部分，所谓"全进全出"就是同一范围内只进同一批雏鸡，饲养同一日龄的鸡，采用统一的料号、统一的免疫程序和管理措施，并且在同一时期全部出场，出场后对整体环境实行彻底打扫、清洗、消毒。由于在鸡场内不存在不同日龄的鸡群交叉感染的机会，切断了传染病的流行环节，从而保证下批鸡的安全生产，是现代肉鸡生产工艺中的成功之举。

五、肉鸡的饲养技术

1. 选择饲料及清洁饮水　在肉鸡的整个饲养阶段，饲料成本约占养鸡总成本 70%～80%。应根据肉鸡不同阶段的营养需要选择适合不同生长时期需要的全价饲料。选用的饲料要安全、新鲜、适口性好，且无霉变、无污染。目前饲料品牌较多，要选择重质量、守信誉、技术力量雄厚、价格适中的饲料厂的产品。饮水应符合卫生要求，清洁且无污染，最好选用深井水、自来水。

2. 饮水与开食　雏鸡经长途运输后极易脱水，进育雏室后应先饮水，水中添加 3% 葡萄糖和适量的电解多维，同时在饮水中加入环丙沙星等抗菌药，以防治肠道疾病。在雏鸡充分饮水后，有 1/3 的雏鸡有觅食欲望时可给料，开食时间一般在进雏 12～24 小时内。饲喂雏鸡一定要做到定时定量，一般 1～3 日龄每 2 小时给料 1 次，夜间给料 1 次；3 日龄后每昼夜给料 6～8 次，后期每日给料 3 次，以后随日龄增长采用自由采食。

3. 温度控制　温度是提高育雏成活率的关键，地面平养适宜的温度为 1～7 日 33～35℃，从第 2 周起每周降温 1～2℃，直至室温保持在 21℃ 左右为止。

温度合适与否可根据鸡群的表现来判断，做到看鸡给温。温度适宜，雏鸡分布均匀，活泼好动，睡眠安静；温度过高，雏鸡远离热源，张口呼吸，频繁喝水；温度过低，雏鸡向热源靠拢，拥挤打堆，叫声不断。

表3-4　鸡舍内的温度要求（鸡背温度）

日龄、周龄	室温（℃）（育雏期是指育雏室温度）	备注
1～2天	34（冬季36）	
3～4天	33	
5～7天	32	
2周	29～27	
3周	26～24	
4周	23～21	
5周	21～20	

4. 湿度控制　适宜的湿度可以避免雏鸡发生脱水现象，有利于雏鸡正常的生长发育，前期（1～2周）应保持相对高的湿度，因为刚入舍的小鸡在运输过程中已失掉一部分水分，入舍后舍内湿度过低，容易引起脚垫开裂，腿病增多。中后期（3周～出栏）应保持相对低的湿度，因为湿度过高，微生物容易孳生，鸡粪产生氨气增多，不利于饲料的保存和呼吸道、大肠杆菌等疾病的控制。高温高湿时，由于鸡体散热主要是通过加快呼吸来排出，但这时呼出的热量扩散很慢，并且鸡呼出的湿气也不容易被潮解的空气吸收，所以高温高湿影响肉仔鸡的生长。一般1～10日龄时湿度可控制在60%～65%，以后为50%～60%，增加湿度的方法有带鸡喷雾消毒或放置水盆等。

表3-5　鸡舍内的湿度要求

周龄	鸡舍内相对湿度（%）
1周	70
2～3周	70～65
4～5周	65～60
6周后	60～55

5. 通风换气的控制　在保证温度的前提下，要尽量多通风换气，以人进入舍内无闷气感觉及不刺激眼鼻为宜，使鸡只时刻能呼吸到新鲜空气。需要注

意的是：如用煤炉取暖，要管理好煤炉，严防一氧化碳中毒。随着肉鸡体重逐渐增加，换气量也要随之加大。通风换气前要提高室温，在保证温度的前提下，加大通风量，防止贼风吹袭。

6. 光照控制　前 2 周要求有效光照 3 瓦/米^2，以后 1.5 瓦/米^2，灯泡距地1.8～2 米即可。

六、疾病防治和免疫程序

1. 育雏阶段（30 日龄内）不宜大量用药，只需添加一些增强体质的维生素即可。

2. 合理用药，贯彻"预防为主，防重于治"的原则。

3. 一旦发病，应先将病禽送往兽医防疫部门或诊疗机构进行诊治，确诊后选择适合药物用足剂量、用够疗程，一般 3～5 天为一个疗程。

4. 做好预防性用药，一般 3～7 日龄用金霉素、甲矾霉素、氨苄青霉素等药物预防腹泻，15～35 日龄用克球粉、磺胺类药物预防球虫病等。

5. 肉鸡免疫程序如下（表 3-6、表 3-7）。

6. 饮水免疫前须把水桶、水管彻底洗净，视天气情况掌握好停水时间，保证疫苗在 1～1.5 小时内饮完，时间也不能太短。7～14 日龄每羽鸡的饮水量一般为 5～8 毫升，20～30 日龄为 20～25 毫升，30～35 日龄为 30～35 毫升。需注意的是，饮水免疫前后 2 天不得带鸡或饮水消毒。

7. 接种完疫苗，所用器具必须洗净、干燥、消毒后放好，以备下次使用。防疫时用过的疫苗瓶、生理盐水瓶、包装盒、针头等杂物要全部清理干净和销毁，剩余疫苗须烧掉或深埋。

表 3-6　肉鸡免疫程序 1

日龄	疫苗	免疫方法
1 日龄	传染性支气管炎 H120 新城疫灭活苗（NDK）	点眼 皮下注射
8～10 日龄	禽流感疫苗（H5）	颈部皮下注射或胸部 浅层肌肉注射
10～11 日龄	新城疫和传染性支气管炎 （ND-La Sota＋IB-Mass）	点眼或滴鼻
14～18 日龄	传染性法氏囊病 （IBD-78 或法倍灵）	饮水
25～30 日龄	新城疫和传染性支气管炎 （ND-La Sota＋IB-Mass）	饮水

表 3-7 肉鸡免疫程序 2

日龄	疫病	疫苗	免疫方法
7～9 日龄	禽流感	(H5)	同上
10～11 日龄	新城疫和传染性支气管炎	(ND-La Sota＋IB-Mass)	点眼或滴鼻
15～16 日龄	传染性法氏囊病	(IBD-78 或法倍灵)	饮水
26～28 日龄	新城疫和传染性支气管炎	(ND-La Sota＋IB-Mass)	饮水

注：1. 免疫当天及后 1 天饮水中添加多维。

　　2. 免疫前中后 3 天禁止带鸡消毒和饮水消毒。

实践证明，程序 1 不但可提高免疫率，而且对发病疫区保护力也较好。但由于程序 1 使用疫苗较多，成本较高，一些养鸡户难于接受。养鸡户大多选用免疫程序 2。确定免疫程序后，应选用优质合格的疫苗，并正确运输保存、稀释、使用。任何一个环节发生问题，均可能导致免疫失败。

第七节　肉鸭饲养管理技术

一、选择良种肉鸭

肉鸭要求性情温顺、适应性强、耐粗饲、育肥性能好、生长快的品种，主要有樱桃谷鸭、北京鸭、中山麻鸭、上海白鸭等。

二、合理搭建鸭舍

鸭舍宜选择建在地势干燥、安静、水源充足、通风采光好、交通方便的地方。鸭舍网床下面设置半倾斜水泥地面或水沟，以便于冲洗和清扫鸭粪。网床高为 0.7 米，宽 3～4 米，长与鸭舍长度相等，可以设计为单列式或双列式。网床为塑料网铺设。育雏网床每平方米饲养雏鸭 20～25 只，中鸭 5～7 只。

三、创造适宜环境

首先，调节适宜的温度。鸭入舍后，鸭舍温度要求第 1～3 天为 30～31℃，第 4～7 天为 28～30℃，第 8～14 天为 25～28℃，第 15 天开始保持 20～25℃。冷天要防寒保温，将鸭舍漏风处堵住，防止贼风侵袭；热天要防暑降温，将鸭舍通风处敞开，最好用电风扇等设备通风。酷热的中午向鸭舍和鸭体喷洒冷水，促进空气流通。其次，保持清洁卫生，每天打扫网床上的粪便 1 次，网床下的粪便 3 天清除 1 次。食槽、饮水槽要经常洗刷，保持干净，确保饲料新鲜。再次，补充照明，可在鸭舍内离网面 2 米高处，每 200 只肉鸭装 1 盏 15～20 瓦灯泡照明。

四、雏鸭、中鸭的饲喂

雏鸭出壳 20 小时后立即给水。每 100 只雏鸭在网上放一块 1.5～2 米^2 塑料薄膜，洒一些温开水或 0.01% 土霉素水溶液，将雏鸭放在上面自由饮水，也可以口含温水喷洒在雏鸭绒毛上，让它们相互吮吸水珠。给水后及时开食：把准备好的配合饲料用温水拌湿后，撒在塑料薄膜上任其自由采食。开始要少撒，边唤边撒，逗引雏鸭认食找食。第 1～3 天每隔 1.5～2 小时饲喂 1 次。第 4 天起，青饲料可占日粮的 20%，第 10～25 天可占日粮的 30%～40%，第 26～45 天可占 80%～100%，单喂、混喂均可。确保饮水充足，让鸭昼夜饮服。雏鸭（1～25 日龄）饲料质量要好，既要考虑营养平衡，也要注意适口性。要求含粗蛋白质 20%、粗纤维 3.9%、钙 1.1%、磷 0.5%。其参考配方：玉米 50%、菜籽饼 20%、碎米 10%、麸皮 10%、鱼粉 7.5%、肉粉 1%、贝壳粉 1%、食盐 0.5%。中鸭（26～45 日龄）饲料要求粗蛋白质 17.5%、粗纤维 4.1%、钙、磷各 0.5%。其参考配方：玉米 50%、麸皮 12%、碎米 10%、食盐 0.5%、菜籽饼 5%、大（小）麦 17%、鱼粉 4.5%、贝壳粉 1%。

五、短期强度育肥

中鸭 45 日龄开始育肥最为适宜。育肥期间要使用高能量、低蛋白质的配合饲料。参考配方一：前期用玉米 35%、次粉 26.5%、米糠 30%、豆类（炒）5%、贝壳粉 2%、骨粉 1%、食盐 0.5%；后期用玉米 35%、次粉 30%、米糠 25%、高粱 6.5%、贝壳粉 2%、骨粉 1%、食盐 0.5%。配方二：玉米粉 35%、次粉 26.5%、米糠 25%、高粱 10%、贝壳粉 2%、骨粉 1%、食盐 0.5%。

育肥方法：

（1）自食育肥 将配合饲料加水拌湿放置 3～4 小时进行软化，以提高消化率和饲料利用率。每天定时喂 4～5 次，喂 1 次夜食，边喂料边供水。鸭舍光线要暗，让鸭子少活动。

（2）人工填饲育肥 将配合饲料加水调成干糊状，用手搓成直径 3.3 厘米、长 5 厘米的圆条。操作者坐在小凳上，双腿夹住鸭体下部，左手拇指和食指撑开鸭嘴，中指压住舌头，右手将固条先蘸点水使之润滑，然后从口腔向鸭食道填入。每天填喂 3 次。育肥第 1～3 天，每次填喂 3～4 根固条；第 4～7 天，每次填喂 4～6 根；8 天以后每次填喂 6～8 根。填喂后供足饮水。育肥期为 10～15 天，当肉鸭体重达 2～3 千克，翼羽的羽根呈透明状态时即可上市。

六、搞好疫病防治

这是饲养成败的关键。必须以防为主，防重于治。搞好鸭舍的清洁干燥，勤洗饮水槽。鸭入舍前要对鸭舍严格消毒。肉鸭养至 7 日龄时皮下注射病毒性肝炎疫苗，20 日龄时每只肌内注射鸭瘟弱毒疫苗 1 毫升预防鸭瘟；30 日龄时每只鸭注射禽霍乱菌苗 2 毫升以预防鸭霍乱。可常在饲料中加 0.5%～1% 磺胺二甲嘧啶，连喂 3～5 天，停 10 天后再喂。发现鸭子异常时要及时隔离诊治，严格消毒。

第八节　蛋鸭饲养技术

一、品种选择

选择生产性能好、性情温驯、体型较小、成熟早、生长发育快、耗料少、产蛋多、利用率高、适应性强、抗病力强的品种。成母鸭 2 年内留优去劣，第 3 年全部更新。

二、配制及配方

按谷物类 50%～60%、饼粕类 10%～20%、鱼粉或豆粉 10%～15%、贝壳粉 1%、食盐 0.5%、多种维生素 0.2%～0.5% 的比例来配制。产蛋期参考配方：玉米 45%、米糠 20%、麸皮 6%、豆饼 10%、鱼粉 10%、菜籽饼 6%、贝壳粉 1%、骨粉 1%、食盐 0.5%、禽用多种维生素 0.5%，有条件的亦可用商品蛋鸭料。

三、饲喂方法

粉碎配制后加水拌匀、以手捏成团松手即散为度，一般每昼夜饲喂 4 次，即早晨 5 时，上午 10 时，下午 3 时，晚上 9—10 时各投喂 1 次，最后 1 次应增加喂料，让鸭吃饱。每只鸭日喂量 125～150 克。休产期的鸭群日喂 2 次即可。

四、适时开产

蛋鸭开产时间为 150 日龄前后，如产蛋过早容易早衰，过迟则会影响经济收入。具体做法是：100～120 日龄控制饲料质量，饲喂一半青饲料，一半配合饲料，以保障胃肠容量足够大，120 日龄后逐渐增加喂食数，提高质量。

五、放水

每天饲喂后将鸭赶下水洗浴，夏天每日 4～5 次，也可自由放水，夜间鸭群吵闹不安时仍需放水 1 次，每次 20 分钟，冬天每天上午 10 时，下午 2—3

时各放水 1 次，每次 5 分钟。放水后，冬季让鸭晒太阳、夏季让鸭在阴凉处休息，切忌暴晒。

六、公母搭配

鸭的性欲越强，产蛋越多。因此，产蛋鸭群中要配备足够的公鸭。小群饲养每 100 只母鸭配 1 只公鸭，大群饲养每 200 只母鸭配养 1 只公鸭，可提高产蛋率 5%～8%。蛋用种鸭每 20～30 只母鸭配养 1 只公鸭。商品鸭在产蛋期、休产期、换羽期将公鸭隔离，以免骚扰。

七、老鸭补料

产蛋 1 年后的老鸭要补喂鱼肝油，每月补喂 7 天，可使老鸭多产蛋，并可延长高产年限。

八、强制换羽

夏末秋初蛋鸭停产换羽，此时应采取人工强制换羽，方法是：头 2 天停食停水，第 3～5 天给水停食，第 6 天起喂正常料量的一半且供水，第 7 天恢复正常，以促使换羽快而整齐，使蛋鸭统一开产。

九、垫料

舍内地面用稻草、麦秸、谷壳或木屑等做垫料，隔天加垫料 1 次，在产蛋处垫高一些。结合鸭舍的通风透光，防暑降温使鸭舍保持清洁、干燥。夏季也可铺垫一层泥沙或石沙。

十、补充光照

秋冬季节由于自然光照缩短，使鸭的脑垂体和内分泌腺体减少，影响产蛋，故必须采取人工补充光照。一般要求每天连续光照时间应达到 16 小时，可在鸭舍内每隔 30 米安装一个 60 瓦灯泡，灯泡悬挂离鸭背 2 米高，并装配灯罩。每天早晚 2 次开灯，即凌晨 4 时开灯，上午 8 时关灯，下午 5 时开灯，晚上 8 时关灯。开关灯的时间要严格固定，同时还要在每间鸭舍内安装 2 只 3～5 瓦弱光灯泡照明，以免关灯后引发惊群。如遇大雪、浓雾、连日阴雨等阴暗少光天气，晚上要适当提前开灯，早上则可延长关灯的时间，必要时可全日照明。实践表明，补光的蛋鸭比不补光的蛋鸭其产蛋率提高 20%～25%。

十一、增喂夜食

一般夜间补料比不补料的蛋鸭可提高产蛋量 1% 左右。因此，在秋冬季要给蛋鸭增喂夜食。夜间补料时应注意两点：一要供足饮水，二是夜间所补料的蛋白质不可过多。

十二、减少应激

蛋鸭代谢旺盛，对污染的空气特别敏感，因此平时应注意通风换气。每当鸭群戏水时要将鸭舍所有的窗子打开。平时在鸭舍内不要大声喧哗，更不能手拿竹竿追赶，恐吓鸭群。冬季要保暖夏季要降温，尽量减少冷热应激对蛋鸭的不良影响，使蛋鸭生活在安静、舒适的环境中。

十三、防异常

当蛋鸭出现蛋的个体变小，蛋壳变薄，产蛋时间延长，喂水、上岸羽毛潮湿即往鸭舍里钻等情况时，要及时采取有效措施加以防治。一般常用以下几种方法：①提高日粮质量，特别要增加蛋白质饲料。②经常赶动鸭群，增加运动量。③增加光照。④鸭舍保温，最好加喂液体鱼肝油，每天每只用 1 毫升拌料，饲喂3～4 天。

十四、搞好卫生

鸭舍的室内外运动场要经常打扫保持干净，食槽、水槽要经常洗刷消毒，饮食一定要新鲜，切忌饲喂霉变饲料，饮水要清洁。鸭舍要加强通风透气，保持空气清新，防止氨气对鸭的刺激。垫草要勤换，确保干净、干燥。鸭爱好清洁，羽毛弄脏后，就立即将鸭赶入水中清洗，否则鸭会因羽毛污损而感染发病，甚至停止产蛋。

十五、定期消毒

每周可用 20％生石灰乳或 2％氢氧化钠等对圈舍运动场进行消毒，饲槽及用具可用百毒杀等消毒。对饲喂的青草和饮水可采用 0.02％高锰酸钾溶液进行处理。

十六、定期防疫

切实做好防疫工作。预防鸭瘟，可用鸭瘟弱毒苗，雏鸭 20 日龄后接种，每只腿肌注射 0.5 毫升，成鸭每次每只胸肌注射 1 毫升，成鸭每隔 6 个月注射1 次。预防鸭霍乱，可用禽霍乱氢氧化铝菌苗，雏鸭 20 日龄后每只腿肌注射 1 毫升，3 月龄时胸肌注射 2 毫升，免疫期为 75 天。也可用土霉素，按 100 只鸭用 25 万单位的土霉素 5 粒的剂量研末混入饲料或溶于水中，2～3 周喂 1 次。

第四篇

农业机械篇

第四篇

无机非金属

第一章　农机安全操作技术

第一节　拖拉机安全驾驶操作要点

一、术语和定义

1. 拖拉机　用于牵引、推动、携带和/或驱动配套机具进行作业的自走式动力机械。

2. 轮式拖拉机　通过车轮行走的两轴（或多轴）拖拉机。

3. 履带拖拉机　装有履带行走装置的拖拉机。

4. 手扶拖拉机　由扶手把操纵的单轴拖拉机。

5. 拖拉机运输机组　由拖拉机牵引一辆挂车组成的用于载运货物的机动车，包括轮式拖拉机运输机组、手扶拖拉机运输机组和手扶变型运输机。

二、整机

（一）标志

1. 拖拉机机身前部外表面的易见部位上应至少装置一个能持续保持的商标或厂标。

2. 拖拉机应装置能持续保持的产品中文标牌。产品标牌应固定在一个明显的、不受更换部件影响的位置，其具体位置应在产品技术文件要求中指明。标牌应标明品牌、型号、发动机标定功率、出厂编号、出厂年月及生产厂名。

3. 发动机型号应打印（或铸出）在气缸体易见部位，出厂编号应打印在气缸体易见且易于拓印部位，打印字高应不小于 7 毫米，深度应不小于 0.2 毫米，两端应打印起止标记。

4. 拖拉机整机型号和出厂编号应打印在机架（对无机架的拖拉机为机身主要承载且不能拆卸的构件）易见且易于拓印部位，打印字高为 10 毫米，深度应不小于 0.3 毫米，型号在前，出厂编号在后，两端应打印起止标记。打印的具体位置应在产品技术文件要求中指明。

（二）外廓尺寸

拖拉机运输机组的外廓尺寸限值见表 4-1。

表 4-1　拖拉机运输机组外廓尺寸限值

单位：米

类　型		长	宽	高
轮式拖拉机运输机组	发动机标定功率≤58 千瓦	≤10.0	≤2.5	≤3.0
	发动机标定功率>58 千瓦	≤12.0	≤2.5	≤3.5
手扶拖拉机运输机组、手扶变型运输机		≤5.0	≤1.7	≤2.2

（三）安全防护及安全标志

驾驶员工作和维护保养时，易发生危险的部位应加设防护装置并在明显处设置安全标志，其防护要求及安全标志应符合 GB 18447.1—2008 和 GB 18447.2—2008 的规定。

（四）外观

整机外观应整洁，各零部件，仪表、铅封及附件齐备完好，联结紧固，各部件不应有妨碍操作、影响安全的改装。

（五）密封性

整机各部位无明显漏水、漏油和漏气现象。

（六）行驶轨迹

轮式拖拉机运输机组在平坦、干燥的路面上直线行驶时，挂车后轴中心相对于牵引车前轴中心的最大摆动幅度应不大于 220 毫米。

（七）侧倾稳定角

轮式拖拉机运输机组在空载、静态状态下，向左侧和向右侧倾斜最大侧倾稳定角：

（1）拖拉机半挂车运输机组≥25°。

（2）拖拉机全挂车运输机组≥35°。

（八）挂拖质量比

轮式拖拉机运输机组的挂拖质量比（挂车最大允许总质量与拖拉机使用质量之比）应不大于 3。

（九）比功率

轮式拖拉机运输机组的比功率应不小于 4.0 千瓦/吨。

注：比功率为发动机最大净功率（或 0.9 倍的发动机额定功率或 0.9 倍的发动机标定功率）与机动车最大允许总质量之比。

三、发动机

1. 柴油发动机在全程调速范围内能稳定运转，熄火装置有效。

2. 发动机功率应不小于标牌标定功率的 85%。测量方法应符合 GB/T

3871.3—2006 和 GB/T 6229—2007 中的相关规定。

3. 正常工作时的水温、机油温度、机油压力及燃油压力等应符合产品技术文件要求，蒸发式水箱浮标及机油压力指示器应齐全有效。

四、传动系

1. 离合器、变速器、分动器、驱动桥、最终传动装置、动力输出装置及启动机传动机构的外壳无裂纹，运转时无异响、无异常温升现象。

2. 离合器分离应彻底、结合平顺，其自由行程应符合产品技术文件要求。离合器操纵力：①踏板应不大于 350 牛顿（双作用离合器应不大于 400 牛顿）。②手柄应不大于 100 牛顿。

3. 变速箱不应有乱挡和自动脱挡现象。

4. 装有差速锁的拖拉机差速锁应可靠，操作手柄或踏板回位应迅速，无卡滞现象。

五、机架及行走系

1. 机架应完整，不应有裂纹和影响安全的变形及严重锈蚀现象，螺栓和铆钉不应缺少和松动。

2. 前、后桥不应有影响安全的变形和裂纹；发动机支架不应有裂纹。

3. 轮毂、轮辋、辐板、锁圈不应有裂纹、不应有影响安全的变形；螺母齐全，并按规定力矩紧固。

4. 轮胎型号应符合产品技术文件规定，运输作业时不应装用胎纹磨平的驱动轮和胎纹高度低于 3.2 毫米的转向轮，不应装用翻新的轮胎。轮胎胎壁和胎面不应有露线及长度大于 25 毫米、深度足以暴露出帘布层的破裂和割伤。

5. 驱动轮胎纹方向不应装反（沙漠中除外），同一轴上的左右轮胎型号、胎纹相同、磨损程度大致相等。

6. 拖拉机运输机组不准装用高胎纹轮胎。

7. 轮胎气压应符合产品技术文件要求，左右一致。

8. 前轮前束值应符合产品技术文件要求规定。

9. 前后轮应按技术文件要求设置挡泥板。

10. 履带缓冲弹簧经预压后的长度符合规定，并且左右相等。引导轮轴及其叉臂装置应能无阻地前后运动。

六、转向系

1. 转向盘应转向灵活，操纵方便，无阻滞现象；其最大自由转动量应不大于 30°。

2. 拖拉机转向应设置转向限位装置。转向系统在任何操作位置上不允许与其他部件有干涉现象。

3. 转向系转向应轻便灵活，在平坦、干硬的道路上不应有摆动、抖动、跑偏及其他异常现象。

4. 转向盘的操纵力：①机械式转向器应不大于 250 牛顿；②全液压式转向器失效时，应不大于 600 牛顿。

5. 转向机构应保证平稳转向，最小转向圆直径应符合产品技术文件要求。

6. 转向垂臂、转向节臂及其间的纵、横拉杆连结可靠不变形，球头间隙及前轮轴承间隙适当，不应有松旷现象，在平坦道路区段高速行驶时，前轮不应有明显摆动。

7. 全液压转向轮从一侧极限位置转到另一侧极限位置时，转向盘转数不应超过 5 圈。

8. 液压转向系油位应正常，各处不应渗漏，油路中无空气。

9. 履带拖拉机转向操纵杆的工作行程和自由行程符合产品技术文件要求。最大操纵力应不大于 250 牛顿。

10. 履带拖拉机转向操纵杆及制动踏板工作可靠，应能原地转向。

11. 手扶拖拉机扶手把组合不应有裂纹和变形，紧固牢靠；左右转向拉杆自由行程应调整一致，分离彻底，转向灵活，回位及时。彻底分离时，转向把手与扶手把套之间应有 2～4 毫米间隙。手扶拖拉机运输机组的转向离合器把手操纵力应不大于 50 牛顿。

七、制动系

（一）一般要求

1. 装有左右踏板的制动器，左右踏板的脚蹬面应位于同一平面上，应有可靠的连锁装置和定位装置。

2. 制动踏板的自由行程应符合产品技术文件要求，制动应平稳、灵敏、可靠。

3. 制动最大操纵力：①踏板应不大于 700 牛顿；②手柄应不大于 400 牛顿。

4. 制动踏板在产生最大制动作用后，应留有储备行程，不得少于五分之一以上的总行程量。

5. 轮式拖拉机运输机组牵引的载质量大于等于 3 吨的挂车与拖拉机意外脱离后，挂车应能自行制动，拖拉机的制动仍然有效。

（二）气压制动系

1. 储气筒应设置放水阀，其容量应保证在调压阀调定的最高气压下，且在不继续充气的情况下连续 5 次全行程制动后，气压不低于 400 千帕。

2. 制动系各部位应不漏气，当气压升至 600 千帕时，且不使用制动的情况下，停止空气压缩机 3 分钟后，其气压降低值应不超过 10 千帕。

3. 发动机在中速运转时，4 分钟内（带挂车为 6 分钟）气压表的指示气压应从 0 升至 400 千帕。

4. 储气筒应有限压装置，确保气压不超过允许的最高气压。

5. 当制动系统的气压低于限压装置限制压力一半时，报警装置应能连续向驾驶员发出容易听到和/或看到的报警信号。

（三）液压制动系

前后轮均采用液压制动系的拖拉机应为双管路制动系统，制动油位应正常，管路不应漏油或进气；当制动达到最大效能时，保持 1 分钟，踏板不应有缓慢向底板移动现象；当部分管路失效时，剩余制动效能仍能保持原规定值的 30％以上。

（四）拖拉机行车制动性能

1. 拖拉机路试检验的制动距离和制动稳定性应符合表 4-2 的规定。

制动距离：是指拖拉机在规定的初速度下紧急制动时，从脚接触制动踏板（或手触动制动手柄）时起至拖拉机停住时止，拖拉机行驶过的距离。

制动稳定性要求：是指制动过程中拖拉机的任何部位不应超出试车道宽度。

表 4-2 拖拉机制动距离和制动稳定性的要求

拖拉机类型	制动初速度（千米/小时）	空载制动距离要求（米）	满载制动距离要求（米）	试车道宽度（米）	备注
轮式拖拉机	20	≤6.4	—	3.0	不带挂车和/或农具，加满油、水，装有规定的最大配重
轮式拖拉机运输机组	20	≤6.0	≤6.5	3.0	加满油、水
手扶拖拉机运输机组	15	≤3.2	≤3.4	2.3	加满油、水
手扶变型运输机	20		≤6.5	2.3	加满油、水

2. 拖拉机台试检验的制动力和制动力平衡要求应符合表 4-3 的要求。

表 4-3　拖拉机制动力和制动力平衡的要求

拖拉机类型	制动力总和与整机重量的百分比（％）		轴制动力与轴荷的百分比（％）
	空载	满载	后轴（及其他轴）
轮式拖拉机	≥60	—	≥60
轮式拖拉机运输机组	≥60	≥50	≥60

注：1. 轴制动力与轴荷的百分比在空载和满载状态下测试均应满足要求；如前轴有制动功能，轴制动力与轴荷的比应≥60％。

2. 在制动力增长全过程中同时测得的左右轮制动力差的最大值，与全过程中测得的该轴左右轮最大制动力中大者之比，对于前轴应不大于20％；对于后轴（及其他轴）应不大于24％。

3. 用平板制动检验台检验时应按动态轴荷计算。

3. 拖拉机行车制动性能路试检验和台试检验按 GB16151.1—2008 附录 A 检验方法检验。

4. 当拖拉机经台试检验后对其制动性能有质疑时，可采用路试检验进行复检，并以路试结果为准。

（五）驻车制动

1. 轮式拖拉机、拖拉机运输机组在坡度为 20％ 的干硬坡道上，挂空挡，使用驻车制动装置，应能沿上、下坡方向可靠停驻，时间应不小于 5 分钟。

2. 履带拖拉机可在坡度为 30％ 的干硬坡道上停驻，挂空挡，使用驻车制动装置，应能沿上、下坡方向可靠停驻，时间应不小于 5 分钟。

八、照明、信号装置及其他电气设备

1. 灯具应安装牢靠，完好有效，不应因机体振动而松脱、损坏、失去作用或改变光照方向；所有灯光的开关应安装牢靠、开关自如，不应因机体振动而自行开关。开关的位置应便于驾驶员操纵。

2. 照明和信号装置配置应符合表 4-4 的规定。

表 4-4　拖拉机照明和信号装置配置表

拖拉机类型	前照灯	前位灯	后位灯	后工作灯	制动灯	后牌照灯	前转向信号灯	后转向信号灯	后反射器
轮式拖拉机	√	—	—	√	√	—	√	√	√
履带拖拉机	√	—	—	√	—	—	—	—	√
手扶拖拉机	√	—	—	—	√	—	√	√	—
轮式拖拉机运输机组	√	√	√	—	√	√	√	√	√
手扶拖拉机运输机组	√	√	√	—	√	√	√	√	√
手扶变型运输机	√	√	√	—	√	√	√	√	√

注："√"表示应配置；"—"表示可不配置。

3. 照明和信号装置的光色应符合 GB 4785—2007 的有关规定，其数量、位置、最小几何可见角度等参照 GB 4785—2007 执行。

4. 反射器应能保证夜间在其正面前方 150 米处用前照灯照射时，在照射位置就能确认其反射光。

5. 前照灯光束照射位置要求：①轮式拖拉机运输机组装用的前照灯近光光束的照射位置，前照灯照射在距离 10 米的屏幕上时，要求在屏幕上光束中点的离地高度不允许大于 0.7H（H 为前照灯基准中心高度）；水平位置要求，向右偏移不允许大于 350 毫米，不允许向左偏移。②前照灯光束照射位置检验方法见 GB 16151.1—2008 附录 B。

6. 前照灯的远光光束发光强度应不小于表 4-5 的要求。测试时，其电源系统应处于充电状态。

表 4-5　拖拉机前照灯远光光束发光强度

单位：坎德拉

拖拉机类型	新注册拖拉机		在用拖拉机	
	一灯制	两灯制	一灯制	两灯制
标定功率>18 千瓦	—	8 000	—	6 000
标定功率≤18 千瓦	6 000	6 000	5 000	5 000

注：采用四灯制的拖拉机其中 2 只对称的灯达到两灯制的要求时视为合格。

7. 照明和信号装置的一般要求（发动机 12 小时标定功率不大于 14.7 千瓦的拖拉机可参照执行）：

（1）前照灯的近光不应眩目。

（2）前照灯应有远、近光变换装置，当远光变为近光时，所有远光应能同时熄灭。

（3）前照灯左、右远、近光灯不应交叉开亮。

（4）前位灯、后位灯、牌照灯和仪表灯应能同时启闭，当前照灯关闭和发动机熄灭时应能点亮。

（5）危险报警闪光灯，其操纵装置应不受电源总开关的控制。

（6）危险报警闪光灯和转向信号灯的闪光频率应为 1.5±0.5 赫兹，启动时间应不大于 1.5 秒。

（7）仪表灯点亮时，应能照清仪表板上所有的仪表并不应眩目。

（8）照明和信号装置的任一条线路出现故障，不应干扰其他线路的正常工作。

（9）制动灯的亮度应明显大于后位灯。

8. 发电机工作良好，蓄电池应保持常态电压；电器导线均应捆扎成束，布置整齐，固定卡紧，接头牢靠并有绝缘封套，在导线穿越孔洞时，应设绝缘套管。

9. 轮式拖拉机应设置低噪声喇叭，喇叭声级在距拖拉机前 2 米，离地高 1.2 米处测量时，其值应为 90～115 分贝。

10. 驾驶室前挡风玻璃应安装灵敏有效的刮水器，应设置遮阳装置。

九、液压悬挂及牵引装置

1. 液压悬挂机构升降平稳，应有限位或锁定装置。

2. 分置式液压系统升降操纵系统定位和回位作用正常。

3. 液压系统操纵手柄应定位准确，手柄操纵工况应符合标注位置。

4. 液压悬挂及牵引装置各杆件不应有裂纹、损坏和影响安全的变形；限位链、安全链及各插销、锁销应齐全完好，各零部件应无异常磨损。

5. 拖拉机运输机组的牵引装置应牢固，无严重磨损，牵引销应有保险锁销，并配有保险索、链。

十、驾驶室等部件

1. 乘员人数应符合技术文件规定。

2. 驾驶室门窗启闭应轻便，应能严密关闭。

3. 发动机标定功率 36.8 千瓦以上从事农田作业的轮式拖拉机应安装安全框架。

4. 驾驶室内至少有 2 个不在同侧上的、能够容易地从驾驶室内打开的应急出口，包括正常出入的门，应急出口横断面最小尺寸应为内包一个长轴 640 毫米、短轴 440 毫米的椭圆。

5. 驾驶室内、外部不应有任何能使人致伤的尖锐凸起物，内饰材料应具有较高抗燃烧特性。

6. 驾驶室四周视野应良好，挡风玻璃及门窗玻璃应为安全玻璃。

7. 轮式拖拉机驾驶员座椅应固定牢靠，位置可调。

8. 各操纵部件布置合理、操纵方便，操纵符号及其他符号应符合 GB/T 4269.1—2000 和 GB/T 4269.2—2016 的规定。

9. 驾驶室应设置攀登用的防滑踏板和拉手，驾驶室第一级踏板距地面高度应不大于 550 毫米。

10. 拖拉机的前部左、右边应各装一面后视镜，位置应适宜，镜中影像应清晰。

11. 拖拉机至少应设置前号牌座，拖拉机运输机组应设置前、后号牌座，前号牌座应在前面的中部或右部，后号牌座应在后面的中部或左部。号牌座的面积不应小于宽 300 毫米、高 165 毫米，应预设 2 个直径为 8 毫米，中心距为 125.5 毫米的号牌安装孔，其中左边孔的定位尺寸为距号牌座左边 24.5 毫米，距上边 17.5 毫米。

12. 带有自卸货厢功能的拖拉机或机组应设置举升后维修状态机械式锁定装置，侧翻式自卸货厢应设置运输状态锁定装置，锁定装置应可靠。

13. 燃油箱、蓄电池不应安装在驾驶室内，与排气管之间的距离应不小于 300 毫米，或设置有效的隔热装置。

14. 从事田间收获、脱粒、运输易燃品等作业的拖拉机应配备灭火器，其排气管应加装安全可靠的熄灭废气火星的装置。

15. 排气管出口不应直接朝向驾驶员或其他操作者。

16. 拖拉机运输机组应配备警告标志牌。

十一、排气污染物控制

拖拉机自由加速烟度测量方法参照 GB 3847—2005 附录 K，排放限值为新机应不大于 5.0Rb，在用机应不大于 6.0Rb。

十二、噪声控制

拖拉机噪声应符合 GB 6376—2008 的要求。环境噪声测量方法应符合 GB/T 3871.8—2006 和 GB/T 6229—2007 相关规定，驾驶员操作位置处噪声测量方法按附录 C。

十三、安全操作的基本条件

1. 拖拉机投入使用前，机主应按规定办理注册登记，取得号牌、行驶证，并按规定安装号牌。

2. 有下列情形之一的拖拉机应禁止使用：

——禁用、报废的或非法拼装、改装的；

——改变拖拉机出厂时的安全状态的；

——无号牌和行驶证的；

——未按规定定期安全技术检验的；

——不符合 GB 16151.1—2008 规定要求的。

3. 驾驶操作人员应经过培训并取得拖拉机驾驶证，驾驶证在有效期内；驾驶操作机型应与驾驶证签注相符。

4. 首次操作拖拉机时，应阅读、理解并熟悉其使用说明书的内容。有下列情况之一的人员禁止驾驶操作拖拉机：

——无驾驶证或证件失效、准驾机型与驾驶机型不相符合的；

——饮酒或服用国家管制的精神药品和麻醉药品以及可能影响安全操作的药品的；

——患有妨碍安全驾驶的疾病或疲劳驾驶的。

5. 驾驶操作人员在操作时，应随身携带驾驶证和行驶证。

十四、启动

1. 启动前，应按使用说明书的要求检查润滑油、燃油、冷却液和轮胎气压，确认拖拉机各部件安全技术状态良好后方可启动。

2. 将变速器操作手柄置于空挡位置，动力输出离合器手柄应置于分离位置。

3. 手摇启动时，站立位置以摇把打不到人为宜，发动机启动后应取出摇把。

4. 绳索启动时，绳索不得缠在手上，人体应避开启动轮回转面，身后不准站人。

5. 禁止对电启动机直接搭接通电启动；禁止用溜坡或向进气管中注入燃油等非正常方式启动。

6. 禁止无水启动和用明火烤发动机油底壳。

十五、起步

1. 起步前，应观察各仪表读数、灯光是否正常，各部位有无漏水、漏油、漏气现象和异常声响，确认发动机怠速和最高空运转速度正常后方可起步。

2. 观察周围是否有人或障碍物，确认安全后方可起步。

3. 手扶拖拉机起步时，不得在松放离合器手柄的同时分离一侧转向手柄。

4. 与农机具挂接起步时，应分离农机具动力。携带可提升机具时，应将机具升至安全高度。

十六、转移行驶

1. 上道路行驶，应遵守道路交通安全法规。

2. 驾驶室及驾驶座不得超员乘坐，不得放置有碍操作及有安全隐患的物品。

3. 严禁双手脱离操纵杆（操纵把、方向盘）行驶，不得用脚操纵。

4. 不得将脚长久搁在离合器踏板上，或用离合器控制行驶速度。

5. 上、下坡时应直线行驶，不得换挡、急转弯、横坡掉头；下坡时不得空挡或分离离合器滑行；坡道上停机时应锁定制动器，并采取可靠防滑措施。

6. 行经人行横道、村庄或容易发生危险的路段时，应减速缓行；遇行人正在通过人行横道时，应停机让行。

7. 夜间行驶以及遇有沙尘、冰雹、雨、雪、雾、结冰等气候条件时，应降低行驶速度，开启前照灯、示廓灯和后位灯，雾天行驶还应开启危险报警闪光灯。

8. 拖拉机行经渡口，应服从渡口管理人员指挥。上下渡船应低速慢行，在渡船上停稳后锁定制动器，并采取可靠的稳固措施。

9. 通过铁路道口时，应按照交通信号或者管理人员的指挥通行。没有交通信号或者管理人员的，应观察左右是否有来车，在确认安全后用较低挡位行驶通过。

10. 行经漫水路或者漫水桥时，应停机察明水情，确认能安全通行后，低挡行驶通过。

11. 倒车时，应查明拖拉机后方情况，确认安全后方可倒车。不得在铁路道口、交叉路口、单行路、桥梁、急弯、陡坡或者隧道中倒车。

12. 拖拉机只允许牵引一辆挂车，挂车的灯光信号、制动、安全防护等装置应符合国家标准。

13. 道路行驶以及牵引挂车从事运输作业时，严禁使用差速锁；左右制动踏板应连锁牢固，防止单边制动。载物应符合核定的载质量，严禁超载，载物的长、宽、高应符合装载要求。装载大件物品和机具时，应设置安全有效的防滑移措施。装载运输棉花、秸秆等易燃品时，严禁烟火，并应有防火措施。严禁挂车载人或人货混载。

14. 牵引故障拖拉机时，应低速行驶。被牵引的拖拉机不得拖带挂车，其宽度不得大于牵引拖拉机的宽度；使用软连接牵引装置时，牵引拖拉机与被牵引拖拉机之间的距离应大于 4 米小于 10 米；牵引制动失效的拖拉机时，应采用硬连接牵引装置牵引；牵引与被牵引的拖拉机均应开启危险报警闪光灯。

15. 拖拉机在道路上发生事故时，妨碍交通又难以移动的，应开启危险报警闪光灯并在来车方向设置警告标志等措施扩大示警距离，夜间还应开启示廓灯和后位灯。发生交通事故后，应立即向当地公安机关交通管理部门报案。

十七、农田作业

1. 拖拉机应与配套的农机具使用，并确保挂接安全。

2. 拖拉机驾驶操作人员应对参与作业的辅助人员进行相关的安全教育，使其熟悉与作业有关的安全操作注意事项。

3. 驾驶操作人员和参与作业的辅助人员衣着应避免被缠挂，留长发的应盘绕发辫并戴工作帽。

4. 作业时，驾驶操作人员应与参与作业的辅助人员设置联系信号。

5. 挂接农具时，驾驶操作人员应与协助挂接人员密切配合，并在倒车时做随时停车的准备。在拖拉机停稳后方可挂接农具，并插好安全销，调整限位杆链，使之符合该农具作业的要求。

6. 作业前，应勘察作业场地、清除障碍。必要时，应在障碍、危险处设置明显标志，无关人员应离开作业现场。

7. 参与作业的辅助人员应按规定人数坐于农具上的工作座位（或站在工作踏板上），严禁超员乘坐（站）。

8. 作业行进中，不得用手、脚清除农具上的泥土和杂草。清理时，应停车、熄火。

9. 拖拉机使用同步式动力输出，在挂倒挡前，应先分离动力输出轴；需要检查农具或发动机时，应先切断动力输出轴动力。

10. 在作业中出现翘头时，应立即分离离合器，减轻负荷，检查配重。

11. 采用倒车方式跨越高埂或上陡坡时，驾驶操作人员应下车查明拖拉机后方情况，确认安全后方可倒车。

12. 悬挂农具转移时，应将农具升到最高位置，调短上拉杆。同时，用液压系统或悬挂机构的锁定装置将农具固定。悬挂杆件不得做牵引用途。

13. 悬挂的农具应降置到地面后才允许排除故障或更换零件。若必须在升起状态操作时，应将其锁定在升起位置，并用支撑物稳固支撑。

14. 从事田间收获、脱粒、运输易燃品等作业的拖拉机应配备灭火器。

15. 从事喷洒农药作业时，驾驶操作人员及参与作业的辅助人员应穿戴好防护用品，人体裸露部分应避免与药剂接触，并且应逆风作业。作业中，不准喝水、吸烟和饮食，并防止剩余农药污染土地或水源。

16. 田间作业时发生农机事故的，驾驶操作人员应：

——立即停止作业，保护现场；

——造成人员伤害的，应立即采取措施，抢救受伤人员，因抢救受伤人员变动现场的，应标明位置，并立即向事故发生地农业机械化主管部门报告；

——造成人员死亡的，还应向事故发生地公安机关报告。

十八、停机检查

1. 拖拉机使用中，遇到下列情况之一时，应立即停机进行检查：

——发动机或传动箱出现异常声响或气味；

——发动机润滑油压力降低到不正常范围；

——发动机转速异常升高，油门控制失效；

——其他异常现象。

2. 发生冷却水沸腾（蒸发式冷却除外）时应停止作业，使发动机在无负荷状态下低速运转到温度降低后再停机。禁止高温时拧开水箱盖，避免被烫伤。

第二节 拖拉机运输机组安全驾驶操作的特殊要求

一、术语和定义

1. 机动车 由动力装置驱动或牵引，上道路行驶的供人员乘用或用于运送物品以及进行工程专项作业的轮式车辆，包括汽车及汽车列车、摩托车、拖拉机运输机组、轮式专用机械车、挂车。

2. 挂车 设计和制造上需由汽车或拖拉机牵引，才能在道路上正常使用的无动力道路车辆，包括牵引杆挂车、中置轴挂车和半挂车，用于：

——载运货物；

——专项作业。

3. 拖拉机运输机组 由拖拉机牵引一辆挂车组成的用于载运货物的机动车，包括轮式拖拉机运输机组和手扶拖拉机运输机组。

（1）本标准所指的拖拉机是指最高设计车速不大于 20 千米/小时、牵引挂车方可从事道路货物运输作业的手扶拖拉机和最高设计车速不大于 40 千米/小时、牵引挂车方可从事道路货物运输作业的轮式拖拉机。

（2）手扶拖拉机运输机组还包含手扶变型运输机，即发动机 12 小时标定功率不大于 14.7 千瓦，采用手扶拖拉机底盘，将扶手把改成方向盘，与挂车连在一起组成的折腰转向式运输机组。

二、整车

（一）整车标志

表 4-6 各类机动车产品标牌应补充标明的项目

机动车类型	应补充标明的项目
组成拖拉机运输机组的拖拉机	出厂编号、发动机标定功率、使用质量
牵引杆挂车在未采用统一的车辆识别代号之前应标明车架号。	

（二）外廓尺寸

拖拉机运输机组的外廓尺寸限值见表 4-7。

表 4-7　拖拉机运输机组外廓尺寸限值

单位：米

机动车类型		长	宽	高
拖拉机运输机组	轮式拖拉机运输机组	≤10.00[a]	≤2.50	≤3.00[a]
	手扶拖拉机运输机组	≤25.00	≤1.70	≤2.20

注：a. 对标定功率大于 58 千瓦的轮式拖拉机运输机组长度限值为 12.00 米，高度限值为 3.50 米。

（三）核载

1. 质量参数核定　轮式拖拉机运输机组的挂拖质量比（挂车最大允许总质量与拖拉机使用质量之比）应小于等于 3。

2. 有驾驶室机动车的驾驶室乘坐人数核定（摩托车除外）　有驾驶室的拖拉机运输机组，除驾驶人外可再核定一名乘员，但其坐垫宽应大于等于 350 毫米，座椅深应大于等于 300 毫米，且座椅不应增加拖拉机运输机组的外廓尺寸；不具备上述条件时，只准许乘坐驾驶人 1 人。

（四）比功率

拖拉机运输机组的比功率应大于等于 4.0 千瓦/吨。

注：比功率为发动机最大净功率（或 0.9 倍的发动机额定功率或 0.9 倍的发动机标定功率）与机动车最大允许总质量之比。

（五）图形和文字标志

拖拉机运输机组应对需要提醒人们注意的安全事项设置相应的安全标志。安全标志应符合 GB 10396—2006 的规定。

（六）行驶轨迹

轮式拖拉机运输机组在平坦、干燥的路面上直线行驶时，挂车后轴中心相对于牵引车前轴中心的最大摆动幅度，轮式拖拉机运输机组应小于等于 220 毫米。

三、转向系

轮式拖拉机运输机组应能在同一个车辆通道圆内通过，车辆通道圆的外圆直径 D1 为 25.00 米，车辆通道圆的内圆直径 D2 为 10.60 米。轮式拖拉机运输机组由直线行驶过渡到上述圆周运动时，任何部分超出直线行驶时的车辆外侧面垂直面的值（外摆值）应小于等于 0.80 米，其试验方法见 GB 1589—2016。

四、制动系

（一）驻车制动

驻车制动应能使机动车即使在没有驾驶人的情况下，也能停在上、下坡道上。驾驶人应在座位上就可以实现驻车制动。对于轮式拖拉机运输机组，如挂车与牵引车脱离，挂车（由轮式拖拉机牵引的装载质量 3 000 千克以下的挂车除外）应能产生驻车制动。挂车的驻车制动装置应能由站在地面上的人实施操纵。

（二）气压制动的特殊要求

采用气压制动的机动车，在气压升至 600 千帕且不使用制动的情况下，停止空气压缩机工作 3 分钟后，其气压的降低值应小于等于 10 千帕。在气压为 600 千帕的情况下，停止空气压缩机工作，将制动踏板踩到底，待气压稳定后观察 3 分钟，气压降低值对轮式拖拉机运输机组应小于等于 30 千帕。

（三）路试检验制动性能

行车制动性能检验

用制动距离检验行车制动性能

机动车在规定的初速度下的制动距离和制动稳定性要求应符合表 4-8 的规定。对空载检验的制动距离有质疑时，可用表 4-8 规定的满载检验制动距离要求进行。

制动距离：是指机动车在规定的初速度下急踩制动时，从脚接触制动踏板（或手触动制动手柄）时起至机动车停住时止机动车驶过的距离。

制动稳定性要求：是指制动过程中机动车的任何部位（不计入车宽的部位除外）不超出规定宽度的试验通道的边缘线。

表 4-8　拖拉机对制动距离和制动稳定性的要求

机动车类型	制动初速度（千米/小时）	空载检验制动距离要求（米）	满载检验制动距离要求（米）	试验通道宽度（米）
轮式拖拉机运输机组	20	≤6.0	≤6.5	≤3.0
手扶变型运输机	20		≤6.5	2.3

五、照明、信号装置和其他电气设备

（一）照明和信号装置的数量、位置、光色和最小几何可见度

拖拉机运输机组应设置前照灯、前位灯（手扶拖拉机运输机组除外）、后位灯、制动灯、后牌照灯、后反射器和前、后转向信号灯，其光色应符合 GB 4785—2007 相关规定。

（二）照明和信号装置的一般要求

轮式拖拉机运输机组均应具有危险警告信号装置，其操纵装置不应受灯光总开关的控制。

（三）车身反光标识和车辆尾部标志板

拖拉机运输机组应按照相关标准的规定在车身上粘贴反光标识。

（四）前照灯

1. 远光光束发光强度要求 机动车每只前照灯的远光光束发光强度应达到表 4-9 的要求；并且，同时打开所有前照灯（远光）时，其总的远光光束发光强度应符合 GB 4785—2007 的规定。测试时，电源系统应处于充电状态。

表 4-9　前照灯远光光束发光强度最小值要求

单位：坎德拉

机动车类型		检查项目					
		新注册车			在用车		
		一灯制	二灯制	四灯制[a]	一灯制	二灯制	四灯制[a]
拖拉机运输机组	标定功率>18 千瓦	—	8 000	—	—	6 000	—
	标定功率≤18 千瓦	6 000	6 000	—	5 000	5 000	—

注：a. 四灯制是指前照灯具有 4 个远光光束；采用四灯制的机动车其中 2 只对称的灯达到两灯制的要求时视为合格。

b. 允许手扶拖拉机运输机组只装用 1 只前照灯。

2. 光束照射位置要求 轮式拖拉机运输机组装用的前照灯近光光束的照射位置，要求在屏幕上光束中点的离地高度应小于等于 0.7H（H 为前照灯基准中心高度）；水平位置要求，向右偏移应小于等于 350 毫米，不得向左偏移。

六、传动系

（一）离合器

离合器彻底分离时，拖拉机运输机组踏板力应小于等于 350 牛顿。

（二）车速受限车辆的特殊要求

拖拉机运输机组等车速受限车辆应在设计及技术特性上确保其实际最大行驶速度在满载状态下不会超过其最大设计车速，在空载状态下不会超过其最大设计车速的 110%。

注：实际最大行驶速度是指车辆在平坦良好路面行驶时能达到的最大速度。

七、安全防护装置

（一）车外后视镜和前下视镜

轮式拖拉机运输机组后视镜的性能和安装要求应符合 GB 18447.1—2008 的规定。

（二）拖拉机运输机组的特殊要求

拖拉机运输机组的传动皮带、风扇、启动爪和动力输出轴等外露旋转件应加防护罩，并应符合 GB/T 8196—2003 的规定。

第三节　农用挂车安全使用要点

一、整车

1. 挂车应装置能持续保持的产品中文标牌，产品标牌应固定在一个明显的、不受更换部件影响的位置，其具体位置应在产品技术文件要求中指明。标牌应标明品牌、型号、总质量、载质量、出厂编号、出厂年月及生产厂名。

2. 挂车的型号和出厂编号应打印（或铸出）在车架上易见且易于拓印部位，打印字高为 10 毫米，深度应不小于 0.3 毫米，型号在前，出厂编号在后，两端应打印起止标记。其具体位置应在产品技术文件要求中指明。

3. 挂车与拖拉机配套后的外廓尺寸应符合 GB 16151.1—2008 的规定。

4. 挂车外观整洁，零部件完好，联结紧固。

5. 电缆线、制动气管和液压油管应设保护装置，其长度应适当、固定位置应合理，在转弯、倒车时应不受影响。

6. 全挂挂车的车厢底部至地面距离大于 800 毫米时，应在前后轮间两外侧装置防护网（架）。但本身结构已能防止行人和骑车人等卷入的除外。

7. 挂车后面横梁上应设置号牌座，其位置在中部或左部。

二、车厢

1. 车厢应完整，不应有严重变形、裂纹及锈蚀，螺栓和铆钉不应有缺少或松动。

2. 车厢的内、外不应有任何能使人致伤的尖锐凸起物。

3. 车厢的厢板开关应灵活、连接及锁定应可靠。

4. 车厢应有前安全架、缆绳钩。

三、车架和悬架

1. 车架和悬架不应有裂纹和影响安全的变形。

2. 钢板弹簧固定应牢靠、无裂纹。

四、牵引架和转盘

1. 牵引架不应变形，应装置有保险索、链。

2. 牵引架与拖拉机连接插销应锁定可靠，牵引环在拖拉机牵引叉中转动灵活。

3. 挂车与手扶拖拉机挂接后，插销与牵引框孔之间的间隙应保证操纵把手的上、下移动幅度应不大于 200 毫米。

4. 全挂挂车的上下转盘相对转动灵活。

五、行走装置

1. 轮胎型号应符合产品技术文件要求规定，同一轴上的左右轮胎型号、磨损程度大致相等，气压符合产品技术文件要求，不应使用内垫外包、胎纹磨平、胎面和胎壁有长度超过 25 毫米且深度足以暴露出帘布层的破裂和割伤的轮胎。

2. 车轮轮辋应无裂纹、不变形，螺母齐全，紧固可靠。

3. 车轮转动灵活，无碰擦及松旷现象，轴承处的调整螺母锁定可靠，并装置防尘罩。

六、制动系统

1. 挂车应有可靠的制动系统。与轮式拖拉机配套的载质量大于 1 吨、小于 3 吨的挂车应装置液压和/或气压式制动系统；载质量不小于 3 吨的挂车应装置气压式断气制动系统。

2. 手扶拖拉机挂车上的制动器在产生最大制动作用后，应留有五分之一以上的储备行程。

3. 挂车与拖拉机挂接后，行驶于干燥平坦的混凝土或沥青路面上，其制动性能应符合 GB 16151.1—2008 的规定。

4. 拖拉机运输机组在坡度为 20% 的干硬坡道上，挂空挡，使用驻车制动装置，应能沿上、下坡方向可靠停驻，时间应不小于 5 分钟。

七、液压倾卸系统

1. 液压自卸挂车车厢应起落灵活，回位准确，油缸升、降平稳，可在任一位置可靠停住。

2. 液压自卸挂车应设置举升后维修状态机械式锁定装置，侧翻式自卸货箱应设置运输状态锁定装置，锁定装置应可靠。

八、信号装置

1. 手扶拖拉机挂车后部应装置制动灯、转向信号灯。

2. 挂车（除手扶拖拉机挂车外）应装置制动灯、转向信号灯、后位灯及后号牌灯。

3. 挂车应装有后反射器，反射器应能保证夜间在其正后方 150 米处用前照灯照射时，在照射位置就能确认其反射光。

4. 全挂挂车在挂车前部应设置红白相间的标杆。标杆上安装红色挂车标志灯，高度比前栏板应高出 300～400 毫米，距车厢外侧应小于 150 毫米。

5. 电气线路应安装可靠，并应设置外套绝缘管。

第四节　联合收割机安全驾驶操作要点

一、整机

1. 收割机及其发动机的标牌、编号、标记齐全、字迹清晰。在机身前部外表面的易见部位上，应至少装置一个能永久保持的商标或厂标。

收割机应装置能永久保持的产品标牌。产品标牌应固定在一个明显的、不受更换部件影响的位置，其具体位置应在产品使用说明书中明示。标牌应标明商标品牌、收割机型号、发动机标定功率、总质量、出厂编号、出厂年月及生产制造厂名。

发动机型号应打印（或铸出）在气缸体易见部位，出厂编号应打印在气缸体易见拓印部位。打印字高不小于 7 毫米，深度不小于 0.2 毫米，在出厂编号两端应打印起止标记。

整机型号和出厂编号应打印在机架，对无机架的应打印在不能拆卸的构件上，易见且易于拓印的部位。打印字高为 10 毫米，深度不小于 0.3 毫米，型号在前，出厂编号在后。在出厂编号的两端应打印起止标记。

2. 机件、仪表、铅封及附属设备应齐全，联结紧固。

3. 承受交变载荷的紧固件强度等级，关键部位（如发动机、滚筒、割台、轮毂）的螺栓应不低于 8.8 级，螺母应不低于 8 级。

4. 操纵件操作应灵活有效，旋转部件转动应无卡滞。自动回位的手柄、踏板应能及时回位。

5. 仪表准确，指示器的指示位置应与各有关部位的实际情况相符。

6. 各部位不应有妨碍操作、影响安全的改装。

7. 各油管接头、阀门、螺塞、密封垫圈、油封、水封及结合面垫片，应结合严密，齐全完好。

8. 各系统相应部件及各部位应无变形、破裂、脱焊、渗漏、严重锈蚀及连接松动的情况。

9. 收割机动态环境噪声和操作者操作位置处噪声（驾驶员耳位噪声）的限值应符合表 4-10 规定。

表 4-10 自走式收割机噪声限值

单位：分贝

机　型		动态环境噪声	操作者操作位置处噪声 （驾驶员耳位噪声）
驾驶室形式	封闭驾驶室	≤87	≤85
	普通驾驶室	≤87	≤93
	无驾驶室或简易驾驶室		≤95

10. 链条、胶带、缆索、转轮、转轴等外露传动机件及风扇进风口、割刀端部、茎秆切碎器端部和发动机排气管高温处，应设置防护板（罩、网）。

11. 万向节及其传动轴在防止身体接触的部位应设置安全防护罩。

12. 对切割器、割台螺旋输送器、拨禾轮、茎秆切碎器等设计制造中无法置于防护罩内，有可能对身体产生伤害的运动部件，应在其附近醒目处设置永久性安全标志。

13. 无护刃器的切割器的割台，在运输、转移及保管期间，切割器前方应装有刀片护板。

14. 割台螺旋输送器、喂入轮、滚筒、逐稿轮等旋转部件的两端与侧壁之间，应设有挡草装置。

15. 燃油箱与发动机排气管之间的距离应不小于 300 毫米，距裸露电气接头及电器开关 203 毫米以上，或设置有效的隔热装置。

16. 上车通道应装有梯子。梯子除符合 GB 10395.1—2009 中的要求外，还应满足下列要求：

（1）梯子的结构不应有使人致伤的零件和凸起。梯子扶手及踏板材料强度可靠，踏板表面应能防滑。各部件应固定可靠。

（2）梯子第一级踏板上平面到地面的高度应不大于 550 毫米，踏板间距应不大于 300 毫米。在特殊性情况下（水稻收割机、履带行走轮或倾斜补偿机构），最低一级梯子表面离地高度可以大于 550 毫米，但应不超过 700 毫米。

（3）梯子倾斜度应为：当从梯子上下来时，向下看可看到下一级梯子踏板外缘。

（4）梯子向上或向下移动时，不应造成挤压、冲击操作者或在场者的现象。

（5）梯子踏板深度（梯阶前缘到相邻部件的间距），梯子后面有封闭挡板的应不小于 150 毫米，无封闭挡板的应不小于 200 毫米；其他上车通道的阶梯深度应不小于 150 毫米。

（6）梯子踏板到轮胎的间距应不小于 25 毫米，驱动轮与上部机件的径向自由间隙应不小于 60 毫米。

（7）梯子两侧应设置扶手，以使操作者与梯子始终保持 3 处接触。扶手横截面直径应在 25～35 毫米之间，扶手最低端离地高度应不大于 1 600 毫米，扶手后侧应具有最小 50 毫米的放手间隙，距梯子最高级踏板高 1 000 毫米处应设抓手，抓手长度应至少为 150 毫米。

17. 进入保养平台的梯子和通道应符合 16 规定的要求。在特殊情况下（受高度限制），扶手高度可小于 1 000 毫米，但应不小于 650 毫米。

保养平台上应设高度为 1 000 毫米的防护栏，防止工作人员从机器上跌落。在特殊情况下（受高度限制），防护栏/扶栏高度可小于 1 000 毫米，但应不小于 650 毫米。

18. 整机易发生危险部位应按 GB 10395.1—2009 的规定加设防护装置，并在明显处设置安全标志。

19. 本部分中规定的安全标志应符合 GB 10396—2006 的规定。

20. 收割机上应配备可靠、有效的灭火器。

21. 收割机应设置号牌座两处，分别在前面的中部或右部、后面的中部或左部。号牌座的面积应不小于宽 300 毫米、高 165 毫米，应预设两个直径为 8 毫米，中心距为 125.5 毫米的号牌安装孔，其中左边孔的定位尺寸为距号牌座左边 24.5 毫米，距上边 17.5 毫米。

22. 收割机上应装备故障警告标志牌。

二、发动机

1. 怠速及最高空转转速应正常，运转应平稳，没有异响。

2. 关闭油门或拉出熄火拉钮，应即能停止运转。

3. 应有水温表、机油温度表、机油压力表，且能正常工作。

4. 散热器外侧应设有网罩等防护装置。

5. 排气管应装有火星熄灭装置。

三、传动系

1. 离合器、变速器、后桥、最终传动装置应紧固可靠，运转时应无异响、无异常温升。

2. 离合器踏板的自由行程符合技术文件的规定，应分离彻底，接合平稳，不打滑，不抖动。踏板操纵力应不大于 350 牛顿。

3. 换挡操纵应平顺，不乱挡、不跳挡。

四、转向系

1. 转向盘的最大自由转动量应不大于 30°。

2. 在平坦、干硬的道路上转向应轻便灵活，不应有摆动、抖动、跑偏及其他异常现象。

3. 转向盘操纵力：机械式转向器应不大于 250 牛顿，全液压式转向器应不大于 15 牛顿（当熄灭发动机，齿轮泵停转，手动转向泵起作用时，应不大于 600 牛顿）。

4. 全液压转向轮从一侧极限位置转到另一侧极限位置时，转向盘转数应不超过 5 圈。

5. 液压转向系应工作正常，工作中各处液压部件及管路应无渗漏现象。

五、制动系

1. 制动器踏板应防滑，左右踏板应有可靠的联锁装置和定位装置。

2. 制动器工作应平稳、灵敏、可靠，两侧制动器的制动能力应基本一致，左右踏板的脚蹬面应位于同一平面上。

3. 制动踏板的自由行程应符合技术文件的规定。

4. 制动踏板或手柄在产生最大制动作用后，应留有五分之一以上的储备行程。

5. 液压制动系的油位应正常，油品合格，不应漏油或进气。

6. 制动踏板的操纵力应不大于 600 牛顿，制动手柄的操纵力应不大于 400 牛顿。

7. 停车制动装置应保证收割机向上或向下可靠停驻在轮式在坡度为 20%、链式在坡度为 25%的纵向干硬坡道上，时间大于 5 分钟。

8. 轮式自走式收割机运输状态以 20 千米/小时（低于 20 千米/小时的按该机最高速度）的速度行驶于干燥、平坦的混凝土路面或沥青路面上，其制动距离 S 应符合下列规定：

制动器冷态时：S 冷 ≤ 6 米；

制动器热态时：S 热 ≤ 9 米。

9. 制动稳定性要求：减速度不大于 4.5 米/秒^2 时，后轮不应跳起。

六、机架及行走系

1. 轮毂应完好，安装松紧适度。轮辋、辐板、锁圈应无裂纹，不变形，螺母齐全，紧固可靠。

2. 轮胎型号应符合技术文件的要求，不准内垫外包，不准装用胎纹磨平的驱动轮和胎纹高度低于 3.2 毫米的转向轮，不应有严重外伤及磨损露线现象。

3. 驱动轮胎纹不应倒装。同一轴上的左右轮应装相同型号胎纹及磨损大致相等的轮胎。

4. 轮胎气压应符合规定，左右一致。

5. 转向轮的前束值，应符合技术文件的要求。

6. 左右履带与收割机纵向中心线应保持平行，驱动轮与履带板不应有顶齿及脱轨现象。

7. 履带张紧装置应有效，张紧度应符合技术文件的要求。

七、割台

1. 割台传动机构应具有防止意外接合的机构。

2. 护刃器的定刀片铆合应可靠，护刃器安装牢固。

3. 分禾器不应变形，安装可靠。

4. 液压升降割台应有可靠的割台锁定装置。

5. 割台或割台挂车与主机连接处的插销应有防止脱落的措施。

八、脱粒部分

1. 滚筒的纹杆、辐盘应无裂纹。

2. A 型纹杆安装后，螺栓头部不应高出凸纹，纹杆螺栓紧固可靠。

3. 滚筒轴不应弯曲，滚筒转动应灵活，无轴向窜动。

4. 逐稿轮及喂入轮与轴的联结可靠，转动灵活，钉齿安装时不应反装，叶板不应变形。

5. 收割机逐稿器后装有切碎器时，应设置茎秆堵塞报警器。

九、粮箱、集草箱、集糠箱及茎秆切碎器

1. 粮箱的分配螺旋输送器出口侧，应安装栅格状防护板。

2. 茎秆切碎器的动刀片在其滚筒上应安装可靠。

3. 悬挂式茎秆切碎器的动力传动系统，在脱粒机构分离时也应分离。刀片顶点回转周围应至少有 850 毫米的安全距离。防护装置的下边缘离水平地面的高度如果小于 1 100 毫米，安全距离可减至 550 毫米。

十、驾驶室和外罩壳

1. 驾驶室应保证良好的前视野，机器水平面与眼睛位置到切割器前端连线的夹角应不小于 70°。

2. 驾驶室内部最小空间尺寸应符合 GB 10395.7—2006 的规定。

3. 座位及尺寸应符合 GB 10395.7—2006 的规定。

4. 操作者在座位上，手或脚触及范围内不应有剪切或挤压部件。

5. 驾驶室前挡风玻璃应使用安全防护玻璃。

6. 门窗应关闭严密，启闭轻便，门锁可靠。

7. 驾驶室前挡风玻璃应安装灵敏有效的刮水器，应设置遮阳装置。

8. 驾驶室内应至少有 2 个不在同侧上的、能够容易地从驾驶室内打开的应急出口，包括正常出入的门，应急出口横断面最小尺寸应为内包一个长轴640 毫米、短轴 440 毫米的椭圆。

十一、液压系统

1. 液压系统各机构工作灵敏。在最高压力下，元件和管路联结处或机件和管路结合处，均不应有泄漏现象；无异常的噪声、管道振动和温升。

2. 液压转向、操纵系统的压力应符合技术文件的要求。

十二、照明和信号装置

1. 灯具应安装可靠，完好有效。所有开关应安装可靠、开关自如。开关的位置应便于驾驶员操纵。

2. 照明和信号装置配置应符合表 4-11 的规定。

表 4-11　农机照明和信号装置基本配置表

机型	前照灯	前位灯	后位灯	制动灯	后牌照灯	前转向信号灯	后转向信号灯	后反射器
轮式自走式联合收割机	√	√	√	√	√	√	√	√
链式（半喂入）联合收割机	√	√	√	—	√	—	—	√

注："√"表示应配置，"—"表示可选配置；悬挂式联合收割机的拖拉机部分应按照有关规定配置灯光信号装置；割幅在 1.2 米以下的小型简易自走式收割机至少应配置前照灯和手持工作灯。

3. 割幅大于等于 3 米的轮式自走式联合收割机应至少装有 3 只大灯：2 只照射割台前方，1 只照射卸粮情况及后方。光源功率应不小于 50 瓦，分别设立开关。除前照灯外，所有大灯均应安装在能转动的支架上。前照灯应有远、近光。应有危险报警闪光灯。

4. 链式（半喂入）联合收割机应至少装有 5 只大灯：2 只照射割台前方，

1 只照射作物进入主滚筒情况，1 只照射卸粮台，1 只照射后方。光源功率应不小于 45 瓦，分别设立开关。除前照灯外，所有大灯应安装在能转动的支架上。

5. 手持工作灯应带有绝缘手把和金属网灯泡护罩。

6. 照明和信号装置的光色应符合 GB 4785—2007 的有关规定。

7. 反射器应能保证夜间在其正面前方 150 米处用前照灯照射时，在照射位置就能确认其反射光。

8. 前照灯的远光光束发光强度应不小于表 4-12 的要求。测试时，其电源系统应处于充电状态。

表 4-12　收割机前照灯发光强度要求

单位：坎德拉

新注册联合收割机	在用联合收割机
两灯制	两灯制
8 000	6 000

注：采用四灯制的联合收割机其中两只对称的灯达到两灯制的要求时视为合格。

9. 驾驶员向后视线进入盲区的收割机应设置倒车报警装置。

10. 发电机应工作良好，蓄电池应保持常态电压；电器导线均应捆扎成束，布置整齐，固定卡紧，接头可靠并有绝缘封套，在导线穿越孔洞时，应设绝缘套管。

十三、安全操作的基本条件

1. 联合收割机投入使用前，机主应按规定办理注册登记，取得号牌、行驶证，并按规定安装号牌。

2. 有下列情形之一的联合收割机应禁止使用：

——禁用、报废的或非法拼装、改装的；

——无号牌和行驶证的；

——未按规定定期安全技术检验或者检验不合格的；

——不符合 GB 16151.12—2008 规定要求的。

3. 驾驶操作人员应经过培训并取得联合收割机驾驶证，驾驶证应在有效期内；驾驶操作机型应与驾驶证签注相符。

4. 有下列情况之一的人员禁止驾驶联合收割机：

——无驾驶证或证件失效、准驾机型与驾驶机型不符的；

——饮酒或服用国家管制的精神药品和麻醉药品的；

——患有妨碍安全驾驶的疾病或疲劳驾驶的。

5. 驾驶操作人员操作时，应随身携带驾驶证和行驶证。

十四、启动

1. 启动前，应按使用说明书的要求检查润滑油、燃油、冷却液和轮胎气压及影响正常使用的机件和杂物，确认各部件安全技术状态良好后方可启动。

2. 将变速器操作手柄置于空挡位置，各离合器手柄置于分离位置。

3. 电启动机应禁止直接搭接通电启动，禁止用溜坡或向进气管中注入燃油等非正常方式启动。

十五、起步

1. 起步前，应检查各仪表读数是否正常；操纵件操作灵活可靠，旋转部件转动无卡滞，自动回位的手柄、踏板回位正常；发动机怠速及最高空转转速运转平稳；发动机各部位应无漏水、漏油、漏气现象和异常声响。

2. 观察周围是否有人或障碍物，确认安全后方可起步。

十六、转移行驶

1. 联合收割机上道路行驶时，应遵守道路交通安全法规。左、右制动板应锁住，将收割台提升到最高位置并锁定。

2. 驾驶室及驾驶座不得超员乘坐，不得放置有碍操作及有安全隐患的物品。

3. 行经人行横道、村庄或容易发生危险的路段时，应当减速缓行；遇行人正在通过人行横道时，应停机让行。

4. 夜间行驶以及遇有沙尘、冰雹、雨、雪、雾、结冰等气候条件时，应降低行驶速度，开启前照灯、示廓灯和后位灯，雾天行驶还应开启危险报警闪光灯。

5. 上、下坡时，应直线行驶，不得急转弯、横坡掉头；下坡时，不得空挡或分离离合器滑行；坡道上停机时，应锁定制动器，并采取可靠防滑措施。

6. 行经渡口，应服从渡口管理人员指挥。上下渡船应低速慢行，在渡船上停稳后应锁定刹车，并采取可靠的稳固措施。

7. 通过铁路道口时，应按照交通信号或者管理人员的指挥通行。没有交通信号或者管理人员的，应观察左右是否有火车，在确认安全后用较低挡位行驶通过。

8. 行经漫水路或者漫水桥时，应先察明水情，确认能安全通行后，用较低挡位行驶通过。

9. 行经堤坝、便桥、涵洞时，应先确认其载重能力、路面宽度及空间宽度和高度是否能通过。进入田块、跨越沟渠、田埂以及通过松软地带，应使用具有适当宽度、长度和承载强度的跳板。

10. 倒车时，应查明联合收割机后方情况，确认安全后方可倒车，同时开启倒车报警装置。不得在铁路道口、交叉路口、单行路、桥梁、急弯、陡坡或者隧道中倒车。

11. 联合收割机不得牵引其他机械；粮箱禁止载人或载物；出现故障需要牵引时，应采用刚性牵引杆。

12. 联合收割机在道路上发生事故妨碍交通又难以移动时，应开启危险报警闪光灯并在来车方向设置警告标志等措施扩大示警距离，夜间还应同时开启示廓灯和后位灯。当发生道路交通事故时，应立即向事故发生地公安机关交通管理部门报案。

十七、收获作业

1. 联合收割机驾驶操作人员应对参与作业的辅助人员进行相关的安全教育，使其熟悉与作业有关的安全操作注意事项。

2. 驾驶操作人员和参与作业的辅助人员着装应避免被缠挂，留长发的应盘绕发辫并戴工作帽。

3. 作业时，驾驶操作人员应与参与作业的辅助人员设置联系信号，并禁止非作业人员在作业区域内滞留。

4. 作业区域内严禁吸烟和明火。

5. 驾驶操作人员作业前，应勘察作业场地、清除障碍，并在障碍、危险处设置明显标志。

6. 多台联合收割机在同一地块作业时，应保持安全距离。

7. 联合收割机在地头转弯或地边作业时，应避免收割台触及田埂、水渠、树木或其他障碍物。转移时，应切断工作部件动力。

8. 作业过程中，如发生收割台、脱粒、分离、秸秆切碎装置等缠草，或切割器、滚筒等作业部件发生堵塞，应在停机熄火后清理。禁止将手伸入出粮口或排草口排除堵塞。

9. 卸粮时，不得用手、脚或铁器等工具伸入粮仓推送或清理粮食。接粮时，踏板承载不得超过产品使用说明书规定的承载能力。接粮人员不得在收割进行中上、下接粮台。用运粮车与联合收割机并行行走接粮时，应注意保持间距，双方应有设定的信号，联系始卸、停卸或必要时的停车。大型谷物联合收割机卸粮时，应避开高压线路。

10. 联合收割机在作业时发生事故的，驾驶操作人员应当：

——立即停止作业，保护现场；

——造成人员伤害的，应立即采取措施，抢救受伤人员，因抢救受伤人员变动现场的，应标明位置，并立即向事故发生地农业机械化主管部门报告；

——造成人员死亡的，还应向事故发生地公安机关报告。

十八、停机检查

1. 联合收割机作业中，遇到下列情况之一时应立即停机进行检查：

——发动机或传动箱突然出现异常声响或气味；

——发动机润滑油压力降低到不正常范围；

——发动机转速异常升高，油门控制失效；

——其他异常现象。

2. 发生冷却水沸腾时应停止作业，使发动机在无负荷状态下低速运转到温度降低后再停机。禁止高温时拧开水箱盖，避免被烫伤。

第五节　粮食干燥机安全操作要点

一、结构安全要求

(一) 结构性能

1. 干燥机塔体的整体框架应能保证干燥机的承重和抗风雪载荷的强度要求，防止出现倾斜和倒塌事故；角状盒板及箱体内侧板的材质和厚度应耐磨损或防锈蚀，保证干燥机的使用寿命≥10年。

2. 热风炉管式换热器的管壁厚度应保证换热器的使用寿命≥5年（大修除外）。

3. 燃烧煤、稻壳等固体燃料的热风炉在炉膛和换热器之间应设置沉降室。沉降室容积为：热功率≤1.4兆瓦时，≥炉膛容积的50%；热功率>1.4兆瓦时，≥炉膛容积。

4. 各零部件的连接应牢固可靠，紧固件应有防松措施。

5. 干燥机机体的结构及配风应合理，干燥机内不应有杂质堆积、与谷物分层或局部过干的烘干死角（区）。干燥机的内表面应平滑，保证粮食流动通畅，防止粮食和杂质积聚，不得带有凸台、凹梢等结构。装配式干燥机及金属粮仓连接螺栓的螺杆应朝向机外。

6. 输送量≥100吨/小时的提升机，在垂直机壳处应设置泄爆口，泄爆口面积≥1米²/机筒容积（6米³），泄爆装置应用轻质低惯性材料制造，机头部分应有不低于机筒截面积的泄爆面积，室外使用的泄爆装置应防水、防老化和耐低温。

7. 干燥机上盖和机体应设置检查、清理及维修的手孔，其孔盖与机身的连接设计应不必使用任何工具就可方便地从任何一侧打开，通过该手孔可将堵塞在排粮机构任何部位的杂质清除干净。

8. 多点（辊）排粮干燥机的排粮机构各组运动部件和固定部件之间的间隙（排粮口尺寸）应相等且可调。

9. 干燥机排粮装置（机构）应具有足够的强度和刚度，工作时不得产生变形。

（二）防护装置

1. 干燥机的风机和排粮减速机、热风炉的风机和减速机、提升机头轮电机和带式输送机的皮带轮、链轮等外露回转件及风机外露的进风口都应有防护装置，防护装置应符合 GB 10395.1—2009 的规定。

2. 换热器进风口应加防杂物网，安装在地面上的换热器底部应加防鼠网，除换热器和风机进风口处，采用金属网防护装置的网孔尺寸应符合 GB 10395.1—2009 的规定。

3. 外设人（钢直）梯应设置护笼，护笼的设置高度应符合 GB 4053.1—2009 的要求；顶部及工作平台应设置防护栏杆，栏杆高度应符合 GB 4053.3—2009 的要求。栏杆和护笼均应牢固可靠。

4. 燃烧煤、稻壳等固体燃料的热风炉在炉膛和换热器之间设置副烟道或应急排热口，防止故障停机或突然断电时烧坏换热器，应急排热口应方便打开。

5. 干燥机应均匀或对称设置在发生火情等意外时便于快速开启的紧急排粮口。

6. 在周围 50 米范围内，干燥机高度超过其他建筑物时应设置防雷措施，防雷措施应符合 GB 50057—2010 的规定。

7. 在$-5℃$环境温度以下作业的干燥机热风管道和机体四周，应采取防止烫伤的保温措施，保温后的热风管道表面温度应$\leqslant 45℃$；热风炉体的外表面温度应$\leqslant 65℃$。

8. 输送量$\geqslant 20$吨/小时、提升高度 20 米的提升机，应设置止逆装置，以防满负荷停机时倒转。

（三）电器设备

1. 电器设备应安全可靠，电器绝缘电阻应$\geqslant 1$兆欧。

2. 电器控制系统应有可靠接地装置，安装应符合 GB/T 3797—2016 的规定。

3. 直燃式燃油、燃气炉系统内应有火花扑灭装置或其他安全防火措施。

4. 燃油、燃气炉点火装置应安全可靠。

5. 应有热风温度显示和控制系统，粮温用传感器的精度$\leqslant 0.5\%$，炉温用传感器的精度$\leqslant 1.0\%$，仪表示值（系统）误差应$\leqslant 3℃$。

6. 电控间内应配备声、光等报警装置，工作间和工作现场应配备警铃或报警灯等。

7. 应使用能设定上下限温度的温控仪表，并能实现超温自动报警且有降温调控措施。

8. 干燥机内的上下料位器应与流程前的输送或提升设备实现连锁自动控制，保证干燥机满粮状态。

9. 功率超过 30 千瓦的风机电动机应采取二次降压或变频启动等方法，降低启动负荷，减少电耗。

10. 安装在封闭构筑物内的干燥机的电气及控制设备应符合 GB 17440—2008 粉尘防爆规定。电动机应为全封闭型，轴端装有冷却风扇，机壳防护等级为：室内 IP54，室外 IP 55。

11. 电控间操作者站立的地面必须铺绝缘橡胶板；进行电器维修或电控操作前要切断电源，并有明示安全警示牌。

12. 电动工具在使用前必须检查漏电防护是否安全；有高压线路经过的地方，应有安全警告标志。

二、环境保护

1. 基本要求　现场炉渣堆放点与粮食之间应有 10 米以上的距离或增设隔离装置，除尘器烟尘和干燥机粉尘应密闭收集。

2. 噪声　干燥机噪声应符合表 4-13 的规定。噪声测定方法及数据处理应符合 GB/T 3768—1996 的规定。

表 4-13　干燥机噪声指标

单位：分贝

项　　目	指　　标
风机口处	≤90
工作环境	≤85
操作室内	≤70

3. 粉尘浓度　干燥机作业场所空气中粉尘排放应符合表 4-14 的规定。粉尘浓度测定方法和数据处理应符合 GBZ/T 192—2007 的规定。

表 4-14　干燥机粉尘浓度指标

单位：毫克/米³

项　　目	指　　标
粉尘浓度	室内≤10；室外≤15

4. 烟尘排放　燃煤、稻壳等热风炉，燃油炉和燃气炉的烟尘排放浓度、烟气黑度、二氧化硫排放浓度应符合 GB 1327—2014 的规定。

三、安全标志、标识

1. 防护装置、外露运动的筛体、除尘风机出口等对人体存在危险的部位应有醒目的安全标志。安全标志的型式、颜色、尺寸应符合 GB 10396—2006 的规定。

2. 无文字安全标志的产品上，应用特殊的安全标志。

3. 应在醒目位置标明主要旋转件的旋转方向。

四、使用说明书

1. 随机提供的使用说明书应按 GB/T 9480—2001 的规定进行编写。

2. 使用说明书中应重现机器上的安全标志，并说明安全标志的固定位置。

3. 使用无文字安全标志时，使用说明书中应用文字解释安全标志的意义。

4. 使用说明书中应有详细的安全使用注意事项，其内容应包含"操作安全要求"的规定。

五、操作安全要求

（一）作业前

1. 对干燥机的操作人员应进行岗前培训，实行持证上岗。

2. 使用前，操作者应认真阅读使用说明书，了解各主要机械的结构，熟悉其性能和操作方法，掌握安全使用规定，了解危险部位安全标志所提示的内容。

3. 按使用说明书的规定进行调整和保养，各联结件、紧固件应紧固，不得有松动现象。

4. 仔细检查喂料斗和干燥机排粮装置，确认其无硬物和土、石块等。

5. 检查、调整传动系统和风机等皮带、传动链的压紧度。

6. 检查传动系统、电控装置、进出料口的防护装置。

7. 在保证安全的情况下启动干燥机，空运转 10～15 分钟，全部运转正常后进行喂料。

8. 干燥机装满谷物后，点火或供热风，当热风温度达到所需值且稳定时，进行循环烘干或先进行循环烘干，待谷物达到所需含水率后进行连续烘干。

（二）作业时

1. 操作者作业时，要穿好紧袖紧身衣服，裤脚不要太长，防止卷入机内，长发操作者要戴工作帽。

2. 进入干燥机的谷物必须进行清选，含杂率≤2%，严禁混入硬杂物，严禁用木棒、金属棒等在提升机喂入口强行喂入。

3. 开机时按谷物的流动方向，反向从后向前开机；关机时按谷物流动的正（同）向关机。

4. 当成套设备或流程中一台机械发生堵塞或其他异常故障时，关闭故障点前的所有设备，停止进、送料，立即检查处理、清除故障，装好防护装置后再开机。

5. 再次开机前，应先清理提升机底部与各单机交接处的积料，发出开机警告，在保证人机安全的情况下，方可开机，无异常现象方能进料。

6. 严禁酒后和过度疲劳者上岗作业。

7. 严禁在机器运转时排除故障。

8. 发生断电、故障等异常停机时，应打开热风炉副烟道和所有炉门，停止供热风并降低炉温。

9. 工作完毕，待机器内部物料全部排出后，再空运转 3～5 分钟方可停机。

10. 提升机重新启动时，应先清理干净喂入口及底部堆积物料。

11. 登高作业人员应系安全带和戴安全帽，穿防滑底鞋。

（三）火灾预防

1. 简易干燥机棚禁止用木板及各类易燃物品制成的板类等建筑，应采用耐火材料。

2. 干燥机周围 1 米内为危险区，禁止堆放种皮、稻壳、秸秆杂余物等易燃物品。

3. 热风室、热风管内、冷风室、冷风管内及废气室应根据烘干量的大小，定期清理内部的轻杂质、粉尘和籽粒。

4. 燃油、燃气炉在不同季节使用的燃料，必须按说明书中规定的执行，严禁使用不好雾化的燃油。

5. 当燃烧器燃烧时，勿给油箱加油。

6. 加油或检修燃料系统时，不许吸烟。

7. 现场应配备灭火器、灭火砂等消防设备或工具，并保持状态良好；现场焊接操作时，附近不得有谷物、种子、油和易燃物品。

（四）紧急灭火

1. 油炉发生火情，先切断电、气、油源等，然后迅速用灭火器灭火。

2. 发现干燥机塔体内有着火点出现，应立即进行以下操作：

（1）迅速切断干燥机的电、气、油源等。

（2）打开紧急排粮口，快速放粮。

（3）关闭所有风机及闸门。

（4）关停热风炉、油炉、气炉，打开副烟道和所有炉门降温，煤炉可根据情况适当加煤压火，若换热器损坏不用加煤，应立即停炉。

（5）加大排粮装置转速，快速排出谷物及燃烧的火块或糊块，将炭结块去除。

（6）清理干燥机内着火点的残余物，待炉温和干燥机内温度降至常温后，分析查找着火原因并及时处理后重新开机作业。

第六节　玉米剥皮机安全操作要点

一、安全运行要求

（一）整机

1. 传动系统、剥皮辊压紧度调整应保证操作方便，调整灵活，定位可靠。剥皮辊压紧度调整弹簧应有防护套。

2. 机架、轴承座应坚固可靠，保证在工作中不因震动等情况产生损坏、松动和变形。

3. 旋紧后的紧固螺栓外露凸出部分应小于螺栓的直径。

（二）防护装置

1. 传动系统、剥皮装置、出料口应有防护装置。

2. 防护装置应有足够的强度、刚度，在正常使用中不得产生裂缝、撕裂或永久变形。

3. 防护装置应牢固，耐老化，无尖角和锐棱，保证在使用期内不损坏。

4. 防护装置应为固定式，包括使用紧固件、开口销或其他用普通手工工具能拆卸的装置固定。

5. 采用金属网防护装置时，金属网格大小距剥皮辊或传动系统距离应符合表 4-15 规定。

表 4-15　玉米剥皮机防护装置网孔或网格及安全距离

单位：毫米

肢体	开口宽度（直径或边长）	距剥皮辊或传动系统的距离
手指尖	$4 < a \leqslant 8$	$\geqslant 15$
手指	$8 < a \leqslant 25$	$\geqslant 120$
手	$25 < a \leqslant 40$	$\geqslant 200$
手臂	$40 < a \leqslant 250$	$\geqslant 850$

（三）喂入装置

1. 喂入料斗的喂入端距剥皮辊的长度应不小于 850 毫米。

2. 从喂入料斗垂直于剥皮辊方向观察，应不可见剥皮辊。

（四）控制装置

1. 剥皮机以电动机为动力源时，应有防水控制开关、接地线。电动机应配置在通风良好，避开被玉米叶覆盖的位置。

2. 剥皮机以内燃机为动力源时应有离合装置。

3. 剥皮机以电动机和内燃机两用动力源时，应有电动机控制开关和离合装置。

4. 控制开关、离合装置，应在操作者正常作业容易接触的位置上。

5. 离合装置应操作灵活、定位可靠。

6. 电动机控制开关、离合装置操纵手柄颜色，应与其他部件和背景颜色有明显的色差。

7. 电源线应采用橡胶绝缘电缆。

二、安全标志

1. 传动系统的防护装置、喂入料斗喂入口、剥皮装置的防护装置、出料口防护装置上应有安全标志。安全标志的基本形式、颜色、尺寸等应符合 GB 10396—2006 的规定。

2. 使用无文字安全标志的产品上，应使用一种特殊安全标志指示操作者阅读使用说明书，了解该产品所用安全标志的解释。

3. 离合装置应有离合操作方向标志，传动系统应有旋转方向箭头标志。

4. 安全标志应鲜明、醒目，应位于清晰易见的位置。

三、使用说明书

1. 随机提供的使用说明书应按 GB/T 9480—2001 的规定编写。

2. 使用说明书应有详细的安全使用规定，其内容应包含"安全使用要求"的规定。

3. 使用说明书中应对使用无文字安全标志的标志做出解释。

4. 使用说明书中应指出安全标志所粘贴的位置，标志丢失或不清晰时需要更换的说明。

四、安全使用要求

（一）作业前

1. 认真阅读使用说明书，掌握安全使用规定，了解危险部位安全标志所提示的内容。

2. 按产品使用说明书的规定进行调整和保养。各联结件、紧固件应紧固，不得有松动现象。

3. 仔细检查喂入料斗和剥皮辊，确认其无硬物。

4. 检查、调整传动系统和剥皮辊压紧度。

5. 检查传动系统、剥皮装置、出料口的防护装置。

6. 在确保安全的情况下，空运转 5～6 分钟，待运转正常再进行喂入。

（二）作业时

1. 操作者作业时，要穿好紧袖、紧身衣服，不允许戴手套，必要时操作者要戴工作帽。

2. 送入喂入料斗的玉米穗内严禁混入硬杂物，严禁用木棒、金属棒强行喂入。严禁在作业时用手推、拽夹在剥皮辊中的玉米穗。

3. 当剥皮机发生堵塞或其他异常情况时，应立即停机检查处理，清除故障、装好防护装置后再开机。

4. 严禁老人和儿童操作，严禁酒后和过度疲劳者操作。

第七节　微耕机安全操作要点

一、密封性能

1. 配套发动机各密封面和管接处，不允许出现油、水、气的渗漏。

2. 传动箱不得有渗漏现象。

二、噪声

1. 动态环境噪声应符合 JB/T 10266—2013 的规定。

2. 操作人员操作位置处噪声符合 JB/T 10266—2013 的规定。

三、排气污染物

1. 微耕机用柴油机排气污染物排放限值应满足 GB 20891—2014 的规定。

2. 微耕机用汽油机排气污染物排放限值应满足 GB 20891—2014 的规定。

四、防护要求

（一）防护装置

1. 防护装置必须有足够的强度、刚度，在正常使用时不应产生裂缝、撕裂或永久变形。在极限使用温度条件下其强度应保持不变。

2. 防护装置应固定牢固，不使用工具无法拆卸。

3. 防护装置应无尖角和锐棱。

4. 防护装置不得妨碍微耕机的操作和日常保养。

（二）耕作部件

1. 旋耕刀或旋转工作部件的防护应确保微耕机在工作状态下，能防止操作者触及旋耕刀或旋转工作部件的任何部位，并能有效遮挡飞溅的泥水。

2. 在微耕机机架处于水平位置时，覆盖旋耕刀或旋转工作部件的防护装置向后的角度与垂直方向不小于 60°（图 4-1）。

3. 旋耕刀或旋转工作部件防护装置的最小长度应符合表 4-16 的规定（图 4-2）。

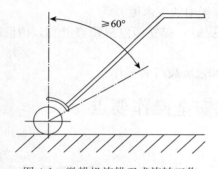

图 4-1　微耕机旋耕刀或旋转工作
部件防护装置侧视图

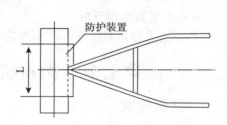

图 4-2　微耕机旋耕刀或旋转工作
部件防护装置俯视图

表 4-16　防护装置的最小长度

单位：毫米

总工作幅宽	防护装置的最小长度
＜600	总工作幅宽
≥600	600

4. 连接扶手末端直线的中点在水平面内的投影和旋耕刀或旋转工作部件的回转外缘在同一水平面的投影之间的距离不应小于 900 毫米，当水平扶手与微耕机的运动方向不平行时，该距离不应小于 500 毫米（图 4-3）。

5. 当离工作部件水平距离 550 毫米处两扶手把间距离不小于 320 毫米时，两扶手把间应设置横杆，否则两扶手把间可以不设置横杆（图 4-4）。

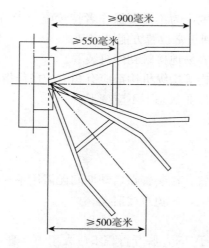

图 4-3　微耕机扶手末端和旋耕刀或旋转工作
部件在同一水平面的投影距离

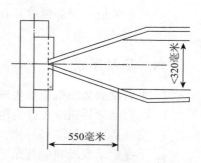

图 4-4　微耕机两扶手把间
设置横杆的距离

（三）动力传动部件（耕作部件除外）

动力传动齿轮、链条、链轮、皮带、摩擦传动装置、皮带轮等以及其他运动部件可能发生挤压或剪切危险，均应有可靠的防护装置或其他防护措施。传动轴应完全防护。

（四）发热部件防护

发动机排气部件面积大于 10 厘米² 且在微耕机正常运行时环境温度（20±3）℃下，表面温度超过 80℃，则需要使用防护装置或防护罩。防护装置或防护罩的表面温度应小于等于 80℃。

（五）排气的防护

发动机的排气方向应避开操纵位置处的操作者。

五、操纵机构

1. 操纵机构的位置和移动范围应便于操作者操纵。

2. 微耕机在操作者手离开操纵手柄后，旋耕刀或旋转工作部件应立即停止运转。

3. 发动机转速操纵手柄远离操作者（通常向前和/或向上）移动应使发动机转速增加；操纵手柄朝向操作者（通常向后和/或向下）移动应使发动机转速降低。

4. 微耕机在非作业状态应能可靠切断动力传输。

5. 前进挡和倒挡之间应设置空挡。

6. 应设置动力源停机装置，该装置应为不需要操作者持续施力即可停机。处于停机位置时，只有经过人工恢复到正常位置方能再启动。

7. 在操作者正常作业位置上应能容易地接触到停机装置。

8. 离合机构、油门机构、换挡机构等操纵机构都应有相应的操作指示。

9. 扶手架应有足够强度，在正常作业状态下不应变形。

10. 扶手架应能上下调整。

六、启动系统

1. 手启动的柴油机应设置减压装置，该装置在启动期间无需用手扶住。

2. 电启动微耕机应设置有电源开关，避免直接启动。

3. 发动机启动轴不得外露。

4. 手摇启动发动机脱开角不应大于 35°，脱开行程不应大于 100 毫米。

七、紧固件

1. 微耕机重要部位联接安装螺栓副，螺栓强度等级不应低于 8.8 级，螺母不应低于 8 级，并牢固可靠。

2. 其他功能部件上的螺栓副应紧固，防松措施可靠。

八、稳定性

微耕机沿任意方向停放在 8.5°的干硬坡道上应保持稳定。

九、电气要求

1. 对于与表面有潜在摩擦接触位置的电缆应进行防护。

2. 电缆应设置在不触及发热部件、不接近运动部件或锋利边缘的位置。

3. 蓄电池应固定牢固，以防在正常作业工况中的颠簸移位和接线柱松开。其上盖应具有足够的刚度，不得在正常作业条件下由于盖的扭曲变形导致短路。

4. 蓄电池的极柱和未绝缘电气件应进行防护，防止水、油或工具等造成短路。

十、安全标志

1. 安全标志的构成、颜色、尺寸、图形等应符合 GB 10396—2006 的规定。

2. 外露运动部件、动力传动部件、发动机排气管、发动机燃油箱、旋耕刀或旋转工作部件等有危险的部位，应设置有醒目的永久性安全标志。

3. 应在微耕机明显部位固定醒目的与微耕机保持安全距离标志、耳目保护安全标志、防超速安全标志、阅读使用说明书标志、转向标志。

4. 永久性安全标志在正常清洗时不应褪色、脱色、开裂和起泡。

5. 安全标志不应出现卷边，在溅上汽油或机油后其清晰度不应受影响。

6. 安全标志应能经受高压冷水的冲洗。

十一、使用说明书

1. 使用说明书的编制应符合 GB/T 9480—2001 的规定。

2. 使用说明书应重现微耕机上的安全标志，并指出安全标志的固定位置。

3. 使用说明书应有详细的安全使用技术要求，应包括但不限于下列内容。

十二、安全使用技术要求

1. 初次使用微耕机前，应详细阅读使用说明书，明确安全操作规程和危险部件安全警示标志所提示的内容，了解微耕机的结构，熟悉其性能和操作方法。

2. 严禁提高发动机额定转速。

3. 严禁疲劳和饮酒的人、未经培训合格的人、孕妇、病人和未成年人操作微耕机。

4. 微耕机在室内作业，应保证通风良好。

5. 操作微耕机时，应扎紧衣服、袖口，长发者还应戴防护帽，并戴护目镜和护耳罩。

6. 在启动发动机前，应分离所有离合器，并挂空挡。

7. 微耕机作业前准备工作

（1）按照使用说明书的要求加注燃油、机油或/和水，并检查紧固件是否拧紧。

（2）微耕机作业前，应确认人员在安全距离外。

（3）微耕机启动前，应试运转，试运转应无异常声响和振动。

8. 微耕机作业中，如发生异常声响或振动应立即停机检查，不允许在机具运转时排除故障和障碍。

9. 在使用倒挡时，应观察后面并小心操纵。

10. 微耕机下坡行走时，严禁空挡滑行。

11. 微耕机田间转移时应将耕刀卸下，装上行走轮。

第八节　机动植保机械安全操作要点

一、整机

1. 标牌、编号、标记齐全，字迹清晰，并牢固地固定在机具的明显位置上。标牌应标明商标品牌、产品名称、型号、生产制造厂名称、生产日期及主要技术参数。

2. 涉及操作者安全的部位，应固定有永久性的安全警示标志，安全警示标志应符合 GB 10396—2006 的规定。

3. 整机应完整，外观整洁。各连接部位联结应可靠。各零部件无毛刺、裂纹、锈渍、变形、缺损等缺陷。

4. 正常作业时，无卡滞、碰擦、异常振动，无异常升温。

5. 各零部件及连接处密封可靠，不得出现农药和其他液体泄漏现象。

6. 背负式喷雾喷粉机的耳旁噪声应符合表 4-17 的规定。

表 4-17　背负式喷雾喷粉机耳旁噪声限值

单位：分贝

汽油机标定功率（千瓦）	汽油机标定转速		
	≤5 500	>5 500～7 000	>7 000
≤1.5	≤97	≤98	≤99
1.5～2.3	≤99	≤100	≤101
>2.3	≤101	≤102	≤103

二、发动机

1. 零部件齐全，外观整洁，无裂纹、无变形、无异响。

2. 不漏油、不漏水、不漏气、排气烟色正常。

3. 油门操纵灵活，转速平稳。

4. 关闭油门或操纵熄火拉钮或按钮，即能停止运转。

5. 发动机的启动轮、排气管等危险部位应设有安全防护罩。

三、药箱

1. 药箱应有明显的容量标示线。操作者给药箱加液时，应能清楚地看到液面的高度。

2. 药箱盖不应出现意外开启或松动现象。

3. 向背负式药箱注入额定容量的清水，盖紧药箱盖，将药箱向任何方向与垂直线成 45°倾斜, 不应有液体从药箱盖、通气孔等地方漏出。

4. 压缩式喷雾器的药箱应设置安全保护装置, 安全阀放气压力应满足: 大于最高工作压力; 不大于 1.2 倍最高工作压力。

四、液泵

1. 机动液泵应具有调压、卸荷装置, 当关闭泵出口截止阀时, 压力增值不得超过调定压力值的 20%。卸压装置卸荷时, 泵压应降到 1 兆帕以下。再加荷时, 泵压应恢复到原调定压力值。

2. 配置液泵的机动喷雾机应安装有能显示相应工作压力的压力表或压力计。

3. 机动液泵的外露传动装置应有符合 GB 10395.1—2009 规定的安全防护装置。

五、风机

1. 风机叶轮应无损伤、松动和明显变形, 转动平稳无异响。

2. 风机进风口应装有滤网和安全防护罩。

六、承压部件

1. 喷头、喷杆、截流阀、承压软管、软管接头、空气室、压力表 (压力计) 等承压部件, 应具有良好的耐压性能, 在 1.5 倍工作压力下保持 1 分钟, 不允许出现破裂渗漏等现象。

2. 喷头在标定的工作压力下, 雾化性能良好, 无明显的粗大流束和滴漏; 喷头喷雾量偏差应不大于标定喷量的 ±10%, 喷雾角偏差应不大于 ±10°。

3. 拖拉机配套喷雾机及自走式喷雾机的喷头应配有防滴装置。在正常工作时, 关闭截流阀 5 秒后, 滴漏的喷头不超过 3 个, 每个喷头滴漏滴数不大于 10 滴/分钟。

4. 喷射部件应配置过滤装置, 过滤装置应保持畅通。

七、喷杆折叠机构

1. 喷杆折叠机构可能产生挤夹和剪切危险的部位, 应设有保护装置或警告标志, 保护装置或警告标志的设置应符合 GB 10395.6—2006 的规定。

2. 在运输过程中, 喷雾机喷杆能牢靠地固定在运输位置。

八、背带

1. 背负式喷雾机 (器) 的背带应完整无损, 有足够宽度和强度, 其长度应可调节。

2. 背负式机动喷雾机背垫及背带上，应装备能充分吸收振动的软垫。

九、其他

1. 操作者操作机具时，应能方便地切断通向喷头的液流。

2. 拖拉机配套喷雾机和自走式喷雾机的输液管路（除清水外），不允许穿过驾驶室；未装备驾驶室的，不允许紧靠操作者座位。

3. 拖拉机配套喷雾机和自走式喷雾机应配备一个容积至少为 15 升的清洁水箱。

4. 拖拉机配套喷雾机动力输出轴应有防护罩。

第二章 常用农机化生产技术

第一节 春季农机化主推技术

一、小麦机械化田间管理技术

（一）机械化追肥技术

机械化追肥技术就是使用追肥机械按照农艺要求，一次完成开沟、施肥、覆盖和镇压等作业工序的技术。

1. 机具选择 追肥机具要有良好的行间通过性能，具有施肥量调节功能。

2. 追肥时间 一般在小麦返青至拔节期实施。墒情、苗情好的地块，适当晚追；墒情、苗情差的地块，配合灌溉，适当早追。

3. 施肥量 施肥量应符合当地农艺要求，尿素追肥量一般在 10～15 千克/亩，追肥深度一般在 6～10 厘米；排肥断条率小于 3%，施肥位置准确率≥70%。

4. 注意事项 作业时，无明显伤根、伤苗现象，施肥后覆盖且镇压密实。

（二）机械化植保技术

机械化植保技术就是按照农艺要求，选择适用的植保机具和药剂，对大田作物实施农药或除草剂喷洒作业的技术。

1. 施药机械选用 依据不同的喷药目标，选择喷雾（粉）机械及相匹配的喷洒部件；多头药械要注意调节喷头、喷量的一致性和喷洒方向，控制施药量。

2. 药品选择 按照农艺要求，在保证防治效果的情况下，为安全作业，应选用高效、低毒、低残留的农药，采用合理的施药方法。

3. 注意事项 作业时行走速度要匀速，无漏液、漏粉现象，喷洒不重、不漏，喷洒工作要避开大风大雨和露水很大的天气，一般风力大于三级时不作业。

（三）机械化镇压技术

机械化镇压技术就是根据小麦长势、土壤墒情等情况，对旺长麦田及秸秆还田土壤暄松麦田进行适当镇压，促进小麦控旺转壮和提墒节水的技术。

1. 机具选择 根据小麦播种方式、长势、土壤墒情等情况，按照农艺要求，选择合适的机具对麦田进行镇压。

2. 作业时间 镇压作业一般在小麦返青至起身期进行。长势过旺麦田要镇压 2～3 次，镇压间隔一般为 5～7 天，控旺转壮防倒伏；秋种时整地粗放、坷垃多的麦田，在早春化冻后及时镇压，沉实土壤，弥合裂缝，减少水分蒸发和避免冷空气侵入分蘖节附近冻伤麦苗；旱地麦田早春镇压，可促使土壤下层水分上移，起到提墒、保墒、抗旱作用。

3. 作业要求 镇压可和划锄结合，一般应先压后锄，以达到上松下实，提墒、保墒和增温的目的。

4. 注意事项 土壤过湿不压，以免造成板结；盐碱地不压，以免返盐。作业时，行走速度要匀速，土壤压实要均匀。

二、棉花机械化覆膜播种技术

棉花机械化覆膜播种技术就是利用棉花覆膜播种机一次完成刮平土地、做畦、施肥、播种、覆膜、膜上覆土、镇压等多项作业的技术。其技术要点：

1. 播种时间 播期要服从天气变化和墒情，一般选在冷尾暖头。当地下 5 厘米地温稳定通过 14℃时为播种适期，山东省最佳播期在 4 月 20—30 日，盐碱地可推迟到 5 月初。

2. 播种量 脱绒包衣棉种，穴播每穴播种 3～5 粒，播量 1～1.5 千克/亩；毛籽棉种，穴播每穴播种 5～7 粒，播种量可掌握在 2～3 千克/亩；毛籽棉种条播，每米内应有成实饱满种子 50～60 粒。

3. 播种深度 播种要深浅适宜，一般适墒铺膜棉田播深可在 3 厘米，露天直播 3～5 厘米。过深出苗困难，形成弱苗；过浅易落干或带壳出土。

4. 种植规格 播种行距要符合当地农艺要求。实行机采棉的地块，行距应与相使用的采棉机行距一致，一般应在 76 厘米。

5. 覆土镇压 孔穴覆土厚度 1.5～2 厘米，漏覆率＜5％，要求下籽均匀，覆土良好，露天播种应镇压严实。

6. 注意事项

（1）选择优良品种，进行晒种。未脱绒包衣的棉种要精选，可采用药剂浸种和拌种处理，同时播前要做发芽试验。

（2）用联合整地机或旋耕机进行整地作业，整地后地表土块直径不大于 3 厘米，土层上虚下实，虚土层厚度 8～10 厘米。

三、春玉米机械化播种技术

春玉米机械化播种技术就是利用玉米免耕播种机一次完成"开沟、施肥、播种、镇压"等作业的技术。已连续 3 年以上实施保护性耕作的春玉米地块，建议播种前实行深松，以解决目前耕层普遍存在的"浅、实"问题，促进玉米根系生长，挖掘被限制的产量潜力。其技术要点：

1. 地表处理 当黏重地表较紧实或地表明草较多时，利用旋耕机等机具实施浅旋，表土处理不超过 6 厘米，相邻行程应重复 10～15 厘米，不得漏旋。根据土壤和种植结构，每 3 年利用振动间隔深松机进行深松一次，深松深度 30 厘米左右。

2. 机具选择 根据当地实际，应选择进入国家支持推广目录的玉米免耕播种机，播种机的行数和行距应与使用的玉米联合收获机的行数和行距一致。

3. 播种要求 适宜播种期为 4 月下旬。要适期、适墒播种。播种深度 3～6 厘米，玉米种植行距应结合当地机收要求合理确定。要注意种、肥分离，肥料施放在种子下方 3～4 厘米，以防止烧苗，同时还可以促进种子根下扎。播量要根据品种要求和地力等条件确定，高肥力、灌溉条件较好的地块应适当提高留苗数。要播深一致，不重播、漏播，覆土厚度均匀一致。

4. 注意事项

（1）品种选用 选用适应当地生产条件、丰产潜力大、抗旱、抗病、抗逆性强的品种。

（2）试播 在正式播种前应调整机械进行试播，实地检查和调整播量、播深、行距等，确认合适后方可正式播种。

四、马铃薯机械化种植技术

马铃薯机械化种植技术就是采用播种机一次完成整地、开沟、施肥、播种、喷药、起垄、铺膜、压膜等多道工序的技术。其技术要点：

1. 整地、施肥 播前进行机械耕整地作业，一般耕作深度不少于 30 厘米，必要时进行深松作业，整后地表要平整。一般每亩施用土杂肥 5 000 千克或商品有机肥 150 千克、氮磷钾三元复合肥（15-10-20）180 千克、硫酸锌 1.2 千克、硼酸 1 千克。土杂肥在耕地时撒施，其他肥料于播种时沟施。

2. 播种时间 在地下 10 厘米地温稳定在 7℃以上时，适时开展机械化播种。

3. 播种方式 一般要求单薯或单块点种或穴种，行距 45～50 厘米，株距 25～30 厘米，种植过程中应避免漏播或重播，种植密度根据当地栽培模式确定。

4. 播种深度 一般播深在 8～15 厘米。土壤温度低，湿度大的地块，应适当浅播，等出苗后利用中耕培土调节种薯深度。地温高而干燥的地区，宜深播。播种后及时覆盖地膜，早春栽培可采用黑白相间膜覆盖。

5. 中耕培土 一般配合追肥和灭草进行 2 次，第一次在出齐苗时结合追肥进行，第二次在苗高 15～20 厘米时进行。每次培土 3～5 厘米。

6. 注意事项

（1）种薯的处理　播种前按要求进行切块消毒处理和催芽晒种，当大部分薯块出芽后视当地情况进行播种。

（2）施底肥深度　一般控制在地下 15 厘米以下。

五、机械化节水灌溉技术

机械化节水灌溉技术就是在旱区，依靠有限的水资源，采用相关机具和设施，通过喷灌、滴灌、渗灌等多种方式，保证农作物按时播种，或大田作物得到及时灌溉，达到节水抗旱的技术。其技术要点：

1. 准备工作　做好灌溉前的准备工作，对机井、泵站、管道设施和机具设备进行检查，确保完好。

2. 计算流量　按作物需求和机具设备的供水能力计算合理的灌溉流量和作业速度。

3. 按规程操作　按相关机具设备技术操作规程开展作业，随时排除故障，保证机具设备的安全运行。

第二节　夏季农机化主推技术

一、小麦联合收获机械化技术

小麦联合收获机械化技术是在小麦成熟时，利用机械一次完成收割、脱粒、清选、装袋等作业的技术。小麦联合收获机械化技术已经成熟，可机收区域已经全面实现了机械化收获。

1. 技术要点

（1）充分准备、适时收获　选择合适的作业机具，做好收获前的机手培训和机器的保养调整，保证收获机械良好的技术状态。根据区域的气候条件、作物品种特点和农艺要求，确定适合收获的最佳时间和路线，保证作业效率。

（2）正确调整机具工作参数　应根据小麦产量、含水率、成熟度、倒伏等情况，对收割机的割台、凹版间隙、拨禾轮、滚筒、筛子等进行正确调试。作业前要选择有代表性的地块进行试割检查，检查调整适当后，再进行正式作业，保证收获质量。

（3）作业地块、作业机手、作业时间要求　作业地块的条件应基本符合机具的作业适应范围，作业机手应经培训合格并有驾驶证。收获应在小麦的蜡熟期或完熟期前进行，地块中应基本无自然落粒，作物不倒伏，地表无积水，小麦籽粒含水率为 10％～20％，茎秆含水率为 20％～30％，小麦的自然高度为50～130 厘米 ，穗幅差≤25 厘米。

（4）小麦联合收获机作业质量应符合农业部 2006 年 4 月 1 日颁布的 NY/T 995—2006 小麦联合收获机械作业质量标准，全喂入式小麦联合机损失率≤2.0％、破碎率≤2.0％、含杂率≤2.5％、还田茎秆切碎合格率≥90％、还田茎秆抛散不均率≥10％、割茬高度≤180 毫米，收获后地表状况、割茬高度一致，无漏割，地头地边处理合理。

2. 注意事项

（1）随机携带驾驶证、行驶证和跨区作业证，可免交车辆通行费。

（2）随时关注天气预报。"三夏"生产时间紧迫、任务繁重，还极易遭遇雷雨大风等恶劣天气。密切关注天气变化，趁晴好天气加快抢收抢种进度。积极开展机收、机播一条龙作业，成熟一亩，收获一亩，播种一亩，既让丰收的夏粮颗粒归仓，也为秋粮生产赢得宝贵农时。

（3）按作业标准进行收割。作业中控制好收获留茬高度、秸秆切碎长度，努力提高作业质量。

（4）注意作业安全。农机投入使用前，要进行全面的安全检查，发现问题立即进行修理，确保机具以良好状态投入作业。

二、小麦秸秆机械化切碎还田技术

小麦秸秆机械化切碎还田技术就是在小麦联合收获作业时，对秸秆直接进行切碎，并均匀抛撒还田的技术。小麦秸秆切碎还田要在小麦联合收割机出草口处，装配小麦秸秆切碎抛撒专用装置，或直接选用带秸秆切碎和抛撒装置的小麦联合收割机。

1. 作业指标　小麦秸秆切碎长度≤10 厘米，切断长度合格率≥95％，漏切率≤1.5％，抛撒不均匀率≤20％。

2. 正确选择机具　新购小麦联合收割机要带切碎装置。原来未带切碎器的联合收割机，选购切碎器要与联合收割机动力相匹配。优先选择和小麦联合收割机同一生产企业生产的秸秆切碎器。秸秆切碎器应当通过农业机械推广鉴定。

3. 安全试运转　秸秆切碎器安装后，检查各部保护装置，人员撤到安全位置，空运转 10～20 分钟，停机检查工作部件是否运转良好，皮带松紧程度是否合适，无问题后再进行负荷作业。

4. 作业要求　注意作业负荷，当秸秆量过多或湿度较大时，应降低收获速度，确保切碎效果。及时更换刀片，刀片重度磨损或丢失将造成切碎器震动，要及时更换同型号、同重量的刀片。

5. 安全使用　秸秆切碎器转速和冲击频率较高，作业时，禁止任何人跟随在切碎器后方。不得私自拆除、改装防护装置。发生震动或异响时，应立即停机检查。检查时，必须关闭发动机并拔下钥匙。每班次要保养一次；每工作40小时，应进行安全检查。

三、玉米机械化免耕直播技术

玉米机械化免耕直播技术就是在小麦收获后，不耕翻土壤，采用玉米免耕播种机直接进行播种的技术。用玉米免耕播种机一次进地，即可完成开沟、深施肥、播种、覆土、镇压等作业工序。

1. 选用优良品种，合理密植　根据山东省玉米播种和收获时间，宜选择生育期适中、增产潜力大、抗逆性较强的耐密型或密度适应范围大的玉米品种。种植密度要和产量指标相适应，与生产条件、栽培水平相配套。通过选用耐密型品种、精细播种保苗、均匀留苗等措施，合理增加种植密度。耐密紧凑型玉米品种，一般大田 4 000～5 000 株/亩，旱地可适当减少 300～500 株。

2. 播前种子精选与处理　播种前，应对种子进行筛选，剔除残粒和病粒，确保籽粒饱满、均匀一致。精选后的种子要进行药剂拌种或包衣处理。玉米精量播种，必须选用高质量的种子并进行精选处理，处理后的种子纯度达到96％以上，净度达 98％以上，发芽率达 95％以上。

3. 正确选择机具　推荐使用《山东省支持推广的农业机械产品目录》中的玉米免耕直播机。玉米播种机有转勺式玉米精量播种机、气吸式或气吹式玉米精量播种机、仓转式穴播机和窝眼轮式条播机，配套动力 10～60 马力不等，可根据当地条件和需求进行选择。应一次完成开沟、施肥、播种、覆土、镇压等多道工序。小麦秸秆切碎还田后，玉米精量播种，可不用人工间苗，能够保证玉米播种质量。玉米精量播种要求单粒率≥85％，空穴率＜5％，伤种率≤1.5％。

4. 规范玉米种植行距　按照农机农艺相融合的原则，大力推广玉米等行距免耕直播，播种行距一般在 60～70 厘米，推荐行距为 60 厘米，以利玉米机收和提高粮食产量。玉米播量一般在 2.5～3 千克/亩，根据品种特性酌情增减。在行距一定的情况下，通过调整播种株距，达到不同玉米品种所要求的种植密度。

5. 正确调整机具　按照使用说明书，正确调整排种（肥）器的排量和一致性，确保种植密度。调整镇压轮的上限位置，保证镇压效果。调整播种机架水平度，确保播种深度一致。

6. 适时抢墒播种　玉米播期以 6 月 1—20 日为宜，粗缩病重发区 6 月 15日后播种。收获小麦后及时抢墒播种，最好当天收获当天播种，促进玉米早发早壮。墒情差时，可先播种后造墒。

7. 控制播种深度　在墒情合适的情况下，播种深度一般控制在 3～5 厘米，沙土和干旱地区播种深度应适当增加 1～2 厘米。

8. 合理施用种肥　施肥深度一般为 8～10 厘米，与种子上下垂直间隔距离在 5 厘米以上，最好种、肥分施在不同的垂直面内。肥料以颗粒状复合肥为好，施肥量 10～20 千克/亩。为减少用工，有条件的地区可选用缓释肥，随播种作业一次性施足，减少追肥环节。

9. 正确使用机具　正常作业前先行试播一个作业行程，检查播种量、播种深度、施肥量、施肥深度、有无漏种漏肥现象，并检查覆土镇压情况，必要时进行适当调整。作业中，注意观察秸秆堵塞缠绕情况，发现异常，及时停车排除和调整。机组工作时不可倒退，地头转弯时应降低速度，在划好的地头线处及时起升和降落。玉米播种覆土要严密，镇压强度适宜，保证镇压轮不打滑。

10. 适时适量喷施化学除草剂和药剂　在玉米播种的同时或 3 天之内喷施化学除草剂，均匀覆盖地表面；对黏虫数量大于 5 只/米^2 的地块，要添加杀虫剂，待药剂均匀混合后一次喷洒。

四、马铃薯机械化收获技术

马铃薯机械化收获技术是利用收获机械一次完成起薯、升运、筛土、分离等多项工序的农机化技术。其技术要点：

1. 作业指标　起净率＞98％，明薯率≥96％，伤薯率≤1.5％，破皮率≤2％。

2. 适期收获　根据马铃薯植株长势、气候条件、安全贮藏时间和下茬作物等不同情况确定。一般进入 6 月份后，当地平均气高于 25℃时，马铃薯植株叶片从下到上开始变黄，块茎充分膨大，容易与匍匐茎分离，土壤含水率≤20％时，即可择时收获。

3. 收前除秧　机械收获作业前割秧，清理地块。

4. 调整机械　根据土壤的质地和墒情，调整抖土部件的抖土强度，保证薯土分离干净，减少表皮损伤。检查机械连接传动情况和挖掘深度，在保证起净率的同时，挖掘深度尽量浅，以减少作业负荷。

五、植保机械化技术

植保机械化技术是用机械喷洒农药防治作物病虫草害的技术。"三夏"期间是小麦与玉米、棉花等作物的衔接期，部分病虫害可能会从上茬作物转移危害到下茬作物，科学用好植保机械、有效控制病虫草害发生，对保障农作物丰收十分重要。

（一）玉米

1. 播种期和苗期病虫害防治技术 播种期、苗期是预防多种玉米病虫害的关键时期，需要做好防治种传、土传病害、地下害虫，包括粗缩病、苗枯病、枯萎病、黑粉病、蛴螬、金针虫、地老虎等。一是要做到精选良种、抗病虫品种。二是要采用种子包衣，或者用40%甲基异柳磷加50%多菌灵，按种子量的0.2%混合进行拌种、浸种，防治玉米土传病害和地下害虫。三是针对近年来灰飞虱、粗缩病严重发生的实际情况，在条件许可的情况下适当推迟玉米播期，避开灰飞虱的传毒高峰期，可有效防治玉米粗缩病。

2. 播种期杂草防治技术 免耕直播田播后苗前，用40%阿特拉津悬浮剂170～200毫升/亩或72%异丙甲草胺乳油100～150毫升/亩或50%乙草胺乳油100～140毫升/亩加水35～50千克均匀喷洒地面。作业时尽量避免在中午高温（超过32℃）前后喷洒除草剂，以免出现药害和人畜中毒，同时要避免在大风天喷洒，避免因除草剂漂移危害其他作物。

3. 苗期和成株期玉米螟的防治技术 根据田间调查，当玉米螟卵寄生率60%以下时，可不施药而利用天敌控制危害。当益、害虫比失调，花叶株率达10%时，可用3%辛硫磷颗粒剂每亩250克或Bt乳剂100～150毫升加细砂5千克施于心叶内。

（二）棉花

1. 棉花苗期病害防治技术 棉花播种后，出苗到现蕾需要45～50天，称为苗期，此期管理重点为促根系发育，培育壮苗，以苗齐、苗全、苗壮为主要目标。棉花出苗后防治棉苗炭疽病、立枯病时，可用50%多菌灵或50%退菌特500～800倍液进行叶面喷雾。

2. 棉花蕾期虫害防治技术 棉花在6月上中旬植株长出6～8片叶时出现第一个果枝，进入蕾期后，主要防治棉铃虫和红蜘蛛，并兼治棉蚜和蝽象，棉铃虫可用3 000倍溴菊酯进行喷雾防治，也可用1 000倍的甲胺磷进行刷棵防治。要采取大面积统防统治，科学合理用药，做到适期、适时，注意农药品种的选择、轮用和混用，抓住有利时机，及时进行防治。

（三）作业机具

植保机械有喷雾机、弥雾机、超低量喷雾机、喷粉机和喷烟机等。目前主要使用背负式机动喷雾喷粉机、机载（机引）式喷杆喷雾机。推荐使用《山东省支持推广的农业机械产品目录》中的植保机械。机具的选用，应注意按照作物的种类、品种和地块面积规模以及药剂施用等要求，选择高效、环保、低量、防漂移的植保机械。当大面积病虫草害发生时，可选用飞机植保。使用前，首先要注意按照农艺要求和农药使用说明，根据作物病虫草害的发生规律、当地条件和植保要求选择药剂，正确调配农药药剂。

注意操作安全，尤其使用背负式植保器械时，必须带好防护用具（口罩、手套等），注意作业风向，防止吸入农药引起中毒。使用喷杆式喷雾机作业时，要注意调节喷头喷量一致性和喷洒方向，控制施药量和均匀喷洒。作业后，要妥善处理残留药液，彻底清洗施药器械，防止污染水源和农田。

第三节　秋季农机化主推技术

一、玉米机械化联合收获技术

玉米机械化联合收获技术就是利用机械方式一次进地完成摘穗、输送、集箱、秸秆直接粉碎还田等作业的农机化技术。山东省重点推广应用秸秆还田型玉米联合收获机。技术要求：籽粒损失率≤2％，果穗损失率≤3％，籽粒破碎率≤1％，割茬高度≤8厘米，秸秆切碎长度≤5厘米，秸秆抛撒不均匀率≤20％。技术要点：

（1）适时收获　玉米完熟期收获，一般在9月中、下旬。

（2）选择机械　选择与玉米种植行距相适应的机型，提高作业质量。

（3）作业条件　收获时玉米结穗高度≥35厘米，玉米倒伏程度＜5％，果穗下垂率＜15％。

（4）割茬高度一致，秸秆抛洒均匀。

（5）安全作业　作业中，地头拐弯、倒车时，要提升秸秆还田机，操作人员不要接近旋转部位。

二、小麦深松施肥免耕播种技术

小麦深松施肥免耕播种技术就是机械一次进地完成苗带旋耕、起垄筑畦、间隔深松、分层施肥、播种镇压等多项作业的机械化技术。技术要求：深松深度25～30厘米可调，小麦播种深度3～4厘米，底肥和种肥施肥量每亩20～70千克可调，底肥均匀施在两行小麦中间地下12～20厘米，种肥施在种子下方3～5厘米处，播种质量符合国家标准，播后连续镇压。技术要点：

（1）播前秸秆粉碎还田　用机械将玉米秸秆粉碎还田，秸秆粉碎长度≤5厘米，抛撒不均匀率≤20％。

（2）深松深度　长深松铲30厘米，短铲25厘米，长、短深松铲每年进行交换。

（3）施肥量　根据地力基础确定底肥施肥量，一般占总施肥量50％～60％。

（4）调整播种深度　通过试播，调整每行的播深，要做到均匀一致。

三、小麦机械化免耕施肥播种技术

小麦机械化免耕施肥播种技术就是在秸秆还田覆盖的情况下，不耕翻土壤，采用免耕施肥播种机具一次完成开沟、施肥、播种、覆土、镇压等多项工序的农机化技术。技术要求：播种量 10 千克/亩左右；施肥量 35 千克/亩左右，肥料在种子下方 3～5 厘米处，无重播、漏播，播后适度连续镇压。技术要点：

（1）秸秆还田覆盖　用机械将玉米秸秆粉碎均匀覆盖地表，玉米秸秆切碎长度≤5 厘米，秸秆覆盖率≥30％，抛撒不均匀率≤20％。

（2）选择优良品种　选择分蘖能力强的优良品种。

（3）适期作业　根据土壤墒情，播期在 10 月 1—15 日。

（4）规范作业　小麦播深 3 厘米左右，宽幅播种苗带宽 10～12 厘米，播后镇压。

四、土壤机械化深松技术

土壤机械化深松技术就是用深松机进行不翻土、不打乱原有土层结构的土壤疏松农机化技术。技术要求：作业深度 35 厘米左右，作业后地表平整，无漏松和重松，适度连续镇压。技术要点：

（1）适墒作业　作业时土壤含水量 15％～22％时为宜。

（2）作业时间　在玉米收获后、小麦播种前，松后及时播种，以免大量失墒。

（3）作业深度　因地制宜，以打破犁底层为原则，一般 35 厘米左右。

（4）深松方式　保护性耕作地块宜采用单柱式间隔振动深松机，作业后及时进行免耕播种作业。传统耕作地块宜采用深松旋耕联合整地机，也可选用单柱式振动、单柱带翼、异型铲深松机，以保证表土全部松动，利于小麦播种。

五、小麦机械化宽幅精量播种技术

小麦机械化宽幅精量播种技术就是在秸秆还田深松（耕）压实的基础上，采用小麦宽幅精量播种机械一次进地完成开沟、播种、覆土、镇压等多项工序的农机化技术。技术要求：播量 6～8 千克/亩，播深 3～4 厘米，等行距 22～26 厘米，小麦宽播幅 8 厘米，播后镇压连续、适度。技术要点：

（1）选用有高产潜力、分蘖成穗率高、中等穗型或多穗型品种。

（2）土壤深松（耕）整平，提高整地质量，杜绝以旋代耕；耕后撒毒饼或辛硫磷颗粒灭虫，防治地下害虫。

（3）适期适量足墒播种，播期 10 月 3—15 日。

（4）浇好冬水，确保麦苗安全越冬。

（5）早春划锄增温保墒，提倡返青初期搂枯黄叶，扒苗青棵，提高抗倒伏能力。

六、棉花机械化采摘技术

1. 新疆　较普遍。

2. 山东　已在滨州、东营建立机采棉示范基地。成功承办了全国农机农艺技术融合座谈会暨机采棉现场会，棉花采净率、含杂率都达到了预期要求，一台采棉机的工效相当于 300 个劳动力，极大地提高了棉花收获效率，促进了农村劳动力的转移和农民增收渠道。

德州市已经破题，在夏津县创建了棉花全程机械化试验示范基地，并召开了棉花收获机械化现场会。

七、薯类机械化收获技术

薯类（番薯、马铃薯）机械化收获技术是利用收获机械一次完成起薯、升运、筛土、分离等多项工序的农机化技术。技术要求：起净率大于 98％，明薯率≥96％，伤薯率≤1.5％，破皮率≤2％。技术要点：

（1）**适期收获**　根据气候条件、安全贮藏时间和下茬作物等不同情况确定番薯收获时间，一般在地温低于 18℃时开始收刨，霜降前收获完。当马铃薯植株大部分茎叶枯黄、块茎容易与匍匐茎分离、土壤含水率≤20％时，即可择时收获。

（2）**收前除秧**　机械收获作业前割秧，清理地块。

（3）**调整机械**　根据土壤的质地和墒情，调整抖土部件的抖土强度，保证果土分离干净，减少表皮损伤。检查机械连接传动情况和挖掘深度，挖掘深度在保证起净率的同时，尽量浅，以减少作业负荷。

第四节　冬季设施农业农机化主推技术

一、温室作物机械化耕作技术

温室作物机械化耕作技术是指利用微耕机械完成温室、大棚中作物的中耕、开沟、松土、起垄、播种、施肥等作业的技术，主要是通过更换微耕机械的不同配套机具或部件实现一机多用。微耕作业机械配套动力一般为 3～6千瓦。

（1）微耕作业机械的选择使用，应根据温室、大棚面积、设施入口宽度和作物需求选择适合作业机械。

（2）微耕机械作业前应检查各工作部件安装是否牢固，起步后作业深度由机手根据需要通过扶手控制力度大小进行调整。

（3）机耕、机播作业过程中应保持作业深度一致，耕播均匀，覆盖严密，地表平整，不漏耕、不漏播、不重耕、不重播。

（4）机具作业完毕后，要及时清理泥土和杂草，在转动部位加注润滑油，将皮带链条调整到不受力的状态，带胶轮的微耕机入库停放时应用支撑物垫起，防止胶轮长时间受压。

二、温室大棚电动卷帘技术

温室电动卷帘技术是指利用电动卷帘机械对温室大棚保温覆盖物进行机械铺放、卷起的技术。利用电动卷帘技术，可减小劳动强度，提高劳动效率，延长温室大棚作物的光照时间。另外，使用电动卷帘机整体卷放，抗风性强，对覆盖物可起到保护作用，延长使用寿命。

（1）电动卷帘机械应有专业人员安装调试，并由技术人员按使用说明书调试正常后方可由用户操作使用。

（2）电动卷帘机开启前，必须将固定镇压保温覆盖物的物品移开。卷放过程中温室上面和支承架下严禁站人，以防意外事故发生。

（3）使用过程中，人要在现场，随时监控卷帘机的运行情况，若有异常声音或现象要及时停机检查并排除，防止机器带病工作。如出现斜卷、倒卷或卷放不均匀，应及时调整草帘和底绳的松紧度及铺设方向。

（4）电动卷帘机必须设置断电闸刀和换向开关，操作完毕须用断电闸刀将电源切断，以防止换向开关出现异常变动或故障而非正常运转造成损失。

三、保温被覆盖技术

保温被覆盖技术是指利用保温被对温室大棚进行覆盖保温的技术。大棚保温被是可以替代传统草苫的理想保温材料，它具有保温性能好、使用寿命长、易卷放等优点。目前常用的保温被有复合型保温被、腈纶棉保温被、泡沫保温被等。

（1）在选取保温被时，应选择通过农机推广鉴定的产品，以保证保温被的质量和保温效果。

（2）保温被的覆盖应该根据作物品种和当地气温要求选择覆盖一层或多层，保温被接茬重叠处距离应不少于 20 厘米，做到接茬缝合严密，墙体处固定压紧。

（3）保温被的铺放应当采用电动卷帘机械进行，既可延长保温被使用寿命，又可提高铺放效率。

四、温室微灌技术

温室微灌技术是指在温室内利用微灌设备组装成微灌系统，将有一定压力的水通过灌水器以微小的流量湿润作物根部附近土壤的局部灌溉技术。微灌的形式主要有滴灌、微喷灌和渗灌等。

技术要点：

（1）微灌对水源水质要求较高，最好采用井水或自来水灌溉。对需要蓄水或含砂量大的水源，要修建蓄水池和沉淀池。

（2）根据需要在水泵前可增加肥料和化学药品注入设备、过滤设备、压力表、流量表等。

（3）根据温室面积铺设干管、支管和毛管 3 级管道。在毛管上安装或连接灌水器，消减压力，将水流变为水滴或细流或喷洒状施入土壤。

（4）二次供水的温室，应将蓄水池建在温室内，以使冬季冷水得到预温。

第三章　主要农作物生产全程机械化
推进技术

第一节　冬小麦机械化生产技术

在一定区域内，冬小麦机械化生产提倡标准化作业，小麦品种类型、耕作模式、种植规格、机具作业幅宽、作业机具的调试等应尽量规范一致，并考虑与其他作业环节及下茬作物匹配。

一、播前准备

（一）品种选择

按照当地农业部门的推荐，选择适宜的小麦主导品种，肥水条件良好的高产田，应选用丰产潜力大、抗倒伏性强的品种；旱薄地应选用抗旱耐瘠的品种；在土层较厚、肥力较高的旱肥地，则应种植抗旱耐肥的品种。

（二）种子处理

小麦种子质量应达到国家标准，其中纯度≥99％、净度≥98％、发芽率≥85％、水分≤13％。

播种前的种子药剂处理是防治地下害虫和预防小麦种传、土传病害以及苗期病虫害的主要措施。应根据当地病虫害发生情况选择高效安全的杀菌剂、杀虫剂，用包衣机、拌种机进行种子机械包衣或拌种，以确保种子处理和播种质量。

（三）整地

如预测播种时墒情不足，应提前灌水造墒。整地前，按农艺要求施用底肥。

1. 秸秆处理　前茬作物收获后，对田间剩余秸秆进行粉碎还田。要求粉碎后85％以上的秸秆长度≤10厘米，且抛撒均匀。

2. 旋耕整地　适宜作业的土壤含水率15％～25％。旋耕深度要达到12厘米以上，旋耕深浅一致，耕深稳定性≥85％，耕后地表平整度≤5％，碎土率≥50％。必要时镇压，为提高播种质量奠定基础。

间隔3～4年深松1次，打破犁底层。深松整地深度一般为35～40厘米，稳定性≥80％，土壤膨松度≥40％。深松后应及时合墒。

3. 保护性耕作　实行保护性耕作的地块，如田间秸秆覆盖状况或地表平整度影响免耕播种作业质量，应进行秸秆匀撒处理或地表平整，保证播种质量。

4. 耕翻整地　适宜作业条件：土壤含水率 15%～25%。

对上茬作物根茬较硬，没有实行保护性耕作的地区，小麦播种前需进行耕翻整地。耕翻整地属于重负荷作业，需用大中型拖拉机牵引，拖拉机功率应根据不同耕深、土壤比阻选配。整地质量要求：耕深≥20 厘米，深浅一致，无重耕或漏耕，耕深及耕宽变异系数≤10%。犁沟平直，沟底平整，垡块翻转良好、扣实，以掩埋杂草、肥料和残茬。耕翻后及时进行整地作业，要求土壤散碎良好，地表平整，满足播种要求。

二、播种

（一）适期播种

一般冬性品种播种适期为日平均气温稳定在 16～18℃，半冬性品种为 14～16℃，春性品种为 12～14℃。具体确定冬小麦播种适期时，还要考虑麦田的土壤类型、土壤墒情和安全越冬情况等。旱地播种应掌握"有墒不等时，时到不等墒"的原则。

（二）适量播种

根据品种分蘖成穗特性、播期和土壤肥力水平确定播种量。高产麦田或分蘖成穗率高的品种，播量一般控制在 6～8 千克/亩，基本苗控制在 12 万～15 万株/亩；中产麦田或分蘖成穗率低的品种播量一般控制在 8～11 千克/亩，基本苗控制在 15 万～20 万株/亩；低产麦田播量一般控制在 11～13 千克/亩，基本苗控制在 18 万～25 万株/亩。晚播麦田适当增加播量，无水浇条件的旱地麦田播量 12～15 千克/亩，基本苗控制在 20 万～25 万株/亩。

（三）提高播种质量

采用机械化精少量播种技术一次完成施肥、播种、镇压等复式作业。播种深度为 3～5 厘米，要求播量精确、下种均匀，无漏播，无重播，覆土均匀严密，播后镇压效果良好。实行保护性耕作的地块，播种时应保证种子与土壤接触良好。调整播量时，应考虑药剂拌种使种子重量增加的因素。

（四）播种机具选用

根据当地实际和农艺要求，选用带有镇压装置的精少量播种机具，一次性完成秸秆处理、播种、施肥、镇压等复式作业。其中，少免耕播种机应具有较强的秸秆防堵能力，施肥机构的排肥能力应达到 60 千克/亩以上。

三、田间管理

（一）冬前管理

1. 查苗补苗　出苗后及时查苗，发现漏播及时浸种催芽补种。

2. 苗期病虫草害防治　　根据病虫草害发生情况选用适合的药剂及用量，按照机械化高效植保技术操作规程进行防治作业。有条件的地区，可采用喷杆式喷雾机进行均匀喷洒，要做到不漏喷、不重喷、无滴漏，以防出现药害。

3. 适时浇越冬水　　当日平均气温稳定下降到 3～5℃ 时开始浇越冬水。一般每亩灌水量为 40 米³ 左右。有条件的地区，可采用低压喷灌、滴灌、微喷带等节水灌溉技术和装备。

（二）春季管理

1. 返青期镇压　　对麦苗过旺和秸秆还田量大的地块，应进行返青期镇压。可采用拖拉机牵引镇压器进行镇压，以沉实土壤，提温保墒。

2. 起身拔节期追肥浇水　　浇水时间应视苗情和墒情而定，正常情况下，三类苗宜在返青期浇水，二类苗宜在起身期浇水，一类苗宜在拔节期浇水。根据肥料运筹方式，结合浇水，同步施肥，可采用低压喷灌、微喷等节水灌溉技术。

3. 病虫害防治　　起身拔节期和抽穗期是病虫害防治的两个关键时期。各地应加强植保机械化作业指导与服务，根据植保部门的预测预报，选择适宜的药剂和施药时间；在植保机具选择上，可采用机动喷雾机、背负式喷雾喷粉机、电动喷雾机、农业航空植保等机具；机械化植保作业应符合喷雾机（器）作业质量、喷雾器安全施药技术规范等方面的要求。

4. 肥料运筹　　根据地力基础和产量目标确定肥料用量、时期及底追比例（表4-18），提倡测土配方施肥和机械深施。磷、钾肥和有机肥全部底施。

表 4-18　化肥施用参照表

单位：千克/亩

产量目标	N	P₂O₅	K₂O	施用时期及比例
300～400	10～12	4～6	2～4	2/3 底施，1/3 在起身期追施
400～500	12～14	6～8	3～5	1/2 底施，1/2 在起身期或拔节期追施
500～600	14～16	7～9	5～7	1/3 底施，2/3 在拔节期或在拔节、抽穗期两
600 以上	16～18	8～10	7～9	次追施

免耕播种时种肥要选用氮、磷、钾有效含量 40％ 以上的粒状复合肥或复混肥，施用量一般 40～50 千克/亩，肥料应施在种子正或侧下方 3～5 厘米处，肥带宽度宜在 3 厘米以上。追肥根据苗情长势而定。

四、收获

目前小麦联合收割机型号较多，各地可根据实际情况选用。为提高下茬作物的播种出苗质量，要求小麦联合收割机带有秸秆粉碎及抛撒装置，确保秸秆均匀分布地表。收获时间应掌握在蜡熟末期，同时做到割茬高度≤15 厘米，收割损失率≤2%。作业后，收割机应及时清仓，防止病虫害跨地区传播。

五、注意事项

作业前应检查机具技术状况，查看机具各装置是否连接牢固，转动部件是否灵活，传动部件是否可靠，润滑状况是否良好，悬挂升降装置是否灵敏可靠。播种机播种量及施肥量调整准确，各行均匀。植保机具作业后要妥善处理残留药液，彻底清洗施药器械，防止污染水源和农田。

第二节　小麦联合收割机使用技术

小麦联合收获机是将收割机、脱粒机、行走装置用中间输送装置连接为一体的现代化农业机械。它结构比较复杂，使用要求高。只有正确使用和操作，才能充分发挥其效能，确保作业质量和延长其使用寿命。

一、小麦联合收割机使用的环境要求

（1）小麦联合收获一般适用于面积较大且地势比较平坦的地块。

（2）小麦联合收获机适用于同品种且成熟度一致的小麦收获。因为只有品种相同，小麦成熟才均匀。

（3）根据小麦生物学特性，在同一棵小麦的主茎和分蘖上，甚至在同穗上，麦粒成熟具有不均匀性。若收获较早，则有部分麦粒尚未成熟而影响产量；若收获较迟，则成熟较早的麦粒易于自然落粒或由于拨禾轮击打麦穗造成掉粒损失。因此，联合收获机收获小麦一般选在蜡熟末期。

二、小麦联合收割机使用前的准备

（1）按照使用说明书的要求，检查调整联合收割机各组成装置，使之达到可靠状态。特别要以负荷大、转速高及振动大的装置为重点。发动机技术状态的检查，包括油压、油温、水温是否正常，发动机声音、燃油消耗是否正常等；收割台的检查与调整，包括拨禾轮的转速和高度、割刀行程和切割间隙、搅龙与底面间隙及搅龙转速大小是否符合要求；脱粒装置的检查，主要是滚筒转速凹板间隙应符合要求，转速较高，间隙较小，但不得造成籽粒破碎和滚筒堵塞现象；分离装置和清选装置的检查，逐镐器应以拧紧后曲轴转动灵活为宜，轴流滚筒式分离装置主要是看滚筒转动是否轻便、灵活、可靠。润滑点最好按顺序编号，标写在明处，逐号润滑，以防遗漏。

（2）检查各零部件有无松动、损坏，特别要以易磨损零件为重点，必要时

更换。焊接件是否有裂痕，紧固件是否牢固，转动部件运动是否灵活可靠，操纵装置是否灵活、准确、可靠，特别是液压操纵机构，使用时须准确无误。

（3）经重新安装、保养或修理后的小麦联合收获机要认真做好试运转，试运转过程中要认真检查各机构的运转、传动、操作、调整等情况，发现问题及时解决。正式收割前，选择有代表性的地块进行试割。试割中，可以实际检查并解决试运转中未曾发现的问题。

（4）备足备好常用零配件和易损零配件。

三、小麦联合收割机作业前的田间准备

（1）收割前踏查待作业地块的大小形状、小麦产量和品种、自然高度、种植密度、成熟度及倒伏情况等。

（2）选择机组行走路线，根据作物地形情况，确定收割方案。

（3）清除田间障碍物，必要的要做好明显标记。

（4）用牵引式联合收割机收割，要预先割出边道，地块较长还要割出卸粮道。

四、小麦联合收割机田间作业要点

1. 联合收割机出入地头　联合收获机应以低前进速度入地头，但开始收割前发动机一定要达到正常作业转速，使脱粒机全速运转。自走式小麦联合收获机，进入地头前应选好作业挡位，且使无级变速降到最低转速，需增加前进速度时，尽量通过无级变速实现，避免更换档位。收到地头时，应缓慢升起割台，降低前进速度拐弯，但不应减小油门，以免造成脱粒滚筒堵塞。

2. 收割机的调整　自走式联合收获机在收获过程中要随时根据小麦产量、干湿程度、自然高度及倒伏情况等，对脱粒间隙、拨禾轮的前后位置和高度等部位进行相应的调整；而背负式联合收获机的此类调整应在进地前进行。

3. 选择大油门作业　联合收获机作业时应以发挥最大效能为原则，正常收割时，应始终用大油门作业，不允许用降低油门的方法来降低前进速度，因为这样会降低滚筒转速，造成作业质量下降，甚至堵塞滚筒。如遇到沟坎等障碍物或倒伏作物需降低前进速度时，可通过无级变速手柄将前进速度适当降低。若仍达不到要求，可踩离合器摘挡停车，待滚筒中小麦脱粒完毕时再减小油门挂低挡减速前进。减小油门换挡速度要快，一定要保证再收割时收割机加速到规定转速。

4. 正确选择作业速度　小麦联合收割机在收获过程中，主要应考虑小麦产量、自然高度、干湿程度、地面情况、发动机负荷、驾驶员技术水平等因素来选择合理的作业挡位。通常情况下，小麦每亩产量在 500 千克左右时，应选

择Ⅰ挡作业，前进速度为 2～4 千米/小时；小麦每亩产量在 300～400 千克时，可以选择Ⅱ挡作业，前进速度为 3.5～8 千米/小时；当小麦亩产量在 300 千克以下，地面平坦且机手技术熟练，小麦成熟好时，可选Ⅲ挡作业。

5. 收割幅宽大小要适当 通常情况下联合收获机应满幅作业，但喂入量不能超过规定的许可值，在作业时不能有漏割现象，割幅掌握在割台宽度的90％为好。但当小麦产量过高或湿度过大时，以最低挡作业仍超载时，就应减小割幅，一般割幅减少到 80％时即可满足要求。

6. 干燥作物的收获 当小麦已经成熟，过了适宜收获期收获时容易掉粒，应将拨禾轮转速适当调低，以防拨禾轮板击打麦穗造成掉粒损失，同时要降低作业速度；也可安排在早晨或傍晚收割。

7. 割茬高度和拨禾轮位置的选择 当小麦自然高度不高时，可根据当地习惯确定合理的割茬高度，也可把割茬高度调整到最低，但一般不低于 15 厘米。当小麦自然高度很高，小麦产量也高且潮湿，小麦联合收获机负荷过大时，除可采取不满幅作业外，还可提高割茬高度，以减少喂入量，降低负荷。当小麦茎秆低矮时应把拨禾轮调到较低位置，相反小麦茎秆较高时应将拨禾轮调到较高位置。

8. 倒伏作物的收获 加载扶倒器，扶倒器应装在护刀器前部，工作时可将倒伏的茎秆挑起、扶直。作业时收割机要尽量直线行驶，避免左右扭摆，以防扶倒器碾压更多的小麦植株造成损失。在收割倒伏小麦时，应将拨禾轮的位置向前、向下调整，使弹齿在最低位置时，尽量靠近地面，但不能接触地面，以便抓起秸秆。拨禾轮弹齿一般有 4 个位置，即向前倾斜 15°、垂直向下、向后倾斜 15°和向后倾斜 30°，可根据倒伏情况调整向后倾斜 15°或 30°，从而使弹齿能从地面抓起作物，并送入收割台。在收割倒伏作物时，应卸下拨禾轮压板。如果拨禾轮及弹齿调整合适，可减少损失 3.2％。

收获横向倒伏的小麦时，只需将拨禾轮适当降低即可，但一般应在倒伏方向的另一侧收割，以保证小麦分离彻底，喂入顺利，减少麦粒损失；纵向倒伏作物的收获，应逆倒伏方向作业，但逆向收获需空车返回，严重降低作业效率。当作物倒伏不是很严重时应双向来回收获，逆向收获时应将拨禾轮板齿调整到向前倾斜 15°～30°的位置，且拨禾轮降低且向后；顺向收获时应将拨禾轮的板齿调整到向后倾斜 15°～30°的位置，且拨禾轮升高和向前。

9. 眼观六路，耳听八方 机手进行收获作业时，应做到眼勤、耳勤和手勤。要随时观察驾驶台上的仪表、收割台上作物流动情况和各工作部件的运转情况。要仔细听发动机的脱粒滚筒以及其他工作部件的声音。看到或听到异常情况应立即停车检查。当听到发动机声音沉闷、脱粒滚筒声音异常，看到发动机冒黑烟，说明滚筒内脱粒阻力过大，应适当调大脱粒滚筒间隙、降低前进速度或立即踩下主离合器摘挡停车，切断联合收获机前进动力，然后加大油门进行脱粒。待声音正常后，再降低一个作业挡位或减少割幅，进行正常作业。

10. 选择正确的作业行走方法 作业时的行走方法有 3 种：①顺时针向心回转法；②反时针向心回转法；③梭形收割法。在具体作业时，应根据地块实际情况灵活选用。总的原则是：一要卸粮方便、快捷；二要尽量减少机车空行。

11. 作业时应尽量保持直线行驶 允许微量纠正方向。在转弯时一定要停止收割，采用倒车法转弯或兜圈法直角转弯，不可图快边割边转弯，否则收割机分禾器会将未割的麦子压倒，造成漏割损失。

五、小麦联合收割机使用注意事项

1. 新机或大修后的收割机要试运转，因为在不同转速下的空转和在一定负荷下试运转，可使收割机各摩擦面研磨平滑，排除故障，为机器正常工作提供良好条件。

2. 在未加注燃油、润滑油、水前，禁止启动收割机。

3. 启动前应检查变速箱连杆是否挂空挡、脱谷离合器是否处于分离位置、分离轴承是否润滑。

4. 在启动发动机、接合脱谷离合器和行走离合器之前必须发出信号，以保证安全。

5. 进入作业地块前应先平稳地接合脱谷离合器，使工作部件慢慢运转起来，再将割台、拨禾轮置于工作位置，最后根据作物长势选好挡位，使发动机在额定转速下工作。

6. 联合收割机在正常作业时，必须用大油门。如用中、小油门作业会因发动机转速偏低，各工作部件运动速度达不到设计要求而降低收割机的作业质量，增加损失率。

7. 在发动机运转时，不要调整和保养发动机，更不允许用手和脚触摸机器的工作部件。如在作业中遇到堵塞滚筒时需操纵放堵手柄，使凹板出、入口间隙增大。放堵操作要迅速，放堵后不要忘记升起凹板以防造成严重损失。

8. 操纵脱谷离合器手柄时要做到：接合动力平稳、缓慢到位，分离动力迅速彻底。

9. 经常检查刹车与转向结构，一旦发现问题要及时处理。地头转弯时应先升起收割台，降低联合收割机的前进速度，不能降低发动机的转速。

10. 操纵割台、拨禾轮升降要一次扳到所需位置，并及时将手柄扳回到中立位置。

11. 停止收割时，应该将变速结构置于空挡位置，并切断脱粒离合器。

12. 卸粮时，慢慢接合卸粮手柄，并一次卸完，中途不能停车和分离卸粮摩擦片，严禁用铁器推送粮仓中的粮食，更不允许人跳到粮箱里去。若遇到故障，应先把卸粮清理口的粮食取出一部分后，再按动卸粮手柄卸出剩余的粮食。

13. 不允许有燃油泄漏现象发生，一旦发现应及时排除，并将机器上的油污擦掉。

14. 收割机修车或停车时，尽量选择平坦路段。在斜坡作业必须停车时，应先踩离合器踏板，后踩刹车，车灭火后禁止摘挡。

15. 收割机转向时，禁止操纵液压提升装置和行走无级变速控制装置，以防止转向失灵时发生意外事故。

六、小麦联合收割机作业保养及冬季保管

小麦联合收割机是集小麦收割、脱粒、分离、清洗等作业于一体的联合作业机器。因为小麦联合收割机的功能多、结构复杂、作业时间短，所以应做好小麦联合收割机作业期间的保养及冬季保管工作。

（一）小麦联合收割机的作业保养

1. 润滑

（1）严格按照联合收割机随机说明书中的润滑图表的润滑部位、周期和油品种类要求进行润滑。

（2）润滑前应擦净油嘴、加油盖、润滑部位及其周围的尘土、油污等。

（3）经常检查密封轴承的密封状况和工作温度，如发现漏油或温度异常升高，应及时更换油封。

（4）各拉杆、杠杆机构活节部位应及时滴注润滑油。

（5）链条应在每天工作开始前注油润滑。

（6）新的或刚大修过的联合收割机，试运转结束后应将变速箱中的油全部放出，清洗干净后加入新油。工作中每星期检查1次油量，不足时及时添加。

2. 散热器的保养　影响联合收割机使用效率的主要原因是发动机开锅，而发动机开锅又多是散热器严重堵塞造成的，因此应加强对散热器的保养。

（1）罩式散热器的保养　一般联合收割机大多装有罩式散热器，由于收获作业尘土、杂物较多，水箱罩的进气孔易被杂物堵塞，要及时处理。按箭头方向旋转水箱罩左侧下方手柄，使上、下挡风板全部封闭水箱的进气孔道，杂物即自行脱落；堵塞严重时，应在每班工作前用一定压力的水冲洗水箱孔，以保持良好的通风状态。

（2）对于联合收割机用的自动除尘器，每天作业结束后必须清理旋转滤

网，逆风时每班应清理 2 次，按联合收割机使用说明书要求及时清理水箱孔。

（二）小麦联合收割机的冬季保管

在夏季作业过程中，机器内部会积有大量的尘土和污物，因此在收获季节结束之后，一定要对小麦联合收割机进行良好的冬季保养，延长联合收割机的使用寿命。

1. 清除杂物

（1）彻底清理机器各组成部件和各联结处，特别要注意清理逐镐器，排除回输盘上的残余物。

（2）清理、清洗机械的回输盘。

（3）清除滚筒和凹板上的残余物。

（4）一定要把粮仓和各升运器内的谷物清理干净。

2. 完全润滑　按润滑规程进行润滑，然后将机器转动几下。在各联结处涂极板油或凡士林防止氧化。

3. 部分零部件卸下分开保管

（1）取下条筛片仔细清理后保管。

（2）取下所有皮带放在干燥、凉爽的室内保管。

（3）卸下链条，清洗后放在 60～70℃ 的牛脂或石蜡中浸泡约 15 分钟，使链条套筒、销子、滚子得到充分润滑，然后妥善保管。

（4）卸下蓄电池，保存在干燥的室内，每月必须进行充电，并检查电解液的液位和比重。

（5）经清理后，保管好无级变速器的变速盘、变速轴、护刀架梁和割刀。

（6）顶起收割机，把轮胎气压降到规定值。

4. 及时检查修理　检查机器上有没有需要修理的地方，有则及时修理。

5. 机器停放　机器应停放在干燥的库房内，尽可能不要放在室外。另外，库房内不要同时存放化肥及其他化学用品。

第三节　小麦机械化收获减损技术

小麦机械化收获减损技术适用于使用全喂入联合收割机进行小麦收获作业。在一定区域内，小麦品种及种植模式应尽量规范一致，作物及田块条件适于机械化收获。农机手应提前检查、调试好机具，确定适宜收割期，执行小麦机收作业质量标准和操作规程，努力减少收获环节的抛洒损失。

一、作业前机具检查调试

小麦联合收割机作业前要做好充分的保养与调试，使机具达到最佳工作状态，以降低故障率，提高作业质量和效率。

（一）作业季节开始前的检查与保养

作业季节开始前要依据产品使用说明书对联合收割机进行一次全面检查与保养，确保机具在整个收获期能正常工作。经重新安装、保养或修理后的小麦联合收割机要认真做好试运转，先局部后整体，认真检查行走、转向、收割、输送、脱粒、清选、卸粮等机构的运转、传动、操作、调整等情况，检查有无异常响声和"三漏"情况，发现问题及时解决。

（二）作业期间出车前的检查准备

作业前，要检查各操纵装置功能是否正常；离合器、制动踏板自由行程是否适当；发动机机油、冷却液是否适量；仪表板各指示是否正常；轮胎气压是否正常；传动链、张紧轮是否松动或损伤，运动是否灵活可靠；重要部位螺栓、螺母有无松动；有无漏水、渗漏油现象；割台、机架等部件有无变形等。备足备好田间作业常用工具、零配件、易损零配件及油料等，以便出现故障时能够及时排除。

（三）试割

正式收割前，选择有代表性的地块进行试割，以对机器调试后的技术状态进行一次全面的现场检查，并根据作业情况和农户要求进行必要调整。

试割时，采取正常作业速度试割 20 米左右距离，停机，检查割后损失、破碎、含杂等情况，有无漏割、堵草、跑粮等异常情况。如有不妥，对割刀间隙、脱粒间隙、筛子开度和/或风扇风量等视情况进行必要调整。调整后，再次试割，并检查作业质量，直到满足要求方可进行正常作业。

试割过程中，应注意观察、倾听机器工作状况，发现异常及时解决。

二、确定适宜收割期

小麦机收宜在蜡熟末期至完熟期进行，此时产量最高，品质最好。小麦成熟期主要特征：蜡熟中期下部叶片干黄，茎秆有弹性，籽粒转黄色，饱满而湿润，籽粒含水率 25%～30%。蜡熟末期植株变黄，仅叶鞘茎部略带绿色，茎秆仍有弹性，籽粒黄色稍硬，内含物呈蜡状，含水率 20%～25%。完熟期叶片枯黄，籽粒变硬，呈品种本色，含水率在 20%以下。

确定收割期时，还要根据当时的天气情况、品种特性和栽培条件，合理安排收割顺序，做到因地制宜、适时抢收，确保颗粒归仓。小面积收割宜在蜡熟末期，大面积收割宜在蜡熟中期，以使大部分小麦在适收期内收获。留种用的麦田宜在完熟期收获。如遇雨季迫近，或急需抢种下茬作物，或品种易落粒、折秆、折穗、穗上发芽等情况，应适当提前收割。

三、机收作业质量要求

根据 NY/T 995—2006《谷物（小麦）联合收获机械作业质量》要求，全喂入联合收割机收获总损失率≤2.0%、籽粒破损率≤2.0%、含杂率≤2.5%，无明显漏收、漏割。割茬高度应一致，一般不超过 15 厘米，留高茬还田最高不宜超过 25 厘米。机械作业后无油料泄漏造成粮食和土地污染。为提高下茬作物的播种出苗质量，要求小麦联合收割机带有秸秆粉碎及抛洒装置，确保秸秆均匀分布地表。另外，也要注意及时与用户沟通，了解用户对收割作业的质量需求。

四、减少机收环节损失的措施

收割过程中，应选择正确的作业参数，并根据自然条件和作物条件的不同及时对机具进行调整，使联合收割机保持良好的工作状态，减少机收损失，提高作业质量。

（一）选择作业行走路线

联合收割机作业一般可采取顺时针向心回转、反时针向心回转、梭形收割 3 种行走方法。在具体作业时，机手应根据地块实际情况灵活选用。转弯时应停止收割，采用倒车法转弯或兜圈法直角转弯，不要边割边转弯，以防因分禾器、行走轮或履带压倒未割麦子，造成漏割损失。

（二）选择作业速度

根据联合收割机自身喂入量、小麦产量、自然高度、干湿程度等因素选择合理的作业速度。通常情况下，采用正常作业速度进行收割。当小麦稠密、植株大、产量高、早晚及雨后作物湿度大时，应适当降低作业速度。

（三）调整作业幅宽

在负荷允许的情况下，控制好作业速度，尽量满幅或接近满幅工作，保证作物喂入均匀，防止喂入量过大，影响脱粒质量，增加破碎率。当小麦产量高、湿度大或者留茬高度过低时，以低速作业仍超载时，适当减小割幅，一般减少到 80%，以保证小麦的收割质量。

（四）保持合适的留茬高度

割茬高度应根据小麦的高度和地块的平整情况而定，一般以 5～15 厘米为宜。割茬过高，由于小麦高低不一或机车过田埂时割台上下波动，易造成部分小麦漏割，同时，拨禾轮的拨禾推禾作用减弱，易造成落地损失。在保证正常收割的情况下，割茬尽量低些，但最低不得＜5 厘米，以免切割泥土，加快切割器磨损。

（五）调整拨禾轮速度和位置

拨禾轮的转速一般为联合收割机前进速度的 1.1～1.2 倍，不宜过高。拨禾轮高低位置应使拨禾板作用在被切割作物 2/3 处为宜，其前后位置应视作物密度和倒伏程度而定，当作物植株密度大并且倒伏时，适当前移，以增强扶禾能力。拨禾轮转速过高、位置偏高或偏前，都易增加穗头籽粒脱落，使作业损失增加。

（六）调整脱粒、清选等工作部件

脱粒滚筒的转速、脱粒间隙和导流板角度的大小，是影响小麦脱净率、破碎率的重要因素。在保证破碎率不超标的前提下，可通过适当提高脱粒滚筒的转速、减小滚筒与凹板之间的间隙，正确调整入口与出口间隙之比（应为 4：1）等措施，提高脱净率，减少脱粒损失和破碎。清选损失和含杂率是对立的，调整中要统筹考虑。在保证含杂率不超标的前提下，可通过适当减小风扇风量、调大筛子的开度及提高尾筛位置等，减少清选损失。作业中要经常检查逐稿器机箱内秸秆堵塞情况，及时清理，轴流滚筒可适当减小喂入量和提高滚筒转速，以减少分离损失。

（七）收割倒伏作物

适当降低割茬，以减少漏割；拨禾轮适当前移，拨禾弹齿后倾 15°～30°，以增强扶禾作用。倒伏较严重的作物，采取逆倒伏方向收获、降低作业速度或减少喂入量等措施。

（八）收割过熟作物

小麦过度成熟时，茎秆过干易折断、麦粒易脱落，脱粒后碎茎秆增加易引起分离困难，收割时应适当调低拨禾轮转速，防止拨禾轮板击打麦穗造成掉粒损失，同时降低作业速度，适当调整清选筛开度，也可安排在早晨或傍晚茎秆韧性较大时收割。

第四节 玉米生产机械化技术

一、播前准备

（一）品种选择

一年两熟区主要以小麦、玉米轮作为主，考虑到为下茬冬小麦留足生育期，宜选择生育期较短、苞叶松散、抗虫、高抗倒伏的耐密植玉米品种。

（二）种子处理

精量播种地区，必须选用高质量的种子并进行精选处理，要求处理后的种子纯度达到 96％以上，净度达 98％以上，发芽率达 95％以上。有条件的地区可进行等离子体或磁化处理。播种前，应针对当地病虫害实际发生的程度，选择相应防治药剂进行拌种或包衣处理。特别是玉米丝黑穗病、苗枯病等土传病害和地下害虫严重发生的地区，必须在播种前做好病虫害预防处理。

（三）播前整地

黄淮海地区小麦收获时，采用带秸秆粉碎的联合收获机，留茬高度低于20厘米，秸秆粉碎后均匀抛撒，然后直接免耕播种玉米，一般不需进行整地作业。

二、播种

适时播种是保证出苗整齐度的重要措施，当地温 8～12℃，土壤含水量14%左右时，即可进行播种。合理的种植密度是提高单位面积产量的主要因素之一，各地应按照当地的玉米品种特性，选定合适的播量，保证亩株数符合农艺要求。应尽量采用机械化精量播种技术，作业要求是：单粒率≥85%，空穴率<5%，伤种率≤1.5%；播深或覆土深度一般为 4～5 厘米，误差不大于1 厘米；株距合格率≥80%；种肥应施在种子下方或侧下方，与种子相隔 5 厘米以上，且肥条均匀连续；苗带直线性好，种子左右偏差不大于 4 厘米，以便于田间管理。

黄淮海地区采用 60 厘米等行距种植方式，前茬小麦种植时应考虑对应玉米种植行距的需求，尽量不采用套种方式。

三、田间管理

（一）中耕施肥

根据测土配方施肥技术成果，按各地目标产量、施肥方式及追肥用量，在玉米拔节或小喇叭口期，采用高地隙中耕施肥机具或轻小型田间管理机械，进行中耕追肥机械化作业，一次完成开沟、施肥、培土、镇压等工序。追肥机各排肥口施肥量应调整一致。追肥机具应具有良好的行间通过性能，追肥作业应无明显伤根，伤苗率<3%，追肥深度 6～10 厘米，追肥部位在植株行侧 10～20 厘米，肥带宽度>3 厘米，无明显断条，施肥后覆土严密。

（二）植保

根据当地玉米病虫草害的发生规律，按植保要求采取综合防治措施，合理选用药剂及用量，按照机械化高效植保技术操作规程进行防治作业。苗前喷施除草剂应在土壤湿度较大时进行，均匀喷洒，在地表形成一层药膜；苗后喷施除草剂在玉米 3～5 叶期进行，要求在行间近地面喷施，以减少药剂漂移。玉米生育中后期喷药防治病虫害时，应采用高地隙喷药机械进行机械化植保作业，有条件的地方要积极推广农业航化作业技术，要提高喷施药剂的精准性和利用率，严防人畜中毒、作物药害和农产品农药残留超标。

（三）节水灌溉

有条件的地区，应采用滴灌、喷灌等先进的节水灌溉技术和装备，按玉米需水要求进行节水灌溉。

四、收获

各地应根据玉米成熟度适时进行收获作业，根据地块大小和种植行距及作业要求选择合适的联合收获机、青贮饲料收获机型。玉米收获机行距应与玉米种植行距相适应，行距偏差不宜超过 5 厘米。使用机械化收获的玉米，植株倒伏率应＜5％，否则会影响作业效率，加大收获损失。作业质量要求：玉米果穗收获，籽粒损失率≤2％，果穗损失率≤3％，籽粒破碎率≤1％，果穗含杂率≤5％，苞叶未剥净率＜15％；玉米脱粒联合收获，玉米籽粒含水率≤23％；玉米青贮收获，秸秆含水量≥65％，秸秆切碎长度≤3 厘米，切碎合格率≥85％，割茬高度≤15 厘米，收割损失率≤5％。玉米秸秆还田按《秸秆还田机械化技术》要求执行。

五、烘干

收获后的玉米应及时进行降水处理。采用摘穗收获的，可集中进行通风晾晒；采用籽粒收获的，宜采用玉米烘干机械进行降水处理。

第五节　玉米联合收获机使用技术

玉米联合收获机是在玉米成熟时，根据其种植方式、农艺要求，代替人工一次完成收割、摘穗、剥皮、集穗（或摘穗、剥皮、脱粒，此时籽粒湿度应为23％以下），同时进行茎秆处理（切段青贮或粉碎还田）等多项作业的玉米专用收获机具，使玉米机械化收获进入专业化、联合化时代。

一、玉米联合收割机试运转前的检查

1. 检查各部位轴承及轴上的高速转动件（如茎秆切碎装置、中间轴）的安装是否正常。

2. 检查 V 形带和链条的张紧度。

3. 检查是否有工具或无关物品留在收割机工作部件上，所有防护罩是否到位。

4. 检查燃油、机油、润滑油是否到位。

二、玉米联合收割机空载试运转

1. 分离发动机离合器，变速杆放在空挡位置。

2. 启动发动机，在低速时接合离合器。当运转正常时，逐渐加大发动机转速，直到额定转速为止，然后使收割机在额定转速下运转。

3. 运转时，进行下列各项检查。

（1）顺序开动液压系统的液压缸，检查液压系统工作情况、液压管路和液压件的密封情况。

（2）检查收割机（行驶中）制动情况。每经 20 分钟运转后，分离一次发动机离合器，检查轴承是否过热及皮带、链条的传动、各连接部位的紧固情况。用所有档位依次接合工作部件时，对收割机进行试运转，运行时注意各部分情况。就地空试时间不少于 3 小时，行驶空试时间不少于 1 小时。

三、玉米联合收割机作业试运转

在最初工作 30 小时内，收割机速度比正常速度低 20％～25％，正常作业速度可按说明书推荐的工作速度进行。试运转结束后，彻底检查各部件装配紧固程度、总成调整正确性、电气设备工作状态等。更换所有减速器、闭合齿轮箱的润滑油。

四、玉米联合收割机作业准备

1. 实施秸秆青贮的玉米收获要适时进行，尽量在玉米果穗籽粒刚成熟时，秸秆发干变黄前（此时秸秆的营养成分和水分利于青贮）进行收获作业。

2. 实施秸秆还田的玉米收获尽量在果穗籽粒成熟后间隔 3～5 天再进行收获作业，这样玉米的籽粒更加饱满，果穗的含水率低有利于剥皮作业。秸秆变黄，水分降低更利于将秸秆粉碎，可以相对减少功率损耗。

3. 根据地块大小和种植行距及作业质量要求选择合适的机具，作业前制定好具体的收获作业路线，同时根据机具的特点，做好人工开割道等准备工作。

4. 收获前 10～15 天，应对玉米的倒伏程度、种植密度和行距、果穗的下垂度、最低结穗高度等情况，做好田间调查，并提前制订作业计划。

5. 提前 3～5 天，对田块中的沟渠、垄台予以平整，并将水井、电杆拉线等不明显障碍安装标志，以利于安全作业。

6. 作业前应进行试收获，调整机具，达到农艺要求后，方可投入正式作业。

7. 作业前，适当调整摘相辊（或镐穗板）间隙，以减少籽粒破碎；作业中，注意果穗升运过程中的流畅性，以免卡住、堵塞；随时观察果穗箱的充满程度，及时倾卸果穗，以免果满后溢出或卸粮时卡堵。

五、玉米联合收割机作业维护与保养

（一）作业前的保养与维护

1. 彻底清扫收割机。将收割机内外的泥土、碎秸秆、杂草杂物等清除干净。

2. 按玉米联合收割机说明书中的润滑系统图，对玉米联合收割机全面注油保养。

3. 调整链条与三角带，对玉米联合收割机上的三角带与链条，进行松紧度的全面检查，调整到最佳使用状态。

4. 检查保养割刀，清除动刀片及定刀片上的泥土。

5. 检查维护脱粒滚筒，修复变形的齿。

6. 检查各部位螺栓松紧，如有松动，加以紧固，确保玉米联合收割机正常作业。

（二）润滑保养与维护

玉米联合收割机结构复杂、运动部件多且工作环境比较恶劣，对摩擦部位进行及时、仔细、正确的润滑保养很重要，不仅可以提高玉米联合收割机的可靠性，减少摩擦力及功率的消耗，还可以提高机械零部件的使用寿命，降低使用成本。对其润滑保养除了要严格按照本机型使用说明书要求的时间周期、油脂型号、润滑点进行润滑外，还应把握好以下几点：

1. 润滑油所用器具要洁净。润滑前应擦净油嘴、加油口、润滑部位的油污和尘土。

2. 经常检查轴套、轴承等摩擦部位的工作温度，如发现油封漏油而工作温度过高，应立即修复和润滑，不能立即修复的要缩短润滑间隔时间。各润滑部位，可拆卸的轴承、轴套、滑块等应结合维修保养，用机油清洗干净，装配后加注润滑油。对含油轴承，每年作业结束后应卸下，在机油中浸泡 2 小时补油。

3. 链条、外露传动齿轮等外露转动部件每天都要润滑保养，润滑时要停车，除去链条上的油泥，并均匀抹刷润滑油。另外对套筒滚子链应每隔 3～5 天卸下，放在汽油中用毛刷清洗 1 次，干后再放在热机油中浸泡 15 分钟。

4. 润滑脂注入点应每班次（作业 10 小时）加注黄油 1 次，用黄油枪注入黄油时一定要加足。加注不进去时，可转动润滑部位后再加，直至加满。

5. 联合收割机试运转结束、或经较长时间运行后，应将传动齿轮箱齿轮油、发动机油底壳机油更换或过滤后再用。一般每周检查 1 次，发现漏油应查找原因、排除故障，油位不足时应先检查余油是否乳化变质，若已变质要彻底更换，若未变质可添加与原型号相同的润滑油，达到要求的油位。

（三）收割机三角带的保养与维护

1. 收割机在作业前必须检查三角带松紧度，过松或过紧都会影响收割机使用寿命。三角带过松引起打滑，工作效率就降低，三角带过紧会增加轴承磨损，加大了功率的消耗，还可能引起轴被拉弯。

2. 禁止三角带上有润滑油。

3. 慎防三角带机械性损伤。挂上或卸下三角带时，事先应将涨紧轮松开，如果是新三角带很难上时，应将一个三角带轮卸下，装上三角带后再将三角带轮装上，同一回路的三角带轮轮槽应在同一回转平面上。

4. 三角带轮边沿有缺口或变形，应及时修复或更换。

5. 同一回路用两条或多条三角带时，其三角带的长度应一致。

（四）收割机传动链条的保养与维护

1. 同一回路中的链轮应在同一回转平面。

2. 收割机在作业前必须检查链轮的松紧度，太松和太紧都会产生不良效果，太紧容易磨损，太松链条跳动大，甚至会跳齿和链条脱落。

（五）液压系统的保养与维护

1. 检查液压油箱的油面时，应将收割机割台放到最低位置。如液压油不足时，应按随机说明书中规定的液压油牌号予以补充，禁用不同牌号的液压油混合使用。

2. 新的玉米收割机工作 30 小时，应该更换一次新的液压油，以后每工作一个年次更换一次液压油。

3. 加液压油时应将油箱加油口周围清理干净，加油工具要干净可靠。拆下滤清器并清洗干净，将清洗干净的滤清器装上加注新的液压油。

4. 液压油加注前，防止固体杂质混入，必须沉淀。不允许不同牌号和水、砂、铁屑等杂质混入液压油中。

六、玉米联合收割机作业注意事项

1. 作业前应平稳结合工作部件离合器，油门由小到大，到稳定额定转速时，方可开始收割作业。

2. 田间作业时，要定期检查切割粉碎质量和留茬高度，随时调整割台高度。

3. 根据抛落到地上的籽粒数量来检查摘穗装置的工作，籽粒的损失量不应超过玉米籽粒总量的 0.5%。当损失较大时应检查摘穗板之间工作缝隙是否合适。

4. 应适当中断玉米收割机工作 1～2 分钟，让工作部件空运转，以便从工作部件中排除所有玉米穗、籽粒等余留物，防止工作部件堵塞。一旦堵塞时，应及时停机清除堵塞物，否则将会导致玉米联合收割机摩擦加大，零部件损坏。

5. 转弯或者沿玉米行作业遇有水洼时，应把割台升高到运输位置。在有水沟的田间作业时，只能沿着水沟方向作业。

6. 运输过程中，应将玉米联合收获机及秸秆还田装置提升到运输状态，前进方向的坡度大于 15°时，不能中途换挡，以保证运输安全。

7. 作业过程中，随时观察作业质量，如发现作业质量有问题或机具有故障时，必须将发动机熄火后方可进行调整和排除故障操作。

8. 地面坡度大于 8°的地块不宜使用玉米收获机作业。

9. 玉米收获机转弯时的速度不得超过 3～4 千米/小时。

七、玉米联合收割机安全使用事项

1. 机组驾驶人员必须具有农机管理部门核发的驾驶证，经过玉米收割机操作的学习和培训，并具有田间作业的经验。

2. 联合收割机或配套的拖拉机必须经农机安全监理部门年审合格，技术状况良好。使用过的玉米收割机必须经过全面的检修保养。

3. 工作时机组操作人员只限驾驶员 1 人，严禁超负荷作业，禁止任何人员站在切碎器和割台等附近。

4. 启动前必须将变速手柄及动力输出手柄置于空挡位置。

5. 机组起步、接合动力、转弯、倒车时，要先鸣喇叭，观察机组附近状况，并提醒多余人员离开。

6. 工作期间驾驶员不得饮酒，不允许在过度疲劳、睡眠不足等情况下操作机组。

7. 作业中应注意避开石块、树桩、沟渠等障碍，以免造成机组故障。

8. 工作中，驾驶人员应随时观察、倾听机组各部位的运行情况，如发现异常，立即停车排除故障。

9. 保持各部位防护罩完好、有效，严禁拆卸护罩。

10. 经常检查切碎器锤爪完好情况，发现残缺应及时更换。

11. 严禁机组在工作和未完全停止运转前清除杂草、检查保养、排除故障等，必须在发动机熄火、机组停止运行后进行检修。检修摘穗辊、拨禾链、切碎器、开式齿轮、链轮和链条等传动和运动部位的故障时，严禁转动传动机构。

12. 机组在转向、地块转移或长距离空行及运输状态时，必须将收割机切断动力。

八、玉米联合收割机常见故障与排除

（一）发动机无法启动

1. 启动电机能转 首先检查有无燃油，再检查柴油滤清器是否堵塞，若滤清器使用时间超过 400 小时，应更换。最后检查油水分离器内是否积水。

2. 启动电机不能转 检查主调速手柄是否处在"停止"位置，若不在，则由于安全启动开关的作用，发动机无法启动；然后，打开启动开关，报警器声音若偏小，说明电瓶没有电。再检查总保险丝及各电路保险丝是否烧断。

（二）报警器发出断续的鸣响

1. 查看仪表板 若负荷指示灯闪烁，说明超负荷，确认脱粒深浅位置是否适当。其次检查切刀是否磨损，再检查脱粒室排尘，将脱粒室导板调节手柄调到"标准"或"开"位置；若谷粒指示灯闪烁，说明集谷箱已满；若脱粒部指示灯闪烁，说明再筛选输送螺旋杆部堵塞。停止收割，并将收割机脱粒离合器手柄放到"离"的位置，清除螺旋杆处谷粒及秸秆。

2. 查看水温表 水温表若处在"H"位置，说明水温偏高。停止收割，并将玉米收割机脱粒离合器手柄放到"离"的位置，检查冷却水量；检查风扇皮带是否松动；检查散热水箱及机油冷却器，清除黏附的异物。

3. 查看脱粒深浅自动控制开关 若脱粒深浅自动控制开关闪烁，说明其传感器被秸秆或杂草缠绕，应清除秸秆或杂草。

（三）作物没有被割断而被压倒

1. 关闭发动机，查看割刀或输送部是否有异物。

2. 检查驱动皮带，离合器手柄在"合"位置时，弹簧长度为 102 毫米。

3. 检查输送部位是否堵塞，分禾板前端调整为同高，收割倒伏作物时，不要使分禾板插入株间。

4. 也有可能是前进速度过快，应以适当速度进行。

（四）作物无法输送，输送状态混乱

1. 关闭发动机，检查链条或爪形皮带张紧度。

2. 调整脱粒位置微调杆，使穗端对正脱粒喂入口的标准位置。

3. 若扶禾部输送状态混乱，可通过调整扶禾器变速手柄、副调速手柄及扶禾器支架的滑动导轨位置来改变输送混乱状态。

4. 若低速作业输送状态混乱，副调速手柄通常放在"标准"位置，但靠

近田埂部以低速（0.1～0.3 米/秒）作业时，若茎秆堆积于脱粒链条，则副调速手柄应放到"倒伏"位置。

（五）割茬不齐

关闭收割机的发动机，检查割刀内是否夹异物、刀片间隙是否过大、刀片是否缺齿或折断。若发生上述情况，应清除异物，调整割刀片与固定刀片间隙为 0.1～0.5 毫米或更换刀片。

（六）再筛选输送螺旋杆堵塞

1. 查看再筛选输送螺旋杆部有无异物卡住。

2. 调整皮带张紧度。

3. 清除黏附在螺旋伞齿和竖直输送筒表面上的杂垢，在表面刷一层机油。

（七）切草器切断的秸秆变长

1. 检查切草器切刀刃是否磨损。

2. 调整脱粒位置微调杆，使穗端对正脱粒喂入口的标准位置。

3. 调整切草器刀片间隙为 4.5～7 毫米。

（八）脱粒不净

1. 调整玉米收割机的脱粒位置微调杆，使穗端对正脱粒喂入口的标准位置。

2. 调节加油手柄，使发动机转速正常。

3. 调整脱粒离合器张紧弹簧拉长长度为 236 毫米，脱粒滚筒张紧弹簧拉长长度为 165 毫米。

4. 若脱粒齿缺损，应更换。

九、玉米联合收割机日常清理

1. 清扫内外黏附的尘土、颖壳、茎秆及其他附着物，特别注意清理拨禾轮、割台搅拢、扶禾器、切割器、滚筒、凹板筛、振动板、清选筛、发动机基座、行走装置等处的附着物。

2. 清理传动皮带和传动链条等处的泥块、秸秆，泥块多会影响轮子的平衡，秸秆可能因摩擦而引燃起火。

3. 清理发动机冷却水箱散热器、液压油散热器、空气滤清器等处的草屑、秸秆等杂物。

4. 按规定定期清洗柴油滤清器、机油滤清器滤芯（或机油滤清器）；定期清洗或清扫空气滤清器。

5. 定期放出柴油箱、柴油滤清器内的水和机械杂质等沉淀物。

6. 作业结束后，各个注油点应注满油，开式传动齿轮、刀具等未涂漆的表面应涂油防锈。各部位传动链应卸下，清洗后经机油浸泡入库存放。

第六节　玉米机械化收获减损技术

玉米机械化收获减损技术适用于使用玉米联合收获机进行玉米果穗、籽粒收获作业。在一定区域内，玉米品种及种植模式、行距应尽量规范一致，作物及地块条件适于机械化收获。应选择与作物种植行距、成熟期、适宜收获方式对应的玉米收获机并提前检查调试好机具，确认收获期适宜，执行玉米机收作业质量标准和操作规程，努力减少收获环节的落穗、落粒、抛洒、破碎等损失。

一、作业前机具检查调试

玉米联合收获机作业前要做好充分的保养与调试工作，使机具达到最佳工作状态，预防和减少作业故障的发生，提高收获质量和效率。

（一）作业季节开始前的检查与保养

作业季节开始前，要依据产品使用说明书对联合收获机进行一次全面检查与保养，确保机具在整个收获期能正常工作。经重新安装、保养或修理后的玉米联合收获机要认真做好试运转，先局部后整体，认真检查行走、转向、割台、输送、剥皮、脱粒、清选、卸粮等机构的运转、传动、操作、调整等情况，检查升降系统是否工作正常，检查有无异常响声和漏油、漏水情况；割台、机架等部件有无变形等，发现问题逐一解决。

（二）作业期间出车前的检查准备

作业前，要检查各操纵装置功能是否正常；检查各部位轴承及在轴上高速转动件（如茎秆切碎装置，中间轴）安装情况；离合器、制动踏板自由行程是否适当；燃油、发动机机油、润滑油、冷却液是否适量；仪表盘指示是否正常；轮胎气压是否正常；V型带、链条、张紧轮等是否松动或损伤，运动是否灵活可靠；重要部位螺栓、螺母有无松动；有无漏水、渗油等现象；所有防护罩是否紧固。备足备好田间作业常用工具、零配件、易损零配件等，以便出现故障时能够及时排除。

空载试运转：分离发动机离合器，变速杆放在空挡位置；启动发动机，在低速时接合离合器。待所有工作部件和各种机构运转正常时，逐渐加大发动机转速，一直到额定转速为止，然后使收获机在额定转速下运转；运转时，进行下列检查：顺序开动液压系统的液压缸检查液压系统工作情况，液压管路和液压件的密封情况；检查轴承是否过热及皮带、链条的传动情况，以及各连接部件的紧固情况。用所有的档位一次接合工作部件时，对收获机进行试运转，运行时注意各部分是否有异常情况，发现问题逐一解决。

二、确定适宜收获期和收获方式

适期收获玉米是增加粒重、减少损失、提高产量和品质的重要生产环节，防止过早或过晚收获对玉米的产量和品质产生不利影响。玉米成熟的标志是植株的中、下部叶片变黄，基部叶片干枯，果穗变黄，苞叶干枯成黄白色而松散，籽粒脱水变硬乳线消失，微干缩凹陷，籽粒基部（胚下端）出现黑帽层，并呈现出品种固有的色泽。玉米收获适期因品种、播期及生产目的而异：

果穗收获：对种植中晚熟品种和晚播晚熟的地块，玉米籽粒含水率一般在30％以上时，应采取机械摘穗、晒场晾棒或整穗烘干的收获方式，当玉米果穗籽粒含水率降至25％以下再用机械脱粒。

籽粒直收：对一些种植早熟品种的地块，因这类品种的玉米具有成熟早、脱水快的特点，当籽粒含水率在25％以下时，便可利用玉米联合收获机直接脱粒收获，减少晾晒管理和贮藏的压力。

确定收获期时，还要根据当时的天气情况、品种特性和栽培条件，合理安排收获顺序，做到因地制宜、适时抢收，确保颗粒归仓。如遇雨季迫近，或急需抢种下茬作物，或品种易落粒、折秆、掉穗、穗上发芽等情况，应适当提前收获。

三、试割

收获机在正式收割前，选择有代表性的地块进行试割。试割有两个目的：一是对机器调试后的技术状态进行一次全面的现场检查，检查收获机各部件是否还有故障；二是根据实际的作业效果和农户要求进行必要调整。方法如下：

收获机进入田间后，接合动力挡，使机器缓慢运转。确认无异常后，将割台液压操纵手柄下压，降落割台到合适位置（摘穗板或摘穗辊尽量接近结穗部位），挂上低速前进挡，加大油门，在机器达到额定转速后，放松离合器，使机组前进。采取正常作业速度试割20米左右距离，停机，检查收获后果穗、籽粒损失、破碎、含杂等情况，有无漏割、堵塞等异常情况。如有不妥，对摘穗辊（或拉茎辊、摘穗板）、输送、剥皮、脱粒、清选等机构视情况进行必要调整。调整后，再次试割，并检查作业质量，直到满足要求方可进行正常作业。试割过程中，应注意观察、倾听机器工作状况，发现异常及时解决。

四、机收作业质量要求

依据农业行业标准《玉米收获机　作业质量》（NY/T 1355—2007），在籽粒含水率为25％～35％，果穗下垂率不大于15％，最低结穗高度不低于40厘米的条件下，玉米收获机作业质量应符合以下规定：籽粒损失率≤2.0％，果穗损失率≤5.0％，籽粒破损率≤1.0％，苞叶剥净率≥85％，留茬高度≤110毫米。

五、减少机收环节损失的措施

玉米收获机在进入地块收获前，必须先了解地块的基本情况：玉米品种、种植行距、密度、成熟度、最低结穗高度、果穗下垂及茎秆倒伏情况，是否需要人工开道、清理地头、摘除倒伏玉米等，以便提前制定作业计划。对地块中的沟渠、田埂、通道等予以平整，并将地里水井、电杆拉线、树桩等不明显障碍安装标志，以利安全作业。根据地块大小、形状，选择进地和行走路线，以便利于运输车装车，尽量减少机车的进地次数。

玉米收获过程中，应选择正确的作业参数，并根据自然条件和作物条件的不同及时对机具工作参数进行调整，使玉米联合收获机保持良好的工作状态，降低机收损失，提高作业质量。

（一）选择作业行走路线

玉米收获机作业时保持直线行驶，在具体作业时，机手应根据地块实际情况灵活选用。转弯时应停止收割，采用倒车法转弯或兜圈法直角转弯，不要边收边转弯，以防因分禾器、行走轮等压倒未收获的玉米，造成漏割损失，甚至损毁机器。

（二）选择作业速度

收获时的喂入量是有限度的，根据玉米收获机自身喂入量、玉米产量、植株密度、自然高度、干湿程度等因素选择合理的作业速度。通常情况下，开始时先用低速收获，然后适当提高作业速度，最后采用正常作业速度进行收获，注意观察扶禾、摘穗机构、剥皮机构等是否有堵塞情况。当玉米稠密、植株大、产量高、早晚及雨后作物湿度大时，应适当降低作业速度。晴天的中午前后，秸秆干燥，收获机前进速度可选择快一些。严禁用行走挡进行收获作业。

（三）调整作业幅宽或收获行数

在负荷允许、收割机技术状态完好的情况下，控制好作业速度，尽量满幅或接近满幅工作，保证作物喂入均匀，防止喂入量过大，影响收获质量，增加损失率、破碎率。

（四）保持合适的留茬高度

留茬高度应根据玉米的高度和地块的平整情况而定，一般留茬高度要小于80毫米，既保证秸秆粉碎质量，又避免还田刀具太低打土过大，造成损坏。如安装灭茬机时，应确保灭茬刀具的入土深度，保证灭茬深浅一致，以保证作业质量。定期检查切割粉碎质量和留茬高度，根据情况随时调整。

（五）调整摘穗机构工作参数

摘穗型玉米收获机：对于摘穗辊式的摘穗机构，收获损失略大，籽粒破碎率偏高，尤其是在转速过低时，果穗与摘穗辊的接触时间较长，玉米果穗被啃伤的概率增加；摘穗辊转速较高时，果穗与摘穗辊的碰撞较为剧烈，玉米果穗被啃伤、落粒的概率增加。因此，应合理选择摘穗辊转速，达到有效降低籽粒破碎率，减少籽粒损失的目的。

当摘穗辊的间隙过小时，碾压和断茎秆的情况比较严重，而且会有较粗大的秸秆不能顺利通过而产生堵塞；间隙过大时会啃伤果穗，并导致掉粒损失增加。因此，摘穗辊间隙应根据玉米性状特点进行调整，适应不同粗细的茎秆、果穗，以减少果穗、籽粒的损失。

（六）调整拉茎辊与摘穗板组合式摘穗机构工作参数

2个拉茎辊之间及2块摘穗板之间的间隙正确与否对减少损失、防止堵塞有很大影响，必须根据玉米品种、果穗大小、茎秆粗细等情况及时进行调整。

拉茎辊间隙调整：当茎秆粗、植株密度大、作物含水率高时，间隙应适当大些，反之间隙应小些。间隙过大时拉茎不充分、易堵塞，果穗损失增大；间隙过小，造成咬断茎秆情况严重。拉茎辊间隙是指拉茎辊凸筋与另一拉茎辊凹面外圆之间的间隙，一般取10~17毫米。

摘穗板工作间隙的调整：间隙过小，会使大量的玉米叶、茎秆碎段混入玉米果穗中，含杂较大；间隙过大，会造成果穗损伤、籽粒损失增大。应根据被收玉米性状特点找到理想的摘穗板工作间隙。

（七）调整剥皮装置

对摘穗剥皮型玉米收获，应试割后：一要通过调整，使剥皮辊间预紧压力适中。如果预紧压力过大，则籽粒损伤率、落粒率加大。二要通过调整，使压送器与剥皮辊之间的间距适宜。间距过小时，玉米果穗与剥皮辊的摩擦力大、剥净率高、单果穗易堵塞，果穗损伤率、落粒率均高。三是剥皮辊倾角一般取10°~12°，倾角过小果穗作用时间长，损伤率、落粒率均高。

（八）调整脱粒、清选等工作部件

对玉米籽粒收获，脱粒滚筒的转速、脱粒间隙和导流板角度的大小是影响玉米脱净率、破碎率的重要因素。在保证破碎率不超标的前提下，可通过适当提高脱粒滚筒的转速，减小滚筒与凹板之间的间隙，正确调整入口与出口间隙之比等措施，提高脱净率，减少脱粒损失和破碎。

清选损失和含杂率是对立的，调整中要统筹考虑。在保证含杂率不超标的前提下，可通过适当减小风扇风量、调大筛子的开度及提高尾筛位置等，减少清选损失。作业中要经常检查逐稿器机箱内秸秆堵塞情况，及时清理，轴流滚筒可适当减小喂入量和提高滚筒转速，以减少分离损失。

（九）收割过熟作物

玉米过度成熟时，茎秆过干易折断、果穗易脱落，脱粒后碎茎秆增加易引起分离困难，收获时应适当降低作业速度，适当调整清选筛开度，也可安排在早晨或傍晚茎秆韧性较大时收割。

六、作业期间的日常保养

（1）每日工作前应清理玉米联合收获机各部位残存的尘土、茎叶及其他附着物。

（2）检查各组成部分连接情况，必要时加以紧固。特别检查粉碎装置的刀片、输送器的刮板和板条的紧固，注意轮子对轮毂的固定。

（3）检查三角带、传动链条、喂入和输送链的张紧程度。必要时进行调整，损坏时应更换。

（4）检查减速箱、封闭式齿轮传动箱润滑油是否有泄漏和不足。

（5）检查液压系统液压油是否有泄漏和不足。

（6）及时清理发动机水箱、除尘罩和空气滤清器。

（7）发动机按其说明书进行技术保养。

七、操作规程

（1）机组人员配备 玉米联合收获机组一般配备 2～3 人，其中驾驶员 1～2 人。

（2）驾驶员应及时操作液压手柄，使割台和还田装置适应地块要求，避免扶禾器、摘穗辊碰撞硬物、漏穗、喂入量过大、还田机锤爪打土等。如有异常，应及时停车调整，排除故障。

（3）作业过程中不得随意停车，若需停车时，应先停止机组前进，让收获机继续运转 30 秒左右，然后再切断动力，以减少再次启动时发生果穗断裂和籽粒破碎的现象。

（4）作业时应随时观察玉米收获机的仪表，注意水温、油温、油压等的变化，倾听机组有无异音，一旦发生异常，应立即停车检查。

第七节　机械化保护性耕作技术

NY/T 2190—2012 机械化保护耕作　名词术语
NY/T 2085—2011 小麦机械化保护耕作技术规范

NY/T 1409—2007 旱地玉米机械化保护耕作技术规范

一、技术含义

保护性耕作技术是对农田实行免耕、少耕，尽可能减少土壤耕作，并用作物秸秆、残茬覆盖地表，减少土壤风蚀、水蚀，提高土壤肥力和抗旱能力的一项先进农业耕作技术。

二、主要目的

1. 改善土壤结构，提高土壤肥力，增加土壤蓄水、保水能力，增强土壤抗旱能力，提高粮食产量。
2. 增强土壤抗侵蚀能力，减少土壤风蚀、水蚀，保护生态环境。
3. 减少作业环节，降低生产成本，提高农业生产经济效益。

三、基本特征

不翻耕土地，地表有秸秆或根茬覆盖。

四、主要内容

保护性耕作技术主要包括 4 项关键技术：作物秸秆、残茬覆盖技术；免耕或少耕播种施肥技术；杂草、病虫害控制和防治技术；深松技术。

（一）秸秆残茬覆盖处理技术

作物秸秆和残茬经机械处理后留在地表覆盖，这是减少水土流失、抑制扬沙的关键，是保护性耕作技术体系的核心。小麦联合收获后，秸秆均匀抛在地表或高留茬收获；玉米联合收获后，秸秆粉碎覆盖地表，或人工收获后，秸秆还田覆盖地表。

（二）免（少）耕播种施肥技术

就是用少、免耕播种机将种子和肥料播施到有秸秆覆盖的土壤里。一年两作区，小麦主要使用带状旋耕播种施肥机播种，一次完成带状开沟、播种、施肥、覆土、镇压作业；玉米主要有套种和贴茬直播两种方式。

（三）杂草控制技术

保护性耕作要依靠除草剂或表土作业来控制杂草，也可人工控制杂草。

（四）深松技术

根据土壤条件和免耕地表的秸秆覆盖状况确定

合理的作业周期及不同深松方式。深松方式主要有玉米行间深松和小麦播前深松。深松机主要有凿型（含带翼）深松机、全方位深松机等。

五、工艺体系制定原则

保护性耕作工艺体系的制订以实现抗旱增收和保水保土为目标，以秸秆根茬覆盖、免耕播种为核心，重点考虑以下原则：

1. 作物收获后根茬及秸秆还田覆盖 以根茬固土，秸秆覆盖减少风蚀和土壤水分的蒸发，是保护性耕作的核心，各种作物生产的机械化作业工艺、规范的制订，必须以留根茬及秸秆还田覆盖为基础。

2. 减少对土壤耕翻作业 利用适用的免耕播种机在留根茬和秸秆覆盖的农田进行免耕播种，是实现保护性耕作核心技术的关键手段，选择先进适用的免耕播种机具是保护性技术示范推广最重要的一环。

3. 控制杂草及病虫害 生产作业工艺要根据当地病虫草害发生的时节等情况，播种前种子药剂拌种处理、出苗期喷洒除草剂、出苗后期机械或人工锄草等综合考虑。

4. 尽可能减少机械作业 在保证播种质量的前提下，播种时尽可能采用复式作业机具，减少机械作业次数。要根据秸秆覆盖量和表土状况确定是否采用辅助作业措施（耙地、浅松）进行表土处理。

5. 在播种作业前，进行表土作业 为防止过早作业引起大的失墒和风蚀，必须进行表土浅旋作业，在播种前进行。

六、主要技术模式

山东省德州市主要种植模式为小麦玉米一年两作制。技术路线为：

夏季小麦联合收获→秸秆粉碎还田→玉米贴茬免耕直播→喷洒除草剂→灌溉和田间管理→秋季玉米联合收获→秸秆还田覆盖地表→深松或地表处理（2～4 年 1 次，视土壤容重和地表覆盖物情况而定）→小麦免耕播种→喷洒除草剂→灌溉和田间管理→小麦联合收获。

（一）夏季

小麦秸秆切碎直接还田和玉米免耕抢茬播种技术。

1. 小麦秸秆切碎直接还田技术 是在小麦联合收获作业时，对秸秆进行直接切碎，并均匀抛撒的还田技术。采用带秸秆切碎和抛撒功能的小麦联合收割机，或在小麦联合收割机出草口处，装配专门的秸秆切碎抛撒装置进行联合收获作业，一次完成小麦切割喂入、脱离清选、收集装箱、秸秆切碎抛撒等作业工序。

2. 玉米免耕抢茬播种技术 是在小麦收获后的地块上，不耕翻土壤，采用玉米免耕播种机械直接进行播种的技术。采用玉米免耕播种机一次进地，完成开沟、深施肥、播种、覆土、镇压等作业工序。玉米一般采用精量穴播机

60～70 厘米等行距直播，以利机械收获。

（二）秋季

把玉米联合收获与秸秆还田保护性耕作结合起来，大力推行玉米机收、秸秆还田、小麦免（少）耕播种"一条龙"作业。

1. 玉米机收、秸秆粉碎还田技术　玉米联合收获就是用玉米联合收获机一次完成玉米摘穗、果穗输送、收集装箱、秸秆粉碎还田等作业。玉米秸秆还田还可在人工摘穗后，用秸秆粉碎还田机进行作业。

2. 小麦免（少）耕播种技术　是在秸秆还田覆盖的情况下，不耕翻土壤，采用免耕播种机械一次完成开沟、肥料深施、播种、覆土、镇压等作业工序的技术。小麦采用免耕施肥播种机直接播种，如采用带状旋耕播种机，苗带旋耕动土率≤40%。

七、主要技术操作规程

（一）秸秆覆盖技术

1. 秸秆粉碎还田覆盖　主要有小麦秸秆粉碎还田覆盖和玉米秸秆粉碎还田覆盖两种。

（1）小麦秸秆粉碎还田覆盖　用联合收割机收获，将秸秆粉碎后抛撒地表。一年两作玉米套种区，联合收获后麦草覆盖玉米行间，辅助人工作业，以不压不盖玉米苗为准；玉米直播区，可采用联合收割机自带粉碎装置，以达到免耕播种作业要求为准。

（2）玉米秸秆粉碎还田覆盖　还田方式：可采用玉米联合收获机、秸秆还田机和秸秆铡草机进行，作业要求以达到小麦免耕播种作业要求为准。如秸秆量过大或地表不平时，粉碎还田后可以用圆盘耙进行表土作业。

秸秆粉碎长度应当分别小于 10 厘米和 5 厘米，粉碎合格率 85% 以上，并均匀抛撒地表。秸秆量大和畜牧业发达或秸秆有特殊利用途径的地区，夏秋至少秸秆还田一季，其中秸秆未还田的一季，应当高留茬，小麦留茬高度不少于10 厘米，玉米留茬高度应在 30 厘米左右，确保秸秆还田量不少于秸秆总量的 30%。

2. 留茬覆盖　在农作物秸秆需要综合利用的地区，实施保护性耕作技术可采用机械收获时留高茬＋免耕播种作业处理方法。

留高茬即是在农作物成熟后，用联合收获机收割作物籽穗和秸秆，割茬高度控制在小麦、玉米 20 厘米左右，残茬留在地表不做处理，播种时用免耕播种机进行作业。

（二）免耕播种技术

免耕播种就是用免耕播种机一次完成破茬开沟、施肥、播种、覆土和镇压作业。

1. 玉米免耕播种作业

（1）机具选择　选择玉米贴茬直播机。

（2）播种量　春玉米一般亩播种量为 1.5～2 千克；夏玉米一般亩播种量 1.5～2.5 千克；半精密播种单双籽率≥90％。

（3）播种深度　播种深度一般控制在 3～5 厘米，沙土和干旱地区播种深度应适当增加 1～2 厘米。

（4）施肥深度　一般为 8～10 厘米（种肥分施），即在种子下方 4～5 厘米。

2. 小麦免耕播种作业

（1）机具选择　采用免耕播种机。

（2）播种量　冬小麦亩播种量应视具体情况来定，一般水浇地 3～10 千克、旱地 12～15 千克。

（3）播种深度　播种深度一般在 2～4 厘米，落籽均匀，覆盖严密。

3. 选择优良品种

选择优良品种，并对种子进行精选处理。要求种子的净度不低于 98％，纯度不低于 97％，发芽率达 95％以上。播前应适时对所用种子进行药剂拌种或浸种处理。

（三）深松技术

深松的主要作用是疏松土壤，打破犁底层，增强降水入渗速度和数量；作业后耕层土壤不乱，动土量小，减少了由于翻耕后裸露的土壤水分蒸发损失。对连续实施免耕的地块，可根据土壤板结情况选择性进行深松作业，原则上 3 年左右深松一次。深松可在玉米或小麦收获后进行，松土深度一般应在 30 厘米以上，松土后进行免耕播种。深松方式可选用局部深松或全方位深松。

1. 局部深松　选用单柱式深松机，根据不同作物、土壤条件进行相应的深松作业。作业方式有玉米行间深松和小麦播前深松两种。主要技术要求是：

（1）适耕条件　土壤含水量在 15％～22％。

（2）作业要求　玉米行间深松间隔：应与当地玉米种植行距相同，作业后必须镇压或覆盖；深松深度：23～30 厘米；作业时间：苗期作业，玉米不应晚于 5 叶期。小麦播前深松，为了保证密植作物株深均匀，应采用带翼深松机进行下层间隔深松，表层全面深松；小麦深松间隔：40～60 厘米；深松深度：23～30 厘米；深松时间：播前进行。

（3）配套措施　条件适宜地区在作业中应加施底肥，天气过于干旱时，可进行造墒。

（4）作业周期　根据土壤条件和机具进地密度，一般 2～4 年深松一次。

（5）机具要求 一般机具为凿形铲式，小麦可采用带翼形铲的深松机。

2. 全面深松 选用倒 V 型全方位深松机根据不同的作物和土壤条件进行相应的深松作业。主要技术要求是：

（1）适耕条件 土壤含水量在 15%～22%。

（2）作业要求 深松深度：35～50 厘米；深松时间：在播前秸秆处理后作业；作业中松深一致，并不得有重复或漏松现象。

（3）配套措施 天气过于干旱时，可进行造墒；全面深松后，应选择通过性强的小麦免耕播种机。

（4）作业周期 根据土壤条件和机具进地强度，一般 2～4 年深松一次。

（四）杂草、病虫害控制和防治技术

防治病虫草害是保护性耕作技术的重要环节之一。为了使覆盖田块农作物生长过程中免受病虫草害的影响，保证农作物正常生长，目前主要用化学药品防治病虫草害的发生，也可结合浅松和耙地等作业进行机械除草。

1. 病虫草害防治的要求 为了能充分发挥化学药品的有效作用并尽量防止可能产生的危害，必须做到使用高效、低毒、低残留的化学药品，使用先进可靠的施药机具，采用安全合理的施药方法。

2. 化学除草剂的选择和使用 除草剂的剂型主要有乳剂、颗粒剂和微粒剂，施用化学除草剂的时间可在播种前或播后出苗前，也可在出苗后作物生长的初期和后期。除草剂在播前或出苗前施入土壤中，早期控制杂草。播前施用除草剂通常是将除草剂混入土中，施除草剂和松土混合可联合作业。也可在施药后用松土部件进行松土配合。播后出苗前施除草剂，一般是和播种作业结合进行，施除草剂的装置位于播种机之后将除草剂施于土壤表面。作物出苗后在其生长过程中，可将除草剂喷洒在杂草上，苗期的杂草也可以结合间苗，人工拔除。

3. 病虫害的防治 主要依靠化学药品防治病、虫、鸟、兽和霜冻对植物的危害。一是对作业田块病虫害情况做好预测；二是对种子要进行包衣或拌药处理；三是根据苗期作物生长情况进行药物喷洒。施药量的计算公式：

施药量（毫升/公顷）＝［流量器流率（毫升/秒）］/［步行速度（米/秒）×有效喷幅（米）×10 000］。

4. 施药的技术要求

（1）根据以往地块杂草病虫的情况，合理配方，适时打药。

（2）药剂搅拌均匀，漏喷重喷率≤5%。

（3）作业前注意天气变化和风向。

（4）及时检查，防止喷头、管道堵漏。

5. 植保机具的选用 应合理选择植保机具。

第八节 农机深松整地作业技术

NY/T 2845—2015 深松机 作业质量

一、技术含义

农机深松整地是以打破犁底层为目的，通过拖拉机牵引松土机械，在不打乱原有土层结构的情况下松动土壤的一种机械化整地技术。实施农机深松整地作业，可以打破坚硬的犁底层，加深耕层，还可以降低土壤容重，提高土壤通透性，从而增强土壤蓄水保墒和抗旱防涝能力，有利于作物生长发育和提高产量。实践证明，农机深松整地是改善耕地质量，提高农业综合生产能力，促进农业可持续发展的重要举措。

二、作用

开展农机深松整地作业是增强土壤蓄水保墒能力，提高耕地质量和综合生产能力，促进农业增产的一项重要技术措施，更是保护性耕作的重要环节。实施机械化深松作业可打破犁底层，有效抑制土壤水分蒸发，提高土壤透气、蓄贮水能力，又能将作物残茬留在地面起到防止水蚀与风蚀的作用，平均每亩可增产粮食15%左右。深松达到30厘米的地块比未深松的地块每公顷可多蓄水400米^{3}左右，伏旱期间平均含水量提高7个百分点左右，作物耐旱时间延长10天左右，小麦、玉米等作物的平均产量增加10%左右。

适宜深松作业的地块，特别是保护性耕作地块，要争取3年深松一遍。基本要求是深、平、细、实，作业深度一般在25厘米以上，深松整地后要做到田面平整，土壤细碎，没有漏耕，深浅一致，上实下虚，达到待播状态。

三、实施地域

采用深松作业方式的土壤质地主要为黏质土和壤土。由于长期采用旋耕、翻耕作业方式而产生犁底层的地块，应进行深松整地作业。当土壤容重＞1.4克/厘米^3，并且影响作物生长时，应适时进行深松整地作业，适宜深松的土壤含水率一般为12%~22%。20厘米以下为沙质土的地块和水田区，不宜开展深松整地作业。

四、机具分类

深松机具类型多样，按照作业形式可分为间隔深松机和全方位深松机两大类别；按作业功能可分为单一深松机和复式作业机两种，单一深松机又可分为振动式和非振动式深松机，复式作业机可完成灭茬、旋耕、深松、施肥、播种、覆土等多项作业。非振动式深松机比较常见，主要分为凿式、箭形铲式、翼铲式、全方位、偏柱式 5 种类型。各地可根据当地土壤类型、作业方式等要求，选用不同类型的深松机具。

间隔深松机也称行间深松机，利用带有较强入土性能的铲柄和铲尖深入土壤，使得土壤被抬起、放下而松动，同时穿破犁底层。为了扩大土层深松范围，可在深松铲上安装双翼铲。间隔深松后形成虚实并存的耕层结构，虚部保墒蓄水，实部提墒供水。此类深松机可根据生产实际调整深松铲间隔，工作阻力较小，平均每个深松铲需要的动力在 30 马力左右，应配备相应马力的拖拉机。

全方位深松机多采用"V"型铲刀部件，耕作时从土层的底部切离出梯形截面的土垡条，并使它抬升、后移、下落，使得土垡条得以松碎。偏柱式深松机利用偏置铲柄扩大对土壤的耕作范围，效果与全方位深松机近似。这两类深松机具具有松土范围大、碎土效果好的特点，但动力消耗较大，应配备较大马力的拖拉机。

振动式深松机主要分为驱动式、自激式等两种类型。驱动式振动深松机利用拖拉机动力输出轴来驱动深松铲，边振动边深松，从而降低耕作阻力。自激式振动深松机是在深松铲上安装具有一定预紧力的弹簧，通过弹簧的压缩与伸展，使深松铲产生振动。此类深松机结构复杂，造价偏高，但可降低功率动力消耗，平均每个深松铲需要的动力在 25 马力左右，应配备相应马力的拖拉机。

复式作业机包括能同时完成两项或多项作业的浅翻深松机、旋耕深松机、秸秆还田深松机、免耕播种深松机，以及旋耕深松施肥联合整地机、旋耕深松起垄联合整地机、灭茬深松镇压联合整地机等。有的大型联合整地机与大功率拖拉机配套使用，能同时完成灭茬碎土、耕层浅松、底层深松、整平合墒、镇压碎土等多项作业。复式作业机具有生产效率高、一机多用等特点，但功率消耗较大，应配备较大马力的拖拉机。

五、技术要求

黄淮海两熟区：此区域年降水量 450～700 毫米，气候属温带-暖温带半湿润偏旱区和半湿润区，灌溉条件相对较好。农业土壤类型多样，水、气、光、热条件与农事需求基本同步。此区域以打破犁底层，增加土壤积蓄夏季雨水的能力为目标，开展农机深松整地技术推广。

深松时间：此区域冬季寒冷干燥，春季干旱多风沙，可在前茬作物收获后、下茬作物播种前进行深松，以接纳雨水，增加土壤蓄水量。在不影响作物生长的情况下，也可根据需要在玉米苗期进行深松。

深松作业标准：深松应能打破犁底层，深度一般要大于 25 厘米，不超过 40 厘米；如果采用凿（铲）式深松机，相邻两铲间距不得大于 2.5 倍深松深度；由于这一区域没有休闲期，深松后很快就要进行播种，深松机必须具有较好的合墒整镇压平功能；如果在小麦播种前深松，还应该具有较好的土地平整功能，以利于保证小麦播种质量。

六、深松时间与作业方式

1. 初冬或春季深松 在有冬闲期的土地上，种植棉花、花生、地瓜等春播作物，可在初冬或春季播种前进行全方位深松或深松旋耕复式作业。

2. 夏季深松 对种植行距较宽的作物可实行夏季行间局部深松。目前主要是对比试验玉米行间深松，深松时间应在苗期，以不晚于 5 叶期为宜。

3. 秋季深松 在玉米（或棉花、花生、地瓜）收获后小麦播种前进行，传统耕作地块宜采用全方位深松或深松旋耕复式作业，保护性耕作地块宜采用间隔振动深松。

七、深松时间与机械选择

1. 初冬深松选择全方位深松或间隔振动深松机均可。

2. 春季深松建议选用深松旋耕整地复式作业机，一次进地完成深松、整地两道工序，为春播创造条件。

3. 夏季行间深松建议选择单柱式振动（不带翼）深松机。

4. 秋季保护性耕作地块宜采用单柱式间隔振动深松机，深松后立即进行免耕播种作业；也可选用深松免耕播种复式作业机械，作业效率高、失墒少，成本低。

5. 秋季小麦传统耕作地块宜采用深松旋耕联合整地机，也可选用单柱式振动、单柱带翼、异型铲深松机，以保证表土全部松动，利于小麦播种。

八、作业条件

1. 土壤为壤土、黏土、沙壤土等，且土层较厚的地块适宜深松。耕层小于 23 厘米且耕作层以下为沙石的地块不宜深松作业，以免漏气、漏水、漏肥。

2. 深松作业一般在土壤含水量 15%～22%时为宜。

3. 根据土壤条件和板结情况，确定深松间隔年限，一般间隔 1～2 年。

4. 地表有较多长秸秆时应适当处理后再进行深松作业。

5. 夏季深松作业后及时镇压，以减少土壤水分蒸发。土地干旱时，深松易加重旱情，对没有灌溉条件的地块，慎重选择行间深松作业。

九、作业要求

1. 深松深度一般在 35 厘米左右，应根据不同的作物和地块等情况选择深度。夏季深松以不伤禾苗为宜；秋季深松第一年以打破犁底层为宜，以后适当增加深度；冬、春季在动力机械许可的情况下可适当增加深松深度。

2. 间隔深松时，两深松铲间隔一般在 40～60 厘米；深松表层动土宽度≥4/5深松深度。同一地块，深松深度要一致，不重不漏，地表平整。

3. 春、夏、秋季深松后，要及时镇压，裂沟要合墒弥平，有条件的地区要与秸秆还田覆盖相结合。初冬松后可不整地，春天顶凌整地，保持土壤墒情。春季播前深松，墒情不好时，要先造墒后深松，以节省灌溉用水，作业后及时镇压和整地，避免土壤水分蒸发。

十、作业注意事项

1. 机组应配备 1～2 人，机手要经过培训，熟练掌握机具的工作原理、调整、使用和一般故障排除等，并具有相应的驾驶证、操作证。

2. 机具使用前，按使用说明书安装、调整机具。检查各连接件、紧固螺栓的可靠性；检查限深轮、镇压轮及操纵机构的灵活性和可靠性；进行机架水平调整、行距调整、作业深度调整等。

3. 正式作业前要进行深松试作业，检查机车、机具各部件工作情况及作业质量，发现问题立即解决，直到符合作业要求。

4. 作业时要使机具逐渐入土，直至正常深度；作业中保持匀速直线行驶；注意观察工作情况，以免作业中伤苗、压苗。

5. 机组在田间转移、转弯、倒退或短途运输时，应将机具升起到运输状态低速行驶；作业时深松机上严禁站人，确保安全。

6. 作业中，若发现机车负荷突然增加，应立即减小作业深度，找出原因，及时排除故障。

7. 及时进行调整或清除铲柱、铲头上的黏土和杂草，以提高作业质量，减小牵引阻力。调整和清除时，要停车并切断动力输出。

第九节　缓控释肥“种肥同播”机械化技术

一、目的意义

我国是世界最大的化肥生产国和消费国，化肥在农业投入成本构成中占60%，施肥方法不科学、肥料利用率低是制约我国农业又好又快发展的一大瓶颈。目前大部分农民仍然按传统的习惯施肥，造成肥料淋溶挥发，浪费严重，还带来了一系列的环境问题。我国《第一次全国污染源普查公报》结果显示：面源污染中最重要的两大指标总氮和总磷的农业源排放分别占 57.2% 和 67.3%。

全面加强农业面源污染防控，科学合理使用农业投入品，提高使用效率，减少农业内源性污染，是改善农业环境、防止农田污染的重要举措。缓控释肥"种肥同播"机械化技术省工、省时、节能、高效，符合现代农业科技发展的客观需求，顺应广大农民群众的热切期待，推广这项技术势在必行、刻不容缓。

二、技术含义

缓控释肥"种肥同播"机械化技术是指在小麦、玉米、花生、棉花等作物播种时，使用播种施肥机，通过设置适宜的种子和肥料距离，安全有效地将种子和缓控释肥一次性播入土壤的技术。利用播种施肥机，根据不同的作物和土壤养分含量，合理确定缓控释肥种类与施肥量，同时调整好作物种子与肥料之间的合适距离，一次作业将种子和缓控释肥同时播入。

三、技术路线

小麦缓控释肥机械化"种肥同播"→田间管理→小麦联合收获→秸秆还田覆盖→玉米机械化缓控释肥"种肥同播"→田间管理→玉米机械化联合收获。

四、推广机型

具备施肥功能的各种小麦（免耕）播种机、玉米播种机。

五、技术要点

1. 合理确定施肥种类与施肥量，根据缓控释肥的特点，选用各种作物专用的缓控释肥，并根据作物品种、肥料特点及当地土壤条件确定施肥量，一般来讲比同类常规化肥少施 10%。

2. 机具作业要求，一般要求施肥断条率≤5%、覆土均匀、施肥深度 5 厘米以下、种肥距离 3～7 厘米，具体播种施肥深度、种肥距离要根据作物品种及缓控释肥种类不同而区别对待。

第十节　粮食烘干机械化技术

一、小麦烘干机械化技术

（一）技术含义

小麦烘干机械化技术是以机械化为主要手段，采用相应的工艺和技术措施，人为地控制温度、湿度等因素，在不损害小麦品质的前提下，降低小麦种含水量，使其达到安全储存标准的干燥技术。小麦烘干是农业生产的重要步骤，也是小麦生产中的关键环节，是实现小麦生产全程机械化的重要组成部分。

（二）干燥过程

小麦干燥过程通常分为 4 个阶段：

1. 小麦预热　小麦与热介质接触后，温度很快由常温升高到一定值，在这个阶段，热量主要用来加温，水分的汽化开始缓慢，后逐渐加大，干燥速度由零增至最大值。

2. 水分汽化　小麦加热至一定温度后，再增加的热量全部用来汽化。

3. 缓苏（温度调节）　小麦经高温快速干燥后，为了减少内外温差，消除内应力，需将小麦保温储存。让水分从内向外移动，消除温差内应力。此时麦温有所下降，干燥速度缓慢，含水量稍有降低。该阶段对小麦干燥有较大的影响，如无此过程，易发生"爆腰"和麦粒损伤等质量问题。

4. 冷却　将温度下降到常温，以利储存，在冷却过程中亦会减少一点水分。

（三）技术要点

1. 选择干燥条件　所谓干燥条件，是指干燥过程中主要影响因素的总和，要根据干燥物种类、用途、水分高低正确确定。原始水分高，热作用时间长一些，选用温度就高些；反之亦然。

2. 控制最高温度　种用小麦，烘后温度不高于 43℃；食用、工业用谷物不超过 50℃，最高不超过 60℃。

3. 重视烘后调质　烘后小麦经缓苏后品相变好。小麦缓苏时间最少需要60 分钟。

4. 提高作业质量

（四）注意事项

1. 及时维护　利用烘干空余时间时进行清理维护。清扫残留小麦，关好进、出口等，利于提高机械寿命和烘干作业效率。

2. 负荷合理　小麦装入量符合要求，实现高效节能作业。装入过多引起堵塞；装入过少，不仅降低作业效益，而且影响烘干质量。

3. 含杂质少　杂质多的小麦不能良好循环，引起干燥不均，甚至发酵；同时增加电耗、油耗，降低效率。

二、玉米机械化烘干技术

（一）技术含义

玉米机械化烘干技术是以机械为主要手段，采用相应工艺和技术措施，人为控制温度、湿度等因素，在不损害粮食品质前提下，降低粮食含水量，使其达到国家安全贮存标准的干燥技术。

机械化烘干技术能有效防止连绵阴雨等灾害性天气所造成的损失，改变了长期以来单纯依靠自然阳光在晒场上翻晒的传统方法，是玉米全程机械化生产不可或缺的重要环节。

（二）技术要点

1. 确定干燥条件　要根据待干燥玉米种类、用途、水分高低正确确定干燥条件并控制最高温度，一般种用玉米烘后温度不高于43℃；食用、工业用谷物不超过50℃，最高不超过60℃。原始水分高，热作用时间长一些，选用温度就高些；反之亦然。

2. 烘干机的准备和检查　将所需的配套设备（如清粮机、皮带输送机、提升机等）提前保养和调试好。检查设备和各零件之间的连接是否完好，传动部件是否运转灵活，各润滑处是否润滑良好，信号指示、检测仪器是否齐全完好，发现问题要及时处理。

3. 启动后的程序　首先启动高温热风机，待风机工作平稳（约需50秒）后，启动低温热风机。在两风机正常运转后，开启高温管道阀门到适当位置（以干燥机角盒中无谷物吹出为宜），然后开启低温管道阀门到适当位置（以干燥机角盒中无谷物吹出为宜）。

4. 运行中的操作　转换热风炉烟气阀门，使换热器处于工作状态。观察高温风道风温指示，当风温达到指定温度时，应通知司炉工保持炉中火势。此时，低温热风温度可能会高于指定温度，调小风量阀门，开大双吸进风道中左右两侧风道上的冷风门，使低温热风达到预定的烘干温度。20分钟后，启动排粮电机，开始排粮，开启电磁调速电机控制器开关，调至所需转速，此时电机已进入工作状态，第一次干燥作业时，采用自循环，即将排出的谷物再提升到干燥机内的方式，一般机内循环一次大约需要6小时。

5. 换粮操作　在一个循环结束，即出塔谷物含水率达到要求时，开始向塔内加入新的潮湿原粮。在此后3～5小时内，测试出塔玉米含水率，常常会出现玉米干燥过干现象，但不要急于加快排粮速度或降低温度，此为自循环过程后的波动现象。待5～6小时过后就会达到稳定状态。排粮装置将玉米排除后，通过其他设备将其送出。在干燥作业时，要时刻注意各运转部件的工作运行情况，经常观测和检查介质温度和电机温度，温度波动范围要<±7℃。

6. 设备维护　玉米装入量要符合要求，实现高效节能作业。装入过多易引起堵塞；装入过少，不仅降低作业效益，而且影响烘干质量。每干燥作业一段时间以后，要将干燥机塔内及两侧塔中间风道室隔板上的玉米排尽，以便将杂质排放干净，否则将影响干燥的均匀性。

（三）注意事项

1. 进入干燥机待干燥的玉米，必须进行预清理，除去大部分杂质，尤其是要除去直径 14 厘米以上大杂质，一般要求待干燥玉米含水率不大于 2%，含水率不均匀度不得大于 2%。

2. 吸风机要定期加注润滑油。

3. 烘干机空闲时要清扫残留粮食，关好进、出口等，利于提高机械寿命和烘干作业效率。

4. 烘后玉米经缓苏后，品相会变好，因此，要重视缓苏时间。

5. 停调速电机时，必须先将调速钮旋至零位，然后切断控制器开关，最后按电机"停"的按钮。启动时先启动电机，后开控制器开关。热风机启动时，必须先关闭风量调节阀门后，再启动电机。任何时候提升机不得在粮斗内有粮食情况下启动运行。

第十一节　棉花机械化生产技术

针对黄河流域棉区棉花机械化生产特点和生态条件，加强农机与农艺融合，提高机械化作业水平，推进棉花品种良种化、种植规模化和标准化、日常管理精简化、生产全程机械化，促进棉花产业发展。

一、播前准备

（一）品种选择

同一种植区域应选择统一品种。在适合当地生态条件、种植制度和综合性状优良的主推品种中选择短果枝、株型紧凑、吐絮集中、含絮力适中、纤维较长且强度高、抗病抗倒伏、对脱叶剂比较敏感的棉花品种。

（二）种子处理

严把种子质量关。机械直播应选用脱绒包衣棉种，要求种子健籽率 99% 以上、净度 98% 以上、发芽率 90% 以上、种子纯度 95% 以上、含水量不高于 12%。播种前晒种 2~3 天，以提高出苗率。

（三）土地准备

1. 机采棉田块应选择集中连片、肥力适中、地势平坦、便于排灌、交通便利的地块。作业规模上，摘锭式采棉机一般要求地块长度在 500~1 000 米，面积在 100 亩以上；指杆式采棉机一般要求地块长度在 200~500 米，面积在 30 亩以上。

2. 严格掌握平地质量。苴灌地坚持在犁地以后和除草剂封闭前复平，要求地面高度差在 5 厘米以内。

3. 注重耕翻质量。作业前要填沟、平高包，做到及时平整；棉田四周拉线修边，做到边成线、角成方；机力粉碎棉秆，拾净残茬并带出田间；田间不得有堆积的残根、残物及其他影响机械作业的杂物。

4. 耕翻深度在 25 厘米左右（误差不得超过±1.5 厘米）；行走端直，扣垡平整，翻垡良好，覆盖严密，无回垡现象；地表无棉秆。

5. 播种前土地应做到下实上虚，虚土层厚 2.0～3.0 厘米，有利于保墒、出苗。

二、栽培

（一）种植模式

同一机采棉区域内，统一种植密度和种植行距配置，播种密度应＞6 500株/亩（穴盘和钵体苗移栽可参照执行），以便机械化采收作业。适合水平摘锭式采棉机的种植行距为 76 厘米（或 81、86、91 厘米任选一种）；指杆式采棉机对行距无特殊要求，以等行距为佳；株高一般控制在 80～100 厘米。

（二）机械直播

机采棉地块播种要求统一时间、统一品种。播种期一般在 4 月下旬，采用精量播种机，铺膜、播种、覆土一次完成。播量 1～2 千克/亩，播种深度 2～3 厘米，覆土厚 1.5～2 厘米，出苗株数要不少于 6 500 株/亩。要求播深一致、播行端直、行距准确、下籽均匀、不漏行漏穴，空穴率＜3％。使用 1.2 米宽地膜，单行 76 厘米（或 81 厘米）等行距 1 膜 2 行；71＋10 厘米宽窄行为 1 膜 4 行。覆膜紧贴地面，要求松紧适度、侧膜压埋严实，防止大风揭膜。

三、田间管理

（一）苗期管理

定苗时间掌握在两片子叶展平后开始，1～2 片真叶时结束。定苗要求去弱苗、留健苗，1 穴 1 株，严禁留双株。遇雨后及时适墒破除板结，及早进行人工辅助放苗。

（二）水肥管理

棉花生育期间的水肥管理，应依据各生育时期需水需肥特性、土壤水肥状况和棉株形态特征综合确定。根据机采棉要求早发早熟的生长特点，前期重施底肥促壮苗，中期重施花铃肥保稳长，后期少施肥。确保中部集中成桃、集中吐絮，并使棉花长势均匀一致，有利机械采收。

棉花追肥用耕播犁双箱施入，施前将肥料过筛，做到施足、施均匀、不漏施。初花肥：一般棉田在头水前 5～7 天，结合开沟每亩施尿素 10 千克，施入深度 10 厘米以上。花铃肥：7 月 20 日后每亩施尿素 10 千克。后期不再追肥。棉花水分管理和肥料管理基本同步，前期宜早灌，后期不灌。建议机采棉田轻培土或不培土。

（三）杂草防治

杂草是影响机采棉采收质量的重要因素之一。棉花生育前期，主要依靠播前喷除草剂和地膜覆盖抑制杂草生长；中后期喷施棉田专用除草剂及时除草。

（四）适时打顶

根据棉花的长势、株高和果枝数等因素来确定适宜的打顶时间，一般在 7 月 10—20 日，并按机采棉采摘顺序进行作业。早采的早打，晚采的晚打，最终应控制棉株高度≤100 厘米。

（五）化学调控

1. 株型控制 机采棉要求第一果枝节位距地面 20 厘米以上，因此，应适当推迟头遍化学调控的时间。一般蕾期（8～9 叶期）每亩用缩节胺 1.0～2.0 克，初花期用 2.0～3.0 克，盛花期用 4.0～6.0 克，打顶后用 6.0～8.0 克，株高要求控制在 70～100 厘米。黄河流域雨水时空分布不均，需密切根据棉田墒情掌握化控时间和化控量，以塑造相对紧凑的株型，并促进集中结铃和吐絮。

2. 脱叶催熟 脱叶催熟效果直接影响机采棉花的品级、加工、储存质量和实收产量。应科学把握喷药时间、气温变化和脱叶催熟剂用量。

脱叶催熟剂用量选择：一般每亩使用脱落宝（50％可湿性粉剂）20～40 克＋乙烯利（40％水剂）100～200 毫升＋水 60 千克进行喷施。

喷药时机选择：①田间棉花自然吐絮率达到 40％～60％，棉花上部铃的铃龄达 40 天以上；②采收前 18～25 天，连续 7～10 天平均气温在 20℃以上，最低气温不得低于 14℃。

喷雾器选择：为达到喷雾均匀和棉花中下部叶片都能附着药剂，应尽可能选择带有双层吊挂垂直水平喷头喷雾器。

作业质量要求：在脱叶 20 天后，田间棉株脱叶率达 90％以上、吐絮率达 95％以上。

对晚熟品种、生长势旺、秋桃多的棉田，可适当推迟施药期并适当增加用药量，反之则可提前施药并减少用药量。

四、机械化采摘

（一）收获时机选择

棉花按照机械采收的农艺要求播种后，经过化控和打顶等作业过程，塑造了适宜机采棉的棉花布局株型，即行距76厘米（适宜摘锭式采棉机）或大小行种植（可用梳齿式采棉机采收），株高65～85厘米，第一果枝结铃高度距地面18厘米以上，收获前还要进行催熟脱叶，做到适时收获，保证收获质量。

（1）催熟脱叶要求　机采棉要求棉花集中成熟和脱叶，必须在采收前18～25天喷洒脱叶剂，保证采收时棉叶脱落，棉花基本吐絮。

（2）在喷施脱叶催熟剂20天以后，适时观察脱叶效果，在脱叶率达到90％以上、吐絮率达到95％以上时，即可进行机械采收作业。

（二）采收前准备

（1）查看、确定进出机采棉田的路线，确保采棉机可顺利通过。

（2）摘锭式采棉机作业，棉田两端应人工采摘15米宽的地头，拔除棉秆，以利采棉机转弯调头；指杆式采棉机作业，在棉田的四角用人工采摘出机具入田的场地即可。

（3）在田头整理出适当的位置，便于采棉机与运棉车辆的交接卸花。

（4）平整并填平棉田内的毛渠、田埂，确保采棉机及运棉车辆正常作业。

（三）收获方式与机具选择

棉花机械收获分为分次选收和统收两种收获方式。各地应根据棉花种植模式、种植规模、籽棉处理加工条件等因素，因地制宜选择适宜的收获方式。摘锭式采棉机（选收方式）采收棉花适宜的行距为76厘米（或81、86、91厘米任选一种）；指杆式采棉机（统收方式）采收棉花对行距配置无特殊要求，以等行距为好。

（四）采棉机安全技术要求

（1）随车必须备有防火设备，每车应配备不少于4只8千克磷酸铵盐灭火器，用于初期火情的自救和控制。

（2）严禁在采棉机上和拉运棉花的机车上吸烟，采收作业区100米内严禁吸烟。

（3）在采棉机作业时，严禁在采摘台前活动。

（4）在排除采棉机故障时，发动机应熄火，并拉好手刹。

（五）注意事项

1. 道路与棉田准备　对采棉机行走的道路、桥梁，路面上空电线、光缆线仔细检查，确保畅通，路面宽度确保不小于6米。采收前对地边、地角、树下等采棉机难以采收到的地方，应提前进行人工采摘。摘锭式采棉机要提前准备好地头，对棉田的横头应人工捡拾出15～18米的宽度，以保证采棉机行走。复指杆式采棉机可以横向收获，不需要清理预留地头，应平整棉田中的引渠、田埂。

2. 机组及人员配备 采棉机驾驶员必须是责任心强，经过专业技术培训，持有驾驶证、操作证，有一定的操作经验和技术水平的人员，每台采棉机配备2人。运棉车数量根据地块与棉场的距离确定，每台采棉机配备2～4辆机车。机组工作人员必须穿紧身工作服，不得在机械运转时排除故障。

3. 地膜清理 如果采前揭膜，就必须彻底清除田间残膜；如果采后揭膜，就必须把地膜压实、压好；对田间破损和挂枝的地膜要进行有效清理，防止在作业过程中使其进入棉箱，对棉花造成污染。

4. 适时作业 为避免棉絮含露水，应在上午10时左右开始采收，晚上7时左右停止作业，防止因露水造成机采棉质量下降。

5. 作业速度 要控制在4～5千米/小时，不得快于5千米/小时。

6. 技术要求 要求棉田采净率达94%以上，其中：挂枝率≤0.8%，一流棉花≤1.5%，挂落棉花≤1.7%，含杂率≤12%，含水率≤10%。

7. 卸棉 采棉机卸棉时运棉车应对准位置，防止棉花卸到地面，以免地膜和杂质混入棉花。

8. 其他 夜间工作机组必须有足够的照明设施。严禁在作业区内吸烟，夜间严禁用明火照明。随车必须有防火设备。

第十二节 马铃薯机械化生产技术

一、播前准备

（一）种薯选择与处理

种薯应选择三代以内、经审定符合当地生产条件、专用、优质、抗逆性强的脱毒马铃薯种薯。种植前2～3天进行切块，保证每个切块至少有1个芽眼，每块30克左右，并针对病虫害发生的程度，进行相应的药剂拌种。为防止种薯块间黏结，可用草木灰或生石灰拌种，以适应机械化种植。

（二）地块选择与整理

种植地块应选择土质疏松肥沃、土层较深厚、排水良好、土壤有机质含量高、微酸性的沙壤土，且田间地势相对平整，便于机械作业。忌选土壤黏重的低洼地、pH过高的碱性土壤，否则易发生病害。播前需进行深耕或深松整地，整地深度25～35厘米，做到田面平整，土壤细碎，没有漏耕，深浅一致，上实下暄，保墒待播种。

二、机械化播种技术

马铃薯机械化播种技术是用马铃薯播种机械，一次性完成开沟、施肥、播种、起垄及喷除草剂、覆膜等多项作业工序的技术。

1. 机具选择 优先选择农机推广鉴定获证产品。马铃薯播种可根据地域特点、种植规格、品种和所具备的动力机械及收获要求等条件，选择适宜的产品。

2. 技术要求 主推一垄双行覆膜播种技术模式，土壤10厘米处地温稳定在8～12℃时即可播种。春季播期，一般在2—3月；秋季播期，一般在8月。垄高20～25厘米，播深10～15厘米，株距20～35厘米，垄距80～90厘米。重种指数≤20%，漏种指数≤10%，种薯间距合格指数≥85%，种植深度合格率≥80%。

3. 作业要点

（1）作业前将播种机所需润滑部位进行润滑，变速箱加足齿轮油，确保部件运转平稳；连接件、紧固件无松动、卡、碰等异常现象，传动件应转动灵活，润滑良好，确保各工作装置技术状态良好。

（2）通过拖拉机上的悬挂调整丝杠，做好水平、纵向和横向位置的调整，将播种机前、后、左、右调整平衡，确保拖拉机与播种机正确挂接。

（3）检查种子箱和肥料中有无杂物，加装种子和肥料，旋转肥量调整手轮进行肥量调整，装肥料时不要过满，避免拖拉机在升降或地头转弯时将肥料撒落。

（4）调整好播种深度、排种链的紧度、株距、行距、化肥施用量、覆土覆膜装置等。正常作业前，先进行试播，试播长度要大于15米，检查播种量、播种深度，施肥量、施肥深度，有无漏种漏肥现象，覆膜是否良好，并检查镇压情况，不合格的再次进行调整。

（5）正式作业时，将播种机降低到接近地面位置，边走边放，在地头线处进入作业状态，作业中保持平稳匀速前进，速度不可过快；作业中尽量避免停车，以防起步时造成漏播。如果必须停车，再次起步时要升起播种机，后退0.5米，重新播种。严禁倒退，防止播种施肥器堵塞或损坏；地头转弯时，应将整机升起，离开地面，以防损坏机器；作业中发现掉链、缠草、壅土、堵塞等现象，应立刻停车检查，排除故障。

三、田间管理

（一）中耕施肥

在马铃薯出苗期中耕培土和花期施肥培土，应根据地区不同采用高地隙中耕施肥培土机具或轻小型田间管理机械，田间黏重土壤可采用动力式中耕培土机进行中耕追肥机械化作业。在砂性土壤垄作进行中耕培土施肥，可一次完成开沟、施肥、培土、拢形等工序。追肥机各排肥口施肥量应调整一致，依据种子施肥指导意见，结合目标产量确定合理用肥量。追肥机具应具有良好的行间通过性能，追肥作业应无明显伤根，伤苗率<3％，追肥深度 6～10 厘米，追肥部位在植株行侧 10～20 厘米，肥带宽度>3 厘米，无明显断条，施肥后覆盖严密。

（二）病虫草害防控

根据当地马铃薯病虫草害的发生规律，按植保要求选用药剂及用量，按照机械化高效植保技术操作规程进行防治作业。苗前喷施除草剂应在土壤湿度较大时进行，均匀喷洒，在地表形成一层药膜；苗后喷施除草剂在马铃薯 3～5 叶期进行，要求在行间近地面喷施，并在喷头处加防护罩以减少药剂漂移。马铃薯生育中后期病虫害防治，应采用高地隙喷药机械进行作业，要提高喷施药剂的对靶性和利用率，严防人畜中毒、生态污染和农产品农药残留超标。适时中耕培土，可减少田间杂草。

（三）节水灌溉

有条件的地区，可采用喷灌、膜下滴灌、垄作沟灌等高效节水灌溉技术和装备，按马铃薯需水、需肥规律，适时灌溉施肥，提倡应用一体化技术。

四、机械化收获技术

马铃薯机械化收获技术是用马铃薯挖掘收获机械，一次完成挖掘、升运、薯土分离、集条摆放等多项作业工序的技术。

1. 机械杀秧 根据气候条件、安全贮藏时间和下茬作物等不同情况确定，春播马铃薯在 6 月份后进入成熟期，块茎停止生长，可择时收获。收获前 2～3 天，使用杀秧机进行杀秧备收。

2. 机具选择 优先选择农机推广鉴定获证产品。根据种植地块特点和土壤质地，选择不同收获幅宽的适宜机具，墒情适宜的平坦大地块，可选择一次收获两垄及以上的收获机。

3. 技术要求 茎叶杂草去除率≥80％，切碎长度≤15 厘米，割茬高度≤15 厘米，挖掘深度 20～25 厘米，明薯率≥96％，伤薯率≤1.5％，破皮率≤2％，挖掘幅宽根据种植规格调整。

4. 作业要点

（1）收获前应先除去茎叶和杂草，尽可能实现秸秆还田，以提高作业效率，培肥地力。

（2）马铃薯收获机适合沙壤、半沙壤和墒情适宜的壤土作业。收获地块土壤宜干不宜湿，一般土壤含水率≤20％。

（3）收获前应根据土壤质地、收获深度调试挖掘铲，调好后固定。挖掘深度的调整要适度，入土浅易伤薯块，收获不净；入土过深，增加拖拉机的作业负荷，造成薯土不易分离。

（4）根据土壤质地和含水量，调整好分离筛链条震动幅度，以保证筛土干净。

（5）作业时，需低档平稳起步，然后逐渐加大油门换挡进行收获作业，机械挖掘时匀速前行，不能漏挖，不能倒退；地头转弯、转移地块、运输途中需升起机械，收获机离开地面后，分离收获机离合器进行操作；作业中发生堵塞、地膜缠绕、犁铲积土等问题必须在发动机熄火后进行及时清除。

（6）收获过程中，时刻注意眼观、耳听，一旦发现异常或听到非正常响声，应立即停车检查；随时注意工作质量，防止拖拉机走偏，车轮压上垄面，碾压薯块，或收半垄的情况发生，视作业现场的情况随时调整挖掘深度；收获的马铃薯应及时从田间运走。

第五篇

农村经营管理篇

第一章 农村土地承包经营管理

第一节 农村土地承包管理

一、农村土地

农村土地是指农民集体所有和国家所有依法由农民集体使用的耕地、林地、草地和其他依法用于农业的土地。其他依法用于农业的土地，主要包括荒山、荒沟、荒丘、荒滩等"四荒"地以及养殖水面等。

二、农村土地承包

（一）承包方式

国家实行农村土地承包经营制度。农村土地承包方式主要有两种：一种是采取农村集体经济组织内部的家庭承包方式承包；另一种是不宜采取家庭承包方式的荒山、荒沟、荒丘、荒滩等农村土地，可以采取招标、拍卖、公开协商等其他承包方式承包。

1. 家庭承包方式 家庭承包方式是以农村集体经济组织的每一个农户家庭全体成员为一个生产经营单位，作为承包人承包农民集体的耕地、林地、草地等农业用地。凡是适宜家庭承包的农村土地，都应当实行家庭承包。

（1）家庭承包方式的特点

①集体经济组织的每个人不论男女老少，都有享有承包本村农村集体土地的权利，除非他自己放弃这个权利，任何组织和个人都无权剥夺；

②以户为生产经营单位承包，按农户家庭的全体成员作为承包方，与本集体经济组织或者村委会订立承包合同，享有合同中约定的权利，承担合同中约定的义务。承包户家庭中发生成员死亡，该户其他成员的承包关系不变；

③确定每户的承包地数量时，采取按人口平均分配的方法；

④承包的农村土地对每一个集体经济组织的成员是人人有份的，这主要是指耕地、林地和草地。

（2）家庭承包方式应遵循原则 农村土地承包应当坚持公开、公平、公正的原则，正确处理国家、集体、个人三者利益关系。家庭承包中应遵循以下原则：

①按照规定统一组织承包时，本集体经济组织成员依法平等地行使承包土地的权利，也可以自愿放弃承包土地的权利；

②民主协商、公平合理；

③承包方案应当依法经本集体经济组织成员的村民会议 2/3 以上成员或者 2/3 以上村民代表的同意；

④发包及承包程序合法。

2. 其他承包方式　其他方式承包主要是指招标、拍卖、公开协商方式。承包对象主要是"四荒地"、养殖水面及其他农用地，如果园、茶园、桑园等零星土地；发包方根据"效率优先、兼顾公平"的原则选择承包人进行承包，采用招标、拍卖、公开协商等市场化方式运作；承包方不限于集体经济组织内部成员，非本集体经济组织成员的外村农户、其他组织等从事农业生产经营者依照法律规定和承包合同皆可取得对这些土地的承包权，从事种植业、林业、畜牧业、渔业等农业目的生产经营。但同等条件下，本集体经济组织成员享有优先承包权；承包双方当事人的权利义务主要由双方协商确定；在承包期内承包收益和土地承包经营权可以继承。

（二）承包期限

1. 家庭承包期限　在家庭承包方式中，耕地的承包期限为 30 年，草地的承包期限为 30～50 年，林地的承包期限为 30～70 年。属于特殊林木的林地承包期限，经国务院林业行政主管部门批准后，还可以延长。

2. 其他方式承包期限　在其他方式承包中，承包期限自行协商，但商定的期限不得超过国家有关规定中确定的最高期限。如对"四荒地"，国务院办公厅 1999 年曾发布《关于进一步做好治理开发农村"四荒"资源工作的通知》，规定"四荒地"的承包期限最长不超过 50 年。另外，山东省《实施＜农村土地承包法＞办法》规定：一些临时承包地（如发包方依法预留的机动地，依法收回的承包地，承包方自愿交回的承包地，集体通过开垦、复垦增加的土地，发包方依法收回的土地）的承包期限不超过 3 年。

三、农村土地发包方与承包方

（一）农村土地发包方确认

（1）属于全村集体所有的土地，由村集体经济组织或者村民委员会发包。

（2）分属于村内两个以上集体经济组织的土地（比如以原来生产小队为基础），由村内各农村集体经济组织或者村民小组发包。

（3）由于现实原因，比如，集体经济组织和村民小组没有公章等原因，分属于两个以上集体经济组织的土地，也可以由村集体经济组织或村民委员会发包，但土地的所有权仍属于原集体经济组织。

（4）属于国家所有、依法由农民集体使用的农村土地，由使用该土地的农村集体经济组织、村民委员会或者村民小组发包。

（二）农村土地承包方确认

农村集体经济组织成员有权依法承包由本集体经济组织发包的农村土地。任何组织和个人不得剥夺和非法限制其成员承包农村土地的权利。实行非家庭承包方式承包的农村土地，承包人不受社区、职业限制，但在同等条件下本村集体经济组织成员优先。

1. 本村常住人口

（1）本村出生且户口未迁出的人员。

（2）与本村村民结婚且户口迁入本村的人员。

（3）本村村民依法办理领养手续且户口已迁入本村的子女。

（4）其他将户口依法迁入本村，并经本集体经济组织成员的村民会议 2/3 以上成员或者 2/3 以上村民代表的同意，接纳为本集体经济组织成员的人员。

2. 非本村常住人口　这部分人虽然不在本村常住，但原户口在本村，包括解放军、武警部队的现役义务兵和符合国家有关规定的士官，高等院校、中等职业学校在校学生和已经注销户口的刑满释放回本村的人员。

四、农户承包地收回与调整

（一）农户承包地收回

（1）在承包期内，承包方全家迁入设区的市，转为城镇户口的，在户口迁走一年内要将承包的耕地交回发包方。应当注意，必须同时满足承包方全家迁入设区的市，并且转为非农业户口两个条件，承包方才有权利将承包的耕地和草地收回。承包方不是全家迁入的，或者全家迁入未设区的市和小城镇的，或者全家迁入设区的市但未转为非农业户口的，都不能收回其承包地。

（2）承包期内，承包方可以自愿将承包地交回发包方。

（3）承包期内，承包方家庭成员全部死亡的，发包方依法收回承包地。

（4）承包经营耕地的单位或者个人连续两年弃耕抛荒的，原发包单位应当终止承包合同，收回发包的耕地。

（二）农户承包地的调整

为切实保障承包方的土地承包经营权，稳定土地承包关系，对农村承包地的个别调整施加了严格的限制。

（1）只有出现自然灾害严重毁损承包地等特殊情况，才允许按照规定进行个别调整。至于什么是特殊情况，九届全国人民代表大会常务委员会（简称人大常委会）第二十八次会议上提出，"除自然灾害以外，还有承包地被依法征用占用、人口增减导致人地矛盾突出，适当调整个别农户之间承包地"。

（2）法律允许的调整只限在个别农户之间进行，发包方不得扩大范围进行调整，更不能在全村范围内打乱原承包地进行重新分配、承包。

（3）允许调整的承包地只限于耕地和草地，不包括林地。

（4）进行个别调整必须坚决遵循法律规定的程序，首先必须经本集体经济组织成员的村民会议 2/3 以上成员或者 2/3 以上村民代表的同意，然后报乡（镇）人民政府批准后，再报县级人民政府农业行政主管部门批准。

（三）严禁收回或调整农户承包地

承包期内，发包方不得收回农户承包地；承包期内，发包方不得调整农户承包地。在实际操作中有如下情况的，虽然人口有变化，但不得收回和调整农户承包地（减人不减地）。

1. 婚丧嫁娶引起人口变动的　承包期内，妇女结婚在新居住地未取得承包地的，发包方不得收回其原承包地；妇女离婚或者丧偶，仍在原居住地生活或者不在原居住地生活但在新居住地未取得承包地的，发包方不得收回其原承包地。

2. 服役、上学引起户口变动的　原户口在本村的下列人员依法享有农村土地承包经营权：解放军、武警部队的现役义务兵和符合国家有关规定的士官；高等院校、中等职业学校在校学生；已注销户口的刑满释放回本村的人员。

3. 全家迁入小城镇引起户籍变动的　承包期内，承包方全家迁入小城镇落户的，应当按照承包方的意愿保留其土地承包经营权或者允许其依法进行土地承包经营权流转。

（四）农户承包地继承

在家庭承包方式下，承包期内家庭的某个或部分成员死亡的，土地承包经营权不发生继承问题。家庭成员全部死亡的，土地承包经营权消失，由发包方收回承包地；对应由原承包人所得的承包收益，依照《继承法》规定作为遗产由继承人继承。林地承包的承包人死亡，其继承人可以在承包期内继续承包经营，直到承包期满。土地承包经营权通过招标、拍卖、公开协商等方式承包的，该承包人死亡，在承包期内，其继承人可以继续承包。

五、特殊人口承包地问题

（一）新增人口享有承包地问题

《中华人民共和国农村土地承包法》（简称《农村土地承包法》）明确规定，"农村土地承包期三十年不变""增人不增地，减人不减地""承包期内，发包方不得调整农户承包地"。解决家庭新增人员承包地问题，只有通过三种途径：

（1）村级依法预留的机动地。

（2）依法开垦的新增农村耕地。

（3）承包户依法、自愿交回的承包土地。

如果村里没有以上土地，可通过转包、转让、出租等方式，在稳定家庭承包经营的基础上，将土地承包经营权流转到新增人口手中。

（二）回原籍农村生源毕业生享有承包地问题

山东省公安厅、农业厅等六部门，在《关于未落实工作单位普通大中专院校农村生源毕业生回原籍落户有关问题的通知》（鲁公发〔2008〕269 号）中，对未落实工作单位的普通大中专院校（含技工学校）农村生源毕业生，回原籍落户等有关政策作了明确规定。"未落实工作单位普通大中专院校农村生源毕业生"是指 1997 年以来，未经毕业生就业主管部门派遣到工作单位的大中专院校农村生源毕业生。通知明确，回原籍落户的农村生源毕业生仍属于原农村集体经济组织成员，依法享有农村土地承包经营权和村民的各项权利，履行各项村民义务。落户时，农村生源毕业生可凭毕业证、就业报到证、户口迁移证以及迁入地毕业生就业主管部门出具的落户介绍信，到家庭所在地公安派出所直接办理落户手续。公安派出所为其出具落户证明书，由本人交本村村民委员会，村委会不得拒绝接收。农村生源毕业生落实工作单位并办理就业手续后，应及时将户口迁往工作单位所在地。

（三）农村妇女享有承包地问题

农村妇女与男子享有平等的土地承包权利。承包中应当保护妇女的合法权益，任何组织和个人不得剥夺、侵害妇女应当享有的土地承包经营权。在承包期内，妇女结婚后在新居住地未取得承包地的，发包方不得收回其原承包地；妇女离婚或丧偶后仍在原居住地生活或者不在原居住地生活但在新居住地未取得承包地的，发包方不得收回其原来的承包地。发包方不得以村规民约为由侵犯妇女的土地承包权益。

六、农村土地承包合同

农村土地承包合同是指农村土地的发包方与承包方之间达成的关于农村土地承包权利与义务关系的协议。

（一）农村土地承包合同内容条款

农村土地承包合同主要包含以下条款：

（1）发包方、承包方的名称，发包方负责人和承包方代表的姓名、住所，这也是承包合同必须具备的条款。

（2）承包土地的名称、坐落、面积、质量等级。

（3）承包期限和起止日期。

（4）承包土地的用途。

（5）发包方和承包方的权利义务。

（6）违约责任。

（二）农村土地承包合同的变更与解除

1. 合同变更　农村土地承包合同的变更是当事人对发生法律效力的土地承包合同依法进行某些必要的修改、删节、补充合同效力的行为，这种行为应当不得损害国家利益、社会公共利益或者第三人的利益。变更农村土地承包合同应具备一定的条件。

①原已存在土地承包合同关系；

②土地承包合同的变更须依据法律的规定或者当事人的约定；

③土地承包合同变更应当遵守法定的方式；

④必须有土地承包合同内容的变化。

2. 合同解除　农村土地承包合同解除是指在土地承包合同订立之后，履行完毕之前，对合同规定的当事人双方的权利义务关系提前终止。土地承包合同解除后，当事人通过订立土地承包合同所确立的全部权利义务关系、或者尚未履行的部分权利义务关系将不再存在。土地承包合同解除有约定解除和法定解除两种情形。

（1）约定解除　约定解除包括事后协议解除农村土地承包合同和约定将来享有解除权，解除农村土地承包合同。

（2）法定解除　《山东省农村集体经济承包合同管理条例》规定有下列情形之一的，允许解除合同：

①当事人双方协商一致，并且不损害国家、集体、第三人利益和社会公共利益的；

②订立合同所依据的法律、法规以及国家政策废止的；

③承包的土地全部被国家依法征用或者集体依法使用的；

④由于不可抗力原因，致使合同无法履行的；

⑤由于一方违约，致使合同无法继续履行的；

⑥承包人丧失承包能力或者死亡，继承人放弃继承，致使合同无法履行的；

⑦发包方非法干预承包方的生产、经营活动，致使承包方无法继续履行合同的。

3. 合同变更或解除注意事项

（1）当事人一方要求变更或者解除承包合同，应当及时通知对方，与对方达成书面协议：不经对方同意擅自变更、解除合同或者不按程序变更、解除合同的，其变更、解除行为无效，应当向对方支付违约金。

（2）给对方造成经济损失的，应当负责赔偿，对方要求继续履行的，承包合同管理主管部门应当责令其继续履行。

（3）因变更、解除合同使一方遭受损失，除依法可以免除责任的外，应当由责任方负责赔偿。

（4）承包合同订立后，发包方不得因法定代表人、负责人或者承办人的变动而变更或者解除合同。

4. 其他方式承包合同的签订　其他承包方式承包土地的，应该签订土地承包合同。

（1）应当签订书面承包合同。

（2）当事人的权利和义务、承包期限等，由双方协商确定。

（3）以招标、拍卖方式承包的，承包费通过公开竞标、竞价确定。以公开协商等方式承包的，承包费由双方议定。

（4）在同等条件下，本集体经济组织成员享有优先承包权。

（5）发包方将农村土地发包给本集体经济组织以外的单位或者个人承包，应当事先经本集体经济组织成员的村民会议 2/3 以上成员或者 2/3 以上村民代表的同意，并报乡（镇）人民政府批准。

（6）由本集体经济组织以外的单位或者个人承包的，应当对承包方的资信情况和经营能力进行审查，然后再签订承包合同。

七、农村土地承包管理部门职能

国务院农业、林业行政主管部门负责全国农村土地承包及承包合同管理的指导工作；县级以上地方人民政府农业、林业等行政主管部门分别依照职责，负责本行政区域内农村土地承包及承包合同管理；乡（镇）人民政府负责本行政区域内农村土地承包及承包合同管理。

（一）县级以上农业行政主管部门职责

在农村土地承包管理工作中，县级以上农业行政主管部门主要承担以下职责：

（1）指导、监督农村土地承包的管理。包括指导、监督家庭承包和其他方式承包的管理、农村土地流转的管理和个别调整、收回承包地的管理。

（2）指导、监督农村土地承包合同的签订和履行。

（3）管理农村土地承包经营权证书。及时核发、变更、补发、收回家庭承包中的土地承包经营权证书，及时审核通过其他方式承包的承包人要求取得的土地承包经营权证书。

（4）审核批准家庭承包方式下个别农户间的土地调整。

（5）调处和仲裁农村土地承包经营纠纷。

（6）参与征用、占用农村承包土地的管理。

（7）指导、监督农村土地补偿费管理使用。

（8）其他法律法规规定的职责。

(二) 乡（镇）人民政府管理职责

在农村土地承包管理工作中，乡（镇）人民政府主要承担以下职责：

（1）指导、监督家庭承包和其他方式承包的管理、农村土地流转的管理和个别调整、收回承包地的管理。

（2）指导、监督农村土地承包合同的签订和履行。

（3）申领、分发农村土地承包经营权证书。

（4）批准家庭承包土地个别农户间的调整。

（5）批准以其他承包方式将土地承包给村集体经济组织以外的单位和个人。

（6）调处农村土地承包经营纠纷。

（7）参与征用、占用农村承包土地的管理。

（8）指导、监督土地补偿费的管理使用。

（9）其他法律法规规定职责。

第二节　农村土地承包经营权流转

一、农村土地流转概述

(一) 农村土地流转的定义

目前，我国农村土地实行集体所有制，实行家庭联产承包经营的双层经营体制，这是宪法明文规定的。农村土地承包经营权流转（也称为农村土地流转）是指承包方将自己承包村集体的部分或全部土地以一定的条件转移给第三方经营，由原承包方或第三方向村集体履行原承包合同的行为。

(二) 农村土地流转的遵循原则

（1）依法、自愿、有偿，任何人不得强迫或者阻碍承包方进行土地承包经营权流转。

（2）不得改变土地所有权的性质和土地的农业用途。

（3）土地流转的期限不得超过承包期的剩余期限。

（4）土地流转受让方必须有农业生产经营能力。

（5）在同等条件下，本集体经济组织成员享有优先权。

(三) 农村土地流转的主体

依法取得农村土地承包经营权的承包方是农村土地承包经营权流转的主体。承包方有权依法自主决定承包土地是否流转、流转的对象和流转方式。任何单位和个人不得强迫或者阻碍承包方依法流转其承包土地。

农村土地承包经营权流转收益归承包方所有，任何组织和个人不得侵占、截留、扣缴。承包方自愿委托发包方或中介组织流转其承包土地的，承包方应当出具土地流转委托书，载明委托的事项、权限和期限等，签名或盖章；没有承包方的书面委托，任何组织和个人无权以任何方式决定流转农户的承包地。

二、农村土地流转形式

（一）转包

转包主要发生在农村集体经济组织内部农户之间。转包人是享有土地承包经营权的农户，受转包人是承受土地承包经营权转包的农户。转包人对土地承包经营权的产权不变。受转包人享有土地承包经营权使用的权利，获取承包土地的收益，并向转包人支付转包费。转包无需经发包人许可，但转包合同需向发包人备案。

（二）出租

出租主要是农户将土地承包经营权租赁给本集体经济组织以外的人。出租人是享有土地承包经营权的农户，承租人是承租土地承包经营权的外村人。出租是一种外部的民事合同。承租人通过租赁合同取得土地承包经营权的承租权，并向出租的农户支付租金。农民出租土地承包经营权无需经发包人许可，但出租合同需向发包人备案。

（三）互换

互换是农村集体经济组织内部的农户之间为方便耕种和各自需要，对各自的土地承包经营权的交换。互换是一种互易合同，互易后，互换的双方均取得对方的土地承包经营权，丧失自己的原土地承包经营权。双方农户达成互换合同后，还应与发包人变更原土地承包合同。《农村土地承包法》第40条规定："承包方之间为方便耕种或者各自需要，可以对属于同一集体经济组织的土地的土地承包经营权进行互换。"

（四）转让

转让是农户将土地承包经营权移转给他人。转让将使农户丧失对承包土地的使用权，因此对转让必须严格条件。承包方有稳定的非农职业或者有稳定的收入来源的，可转让土地承包经营权。转让土地承包经营权的基础是农民有了切实的生活保障，否则不应转让土地承包经营权。倘若没有切实的生活来源，一旦遇到风险，失去赖以生存的土地承包经营权的农民可能流离失所，造成社会不稳定因素。转让的对象应当限于从事农业生产经营的农户。具备转让条件的农户将土地承包经营权转让给其他农户，应当经发包方同意，并由发包方在转让合同上签署意见并加盖公章。

（五）入股

入股是指实行家庭承包方式的承包方之间为发展农业经济，将土地承包经营权作为股权，自愿联合从事农业合作经营；其他承包方式的承包方也可将土地承包经营权量化为股权，入股组成股份公司或者合作社等，从事农业生产经营。

（六）未进行家庭承包的集体土地、水面流转

对未进行家庭承包的集体土地、水面、"四荒"地、林地以及整治开发的农村闲置宅基地等，经村、组会议讨论研究，2/3 以上村民代表同意，按公开、公平、公正的原则，可以采取公开招标、拍卖、协商等方式进行发包，承包方依法取得土地承包经营权证、林权证后，可以采取转让、出租、入股、抵押或者其他方式规范流转。承包方依法采取转包、出租、入股方式将农村土地承包经营权部分或者全部流转的，承包方与发包方的承包关系不变，双方享有的权利和承担的义务不变。

在农村土地承包经营权流转过程中，对于采取转让方式流转的，应当经发包方同意；对于采取转包、出租、互换或者其他方式流转的，应当报发包方备案；对于采取互换、转让方式流转当事人要求登记的，县级以上人民政府农业行政主管部门应准予登记受理。承包期内，发包方不得单方面解除承包合同，不得假借少数服从多数强迫承包方放弃或者变更土地承包经营权，不得将承包地收回抵顶欠款。

三、农村土地流转程序

农村土地流转的一般操作程序是：

1. 申请委托　要求流转土地承包经营权的农户或单位（包括流进、流出）向服务组织提出申请，内容包括土地类型、土地位置、流转期限、流转形式、流转用途、经济关系处理要求等。申请流出的，还要将土地承包合同和经营权证书等有关证明带到有关部门审验。

2. 供求登记　服务组织对委托流转的申请核实后，在土地承包经营权流转储备库登记簿中登记，内容包括：委托单位（户主姓名）、委托日期、土地类型、坐落位置、面积、流转期限、补偿要求、联系人及联系电话等。

3. 发布信息　服务组织通过广播电视、交易大厅、互联网等多种形式，向社会发布土地承包经营权出让、受让信息，并接受土地流转供求双方的咨询。

4. 组织洽谈　根据汇集的出让、受让信息及双方的委托要求，服务组织及时配对、牵线和协调，定期或不定期地组织洽谈活动，积极促成双方达成意向。

5. 签订合同　流转双方协商一致后，由服务组织指导和帮助双方按照规范的要求，签订土地承包经营权流转合同，并可申请乡镇主管部门鉴证。流转合同一式五份，流转双方各执一份，签证单位一份，流转服务组织一份，流转土地的发包方备案一份。

四、农村土地流转合同

农业部《农村土地承包经营权流转管理办法》规定：承包方流转农村土地承包经营权，应当与受让方在协商一致的基础上签订书面流转合同。农村土地承包经营权流转合同一式四份，流转双方各执一份，发包方和乡（镇）人民政府农村土地承包管理部门各备案一份。

承包方将承包地交由他人代耕不超过一年的，可以不签订书面合同。承包方委托发包方或者中介服务组织流转其承包土地的，流转合同应当由承包方或其书面委托的代理人签订。

农村土地承包经营权流转合同一般包括以下内容：

（1）双方当事人的姓名、住所。

（2）流转土地的四至、坐落、面积、质量等级。

（3）流转的期限和起止日期。

（4）流转方式。

（5）流转土地的用途。

（6）双方当事人的权利和义务。

（7）流转价款及支付方式。

（8）流转合同到期后地上附着物及相关设施的处理。

（9）违约责任。

农村土地承包经营权流转合同文本格式由省级人民政府农业行政主管部门确定。

第三节　农村土地承包经营纠纷调解仲裁

一、农村土地承包经营纠纷

（一）农村土地承包经营纠纷的内容

2009年6月27日全国人民代表大会常务委员会颁布《中华人民共和国农村土地承包经营纠纷调解仲裁法》，将农村土地承包经营纠纷概括归纳为以下六个方面：

（1）因订立、履行、变更、解除和终止农村土地承包合同发生的纠纷。

（2）因农村土地承包经营权转包、出租、互换、转让、入股等流转发生的纠纷。

（3）因收回、调整承包地发生的纠纷。

（4）因确认农村土地承包经营权发生的纠纷。

（5）因侵害农村土地承包经营权发生的纠纷。

（6）法律、法规规定的其他农村土地承包经营纠纷。

因征收集体所有的土地及其补偿发生的纠纷，不属于农村土地承包仲裁委员会的受理范围，可通过行政复议或者诉讼等方式解决。

（二）农村土地承包经营纠纷解决途径

根据《农村土地承包法》和《农村土地承包经营纠纷调解仲裁法》等法律规定，农村土地承包后，如发生纠纷，双方当事人可以通过协商解决，也可以请求村民委员会、乡（镇）人民政府等调解解决。当事人不愿协商、调解或者协商、调解不成的，可以向农村土地承包仲裁机构申请仲裁，也可以直接向人民法院起诉。当事人对农村土地承包仲裁机构的仲裁裁决不服的，可以在收到裁决书之日起三十日内向人民法院起诉。逾期不起诉的，裁决书即发生法律效力。

二、农村土地承包经营纠纷调解

村民委员会、乡（镇）人民政府应当加强农村土地承包经营纠纷的调解工作，帮助当事人达成协议解决纠纷。当事人申请农村土地承包经营纠纷调解可以书面申请，也可以口头申请。口头申请的，由村民委员会或者乡（镇）人民政府当场记录申请人的基本情况、申请调解的纠纷事项、理由和时间，应当充分听取当事人对事实和理由的陈述，讲解有关法律以及国家政策，耐心疏导，帮助当事人达成协议。

经调解达成协议的，应当由村民委员会或者乡（镇）人民政府制作调解协议书。调解协议书由双方当事人签名、盖章或者按指印，经调解人员签名并加盖调解组织印章后生效。仲裁庭对农村土地承包经营纠纷应当进行调解。调解达成协议的，仲裁庭应当制作调解书，写明仲裁请求和当事人协议的结果，由仲裁员签名，加盖农村土地承包仲裁委员会印章，送达双方当事人。调解书经双方当事人签收后，即发生法律效力；调解不成的，应当及时做出裁决。在调解书签收前当事人反悔的，仲裁庭应当及时做出裁决。

三、农村土地承包经营纠纷仲裁

（一）农村土地承包仲裁委员会的设立

农村土地承包经营纠纷仲裁委员会，要根据解决农村土地承包经营纠纷的实际需要设立。农村土地承包仲裁委员会可以在县和不设区的市设立，也可以在设区的市或者其市辖区设立。农村土地承包仲裁委员会在当地人民政府指导下设立。设立农村土地承包仲裁委员会的，其日常工作由当地农村土地承包管理部门承担。

（二）农村土地承包仲裁委员会的职权

农村土地承包仲裁委员会依法履行下列职责：

（1）聘任、解聘仲裁员。

（2）受理仲裁申请。

（3）监督仲裁活动。

（三）仲裁委员会组织机构与日常工作

1. 农村土地承包经营纠纷仲裁的申请与受理

（1）农村土地承包经营纠纷仲裁的申请　农村土地承包经营纠纷申请仲裁的时效期间为二年，自当事人知道或者应当知道其权利被侵害之日起计算。申请农村土地承包经营纠纷仲裁应当符合下列条件：

①申请人与纠纷有直接的利害关系；

②有明确的被申请人；

③有具体的仲裁请求和事实、理由；

④属于农村土地承包仲裁委员会的受理范围。

（2）农村土地承包经营纠纷仲裁当事人及仲裁代理　农村土地承包经营纠纷仲裁的申请人、被申请人为当事人。家庭承包的，可以由农户代表人参加仲裁。当事人一方人数众多的，可以推选代表人参加仲裁。与案件处理结果有利害关系的，可以申请作为第三人参加仲裁，或者由农村土地承包仲裁委员会通知其参加仲裁。当事人、第三人可以委托代理人参加仲裁。

（3）农村土地承包经营纠纷仲裁管辖　当事人申请仲裁，应当向纠纷涉及的土地所在地的农村土地承包仲裁委员会递交仲裁申请书。

（4）农村土地承包经营纠纷仲裁申请方式　仲裁申请书可以邮寄或者委托他人代交。仲裁申请书应当载明申请人和被申请人的基本情况，仲裁请求和所根据的事实、理由，并提供相应的证据和证据来源。书面申请确有困难的，可以口头申请，由农村土地承包仲裁委员会记入笔录，经申请人核实后由其签名、盖章或者按指印。

（5）农村土地承包经营纠纷仲裁申请的审查和受理　农村土地承包仲裁委员会应当对仲裁申请予以审查，认为符合法律规定的，应当受理。有下列情形之一的，不予受理；已受理的，终止仲裁程序：

①不符合申请条件；

②人民法院已受理该纠纷；

③法律规定该纠纷应当由其他机构处理；

④对该纠纷已有生效的判决、裁定、仲裁裁决、行政处理决定等。

农村土地承包仲裁委员会决定受理的，应当自收到仲裁申请之日起五个工作日内，将受理通知书、仲裁规则和仲裁员名册送达申请人；决定不予受理或终止仲裁程序的，应当自收到仲裁申请或发现终止仲裁程序情形之日起五个工作日内书面通知申请人，并说明理由。

2. 农村土地承包经营纠纷仲裁庭　农村土地承包经营纠纷调解仲裁庭由三名仲裁员组成，首席仲裁员由当事人共同选定，其他二名仲裁员由当事人各自选定；当事人不能选定的，由农村土地承包仲裁委员会主任指定。事实清楚、权利义务关系明确、争议不大的农村土地承包经营纠纷，经双方当事人同意，可以由一名仲裁员仲裁。仲裁员由当事人共同选定或者由农村土地承包仲裁委员会主任指定。农村土地承包仲裁委员会应当自仲裁庭组成之日起二个工作日内将仲裁庭组成情况通知当事人。

3. 农村土地承包经营纠纷仲裁的审理和裁决

（1）农村土地承包经营纠纷的审理　农村土地承包经营纠纷仲裁应当开庭进行。开庭可以在纠纷涉及的土地所在地的乡（镇）或者村进行，也可以在农村土地承包仲裁委员会所在地进行。当事人双方要求在乡（镇）或者村开庭的，应当在该乡（镇）或者村开庭。开庭应当公开，但涉及国家秘密、商业秘密和个人隐私以及当事人约定不公开的除外。仲裁庭应当在开庭五个工作日前将开庭的时间、地点通知当事人和其他仲裁参与人。当事人有正当理由的，可以向仲裁庭请求变更开庭的时间、地点。是否变更，由仲裁庭决定。

（2）农村土地承包经营纠纷的裁决　农村土地承包经营纠纷仲裁庭应当根据认定的事实和法律以及国家政策作出裁决并制作裁决书。裁决应当按照多数仲裁员的意见作出，少数仲裁员的不同意见可以记入笔录。仲裁庭不能形成多数意见时，裁决应当按照首席仲裁员的意见作出。裁决书应当写明仲裁请求、争议事实、裁决理由、裁决结果、裁决日期以及当事人不服仲裁裁决的起诉权利、期限，由仲裁员签名，加盖农村土地承包仲裁委员会印章。农村土地承包仲裁委员会应当在裁决作出之日起三个工作日内将裁决书送达当事人，并告知当事人不服仲裁裁决的起诉权利、期限。

第二章 农民负担监督管理

第一节 涉农收费监管

一、涉农收费

（一）农村中小学生义务教育收费

农村中小学义务教育阶段免收学杂费、课本费、住宿费，学校除向学生收取作业本费、向自愿在学校就餐的学生收取伙食费外，不得再收取任何服务性收费、代收费。作业本费收取标准：小学 1～2 年级每生每学年 15 元；小学 3～6 年级每生每学年 20 元；初中每生每学年 30 元。对经济困难的寄宿生给予生活费补助，小学每生每年 500 元，初中每生每年 750 元，经学校审核、公示后将资金发放给学生或家长。农村中小学校不得向学生收费统一购买教学辅导材料和学具，不得要求学生统一购买校服、卧具和保险费等。

（二）农民新建（或翻新）房

农村居民点建设必须符合县域规划、乡镇土地利用总体规划和村庄建设规划，严禁村民委员会收取宅基地费，严禁乡级政府有关部门搭车收费。农民利用农村集体土地新建、翻建自用住房时只负担国土资源部门收取的土地证书工本费，普通证书每本 5 元，国家特制证书每本 20 元，由农民自愿选择。

（三）农民结婚登记收费

农民在办理婚姻登记时，除收取每对 9 元的结婚（离婚）证工本费外，不得借机强制或变相强制提供有偿服务，不得要求婚姻当事人购买各种保险和奖券，不得要求参加各种有偿婚前培训，不得代有关部门收取各种名义的保证金、押金，不得搭车售卖任何物品。

（四）农民进城务工暂住收费

农民进城务工需要承担公安部门收取的《暂住证》工本费每证 5 元；计划生育部门收取的《流动人口婚育证明》工本费每证 5 元。

（五）治安户籍管理收费

申领、换领第二代居民身份证的，每证收取工本费 20 元，丢失补领或损坏换领第二代居民身份证的，每证收取工本费 40 元，办理临时第二代居民身份证每证收费 10 元。免费进行"二代证"人像信息采集。办理居民户口本工本费 10 元，办理户口迁移证 5 元，户籍证明 5 元，户口簿变更 5 元。公安机关不得在农民要求改名、纠正出生时间时趁机收费，不得以任何名义向村级组织、农民专业合作社和农民兴办的各类企业摊派和收取任何费用，严禁将支出在村级组织报销。

（六）计划生育收费

对实施计划生育的农村育龄夫妇实行免费政策，超计划生育的按省人民政府的规定缴纳社会抚养费。严禁借开准生证明、出生证明和办理新生儿入户登记等搭车收费或强制服务并收费。面向农民群众的计划生育技术服务，除规定由财政支付费用的项目外，免收药物（米非司酮）流产和清宫收费，免收计划生育和生殖保健服务手册工本费。

二、涉农收费与罚款规定

对涉农行政事业性收费或罚款，必须有法律法规依据，实行"公示制"，收取费用和罚款时必须公示、告知，必须严格按规定的项目和标准收取，必须向农民出具省财政部门印制的政府非税收入票据。

三、涉农收费监管制度

1. 涉及农民负担收费文件"审核制"　省、市、县三级要定期对涉及农民负担的收费文件进行清理，梳理和规范向农民收费的项目、范围、标准等。

2. 涉农价格和收费"公示制"　要创新公示形式，适时更新公示内容，确保公示效果。国家对农民的粮食直补等强农惠农政策及兑付情况也要予以公示，并按规定程序进行审核。

3. 农村公费订阅报刊"限额制"　乡镇政府每年公费订阅报刊不超过上年财政支出的 0.1%；村级订阅报刊费不得超过 800 元，省级贫困村不得超过500 元；农村中心中学（包括联中）公费订阅报刊每年不超过 1 500 元；农村中心小学（包括完小）公费订阅报刊每年不超过 800 元；其他农村小学或教学点公费订阅报刊每年不超过 500 元。

4. 农民负担"监督卡制"　农民负担监督卡要充实涉农价格、收费等政策内容，及时发放到户。

5. 涉及农民负担案（事）件"责任追究制"　对涉及农民负担的违规违纪行为，要严格按照有关规定，对负有领导责任的人员和直接责任人员进行纪律追究。坚持对涉及农民负担案（事）件进行通报的制度。

第二节 一事一议筹资筹劳监管

一、一事一议筹资筹劳概述

(一)一事一议筹资筹劳的定义

一事一议筹资筹劳是指为兴办村民直接受益的集体生产生活等公益事业，按照农业部等单位制定的《村民一事一议筹资筹劳管理办法》规定，经民主程序确定的村民出资出劳的行为。它是村级兴办公益事业的制度改革与创新，符合当前农村实际情况，有利于规范农村办事程序，提高农村工作透明度，有利于增强村民的参政和民主意识，有利于促进农村经济发展和社会稳定，使村党组织领导下的村民自治更加充满生机和活力。

(二)原则、范围与标准

1. 一事一议筹资筹劳的原则 村民自愿、直接受益、量力而行、民主决策、合理限额。

2. 一事一议筹资筹劳的适用范围 村内农田水利基本建设、道路修建、植树造林、农业综合开发有关的土地治理项目，以及村民认为需要兴办的集体生产生活等其他公益事业项目。村内项目具体包括：修建和维护生产用的小型水渠、塘（库）、圩堤和生活用自来水等；修建和维护行政村到自然村、自然村到自然村之间的道路等；集体林木的种植和养护；农业综合开发有关的土地治理项目，包括中低产田改造、宜农荒地开垦、生态工程建设、草场改良等，以及村民认为需要兴办的集体生产生活等其他公益事业项目。对符合当地农田水利建设规划、政府给予补贴资金支持的相邻村共同直接受益的农田水利设施项目，先以村级为基础议事，涉及的村共同协商通过后，报经县级人民政府农民负担监督管理部门审核同意，可纳入筹资筹劳的范围。

跨乡、村以上的公益事业项目，农村干渠、支渠及其他大中型水利基础设施建设、乡到村及以上的道路建设、校舍建设维护、民兵训练、"五保户"供养等应由财政支出或补助的项目，乡村企业亏损、乡村偿还债务等所需的费用和劳务等不得列入一事一议筹资筹劳范围。严禁乡及乡以上政府、部门等以任何名义借一事一议向农民筹资筹劳。

3. 一事一议筹资筹劳的标准 每个农村劳动力每年筹劳不得超过 10 个标准工日，非劳动力年龄段每人每年筹资不得超过 15 元。严禁违反规定向非劳动力筹劳。劳动力承担筹劳任务后不再承担筹资任务。

农村劳动力因故不能出工，自愿以资代劳的，由本人提出书面申请，经村民委员会批准后，可以资代劳。非本人自愿，不得强迫农民以资代劳。本人自愿以资代劳的，工日值标准以元为单位，不得超过上年农民人均纯收入的日平均值。

（三）议事单位与对象

1. 村级一事一议筹资筹劳的议事单位　村级一事一议筹资筹劳的议事单位可以是整个行政村，也可以是自然村、小组或部分受益农户。

2. 村级一事一议筹资筹劳的对象　筹资对象为本村户籍在册人口或所议项目受益人口；

农村"五保户""低保户"和70周岁以上的老年人不承担筹资任务。家庭确有困难，不能承担或不能完全承担筹资任务的农户，由该农户提出申请，经符合规定的民主程序讨论通过后给予减免；因病伤残或者其他原因不能承担或不能完全承担劳务的劳动力，由本人提出申请，经民主程序讨论通过后给予减免；现役军人、烈属、伤残军人、在校就读的学生、孕妇或者分娩未满一年的妇女均不承担筹劳任务。

二、一事一议筹资筹劳程序

村级一事一议筹资筹劳项目、数额及减免等事项的确定程序，应经过四个程序。

（一）项目提出

筹资筹劳事项可以由村民委员会提出，也可以由1/10以上的村民或者1/5以上的村民代表联名提出。

（二）征求民意

筹资筹劳事项提出后，在提交村民会议或者村民代表会议审议前，应当向村民公告。同时，通过设立咨询点、意见箱等形式，广泛征求村民意见，并根据村民意见对筹资筹劳事项进行修改和调整。

（三）民主决策

对需要村民出资出劳的项目，要提交村民会议或者经村民会议授权的村民代表会议审议，并征得2/3以上村民或2/3以上村民代表同意，包括筹资筹劳项目、项目开支预算、筹资筹劳额度、具体分摊形式、减免对象和办法等。村民会议或者村民代表会议表决后形成的方案，由参加会议的村民或者村民代表签字认可。

（四）方案审核

对表决通过的筹资筹劳方案，要填入《山东省村级一事一议筹资筹劳申报表》，按程序报经乡镇人民政府初审后，报县级人民政府农民负担监督管理部门复审。县级人民政府农民负担监督管理部门复审同意后，可实施一事一议筹资筹劳。

三、一事一议筹资筹劳注意事项

一事一议筹资筹劳严格执行上限控制规定，农业（经管）部门在审核中要做到：坚持筹资筹劳不能超过省级人民政府规定的限额标准，切实防止以自愿捐款名义强行向农民集资；坚持农民自愿以资代劳，切实防止以自愿以资代劳名义强行向农民摊派。农民自愿以资代劳的，由本人或家属向村委会提出书面申请，可以以资代劳。禁止将粮食补贴等涉农补贴直接转为筹资筹劳款。对资金需求量大的议事项目，经全体村民同意，按规定程序报县级农业（经管）部门审核批准后，可一次议事，按照规定的筹资限额标准筹集两年的资金，但第二年不得再筹。

第三节 引黄水费监管

一、引黄水费的征收原则

自 2003 年以来，德州市对引黄水费征收做出重大改革，由过去的行政事业性收费转为经营性收费。水费计收以市场化运作为主、行政调控为辅，本着"谁受益谁负担、谁用水谁交费"的原则，由市水利部门与各县市区核对实际用水量后，确定具体的引黄水费数额。各县市区和乡镇根据实际用水量，将应承担的引黄水费核实到乡镇和村，落实到农户。严禁用不上黄河水的乡镇、村，按地亩、人头平摊水费。

二、引黄水费的征收程序

引黄水费征收实行市级审批制度，各县市区分配到乡镇、村的水费收取方案，必须报市主管部门审批；到户的收取方案，由各县市区审核把关。征收前，要将水费征收方案张榜公布，要将水费征收数额填入农民负担监督卡并全部发放到户。征收后，要给农户开列省减负部门统一印制的农民负担专用票据。

三、征收引黄水费"六严禁"

在征收引黄水费时，严格执行"六严禁"，确保农民权利不受侵害。
（1）严禁未经市、县审批，擅自征收引黄水费。
（2）严禁搭车加码收费。
（3）严禁用粮食直补款等抵顶引黄水费。
（4）严禁不张榜公布、不发放水费通知书征收水费。
（5）严禁收取水费不给群众开列票据。
（6）严禁用非法手段向农民收取水费。

第三章　农村集体三资管理

第一节　农村集体"三资"管理概述

一、农村集体"三资"的定义

农村集体"三资"包括村集体经济组织所有的资金、资产、资源。

1. 农村集体资金　农村集体资金是指集体经济组织所有的现金、银行存款、有价证券等。

2. 农村集体资产　农村集体资产是指集体经济组织投资兴建的房屋、建筑物、机器、设备等固定资产，水利、交通、文化、教育等基础公益设施以及农业资产、材料物资、债权等其他资产。

3. 农村集体资源　农村集体资源是指法律法规规定属于集体所有的土地、林地、山岭、草地、荒地、滩涂、水面等自然资源。

二、农村集体"三资"的范围

农村集体"三资"具体包括以下内容：

（1）法律规定为集体所有的土地、森林、草原、水面、荒地、荒山、滩涂等。

（2）农村集体经济组织投资、投劳形成的固定资产。

（3）农村集体经济组织投资、投劳兴办的企业和事业资产，兼并的企业资产及其形成的新增资产。

（4）农村集体经济组织在联合兴办的企业和共同兴办的各项事业中，按照出资额或协议应占有的资产及其新增资产。

（5）农村集体经济组织投资、投劳形成的林木、牲畜、牧草等资产。

（6）国家和有关组织、个人无偿资助的资产。

（7）农村集体经济组织的积累资金、有价证券等。

（8）农村集体经济组织利用集体资产所获得的承包金、租金、土地、草场补偿费等收益。

（9）农村集体经济组织的著作权、专利权和商标权等知识产权。

（10）依法属于农村集体经济组织的其他资产。

第二节 农村集体"三资"管理操作

一、农村集体资金管理

农村集体资金应按村在银行开户，专户储存，专款专用，实行"双印鉴"管理。严禁村集体资金收入不入账、公款私存、私设小金库、坐收坐支，也不得在各村之间调剂使用，任何单位和个人不得侵占、挪用村集体资金。

(一) 收入管理

农村集体经济组织应遵守《现金管理暂行条例》规定的库存现金限额制度，根据实际核定出备用金额度，超过限额部分应及时存入开户银行。

农村集体经济组织发生收入时，必须在收到款项后3日内上交乡（镇、街道办）"三资"委托代理服务中心代管，村级转移支付资金及补助、补偿资金，社会捐赠资金，"一事一议"资金，集体建设用地收益等，应及时足额入账核算。集体建设用地收益、土地征用补偿收入、"一事一议"资金要纳入账内核算，严格实行专户存储、专账管理、专款专用、专项审计。

农村集体经济组织必须依法、合理组织收入。收款时，属于集体经济组织经营性收入的，应出具相关税务发票或财政部门监制的收款收据；属于集体经济组织非经营性收入的，应出具县级以上业务主管部门监制的收款收据。严禁无据收款、"白条"入账等行为。

(二) 支出管理

农村集体经济组织资金支出包括经营性支出、管理费用以及公益事业支出、福利性支出、工程项目支出等。支出事项发生时，经办人必须取得合法原始凭证，注明用途并签字（盖章），经村集体经济组织负责人审批并签字（盖章），交村民主理财小组审核，对符合财务制度规定的单据，由村民主理财小组签字（或盖章），由村级财会人员到乡（镇、街道办）"三资"委托代理服务中心报账，乡（镇、街道办）"三资"管理财会人员按有关规定对原始凭证的合法性、合理性、规范性进行审核处理，对不符合相关规定的原始凭证不予入账。

1. 实行预决算制度 农村集体经济组织每年3月底前要编制出全年资金预算方案，经集体经济组织村民会议或村民代表会议讨论通过并公示；资金预算需要调整时，要严格履行相关程序；年终及时进行决算，并将预算执行情况和决算结果向全体村民张榜公布，报乡（镇、街道）"三资"委托代理服务中心备案。

2. 实行按时报账制 农村集体经济组织统一实行报账制，乡镇"三资"委托代理服务中心应根据业务量和区域远近合理确定报账时间，各村应每月报账 1 次；对于经济业务量少的村，每季至少应报账 1 次。村集体按规定应配备专职或兼职的村级报账员。

3. 实行"签审"制度 支出事项发生时，经办人必须取得合法原始凭证，注明用途并签字（盖章），经村集体经济组织负责人审批并签字（盖章），交村民主理财小组审核，对符合财务制度规定的单据，由村民主理财小组签字（或盖章），由村级财会人员到乡（镇、街道办）"三资"委托代理服务中心报账，乡（镇、街道办）"三资"管理财会人员按有关规定对原始凭证的合法性、合理性、规范性进行审核处理，对不符合相关规定的原始凭证不予入账。

4. 严格支出用途 农村集体经济组织资金支出包括经营性支出、管理费用以及公益事业支出、福利性支出、工程项目支出等。村级差旅费、办公费、报刊费等非生产性开支应实行限额制，严格控制非生产性支出。村级工程项目支出，乡（镇、街道办）经管站必须严格审核工程招投标、工程合同、工程总价款支付明细、工程变动情况等资料，审核通过后，由乡（镇、街道办）"三资"委托代理服务中心进行会计账务处理。村级转移支付资金要用于村级组织管理公共事务的办公费、村干部报酬和公益事业等项目开支，不得用于归还村级贷款或挪作他用。

5. 实行资金直达制度 对涉农补贴款、民政优抚款、村干部报酬、农户拆迁及土地征用补偿费等涉及个人款项，由中心按有关规定直达个人账户。对于留归村集体经济组织的土地征用补偿收入属集体资产，应用于兴办公益事业或进行公共设施、基础设施建设，不得平分到户或用于发放干部报酬、支付招待费用等非生产性开支。对"一事一议"项目等专项建设资金由"三资"委托代理服务中心根据施工合同、项目预决算报告及验收相关情况直达施工单位或个人。

6. 实行备用金管理制度 备用金的限额，由"三资"委托代理服务中心根据各村会计业务量大小、地理位置及支出状况，与村委会协商决定。原则上备用金额度限制在 1 000～5 000 元之间，特殊因素需要增加备用金额度的行政村，必须经乡镇"三资"委托代理服务中心审批。备用金的领取由村报账员申报，村主要负责人审核，"三资"委托代理服务中心审批。

7. 实行印章备案制 农村集体"三资"委托代理服务中心要将各村的财务专用章、村务监督委员会（民主理财小组）印章、审批人签字备案。对无备案印章、签名或公章的，服务中心的代理会计不予受理。

二、农村集体资产管理

农村集体经济组织资产实行账、实管理，做到账实相符，确保集体资产保值增值。农村集体经济组织各项资产要有专人管理，严格履行出入库手续，严禁私自外借和私自占有，对无故出现的实物亏损，由保管人员负责赔偿。未经村民会议或村民代表会议讨论同意，任何单位或个人不得擅自处理村集体各项资产，也不得动用村集体资产为个人或外单位进行抵押、担保。

（一）资产登记

农村集体经济组织应按类别建立农村集体资产管理台账，及时记录资产的增减变动与使用情况。资产管理台账的内容主要包括：资产的名称、类别、数量、单位、购建时间、预计使用年限、原始价值、折旧额、净值等。实行承包、租赁经营的，还应当登记承包、租赁单位（人员）名称，承包费或租赁金以及承包、租赁期限等。明确资产归属，并报乡（镇、街道办）"三资"委托代理服务中心备案。

（二）资产清查

农村集体经济组织资产管理人员和财会人员要定期核对。每年至少要组织一次集体资产清查，核清实物存量，做到账实相符。资产清查中要坚持实事求是，妥善处理历史遗留问题：对账内集体资产，要进行实地盘点，确保账实相符；对有账无物的资产要查明原因，按照有关程序进行核销；对有物无账的资产，要按照评估价或市场价及时入账。

（三）资产评估

农村集体经济组织所有的资产有下列情形之一的，应当进行资产评估：

（1）农村集体经济组织以招投标方式承包、租赁、出让集体资产以及以参股、联营、合作方式经营集体资产。

（2）集体经济组织实行产权制度改革，合并或者分设。

（3）集体企业出现兼并、分立、破产清算。

（4）集体资产拍卖、转让、交易等产权变更。

（5）在集体资产上设立抵押权及其他担保物权。

（6）其他需要进行资产评估的情形。

（四）资产添置

固定资产价值较小的由村"两委"决定添置；价值较大的由村"两委"提出意见，经村民会议或者村民代表会议讨论同意后方可添置；房屋、建筑物等较大投资项目实行招投标方式建设。添置或投资及接受捐赠、资助等所形成的固定资产，农村集体"三资"委托代理服务中心要进行固定资产总账及明细账分类核算，并及时录入农经"三资"监管系统。

（五）资产处置

原值较小的集体资产处置由村"两委"决定；原值较大的须经村民会议或者村民代表会议讨论同意后方可处置，并在"三资"委托代理服务中心备案。

处置方法实行公开招投标方式，确保固定资产保值增值。招投标方案要经村民会议或村民代表会议讨论通过，并在招投标工作前进行公告，公告期至少为七天。农村集体经济组织应向乡（镇、街道办）经管站提交书面申请，委托乡（镇、街道办）农村集体资产资源招投标中心组织实施招投标工作。乡（镇、街道办）应建立农村集体资产资源招投标中心，未建立招投标中心的，由经管站负责实施招投标工作。招投标过程中，乡（镇、街道办）经管站要派专人进行督导，村民委员会、村民主理财小组成员、村民代表均要全程参加。招投标结果必须当场宣布并向村民公示 3 天以上，双方要及时签订经济合同，确保招投标工作公开、公正、民主透明。在招投标过程中，本集体经济组织成员在同等条件下享有优先中标权。

农村集体经济组织对所有资产进行评估，要经村民会议或村民代表会议讨论通过，由乡（镇、街道办）经管站或具有评估资质的中介机构，按照公开、公平、市场交易原则合理确定价格，评估结果要按权属关系经村民会议或村民代表会议确认，并在乡（镇、街道办）"三资"委托代理服务中心备案。

农村集体经济组织已经出让、损毁或报废的资产，应及时进行核销，填写《资产损毁报废核销申请表》，向集体经济组织（产权主体）提出核销申请，阐明各项不实资产的形成原因，并附明细清单。经村民主理财小组进行审核，由村民会议或村民代表会议决议通过后，报乡（镇、街道办）经管站进行复核，并在村务公开栏进行公示。公示无异议后，由乡（镇、街道办）"三资"委托代理服务中心依法依规进行账务处理并备案。

对于由集体经济组织承担责任的不实资产，集体经济组织应保留后续追索处置的权利，实行"账销案存"，加强管理。

三、农村集体资源管理

（一）资源登记

农村集体经济组织应当建立资源登记簿，逐项记录资源的名称、类别、坐落、四至、面积、使用方式等。实行承包、租赁经营的集体资源，还应当登记资源承包、租赁单位（人员）的名称、地址，承包、租赁资源的用途，承包费或租赁金，期限和起止日期等。农村集体建设用地以及发生农村集体建设用地使用权出让事项等要重点记录。

（二）资源处置与发包

农村集体经济组织实行家庭承包经营的集体资源，由农户自主经营，承包期限为 30 年；没有实行家庭承包经营的集体资源（包括村级机动地）采取承包、租赁的，其承包、租赁方案应经村民会议或村民代表会议讨论决定，统一实行公开招投标，其中村级机动地的承包期限不得超过 3 年，并签订由县级以上业务主管部门统一监制的合同文本，明确合同双方的权利、义务、违约责任等。

四、农村集体"三资"管理机构

（一）农村集体经济经营管理机构

各级人民政府农业行政主管部门（农村集体经济经营管理部门）负责本区域内农村集体"三资"管理的指导和监督，具体业务由所属农村集体经济经营管理机构承担。主要职责是：

（1）贯彻执行农村集体"三资"管理法律、法规和规章。

（2）研究制定农村集体"三资"管理相关制度，组织开展业务培训。

（3）组织实施农村集体"三资"评估、审计、公开招投标及委托代理服务工作。

（4）法律、法规和规章赋予的其他职责。

（二）农村集体"三资"委托代理服务中心

农村集体经济组织实行农村集体"三资"委托代理的，必须经村民会议或村民代表会议讨论通过，并向乡（镇、街道办）经管站提交会议决议和书面申请，与乡镇经管站签订委托代理协议，由乡（镇、街道办）"三资"委托代理服务中心代理农村集体"三资"管理服务工作。已实行委托代理但没有履行委托程序的，要补办有关手续。

农村集体"三资"委托代理服务中心的职责：①按照《村集体经济组织会计制度》及有关规定，对农村集体经济组织的收支凭证审核记账，进行会计核算，填报会计报表和财务公开表，保证会计数据准确、真实、完整；②代理农村集体经济组织"三资"管理台账的管理工作，协助集体经济组织做好资产资源租赁、承包、招投标、合同签订以及公开公示等工作；③指导农村集体经济组织开展农村集体"三资"清查，编制农村集体"三资"预决算方案；④代理农村集体"三资"管理数据统计上报、监管网络操作维护以及原始资料整理归档工作；⑤法律、法规和规章赋予的其他职责。

第三节 农村集体经济审计

一、农村集体经济审计的概念

农村集体经济审计是指农村审计机构（农村经济管理部门），依照国家法律、法规和规章的规定，运用专业的方法，按照规定的程序，对农村集体经济组织及其所属企事业单位的财务收支和经营管理活动的真实性、合法性和效益性进行审查、评价及鉴证，以达到严肃财经法纪，改善经营管理，提高经济效益的一种监督活动。

二、审计程序

主要包括审计准备程序、审计实施程序和审计终结程序等三个阶段。

(一) 准备阶段

审计准备阶段是指从确定审计任务开始，到实施审计工作之前的整个准备过程。

1. 审计计划　审计计划是审计机构对审计工作的总体打算和设想。审计计划对审计机构开展工作具有非常重要的作用。审计计划有很多种，一般情况下，审计计划是指审计机构的年度审计计划。因此，一般在年初做出。做出审计计划的依据是：①同级人民政府和上级主管部门交办的审计事项；②农村集体经济组织提请审计的事项；③农村集体经济组织成员反映需要审计的事项。

除了这几项，农村审计机构上年的审计工作情况是制定审计计划的一个重要依据。制订计划，能确定的事项尽量确定，不能确定的也要有依据、有理由，使计划与实际工作尽量一致，提高计划的预见性和可行性，对工作具有指导作用，使工作按计划、有条不紊地进行。

2. 审计立项　审计立项是指对某一项具体的审计工作的打算与设想，是对审计计划的细化。如果说审计计划是对整个审计工作的总体要求，那么审计立项就是对单项审计工作的具体策划。比如，审计计划中有"开展部分村财务审计"，当实施这个计划时，对 XX 村实行财务审计就以立项的方式来进行。

所有的审计项目都应当立项，但立项的审计项目不一定得到实施。因为审计立项后，有一个审批程序，不能缺少。未经审批的审计立项不能实施。审计立项的审批人是农村审计机构的负责人。审批审计项目主要从项目的依据、必要性、重要性、时间等方面考虑。审计立项的目的在于将最需要、最重要、最紧迫的审计项目得到及时实施，使审计工作的目的性更强、效果更好。

审计立项环节对应的文书是审计项目书。审计项目书中的内容只是项目提出人对项目的初步设想，审批人可以根据情况做出调整和变更，不具有法律效力。审计立项经批准后，就成为审计机构必须实施的审计工作。经批准的审计项目书，就是此项审计工作的基本依据。

3. 组成审计组　审计组是审计机关特派的实施审计活动的基本单位，是审计项目的最重要的因素。因为审计项目书中已经有审计组成员的内容，农村审计机构负责人只是根据机构人员的工作任务分工和业务能力等实际情况确定审计组长和成员。

审计组的组成有几个方面需要注意：一是不少于两人。审计机关应当根据审计事项的重要性和工作任务的繁简程度，组织不少于两人的审计人员组成审计组，实施审计。二是审计组实行组长负责制。审计组长有权决定本项目实施过程中的除规定由特定主体处理的事项以外的一般事项，审计组成员必须服从审计组长的安排。三是审计组成员（包括审计组长）必须是取得农村集体经济审计证的审计人员。从事农村审计工作的工作人员必须接受省级农业行政主管部门的考核，取得合格证后才能进行农村审计工作。没有取得审计培训合格证的人员，不得参与农村审计工作。

4. 下达《审计通知书》　审计通知书是指审计组织通知被审计单位接受审计的书面文件，是对被审计单位进行审计的书面通知，也是审计人员进驻被审计单位行使审计监督权的依据。

农村审计机构应当在实施审计 3 日前将《审计通知书》送达被审计单位。以便被审计单位有一定的准备时间，做好相应的配合、支持等准备工作。审计通知书主要包括审计依据、时间、内容、方式以及审计组人员等内容。这里需要注意三个细节：一是审计通知书必须要由审计机构工作人员送达被审计单位，由于规定期限为 3 日，比较短，还有签收和回执等手续，一般不宜采用邮寄等方式送达。二是审计通知书必须由被审计单位负责人签收并取得回执。三是送达人及时将审计通知书送达回执交农村审计机构档案管理人员妥善保管。

5. 审前调查　在审计通知书送达被审计单位后，审计组为实施审计做好准备，要开展审前调查，组织收集与审计项目有关的资料。审前调查主要内容包括：了解被审计单位的基本情况、内部控制制度和会计基础工作情况；查阅与审计项目有关的法律、法规和政策规定。

审前调查的主要方式：听取被审计单位的汇报，查阅被审计单位账簿、报表、过去审计资料，走访有关人员，了解审计项目情况，查阅有关法律、法规、政策等。

6. 编制审计实施方案　审计实施方案是进行一项审计工作的全面计划和设想。审计组应当根据经批准的审计项目书和其他资料，制定审计方案，初步确定该项目审计的时间、目的、审计组成员分工、种类、方式、重点等重要事项。在审前调查完成后，根据审前调查和被审计单位的情况，审计组对审计方案进行修订，形成正式的审计实施方案，并向审计结构负责人汇报审前调查的有关情况，提交正式实施方案，由审计机构负责人审批。农村审计机构负责人要对审计组制定的正式审计实施方案的审计时间、方法和步骤、内容和重点等进行审查。经审查批准的审计实施方案，由农村审计机构签发，成为此项审计工作的正式工作方案。

（二）实施阶段

审计的实施阶段是根据审计计划收集审计证据，借以形成审计结论的关键阶段。它是审计全过程的中心环节，其主要工作内容包括：

1. 签订《承诺书》 在审计实施阶段的前期，被审计单位要与农村审计机构签订《承诺书》，并将被审计单位的会计责任和承诺事项在《审计报告书》中予以列示，明确被审计单位应当承担相应的会计责任，并对财务会计资料的真实、准确性负责。《承诺书》是审计机构与被审计单位签订的，不是审计组。

2. 调取资料 根据审计事项的需要，审计组指定专人向被审计单位随时调取有关资料，并办理接收、归还手续。为保证资料安全完整，有必要制作资料调取清单。

3. 测评内部控制制度 审计组应当对被审计单位内部控制制度的健全、完善及执行情况进行检查、评价，分析、判断被审计单位会计和经营管理工作的薄弱环节，确定审计重点。这一部分主要包括调查了解（如果经过初步了解，被审计单位存在一定的内控基础，便可做进一步较深入的调查了解）、初步评价（初步评价的目的在于确定被审计单位的内控现状，决定有无必要对其全部或一部分进行符合性测试）、符合性测试（符合性测试是指审计人员为了确定内部控制的设计和运行是否有效而实施的审计程序）、实质性测试（实质性测试的重点是内控制度中的关键控制点以及内控制度符合性较弱的一般控制点）和评价总结（在完成了以上测试步骤以后，根据测试记录底稿和计算分析底稿可得出对内部控制制度的结合性的评价意见）五个步骤。

4. 补充调整审计方案 根据内部控制制度测评情况，审计组长认为必要时，审计组应当对原定审计实施方案进行补充调整。需要注意的是，一是修订的依据是内部控制制度测评情况；二是是否修订由审计组长决定；三是修订的内容是补充调整。

5. 收集审计证据 审计证据是按照审计的目的收集的，用作证明审计事项、得出审计结论的依据。一般可以分为直接证据（包括实物证据和文书证据）、间接证据（主要指审计人员通过调查询问方式取得的证据）和分析推理证据（主要指在客观事实的基础上，通过分析推理得出的证据）。审计证据主要包括以下几类：①对审计事项有重要影响及可能涉及违法违纪问题的书面原始资料和实物的复制、复印件及照片、音像等资料；②现场勘验、盘查、询问、调查、鉴定、函证取得的书面证明材料；③审计人员分析、判断审计事项形成的计算分析材料及参加被审计单位相关会议取得的书面证明材料。

6. 填制审计工作记录 审计工作记录是审计工作的原始记录，是审计人员在审计过程中对发现的各种有价值的事实所做的记录，是表明和收集审计证据的直接资料。审计工作记录的要求有四点：内容要真实，对审计目的有价值，说明一项事实，要有必要的证明和复核手续。

7. 编制审计工作底稿 审计工作底稿是对审计过程中发现的问题、取得的证据和资料，按照规定格式编写的笔录，是审计证据的汇集，也是审计人员形成审计结论、发表审计意见的直接依据。审计工作底稿的编制，能够把收集到的数量众多但又零星分散、不系统、没重点的各种审计证据资料，完整无缺地、系统地、有重点地加以归类整理，再经过审计人员的判断，逐项严整与鉴定，从而使审计结论建立在充分的和适当的审计证据基础上。

在审计工作底稿编制过程中，需要注意五点：①审计工作底稿的取得方式有两种，一是直接编制，二是外部取得。②审计工作底稿一般需要很多份。但一份工作底稿必须汇集得出一个审计结论的全部证据。③审计工作底稿包含的审计资料必须体现重要性原则。④审计工作底稿包含的审计资料必须体现相关性和真实原则。⑤审计工作底稿必须有复核制度。

（三）终结阶段

审计的终结阶段是指审计人员在审计实施阶段结束以后，根据审计工作底稿编制审计报告，提出审计建议和意见，作出审计决定，并将有关文件整理归档的全过程。审计终结的主要内容有：整理和评价审计证据；复核审计工作底稿；撰写审计报告；提出审计建议和意见；作出审计决定；审计资料的整理归档；复审等。

1. 编写审计报告　审计组完成全部审计程序后，应当根据审计工作底稿和有关资料编写审计报告。审计报告是审计组向农村审计机构提出的审计事项的工作报告，也是内部工作报告。这种报告只反映审计事实和审计组的初步意见，未经农村审计机构负责人批准，审计组成员不得对外泄露。审计报告应签署审计组组成人员的姓名和报告完成时间。

2. 征求被审计单位意见　审计组在完成审计报告后，必须要及时将审计报告送被审计单位，征求被审计单位的意见。这项规定体现了给予被审计单位提出意见维护自身合法权益的权利，同时有利于审计组及时纠正错误，补充遗漏，作出正确的审计结论和评价，提高审计工作质量，防止因审计人员的工作疏漏或失误而作出不正确的审计结论。

（1）征求意见书由审计组长签发，并及时送交被审计单位负责人。

（2）被审计单位对审计组审计报告有异议的，应当在收到审计报告之日起10日内，以书面形式将意见报送审计组。被审计单位的审计意见应当有被审计单位的公章和主要负责人的签章。10日内未提出意见的，视为无异议。这一规定期限便于督促被审计单位及时反馈意见。

（3）对被审计单位提出的意见，审计组应当认真研究，认为认定事实清楚、证据确凿的，应当向被审计单位做出解释和说明；认为证据不足的，应当进行复查，将复查结果告知被审计单位。

3. 报送审计报告　审计组根据被审计单位的意见，做了必要的说明或者复查后，应当及时将审计报告和被审计单位所提意见及复查结果一并报送农村审计机构审定。

4. 审定审计报告 农村审计机构应在收到审计组的审计报告之日起 30 日内，对审计组的审计报告和被审计单位的意见一并进行审议后，作出审计结论，提出审计机构的审计报告，并将审计报告及时送达被审计单位，告知被审计单位申请复审的期限和方式。

审定审计报告的要点是：①审计报告所提问题，事实是否清楚，证据是否确凿，定性是否准确，依据是否恰当；②处理意见是否合法合理，改进意见是否切实可行；③审计评价是否客观公正；④报告结构是否规范，文字表述是否清楚，用词是否恰当；⑤对被审计单位提出的意见处理是否恰当。

如发现审计报告中有事实不清、证明材料不足等问题，审计机构应指出需要补充调查的重点问题，责成审计组补充调查，查清事实，补足证明材料。审计组应当尽快做补充调查，将调查结果报农村审计机构审定。

5. 做出审计报告 审计机构对审定认为审计组的审计报告（包括审计组补充调查的情况）事实清楚、证据确凿，可以据以做出审计报告的，应当及时做出审计报告。

6. 处理审计报告 农村审计机构做出审计报告后，视不同情况作出处理，主要处理方式有三种：提出改进意见、审计建议和审计意见。

对存在财务管理制度不健全、经营管理制度不完善等问题，但没有违法违纪行为、不涉及处理处罚的，在审计报告中提出改进意见，并及时送达被审计单位执行。对应当由县（市、区）农业行政主管部门或乡镇人民政府处理、处罚的，以审计意见书的形式向其提出处理、处罚的审计意见，并报送审计报告等有关材料。对应当由有关主管部门或组织处理、处罚的，由县（市、区）农业行政主管部门或乡镇人民政府审定批准后，以审计建议书的形式向其提出处理、处罚的审计建议，并报送审计报告等有关材料。

7. 做出审计决定 县（市、区）农业行政主管部门或乡镇人民政府应当根据农村审计机构提出的审计意见，依法作出审计决定，并将结果书面告知农村审计机构。

有关主管部门或组织应当根据农村审计机构提出的审计建议，依法作出处理决定，并将结果书面告知农村审计机构。

8. 下达审计决定 审计决定书应当由县（市、区）农业行政主管部门或乡镇人民政府主要负责人签发，及时送达被审计单位执行。

9. 检查审计决定执行情况 审计决定书下达后，农村审计机构应当检查审计决定的执行情况，并及时向作出审计决定的部门报告审计决定执行情况。审计决定的执行情况主要包括执行的内容、期限等，农村审计部门应当督促、帮助被审计单位落实审计决定的有关建立健全财务管理制度、调整有关账目等措施。

10. 审计资料归档　审计工作完结后，审计人员应当及时整理审计资料，存档管理。审计资料的整理应按审计项目立卷，一项一卷。

三、审计结论复审

审计结论是农村审计机构根据审计组的审计报告和被审计单位的意见以及其他审计资料，做出的对审计事项的最终评价和认定，是审计报告的核心，也是做出审计决定的事实根据。复审是在被审计单位对审计报告中的审计结论有异议时，通过一定的程序，向上一级农村审计机构提起补正救济措施。

（一）复审内容

复审内容主要包括：审计程序是否符合规定、事实认定是否清楚、证据是否充分、问题定性是否准确。

（二）复审程序

（1）受理　对当事人提出的复审申请受理与否，应当有一个审查的过程，但考虑到农村审计的特殊情况，一般情况下，对当事人提出的复审申请都应当受理。

（2）组成复审小组　与审计组的组成要求基本一致。

（3）下发复审通知书

（4）审理　主要是指书面审理或者调查核实。

（5）做出复审决定　复审结论是复审机构对原审计机构做出的审计结论的合法性、正确性的判断，复审决定则是根据复审结论做出的维持、变更或者撤销原审计机构审计结论的决定。

（三）需要注意的问题

在复审过程中，需要注意以下几点：

（1）被审计单位和个人在收到复审结论时，依然不服，则应当按法律程序申请行政复议或提起行政诉讼。

（2）在复审期间原审计决定照常执行。

（3）复审申请以书面形式提出。逾期未提出复审申请的，视为无异议。

第四章　农民专业合作社建设指导

第一节　农民专业合作社概述

一、农民专业合作社的概念

农民专业合作社是在农村家庭承包经营基础上，农产品的生产经营者或者农业生产经营服务的提供者、利用者，自愿联合、民主管理的互助性经济组织。农民专业合作社是独立的市场经济主体，具有法人资格，享有生产经营自主权，受法律保护，任何单位和个人都不得侵犯其合法权益。

二、农民专业合作社遵循的基本原则

（一）成员以农民为主体

为坚持农民专业合作社为农民成员服务的宗旨，发挥合作社在解决"三农"问题方面的作用，使农民真正成为合作社的主人，《农民专业合作社法》规定，农民专业合作社的成员中，农民至少应当占成员总数的百分之八十，并对合作社中企业、事业单位、社会团体成员的数量进行了限制。

（二）以服务成员为宗旨，谋求全体成员的共同利益

农民专业合作社是以成员自我服务为目的而成立的。成员都是从事农产品生产、经营或提供服务的农业生产经营者，目的是通过合作互助提高规模效益，完成单个农民办不了、办不好、办了不合算的事。这种互助性特点，决定了它以成员为主要服务对象，决定了"对成员服务不以营利为目的、谋求全体成员共同利益"的经营原则。

（三）入社自愿、退社自由

农民专业合作社是互助性经济组织，凡具有民事行为能力的公民，能够利用农民专业合作社提供的服务，承认并遵守农民专业合作社章程，履行章程规定的入社手续的，都可以成为农民专业合作社的成员。农民可以自愿加入一个或者多个农民专业合作社，入社不改变家庭承包经营；农民也可以自由退出农民专业合作社，退出的，农民专业合作社应当按照章程规定的方式和期限，退还记载在该成员账户内的出资额和公积金份额，并将成员资格终止前的可分配盈余，依法返还给成员。

（四）成员地位平等，实行民主管理

《农民专业合作社法》规定：农民专业合作社成员大会是本社的权力机构，

农民专业合作社必须设理事长，也可以根据自身需要设成员代表大会（需成员150人以上）、理事会、执行监事或者监事会；成员可以通过民主程序直接控制本社的生产经营活动。

（五）盈余主要按照成员与农民专业合作社的交易量（额）比例返还

盈余分配方式的不同是农民专业合作社与其他经济组织的重要区别。为了体现盈余主要按照成员与农民专业合作社的交易量（额）比例返还的基本原则，保护一般成员和出资较多成员两个方面的积极性，可分配盈余中按成员与本社的交易量（额）比例返还的总额不得低于可分配盈余的百分之六十，其余部分可以依法以分红的方式按成员在合作社财产中相应的比例分配给成员。

三、农民专业合作社服务对象与内容

农民专业合作社以其成员为主要服务对象，开展以下一种或者多种业务：

（1）农业生产资料的购买、使用。

（2）农产品的生产、销售、加工、运输、贮藏及其他相关服务。

（3）农村民间工艺及制品、休闲农业和乡村旅游资源的开发经营等。

（4）与农业生产经营有关的技术、信息、设施建设运营等服务。

第二节　农民专业合作社设立登记

一、农民专业合作社设立

（一）设立条件

设立农民专业合作社，应当具备下列条件：

（1）有五名以上符合《农民专业合作社法》规定的成员。

（2）有符合《农民专业合作社法》规定的章程。

（3）有符合《农民专业合作社法》规定的组织机构。

（4）有符合法律、行政法规规定的名称和章程确定的住所。

（5）有符合章程规定的成员出资。

（二）设立大会

《农民专业合作社法》规定，设立农民专业合作社应当召开由全体设立人参加的设立大会。设立时自愿成为该社成员的人为设立人。设立大会是《农民专业合作社法》对于设立农民专业合作社程序上的规定，即要求召开由全体设立人参加的设立大会，合作社才可能成立。

（三）设立大会职权

作为设立农民专业合作社的重要会议，设立大会有其法定职权：

（1）设立大会应当通过本社章程。章程应当由全体设立人一致通过。

（2）选举法人机关。如选举理事长、理事、执行监事或者监事会成员。

（3）审议其他重大事项。由于每个合作社的情况都有所不同，需要在设立大会上讨论通过的事项也有所差异，所以《农民专业合作社法》为设立大会的职权做了弹性规定，以符合农民专业合作社实际工作的需要。

二、农民专业合作社注册登记

依法登记是农民专业合作社开展生产经营活动并获得法律保护的重要依据。根据《农民专业合作社法》规定，设立农民专业合作社，应当向工商行政管理部门提交相关文件，申请设立登记。

（一）登记事项

农民专业合作社的登记事项包括：名称、住所、法定代表人姓名、成员出资总额、业务范围。

（二）登记程序

农民专业合作社应向工商行政管理部门提交下列文件申请登记：一是登记申请书；二是全体设立人签名、盖章的设立大会纪要；三是全体设立人签名、盖章的章程；四是法定代表人、理事的任职文件及身份证明；五是出资成员签名、盖章的出资清单；六是住所使用证明；七是法律、行政法规规定的其他文件。登记机关应当自受理登记申请之日起二十个工作日内办理完毕，向符合登记条件的申请者颁发营业执照，登记类型为农民专业合作社。办理登记不收取费用。农民专业合作社法定登记事项变更的，应当申请变更登记。登记机关应当将农民专业合作社的登记信息通报同级农业等有关部门。

三、农民专业合作社章程

农民专业合作社的章程是农民专业合作社自治特征的重要体现，是农民专业合作社在法律法规和国家政策规定的框架内，由本社的全体成员根据本社的特点和发展目标制定的，并由全体成员共同遵守的行为准则，在农民专业合作社组织运行中处于核心地位。农民专业合作社的章程应当由全体设立人制定并经设立大会一致通过，由全体成员签名认可。加入该农民专业合作社的全体成员都必须自觉遵守。

农民专业合作社章程应当载明的事项包括：①名称和住所；②业务范围；③成员资格及入社、退社和除名；④成员的权利和义务；⑤组织机构及其产生办法、职权、任期、议事规则；⑥成员的出资方式、出资额，成员出资的转让、继承、担保；⑦财务管理和盈余分配、亏损处理；⑧章程修改程序；⑨解散事由和清算办法；⑩公告事项及发布方式；⑪附加表决权的设立、行使方式和行使范围；⑫需要规定的其他事项。

《农民专业合作社法》规定了农民专业合作社设立、运行等一些基本要求，对于法律规定的强制性要求，农民专业合作社及其成员都必须遵守。但法律没有强制性规定，如成员出资方式及数额，成员资格及入社、退社和除名，是否设立理事会和监事会及其职责等，这些重大事项都需要由合作社的全体成员自己决定并载入章程。

第三节 农民专业合作社组织机构

一、农民专业合作社成员

（一）农民专业合作社成员的对象

具有民事行为能力的公民，以及从事与农民专业合作社业务直接有关的生产经营活动的企业、事业单位或者社会组织，能够利用农民专业合作社提供的服务，承认并遵守农民专业合作社章程，履行章程规定的入社手续的，可以成为农民专业合作社的成员。但是，具有管理公共事务职能的单位不得加入农民专业合作社。

（1）具有民事行为能力的公民。这里的公民主要是指农民。非我国公民不能成为农民专业合作社成员。

（2）从事与农民专业合作社业务直接有关的生产经营活动的企业、事业单位或社会组织。这些单位成为农民专业合作社成员，必须是与所加入的农民专业合作社生产经营活动有直接的关系，如：固定为专业合作社成员提供生产资料和收购其产品、提供技术服务、产品运输、贮藏、加工及代购代销服务等。

（二）农民专业合作社成员的数量

农民专业合作社的成员中，农民至少应当占成员总数的80％。成员总数20人以下的，可以有一个企业、事业单位或者社会组织成员；成员总数超过20人的，企业、事业单位和社会组织成员不得超过成员总数的百分之五。

（三）农民专业合作社成员的权利与义务

1. 农民专业合作社成员的权利 农民专业合作社的成员享有以下权利：

（1）参加成员大会，并享有表决权、选举权和被选举权，按照章程规定对本社实行民主管理。

（2）利用本社提供的服务和生产经营设施。

（3）按照章程规定或者成员大会决议分享盈余。

（4）查阅本社的章程、成员名册、成员大会或者成员代表大会记录、理事会会议决议、监事会会议决议、财务会计报告、会计账簿和财务审计报告。

（5）章程规定的其他权利。

2. 农民专业合作社成员的义务　农民专业合作社的成员应当履行以下义务：

（1）执行成员大会、成员代表大会和理事会的决议。

（2）按照章程规定向本社出资。

（3）按照章程规定与本社进行交易。

（4）按照章程规定承担亏损。

（5）章程规定的其他义务。

二、农民专业合作社组织机构

（一）成员大会

1. 成员大会的职权　农民专业合作社成员大会由全体成员组成，是本社的权力机构，行使下列职权：

（1）修改章程。

（2）选举和罢免理事长、理事、执行监事或者监事会成员。

（3）决定重大财产处置、对外投资、对外担保和生产经营活动中的其他重大事项。

（4）批准年度业务报告、盈余分配方案、亏损处理方案。

（5）对合并、分立、解散、清算，以及设立、加入联合社等作出决议。

（6）决定聘用经营管理人员和专业技术人员的数量、资格和任期。

（7）听取理事长或者理事会关于成员变动情况的报告，对成员的入社、除名等作出决议。

（8）公积金的提取及使用。

（9）章程规定的其他职权。

2. 成员大会的召开　农民专业合作社召开成员大会，出席人数应当达到成员总数 2/3 以上。成员大会选举或者做出决议，应当由本社成员表决权总数过半数通过；作出修改章程或者合并、分立、解散，以及设立、加入联合社的决议应当由本社成员表决权总数的 2/3 以上通过。

农民专业合作社成员大会每年至少召开一次，会议的召集由章程规定。有下列情形之一的，应当在 20 日内召开临时成员大会：

（1）30％以上的成员提议。

（2）执行监事或者监事会提议。

（3）章程规定的其他情形。

农民专业合作社成员超过 150 人的，可以按照章程规定设立成员代表大会。成员代表大会按照章程规定可以行使成员大会的部分或者全部职权。依法设立成员代表大会的，成员代表人数一般为成员总人数的 10％，最低人数为 51 人。

（二）领导监督机构

农民专业合作社的领导和监督班子由理事长、理事、执行监事或监事会成员组成。理事长、理事、执行监事或者监事会成员，由成员大会从本社成员中选举产生。理事长、理事、经理和财务会计人员不得兼任监事。理事会、监事会会议的表决，实行一人一票。

1. 理事长与理事会 合作社作为法人进行工商登记后从事生产经营活动，必须从设立起就明确合作社的法定代表人。合作社设理事长是《中华人民共和国农民专业合作社法》明确规定的，不管合作社的规模大小、成员多少，也不管合作社有无理事会，都要设理事长。合作社规模较小，成员人数很少，没有必要设立理事会的，由一个成员信任的人作为理事长来负责合作社的经营管理工作，这样有利于精简机构，提高效率。合作社是否设立理事会及理事的人数，《中华人民共和国农民专业合作社法》并未作强制性规定，由合作社章程规定。合作社的理事长、理事不得兼任业务性质相同的其他合作社的理事长、理事。

理事长、理事会由成员大会从本社成员中选举产生，对成员大会负责，其产生办法、职权、任期、议事规则由章程规定。

2. 执行监事与监事会 执行监事或者监事会是合作社的监督机关，对合作社的财务和业务执行情况进行监督。执行监事是指仅由一人组成的监督机关，监事会是指由多人组成的团体担任的监督机关。

农民专业合作社可以设执行监事或者监事会。合作社监督是由全体成员进行的监督，强调的是成员的直接监督，因此，执行监事或者监事会不是合作社的必设机构。如果成员大会认为需要提高监督效率，可以根据实际情况选择设执行监事或者监事会。是否设执行监事和监事会由合作社在章程中规定。一般讲，合作社设执行监事的，不再设监事会。

执行监事或者监事会的职权由合作社的章程具体规定。执行监事或监事会通常具有下列职权：①监督、检查合作社的财务状况和业务执行情况，包括对本社的财务进行内部审计。②对理事长或者理事会、经理等管理人员的职务行为进行监督。③提议召开临时成员大会。

第四节 农民专业合作社财务管理

一、农民专业合作社财务活动

（一）基本特点

农民专业合作社是一个新型的、独立的、平等的市场主体。农民专业合作社经依法登记后，即取得与公司等其他市场主体一样的平等法人地位。但从合作社的性质看，又不同于以公司为代表的企业法人，也不同于社会团体法人，是一个特殊的市场主体，所以法律规定其实行不同于一般企业或事业单位、社会团体的财务制度，具体的财务制度由国务院有关部门专门制定。

农民专业合作社实行独立的财务管理和会计核算，严格按照国务院财政部门制定的农民专业合作社财务制度和会计制度核定生产经营和管理服务过程中的成本与费用。

（二）核算体制

农民专业合作社遵循自愿、互利、民主、平等的合作制原则，实行独立核算、自主经营、自负盈亏、自我服务、自我发展、自我约束的财务管理体制。农民专业合作社应依据原行业财务制度，结合自身的特点，制定本社的财务制度。定期向行政主管部门报送财务和会计报表，定期向成员公布财务状况。

（三）资金来源

（1）成员股金　成员股金是为了取得合作社成员身份而缴纳的股金，实行利益共享，风险共担，成员股金按实现的利润进行分红。

（2）提留的风险金和企业发展基金　按现行财务制度的规定提取的一般盈余公积金作为风险金，以及按成员（代表）大会的决议提取一定比例的发展基金。

（3）公益金　按现行财务制度提取。

（4）盈余积累　按现行财务制度规定提取的任意盈余公积金。

（5）银行贷款　专业合作社可以根据业务需要按照银行贷款的要求向各类银行申请贷款。

（6）其他来源　包括政府有关部门的扶持资金。

（四）盈余分配

农民专业合作社的盈余分配是由理事会提出具体分配方案，由成员（代表）大会讨论决定。一般应按以下顺序分配：

（1）按现行财务制度提取一般盈余公积金。

（2）按现行财务制度提取公益金，用于本社职工的福利设施支出。

（3）对成员股金，政府有关部门的扶持资金，其他投资等按比例分红。

（4）按成员提供的产品，服务交易额或交易量实行二次分配。

（5）按成员（代表）大会的决议提取任意盈余公积金。

（6）按成员（代表）大会的决议提取企业发展基金。

二、农民专业合作社分配制度

农民专业合作社的分配制度不同于企业，主要有三点不同：第一，合作社从当年盈余中提取公积金，并量化给每个成员，计入个人账户。第二，合作社可分配盈余的60％，要按照成员与本社的交易量（额）比例返还给成员；其余40％按照出资额和公积金份额的比例分配给成员。第三，每年的分配方案要经成员大会讨论决定。

农民专业合作社的财产属于全体成员所有，每个成员账户记载的出资额和量化给该成员的公积金份额归个人所有。如果成员退社，要按照章程规定退还个人账户内的资产，并返还可分配盈余。如果本社亏损，成员要以个人账户内的资产分摊。

（一）成员账户

1. 成员账户的内容　成员账户是指农民专业合作社在进行某些会计核算时，要为每位成员设立明细科目分别核算。成员账户主要包括三项内容：

（1）记录成员出资情况。

（2）记录成员与合作社交易情况。

（3）记录成员的公积金变化情况。

这些单独记录的会计资料是确定成员参与合作社盈余分配、财产分配的重要依据。

2. 成员账户的作用

（1）通过成员账户，可以分别核算其与合作社的交易量，为成员参与盈余分配提供依据。合作社成员享有按照章程规定或者成员大会决议分享盈余的权利。合作社的可分配盈余应当按成员与本社的交易量（额）比例返还，返还总额不得低于可分配盈余的百分之六十。而返还的依据是成员与合作社的交易量（额），因此分别核算每个成员与合作社的交易量（额）是十分必要的。

（2）通过成员账户，可以分别核算其出资额和公积金变化情况，为成员承担责任提供依据。农民专业合作社成员以其账户内记载的出资额和公积金份额为限对农民专业合作社承担责任。在合作社因各种原因解散而清算时，成员如何分扣合作社的债务，都需要根据其成员账户的记载情况而确定。

（3）通过成员账户，可以为附加表决权的确定提供依据。出资额或者与本社交易量（额）较大的成员按照章程规定，可以享有附加表决权。只有对每个成员的交易量和出资额进行分别核算，才能确定各成员在总交易额中的份额或者在出资总额中的份额，确定附加表决权的分配办法。

（4）通过成员账户，可以为处理成员退社时的财务问题提供依据。成员资格终止的，合作社应当按照章程规定的方式和期限，退还记载在该成员账户内的出资额和公积金份额；对成员资格终止前的可分配盈余，依照《农民专业合作社法》有关规定向其返还。只有为成员设立单独的账户，才能在其退社时确定其应当获得的公积金份额和利润返还份额。

（5）除法律规定外，成员账户还有一个作用，即方便成员与合作社之间的其他经济往来。比如成员向合作社进行借款等。

（二）公积金提取与使用

公积金是农民专业合作社为了巩固自身的财产基础，提高本组织的对外信用和预防意外亏损，依照法律和章程的规定，从利润中积存的资金。农民专业合作社可以按照章程规定或者成员大会决议从当年盈余中提取公积金。只有当年合作社有了盈余，即合作社的收入在扣除各种费用后还有剩余时，才可以提取公积金。

公积金的用途主要有三种：一是弥补亏损。在合作社经营状况好的年份，在盈余中提取公积金以弥补以往的亏损或者防备未来的亏损，维持合作社的正常经营和健康发展。二是扩大生产经营。在没有成员增加新投资的情况下，在当年盈余中提取公积金，可以积累扩大生产经营所需要的资金，给成员提供更好的服务。三是转为成员的出资。在合作社有盈余时，可以提取公积金并将这些成员所占份额转为成员出资。

（三）可分配盈余

在弥补亏损、提取公积金后的当年盈余，为农民专业合作社的可分配盈余。可分配盈余按照下列规定返还或者分配给成员，具体分配办法按照章程规定或者经成员大会决议确定：

（1）按成员与本社的交易量（额）比例返还，返还总额不得低于可分配盈余的60%。

（2）按前项规定返还后剩余部分，以成员账户中记载出资额和公积金份额，以及本社接受国家财政直接补助和他人捐赠形成的财产平均量化到成员的份额，按比例分配给本社成员。

经成员大会或者成员代表大会表决同意，可以将全部或者部分可分配盈余转为对农民专业合作社的出资，并记载在成员账户中。

第五节 农民专业合作社变更与注销

一、农民专业合作社变更登记

（一）需要办理变更登记的事项和时限

农民专业合作社的名称、住所、成员出资总额、业务范围、法定代表人姓名发生变化的，应当自做出变更决定之日起30日内向原登记机关申请变更登记。

农民专业合作社业务范围变更涉及法律、行政法规或者国务院规定须经批准项目的，应当自批准之日起 30 日内申请变更登记；农民专业合作社的业务范围中法定前置许可项目的许可证或者其他批准文件被吊销、撤销的以及有效期届满的，应当自事由发生之日起 30 日内申请变更登记。

（二）申请变更登记应当提交的文件

（1）法定代表人签署的变更登记申请书。

（2）成员大会或者成员代表大会做出的变更决议。

（3）法定代表人签署的修改后的章程或者章程修正案。

（4）法定代表人指定代表或者委托代理人的证明。

（5）其他需要提交的文件。

办理变更登记还应提交全部营业执照正、副本原件。

（三）农民专业合作社变更登记程序

按照一审一核的程序办理。对申请人提交的文件材料齐全并符合法定形式的，予以当场登记。

办理农民专业合作社变更登记的时限参照办理农民专业合作社登记时限执行，但应尽可能缩短时限办结。

二、农民专业合作社备案

（一）需要办理的备案事项

（1）成员发生变更。

（2）章程修改未涉及登记事项的。

（二）申报备案应提交的材料

（1）成员变更备案，应提交法定代表人签署的修改后的成员名册和新成员的身份证明。需要修改专业合作社章程的，还应提交法定代表人签署的修改后的章程或者章程修正案。

（2）章程修改未涉及登记事项的备案，应提交法定代表人签署的修改后的章程或者法定代表人签署的修改后的章程修正案。

（三）备案程序

受理人员对农民专业合作社提交的备案材料进行形式审查后当场受理。

对于备案材料的审查，主要是审查章程修改内容是否与法律法规和政策相抵触，备案内容是否清楚。办理备案不需要核准人员核准。

三、农民专业合作社的合并与分立

（1）因合并、分立而存续的农民专业合作社，其登记事项发生变化的，应当申请办理相应事项的变更登记。

（2）因合并、分立而新设立的农民专业合作社，应当申请设立登记。

（3）因合并、分立而终止的农民专业合作社，应当申请办理注销登记。

农民专业合作社因分立申请变更登记或新设立登记的，除应当提交农民专业合作社变更登记或设立登记规定的材料外，还应当提交成员大会或者成员代表大会依法做出的分立决议，以及农民专业合作社债务清偿或者债务担保情况的说明。

四、农民专业合作社注销登记

（一）需办理注销登记的情形

（1）章程规定的解散事由出现。

（2）成员大会决定解散。

（3）因合并或者分立需要解散。

（4）依法被吊销营业执照或者被撤销。

（二）注销登记程序

登记人员对申请人提供的注销登记申请材料，从材料的类别和内容上进行合法性审查。对于不符合法定要求的，应该要求更正补正；对于符合法定要求的，应该签署具体意见报核准人员复查核准。准予注销的，应通知申请人，并将资料按规定进行归档。

第六节　农民专业合作社联合社

一、农民专业合作社联合社的设立

三个以上的农民专业合作社在自愿的基础上，可以出资设立农民专业合作社联合社。农民专业合作社联合社应当有自己的名称、组织机构和住所，由联合社全体成员制定并承认的章程，以及符合章程规定的成员出资。

农民专业合作社联合社依照《中华人民共和国农民专业合作社法》登记，取得法人资格，领取营业执照，登记类型为农民专业合作社联合社。农民专业合作社联合社以其全部财产对该社的债务承担责任；农民专业合作社联合社的成员以其出资额为限对农民专业合作社联合社承担责任。

二、农民专业合作社联合社成员大会

农民专业合作社联合社应当设立由全体成员参加的成员大会，其职权包括：①修改农民专业合作社联合社章程；②选举和罢免农民专业合作社联合社理事长、理事和监事；③决定农民专业合作社联合社的经营方案及盈余分配；④决定对外投资和担保方案等重大事项。

农民专业合作社联合社不设成员代表大会，可以根据需要设立理事会、监事会或者执行监事。理事长、理事应当由成员社选派的人员担任。农民专业合作社联合社的成员大会选举和表决，实行一社一票。

三、农民专业合作社联合社成员退社

农民专业合作社联合社成员退社，应当在会计年度终了的六个月前以书面形式向理事会提出。退社成员的成员资格自会计年度终了时终止。